西安交通大学研究生"十四五"规划精品系列教材
科学出版社"十三五"普通高等教育研究生规划教材
航 空 宇 航 科 学 与 技 术 教 材 出 版 工 程

计算流固耦合力学

Computational Fluid-structure Interaction Mechanics

陈 刚 吕计男 龚春林 等 编著

科 学 出 版 社

北 京

内 容 简 介

本书以航空航天领域为主,兼顾其他工程领域的流固耦合问题,介绍21世纪近20年来国内外发展的计算流固耦合力学主要新思想、新方法和新技术。主要内容包括经典气动弹性计算方法、基于贴体网格的CFD/CSD流固耦合方法和非贴体网格浸没边界类等三大类流固耦合分析技术,以及流固耦合系统降阶模型和流固耦合优化设计等多学科建模与优化技术。应用方面重点介绍飞行器静气动弹性、颤振稳定性及抑制、阵风响应及减缓、气动弹性优化、气动伺服弹性等典型气动弹性问题。

本书注重理论方法与工程应用相结合,并提供了部分算法源代码、算例源文件和软件操作等数字化资源。可作为航空宇航科学与技术、力学等相关专业本科生和研究生教材,也可供船舶与海洋工程、土木工程、能源化工和生命医学工程等领域从事流固耦合相关研究的专业技术人员参考。

图书在版编目(CIP)数据

计算流固耦合力学 / 陈刚等编著. — 北京:科学出版社,2021.7
航空宇航科学与技术教材出版工程
ISBN 978 - 7 - 03 - 068866 - 8

Ⅰ.①计… Ⅱ.①陈… Ⅲ.①流体动力学—教材
Ⅳ.①O351.2

中国版本图书馆 CIP 数据核字(2021)第 098742 号

责任编辑:徐杨峰 / 责任校对:谭宏宇
责任印制:黄晓鸣 / 封面设计:殷 靓

科学出版社 出版
北京东黄城根北街 16 号
邮政编码:100717
http://www.sciencep.com
南京展望文化发展有限公司排版
广东虎彩云印刷有限公司印刷
科学出版社发行 各地新华书店经销
*
2021 年 7 月第 一 版 开本:787×1092 1/16
2025 年 3 月第十二次印刷 印张:22 3/4
字数:518 000
定价:100.00元
(如有印装质量问题,我社负责调换)

航空宇航科学与技术教材出版工程
专家委员会

航空宇航科学与技术教材出版工程
编写委员会

计算流固耦合力学
编写委员会

丛书序

　　我在清华园中出生,旧航空馆对面北坡静置的一架旧飞机是我童年时流连忘返之处。1973 年,我作为一名陕北延安老区的北京知青,怀揣着一张印有西北工业大学航空类专业的入学通知书来到古城西安,开始了延绵 46 年矢志航宇的研修生涯。1984 年底,我在美国布朗大学工学部固体与结构力学学门通过 Ph. D 的论文答辩,旋即带着在 24 门力学、材料科学和应用数学方面的修课笔记回到清华大学,开始了一名力学学者的登攀之路。1994 年我担任该校工程力学系的系主任。随之不久,清华大学委托我组织一个航天研究中心,并在 2004 年成为该校航天航空学院的首任执行院长。2006 年,我受命到杭州担任浙江大学校长,第二年便在该校组建了航空航天学院。力学学科与航宇学科就像一个交互传递信息的双螺旋,记录下我的学业成长。

　　以我对这两个学科所用教科书的观察:力学教科书有一个推陈出新的问题,航宇教科书有一个宽窄适度的问题。20 世纪 80~90 年代是我国力学类教科书发展的鼎盛时期,之后便只有局部的推进,未出现整体的推陈出新。力学教科书的现状也确实令人扼腕叹息:近现代的力学新应用还未能有效地融入力学学科的基本教材;在物理、生物、化学中所形成的新认识还没能以学科交叉的形式折射到力学学科;以数据科学、人工智能、深度学习为代表的数据驱动研究方法还没有在力学的知识体系中引起足够的共鸣。

　　如果说力学学科面临着知识固结的危险,航宇学科却孕育着重新洗牌的机遇。在军民融合发展的教育背景下,随着知识体系的涌动向前,航宇学科出现了重塑架构的可能性。一是知识配置方式的融合。在传统的航宇强校(如哈尔滨工业大学、北京航空航天大学、西北工业大学、国防科技大学等),实行的是航宇学科的密集配置。每门课程专业性强,但知识覆盖面窄,于是必然缺少融会贯通的教科书之作。而 2000 年后在综合型大学(如清华大学、浙江大学、同济大学等)新成立的航空航天学院,其课程体系与教科书知识面较宽,但不够健全,即宽失于泛、窄不概全,缺乏军民融合、深入浅出的上乘之作。若能够将这两类大学的教育名家聚集一堂,互相切磋,是有可能纲举目张,塑造出一套横跨航空和宇航领域,体系完备、粒度适中的经典教科书。于是在郑耀教授的热心倡导和推动下,我们聚得 22 所高校和 5 个工业部门(航天科技、航天科工、中航、商飞、中航发)的数十位航宇专家为一堂,开启"航空宇航科学与技术教材出版工程"。在科学出版社的大力促进下,为航空与宇航一级学科编纂这套教科书。

考虑到多所高校的航宇学科,或以力学作为理论基础,或由其原有的工程力学系改造而成,所以有必要在教学体系上实行航宇与力学这两个一级学科的共融。美国航宇学科之父冯·卡门先生曾经有一句名言:"科学家发现现存的世界,工程师创造未来的世界……而力学则处在最激动人心的地位,即我们可以两者并举!"因此,我们既希望能够表达航宇学科的无垠、神奇与壮美,也得以表达力学学科的严谨和博大。感谢包为民先生、杜善义先生两位学贯中西的航宇大家的加盟,我们这个由 18 位专家(多为两院院士)组成的教材建设专家委员会开始使出十八般武艺,推动这一出版工程。

因此,为满足航宇课程建设和不同类型高校之需,在科学出版社盛情邀请下,我们决心编好这套丛书。本套丛书力争实现三个目标:一是全景式地反映航宇学科在当代的知识全貌;二是为不同类型教研机构的航宇学科提供可剪裁组配的教科书体系;三是为若干传统的基础性课程提供其新貌。我们旨在为移动互联网时代,有志于航空和宇航的初学者提供一个全视野和启发性的学科知识平台。

这里要感谢科学出版社上海分社的潘志坚编审和徐杨峰编辑,他们的大胆提议、不断鼓励、精心编辑和精品意识使得本套丛书的出版成为可能。

是为总序。

2019 年于杭州西湖区求是村、北京海淀区紫竹公寓

前　言

　　流固耦合力学是研究变形固体在流场作用下各种行为、固体变形对流场的影响以及二者之间相互作用的一门交叉学科。流固耦合力学源于航空工程中的气动弹性力学问题。气动弹性力学是飞行器设计领域非常重要的一门多学科交叉学科分支。国内外航空航天飞行器研制中的气动弹性新问题层出不穷。随着 20 世纪 80 年代计算机技术、计算流体力学和有限元技术快速发展，基于 CFD/CSD 耦合的时域流固耦合分析技术也首先在航空领域迅速兴起。同时，船舶与海洋工程、土木与交通工程、能源环境与化工、生命医学工程等众多工程领域也存在各种流固耦合问题。计算流固耦合力学相关技术在近十余年取得了突飞猛进的进展。近年来，各种主流开源代码和主流商业 CAE 软件都纷纷将流固耦合模拟作为重要新功能迅速引入。

　　本书以飞行器气动弹性问题为主，兼顾其他工程领域流固耦合问题，在吸收经典流固耦合分析方法的基础上，对 21 世纪以来计算流固耦合力学领域最新进展进行较为系统的梳理和总结，重点介绍飞行器气动弹性、气动伺服弹性等方向数值模拟方法的基本理论、前沿技术和前沿进展。基本理论与方法部分主要讲授基于面元法的经典气动弹性计算方法、基于有限体积的 CFD/CSD 流固耦合方法和浸没边界法等三大类流固耦合分析技术；综合应用方面主要介绍面向多学科设计的流固耦合系统降阶模型技术和流固耦合优化设计技术；在工程应用与实践方面重点介绍飞行器静气动弹性、颤振稳定性及抑制、阵风响应及减缓、气动弹性优化、气动伺服弹性稳定性等典型气动弹性问题，并力求涵盖低速飞行器、高速飞行器和高超声速飞行器等典型气动弹性问题分析方法。

　　计算流固耦合力学是一门多学科交叉学科分支，对基础理论、代码开发和软件操作都具有较高要求。本书主要面向航空宇航科学与技术、力学等一级学科高年级本科生和研究生，力图通过"理论与实践相结合""方法与程序相结合""案例与软件相结合"的"三结合"思想，采用文本、图像、代码和软件相结合的数字化出版技术，在基本理论方法和知识内容体系方面与当前国际上计算流固耦合力学发展水平保持同步，在方法应用和软件实践上与当前型号部门使用的主流技术保持同步。通过"两同步"和"三结合"编写指导思想，力图呈现一本理论与实践相结合，重视基础、重视实践、重视学与用的全新本科生和研究生贯通教材，同时也为航空航天领域以外从事流固耦合力学相关问题研究的专业技术人员提供参考。

本书由国内外高校和国内工业部门从事流固耦合力学教学与研究工作的一线教师和工程师共同编著。作者来自西安交通大学、北京航空航天大学、西北工业大学、中南大学、德蒙福特大学(英国)和中国航天空气动力技术研究院。本书具体撰写分工如下。

第 1 章：西安交通大学航天航空学院陈刚教授。

第 2 章：西安交通大学航天航空学院夏巍副教授。

第 3 章：北京航空航天大学航空科学与工程学院谢长川副教授。

第 4 章：西安交通大学航天航空学院张扬副教授。

第 5 章：中国航天空气动力技术研究院郭力高级工程师(5.1 节、5.2 节)、吕计男研究员(5.4 节)，西安交通大学航天航空学院陈刚教授(5.3 节)。

第 6 章：中国航天空气动力技术研究院吕计男研究员(5.2 节)，西北工业大学航空学院乔磊助理研究员(5.1 节、5.3 节)。

第 7 章：英国德蒙福特大学姚伟刚高级讲师(7.1 节、7.2 节、7.3 节)，西安交通大学航天航空学院陈刚教授(7.4 节、7.5 节、7.6 节)。

第 8 章：西北工业大学航天学院龚春林教授。

第 9 章：中南大学航空航天学院薛晓鹏副教授。

第 10 章：西北工业大学航空学院左英桃副教授(10.1 节、10.2 节)和乔磊博士(10.4 节)，西安交通大学航天航空学院陈刚教授(10.3 节)。

第 11 章：中国航天空气动力技术研究院吕计男研究员(11.3 节)、郭力高级工程师(11.5 节)，西安交通大学航天航空学院陈刚教授(11.1 节、11.2 节、11.4 节和11.6 节)。

西安交通大学航天航空学院陈刚教授负责全书的大纲制定和最后统稿。

本书绝大部分内容来自作者及合作者、研究生的相关研究工作。本书部分工作受到了国家自然科学基金项目资助(11872293、11772266、11672225、11511130053、11272005、10902082)。在写作过程中也参考了大量国内外相关文献，对原作者深表谢意。

本书在出版方面得到了西安交通大学"力学与空天技术一流学科群"建设项目专项经费支持。西北工业大学张伟伟教授和北京航空航天大学李道春教授仔细审阅了本书并提出了宝贵建议。在此表示衷心谢意！

限于作者的水平和能力，书中难免会存在缺点和不妥之处，恳请读者批评指正。

作　者

2021 年 3 月 18 日

于西安交通大学航天航空学院

目　　录

第1章
绪　论

学习要点
- 掌握：流固耦合问题基本概念和分类
- 熟悉：各种工程问题中的流固耦合现象
- 了解：计算流固耦合力学研究体系和技术框架

流固耦合力学是研究变形固体在流场作用下各种行为、固体变形对流场影响以及二者之间相互作用的一门交叉学科。流固耦合力学研究涉及流体力学、结构力学、动力学与控制等多个学科领域，在航空、航天、海洋、船舶、土木、能源、环境、化工、生物和医学等工程科学与技术领域都有着非常重要的作用。流固耦合力学最重要特征是流体和固体两相介质之间的交互作用。变形固体在流体载荷作用下会产生变形或运动，而固体的变形或运动又反过来影响流场，从而改变流体载荷的分布和大小[1]。正是这种不同介质之间的相互作用产生了形形色色的流固耦合现象。计算流固耦合力学是采用各种数值计算方法在计算机上对流固耦合现象进行建模仿真的理论、方法和工具。

1.1　流固耦合力学基本概念

从描述流固耦合问题控制方程的特征来看，方程的定义域同时有流体域与固体域，未知变量含有描述流体现象的变量和描述固体现象的变量。流体域或固体域均不可能单独地求解，也无法显式地消去描述流体运动的独立变量或描述固体运动的独立变量[2]。实际上流固耦合问题是场（流场与固体变形场）间的相互作用：场间不相互重叠与渗透，其耦合作用通过界面力（包括多相流的相间作用力等）实现；若场间相互重叠与渗透，其耦合作用通过建立不同于单相介质的本构方程等微分方程来实现[3]。

因此，按其耦合机理来看，流固耦合问题大体上可以分为两大类[1,2]：第一大类问题的特征是固体域和流体域部分或全部重叠在一起，流固两相介质难以明显分开，描述介质物理现象的本构方程受耦合效应影响，需要针对具体物理现象建立专门的微分方程。例如，多孔介质中的渗流问题、页岩气水压裂、水凝胶等软物质的流固耦合问题等，由于流固耦合效应导致固体介质本构方程中出现了流体压力项。第二大类问题的特征是耦合作用发生在两相交界面上,控制方程中的流固耦合效应仅需引入两相耦合界面的平衡及协调关系,而无须修改介质的本构方程。气动弹性、土木结构风致振动、石油管道与油气耦合振动、海水与船舶耦合振动等大量实际工程结构耦合振动问题就属于第二类问题。

第二类流固耦合问题是一种典型的两相界面耦合问题。流体载荷影响固体运动,而固体运动反过来又影响流场的输运特性,而这种相互影响是通过耦合界面的能量和信息交换实现的。在流固耦合界面上,流体和固体的运动事先均为未知,只有对整个耦合系统控制方程求解后才能回答。如果在流固耦合界面上流体分布特性或是固体运动规律为已知,则二者之间的流固耦合效应将消失;如果事先知道界面上流体分布特性,则原先流固耦合系统就退化为已知固体表面分布载荷作用下的结构力学问题;如果事先给定界面固体运动规律,则流固耦合系统就退化为给定壁面边界运动条件下的非定常流体力学初边值问题。

对于第二类界面流固耦合问题,按照流固耦合界面相对运动大小及相互作用性质,Zienkiewicz 将其分为三种类型[2]。第一种类型是流体与固体之间存在相对较大的运动。其典型例子是机翼或悬桥与空气之间的相互作用。这种类型问题通常被称为气动弹性力学,是流固耦合力学早期得以兴起的最主要推动力。本书重点介绍该类型流固耦合问题的数值模拟方法。第二种类型是具有流体有限位移的短期问题。这类问题耦合界面位形变化是由流体中的爆炸或冲击引起的,人们所关注的流固耦合相互作用是在瞬间完成的,耦合界面总位移有限,流体的压缩性是十分重要的。这是一种典型的需要考虑流固耦合效应的爆炸冲击动力学问题。第三类是具有流体有限位移的长期问题。对这类问题,人们所关心的是耦合系统对外加动力载荷的动态响应。典型例子包括近海结构对波或地震的响应、大型充液容器液体晃动问题、船舶结构水载荷响应等。

Zienkiewicz 对界面流固耦合问题的分类主要是根据界面相对运动大小来进行的。此外,也可以从结构振动频率角度对界面流固耦合动力学问题进行分类[4]。当结构以不同频率进行振动的时候,流固耦合界面流体性质则有可能出现不同的特征。对于结构中、低频振动情况下的流固耦合问题,即有限流体位移的中长期问题(也称为后期问题),耦合界面满足动力学条件和运动学条件,也就是耦合界面需要满足力平衡条件以及位移和速度的协调条件。对于此类流固耦合问题,采用通常的结构动力学和流体力学方法即可进行分析求解。而对于结构高频振动的流固耦合问题,即有限流体运动的短期问题(也称为后期问题),由于流体质点和固体质点之间以及流体质点之间强相互作用,耦合界面物性条件可能会发生明显变化,有可能出现耦合界面处流体、固体之间的相变,液体、气体和固体共存,甚至耦合界面破坏等情况。对于此类极端情况下的含相变流固耦合问题,需要采用瞬态冲击动力学或流体物理方法进行特殊处理。

流固耦合问题中各种力之间的相互影响关系如图 1.1 所示[1]。在工程实际中,根据研究目的不同,流体力学研究人员往往更关心流固耦合情况下的复杂流动现象,而固体力学研究人员则更注重耦合作用下的结构行为。研究人员常常根据流固耦合问题的性质提出各种假设和简化,对简化后的耦合问题进行研究。研究水与结构相互作用的非短期问题时,水的可压性可以不计,这就构成不可压流体同固体的耦合问题。若忽略结构的弹性变形,就有刚体同流体的相互作用问题。从研究内涵和研究方法来看,当前广泛使用的"流固耦合"这一术语称为"流体-结构相互作用"似乎更为贴切。

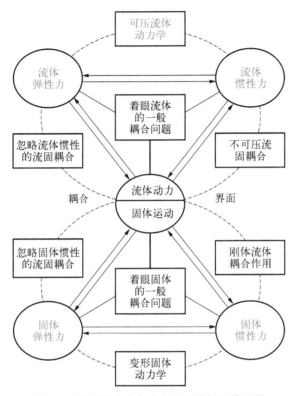

图 1.1　流固耦合中各种力之间的相互关系图

1.2　典型流固耦合力学问题

历史上人们对流固耦合现象的早期认识源于飞机工程中的气动弹性问题。通常人们将与飞机颤振密切相关的气动弹性研究作为流固耦合力学的第一次高潮,将与风激振动及化工容器密切相关的流固耦合问题作为流固耦合研究的第二次高潮,并认为气动弹性在非航空问题中的应用是流固耦合力学发展史上的一个重大里程碑[1]。

1.2.1　航空航天中的气动弹性力学问题

1. 气动弹性力学发展简史

1903 年 Langley 的单翼机首次进行有动力飞行试验时因气动弹性问题导致机翼断裂而坠入波托马克河。10 年后 Brewer 指出这一事故是典型的气动弹性静扭转发散问题,从而开启了人们对气动弹性问题的研究。Wright 兄弟和其他航空先驱者都曾遇到过气动弹性问题,但他们主要通过直观来解决问题,并未对气动弹性问题背后的物理机理进行深入探讨。第一次有记载的机翼静气动弹性破坏发生在第一次世界大战初期的 Fokker

D-8飞机。1916年，Handley Page 400轰炸机水平尾翼颤振坠毁促使 F. W. Lancester 等科学家开始系统开展有目的的气动弹性颤振问题研究。第一次世界大战结束后，大多数研究工作都是针对机翼-副翼弯扭耦合颤振问题展开的。在此期间提出了在副翼施加质量配重消除惯性力从而防止颤振的经典设计方法。气动弹性问题的理论研究始于20世纪20~30年代，Fage、Kussner 和 Duncan 最早建立了气动弹性的基础理论模型。其后，在1934年 Theodorsen 系统地建立了非定常气动力理论，为气动弹性不稳定及颤振机理研究奠定了理论基础，成为经典气动弹性力学发展的一个里程碑。

第二次世界大战爆发前后，航空工业的迅猛发展导致大量新的气动弹性问题出现。仅德国就出现了41例操纵面颤振事故。大批优秀科学家和工程师纷纷转向气动弹性问题研究，从而使气动弹性力学开始发展成为一门独立学科分支。在1944年之后的20年间，在美英两国民用和军用飞机共发生了180余次由于颤振问题而导致的飞行事故。这些频发的事故促使航空学术界和工业界对气动弹性问题开展了更深入的研究。1947年 X-1超声速验证机出现了一种新形式颤振——壁板颤振。20世纪50年代初，超声速飞机壁板颤振开始成为当时的热门研究课题。20世纪60~70年代以来，随着飞行器采用控制器类型的日益广泛以及飞行器在稠密大气层中高速飞行的发展，在经典气动弹性力学基础上又发展了气动热弹性力学、气动伺服弹性力学和气动弹性主被动控制技术等新方向。目前，气动弹性力学已经成为各类新型航空航天飞行器研发不可或缺的重要技术支撑。

2. 气动弹性问题基本概念

1）气动弹性三角形

飞行器气动弹性是飞行器在飞行过程中所受的气动力、弹性力和惯性力三者相互耦合产生的现象。气动弹性现象本质特征是弹性结构在气动载荷的作用下发生弹性变形，弹性变形后的结构反过来影响气流分布，是两者之间相互影响的现象。随着飞行速度的变化，这种耦合或使飞行器结构响应趋于收敛而呈现安全状态，或使飞行器结构趋于发散而导致飞行器结构破坏。其中颤振则是飞行速度达到临界点时恰好使结构响应处于等幅振荡状态。临界点的颤振速度对制定飞行器的飞行包线和测算安全系数具有重要的指导意义。

1946年，英国学者 Collar 使用气动弹性三角对气动弹性问题进行了分类[5]，如图1.2所示。气动弹性力学各种问题都与该三角形的三个顶点所代表的力有关。根据是否包括惯性力假设，气动弹性问题分为气动弹性静力学问题和气动弹性动力学问题。随着飞行器向高速化发展，高速飞行造成的气动加热使机体结构产生热应力，进而引起结构刚度降低。1963年，Garrick 引入气动热的影响，将 Collar 三角形扩充为三维的气动弹性四面图体，如图1.3所示[6,7]。随着弹性飞行器自动控制系统的引入，气动伺服

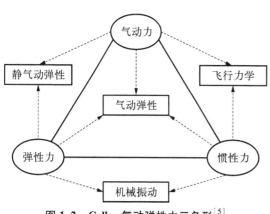

图1.2　Collar 气动弹性力三角形[5]

弹性力学成为气动弹性领域重要新方向。气动伺服弹性力学三角形如图 1.4 所示[8]。

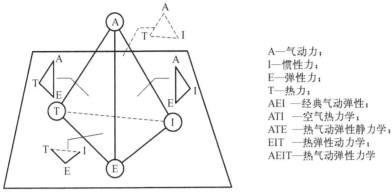

A—气动力;
I—惯性力;
E—弹性力;
T—热力;
AEI —经典气动弹性;
ATI —空气热力学;
ATE —热气动弹性静力学;
EIT —热弹性动力学;
AEIT—热气动弹性力学

图 1.3　Garrick 气动热弹性力学四面体[6,7]

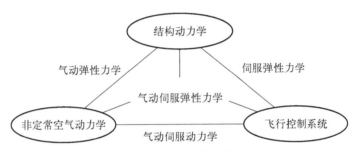

图 1.4　气动伺服弹性力学三角形

2) 气动弹性静力学问题

如果以 Collar 三角形中流体气动力和结构惯性力的相互作用为研究对象,那么该类问题就属于气动弹性静力学问题。气动弹性静力学问题主要研究飞行器在定常流体载荷作用下的结构变形及其稳定性,以及结构变形对流体载荷分布、操纵面效率的影响等。飞行器的弹性变形及其产生的气动弹性效应,也会对弹性飞行器的静态和动态飞行稳定性产生一定影响。

（1）气动效率与载荷重分布。在气动载荷作用下弹性升力面会发生变形,进而会导致飞行器升力分布发生变化。这类问题会直接影响升力面气动效率及升力面面积的选择。同时气动载荷分布变化也会改变作用在升力面结构上的气动载荷,从而对结构强度设计产生影响。因此该类静气动弹性问题最重要的任务就是确定弹性升力面结构静变形对分布气动力的影响。

（2）静稳定性发散。弹性升力面的升力效率变化取决于结构变形引起的气动载荷变化率与变形引起的结构内应力变化率之间的关系。当来流速度达到某一临界值时,结构变形难以维持这种内外平衡关系从而引起结构失效。最典型的结构静发散为升力面扭转发散,发散对应的来流速度为发散速度。一般来说,扭转发散速度取决于扭转刚度和气动中心与弹性轴弦向距离。

（3）操纵面效率与反效。操纵面的偏转产生的附加气动载荷会引起气动弹性载荷,使得升力面发生变形从而导致操纵效率与刚体系统不同,其操纵效率可能增加或降低。如果在某个临界速度下操纵面效率降为零,则该速度成为操纵面反效速度。保证弹性升力面具有足够操纵效率是进行机翼气动设计和结构设计的重要准则之一。操纵效率取决于气动外载荷与结构变形之间的关系。对于尾缘操纵面而言,操纵效率主要取决于位于前面主翼面扭转刚度、操纵面扭转刚度和伺服系统刚度,以及主翼面和操纵面气动中心之间距离。水平尾翼和鸭舵操纵效率还会受到机身弯曲刚度的影响。

3)气动弹性动稳定性问题

气动弹性动稳定性是典型的气动弹性系统自激振动问题。气动弹性系统受到扰动引起振荡非定常气动载荷,该载荷如果能够维持弹性系统做周期运动,就形成了一种自激振动,也称为颤振(flutter)。能维持等幅周期振动的来流速度称为颤振速度。此时弹性系统从气流中吸取的能量与结构阻尼耗散的能量相等。低于该速度时,对气动弹性系统的微小扰动会衰减,反之则会加剧自激振动。

(1)颤振。颤振现象是弹性结构在均匀气流中由于受到气动力(即空气动力)、弹性力和惯性力的耦合作用而发生的振幅不衰减的自激振动,它是气动弹性力学中最重要的问题之一。当飞行器发生颤振时,大多数情况下整个飞行器都会在某种程度上或多或少参与其中。颤振的形式和机理多种多样。按自由度分包括单自由度颤振和多自由度颤振;按流动形态分包括流动未分离情况的经典颤振和流动分离情况的失速颤振;按结构特性分包括线性颤振和非线性颤振;按发生颤振的对象分,通常包括操纵面嗡鸣、主翼面-操纵面颤振和蒙皮壁板颤振等。操纵面嗡鸣是一种典型的单自由度颤振,其气动阻尼通常由流过操纵面的流动非定常特性或是跨声速升力面运动产生的激波振荡引起。主翼面-舵面系统颤振是一种复杂多模态耦合振动,主升力面的弯曲模态和扭转模态耦合也是机翼-舵面系统最常见的颤振模式。此外伺服机构刚度及其不可逆程度也具有重要影响。操纵面旋转模态气动阻尼变化也会使旋转模态和主翼面耦合和发生颤振。壁板颤振主要可能发生在超声速和高超声速范围,壁板结构以有限幅值振动容易导致其薄弱部位疲劳破坏。

(2)抖振(buffeting)。抖振是指在分离气流或尾流激励下飞行器部件产生的振动。升力型抖振主要出现在翼面上,通常包括大迎角抖振、激波引起的抖振及机翼尾迹导致的尾翼抖振等。当尾翼处于机翼、机翼-机身接合部或其他部件的尾流中时,尾流中的扰动迫使尾翼产生强烈振动。当飞机做大迎角机动飞行时特别容易出现尾翼抖振。机翼抖振主要来自激波振荡或分离流引起的压力脉动。特别是在跨声速范围内,激波诱导边界层分离则是导致抖振的重要原因。这种抖振有时候也被称为自激振动。相较于颤振,抖振不会立刻破坏飞行器结构但会降低飞行器的疲劳寿命,也会对飞行器的气动性能(限制可用升力系数和飞行马赫数)、机载航电设备、乘员舒适性和安全性等产生不利影响。因此,飞行器设计都把抖振作为一个重要因素予以考虑。

(3)气动伺服弹性稳定性。现代先进飞行器发展趋势是飞行控制系统功能不断增加、通频带宽增加、权限增大,飞行器结构轻量化柔性增大。在刚度较大的飞行器经典颤振问题中,维持结构振动的能量完全由非定常气动力提供。但对于装备飞行控制系统的现代飞行器来说,在某些情况下飞控系统的伺服机构也可能为机体结构振动提供能量。

在非定常气动激励作用下，即便是刚性机翼、机身也或多或少会产生振动。而飞行控制系统的传感器(如加速计和陀螺仪)除了接收反映刚体飞行状态的信号外，也会感受到结构附加弹性振动信号。如果结构弹性振动信号的带宽正好落在飞行控制系统带宽内，这一信号就会通过控制器反馈于舵面产生附加高频振动。如果这一高频振动模态产生的附加非定常气动力恰好与机体结构振动模态耦合，就可能会降低整个飞行器原有气动弹性系统的稳定性，从而诱发飞行器气动伺服弹性失稳。

4）气动弹性动响应问题

气动弹性动响应问题是指气动弹性系统受到与系统无关的、随时间任意变化的外部干扰激励作用下系统的强迫运动。这些干扰激励可以是简谐的、周期性的(如涡激振动)、脉冲型的(如突风)或随机型的(如大气紊流)。动态载荷下气动弹性系统的瞬态响应计算是最一般的气动弹性动力学问题。在很多情况下，气动弹性系统的刚体自由度和弹性自由度之间的不利耦合通常会导致弹性结构的动态应力相对于刚体结构明显增加。例如，阵风条件下弹性直机翼对翼根的扭转就比刚体假设计算的扭转要大 15%～20%。

（1）阵风响应(gust response)。大气湍流是飞行器服役过程中很难避免的飞行环境。飞行器在遭遇到阵风或大气湍流等非稳定气流影响时，会导致飞行器结构剧烈振动，或向内部机载设备或有效载荷传递动态应力，影响旅客舒适度甚至导致结构破坏。1966 年英国一架波音 707 客机在富士山附近遭遇强烈湍流致使飞机尾翼断裂，最终飞机解体坠毁。2003 年"Helios"无燃料飞行器试飞过程中遭遇大气湍流而解体并坠入太平洋。2009 年，法航 447 航班在跨洋飞行时遭遇大气湍流导致飞机坠毁。早期的飞机设计很少考虑由阵风引起的动态结构载荷，直到 B‑52 遭遇湍流造成飞机垂尾折断事故才促使人们开展与阵风响应相关的气动弹性理论研究和试验工作。为了解决由阵风诱发的气动弹性响应问题，早期主要通过增加结构刚度来改善飞行性能，但这会显著增加飞机结构质量。随着电传操纵技术的发展日益成熟，民用飞机开始将主动控制技术用于阵风载荷减缓和飞行增稳。适航标准要求考虑主动控制系统时，从限制突风情况得到限制载荷必须考虑任何显著的系统非线性影响。

（2）环境动载荷响应。弹性飞行器服役过程中还有一些特殊环境载荷下的动态响应，也与气动弹性力学相关。一类是瞬态冲击类载荷，典型问题包括飞机起落架放着陆或水面迫降、飞机炸弹舱门或减速板打开、飞行器出入水结构响应等；另一类是随机环境载荷响应问题，包括喷气发动机引起的结构声学环境、运载火箭面积变化率不连续压力脉动环境、液体燃料储箱晃动载荷预测等。当然工程上大多数时候将这类问题最终都归结为强度设计问题，特别是倾向于将强度问题作为在单一载荷作用下疲劳强度的极限标准时。但在某些特殊情况下，有时候也需要综合考虑流固耦合效应对环境载荷的影响。

1.2.2 其他工程中的流固耦合问题

1. 土木工程中的流固耦合问题

风工程是土木工程领域最重要的流固耦合问题。1940 年，Tacoma 悬桥在常态风下发生剧烈抖动变形并被破坏的案例，是流固耦合力学发展史上划时代的事件。对 Tacoma 悬桥倒塌事故颤振机理的研究，使气动弹性问题的重要性首次明显呈现在航空技术之外，并促进了桥梁风工程的飞速发展。对于大跨度桥梁而言,空气和桥梁的相互作用更加明显,风载荷条件更加复杂,抗风设计是现代大跨度桥梁设计的重要环节。尽管目前风洞试验可以保证桥梁抗风安全设计,但流体与结构的相互作用机理仍不清楚。以 Tacoma 大桥为代表的桥梁颤振机理研究仍然是经典课题。

1990 年,在 Tacoma 悬桥破坏 50 周年之际,Wyatt 指出平板的古典弯扭耦合颤振和钝体断面的扭转颤振是两种不同的机制。其后 Matsumoto 通过实验研究了各种桥梁断面的流态和颤振形态,并在实验中发现了涡的形成和沿桥面漂移现象。尽管 Tacoma 悬桥风振破坏已经半个多世纪了,大跨度桥梁风振问题仍未完全解决。例如,2010 年莫斯科伏尔加河上一座新落成的大桥发生了风致振动。2020 年 5 月 5 日,已建成通车 20 余年的广州虎门大桥也发生了低风速下的明显风振现象。目前关于斜拉索风雨振动、涡激振动机理研究仍然是桥梁流固耦合振动研究的热点。

超高层建筑是对风载荷比较敏感的结构。准确确定结构表面的风压情况以便进一步研究风对结构的作用显得尤为重要。同时,高层结构向更高、更柔的方向发展使得结构与风的耦合作用也更为显著。高层建筑棱角明显,大多属于钝体,风场在建筑表面将发生气流的分离、剪切和漩涡脱落,从而会引起结构颤振和抖动。刚度较小的高层建筑在风荷载作用下会产生较大的变形以及动力响应,而结构动力响应又会反作用于风场,并引起结构的自激振动,并有可能进一步引发结构共振从而使结构发生破坏。

坝水耦合问题是土木工程中一大类重要的流固耦合力学问题。1933 年,Westergaard 给出了刚性重力坝在水平地震载荷下的动水压力分布理论解。Westergaard 将该问题简化为预先给定壁面运动规律的半无限液体刚性壁面做微幅振动的声学问题。也就是求解了一个给定边界运动条件的非定常流体动力问题,本质上并未考虑流固耦合作用。但其解仍然作为很多国家大坝抗震设计规范被广泛采用。直到 1970 年,美国加利福尼亚大学 Chopra 给出了考虑液体和坝体弹性结构单自由度耦合振动的解法。此后关于地震载荷作用下地基-坝体-水耦合作用的研究开始得到了广泛关注。

内部充液体结构在外激励作用下的液体晃动和结构振动也是一种常见的土木结构流固耦合问题。对于输液管道稳定性和动响应、多种支撑条件下不同构型管道振动特性等,以往总是假设边界条件是理想简支或固支等,但实际问题中结构固定元件常常因为长期振动、温度交变等因素会出现松动、间隙等非线性因素。在实际复杂环境下的流固耦合问题日益受到人们重视。充液容器流固耦合问题经过几十年的发展,例如,对于地震载荷和风载荷下储液罐结构强度和稳定性问题,基于小幅晃动的线性理论已经比较完善。对于大幅度非线性晃动问题则主要通过试验研究和流固耦合数值方法来进行研究。

2. 船舶与海洋工程中的流固耦合问题

结构物与海洋环境主要是波浪和海流存在相互作用,海洋工程中流固耦合问题日益受到重视,是海洋结构工程设计和施工过程中的关键技术之一。大型浮体和波流的非线性相互作用是典型的流固耦合问题。小尺度结构物如导管架平台、海底管线、立管、锚链结构与部件等,其直径远小于入射波波长,可认为结构物的存在只在其附近流场引起局部扰动,而对波浪绕射作用不明显。对于特征尺度可以和波长相比拟的大型结构物,如重力式平台的本体,半潜式、缆索式、张力腿平台的浮筒等,结构物对波场产生影响,波浪散射作用不可忽略[9]。

(1) 船水耦合问题[10]。船舶结构与其周围水介质的相互作用是普遍存在的现象,也是流固耦合动力学研究的范畴。流场环境因素(波浪、砰击、甲板上浪、液体晃荡、涡流扰动、水下爆炸及声波等)引起的航行船舶、驻留浮体或其他类型海洋结构物的稳态、瞬态和随机动响应(包括刚体运动、结构强迫动变形、振动与噪声等)是船水耦合研究的重要范畴。如重点关注的研究对象是表面重力波的稳态激励或瞬态激励引起的船舶与局部结构动响应,可忽略水的可压缩性对船舶结构所受水动力的影响。强压缩波(如水下爆炸冲击波)或弱压缩波(声波)与船舶结构的相互作用,则必须考虑水的可压缩性。此外,三维波浪砰击、非线性波浪激励力、非线性湿表面效应等复杂因素作用下的船舶三维时域响应,复杂海洋地理及变水深环境下浮式结构物水弹性响应及结构安全性评估,水下柔性仿生体流固耦合响应及其主被动控制技术等都是当前海洋结构物流固耦合研究的热点问题。

(2) 海洋柔性结构涡激振动[11]。在深海平台系统的结构设计中除了要考虑上部浮体本身在作业和极端海况环境下的载荷、系统响应和运动稳定性问题,还要考虑其水下小尺度结构物,如立管、隔水管等细长结构的疲劳和强度问题。深水浮式平台运动幅度相对于潜水固定导管架平台明显增大,上部浮体运动与水下结构的动力耦合作用增强,立管的结构形式更加多样,诱发了新的流固耦合稳定性和动响应问题,如轴向-横向双向耦合、新锁频区域等。涡激振动在本质上是非线性的、自激又自限制的多自由度共振响应,涉及结构运动的非线性,如锁频响应、滞回、位移的跳跃以及分叉和混沌等;又涉及流体力学的非定常剪切层、分离点移动、转捩、湍流等诸多复杂问题。深水平台的水下细长结构立管、海底管线等在海流波浪内波等环境载荷作用下的涡激振动问题一直是国际上深水油气开采结构设计中的热点问题。

(3) 地基稳定性分析中的流固耦合问题[9]。海洋结构物同波流相互作用仅发生在流体介质和固体结构的界面上,流固耦合是通过两者边界上的力和位移平衡及协调引起的。与此不同,如果结构物置于海床上或打桩于地基中,在地基稳定性分析中,孔隙水与土骨架之间的耦合,因固液两相介质部分或全部重叠在一起,难以分开,耦合效应通过描述问题的基本方程体现出来。浮式结构的有限位移向流体介质辐射能量,使松散介质淘蚀改变流场及多孔介质中固液互相耦合,动载荷作用下土体的破坏和液化,风、浪、流、结构、地基等多因素流固耦合也是海洋工程中的前沿课题。

1.3 计算流固耦合力学方法

1.3.1 流固耦合力学建模方法

1. 流固耦合力学方程描述方法

流固耦合力学对流体和结构的相互作用及其运动的描述是建立在连续介质力学原理上的。连续介质力学通常采用欧拉法和拉格朗日法两种方法描述介质力学行为。通常研究固体变形时采用拉格朗日法,而研究流体力学时则主要采用欧拉法。这样描述流固耦合现象时,特别是在流体和固体两相接触的界面处,根据守恒原理和力平衡条件,就可能出现欧拉法、拉格朗日法或两种方法混用策略来建立相互作用方程。下面简要介绍各种建模方法的优缺点[12]。

1）拉格朗日法

对于两种相互作用介质的运动均采用拉格朗日坐标系描述。对于两相介质相对滑移较小可以忽略时,流固耦合界面接触条件就可以直接简化,但是同样也会导致运动方程复杂化。拉格朗日法可以部分克服流固耦合系统仅仅满足接触条件的不足,但这也会导致边值问题需要在流动不变化区域内求解,从而使得流体运动方程远比欧拉法描述复杂得多。当流体和固体相对运动仅沿着未变形表面法线方向做很小滑动,例如,用平均速度描述瞬态振动、爆炸和冲击问题比较困难时,采用拉格朗日法描述流固耦合运动具有优势。

2）相容拉格朗日-欧拉法

相容拉格朗日-欧拉法用来描述相互作用。固体变形采用拉格朗日法,流体运动采用欧拉法,流固耦合接触面则混合两种描述方法。其优势在于求解流固耦合问题时,可以直接利用流体力学和固体力学的基本方程。特别是当固体的变形不大时,通过将变形后各质点变量在变形前状态泰勒级数展开可以进一步简化控制方程。在相容拉格朗日-欧拉法中,边值问题通常在随时间变化的未知区域内求解。通常采用拉格朗日法描述流体运动要比欧拉法复杂得多。接触条件简化是以流体运动方程复杂化为代价的。当接触条件方便性大于运动方程复杂性时,采用单一拉格朗日法有时会更有利。但是经典流体力学中很多一般性结论会发生变化。因此采用何种方法来描述流固耦合相互作用需要具体问题具体分析。

3）任意拉格朗日-欧拉法

任意拉格朗日-欧拉法中固体变形采用拉格朗日法描述,流体则采用能描述空间任意变形和运动的欧拉坐标系描述。在充满流体的区域内,任意拉格朗日-欧拉法消除了相容欧拉-拉格朗日法和单独拉格朗日法在描述两相介质接触条件的不足之处。特别地,当描述流体的坐标系不动时,就退化为相容拉格朗日-欧拉法,而当坐标系和流体一起运动时又得到描述相互作用的单纯拉格朗日法。任意拉格朗日-欧拉法适合于固体变形和流动范围都有很大变化的情况,尤其适合描述边界拓扑不发生变化但存在复杂结构在流体中运动的情况。由于采用运动坐标描述流体运动,流动控制方程显著会复杂化,所以采用任意拉格朗日-欧拉法描述流固耦合系统时,主要采用数值方法进行求解。

2. 流固耦合频域计算方法

流固耦合力学最先是从航空领域发展起来的。颤振计算一直是气动弹性力学的核心问题。早期气动弹性力学的计算方法基本上是围绕颤振求解展开,特别是随着简谐振荡情况下的非定常流动求解方法而不断发展而来。颤振问题属于流固耦合系统稳定性问题,是一种典型的小幅度强周期性振动问题。在电子计算机大规模应用前,相对于时域推进求解方法,基于简谐小幅度振荡假设的非定常流动在频域求解无疑具有明显的计算效率优势。因此当流体和结构小幅度运动且流体可以视为无旋无黏理想流体时,就可以应用小扰动线性势流理论来描述流体运动。从早期不可压缩非定常流动的 Theodorsen 模型（1935 年）、Kussner 模型（1936 年）和涡格法（1943 年）,到可压缩非定常流动细长体理论（Miles,1955 年）和超声速活塞理论（1959 年）,再到 20 世纪 60~70 年代发展起来的偶极子格网法,构成了气动弹性频域计算方法的主要理论基础。特别是以片条理论和偶极子格网法为代表的势流方法,通过引入空气动力影响系数方法(aerodynamic influence coefficient method,AIC)来计算流体/结构耦合非定常气动载荷,成为 MSC. NASRAN 和 ZONA 软件气动弹性频域求解器的核心算法,在解决线性气动弹性工程问题中获得了巨大成功。频域法计算效率高且能快速获得稳态条件下的响应参数的能力,在航空航天领域之外的不可压流固耦合问题特别是水弹性问题中也获得了广泛应用。

基于势流理论的频域计算方法较难处理跨声速、大迎角等强非线性气动流固耦合问题。很多非定常流动(如涡轮机械、旋翼、极限环振荡等)具有明显的周期性特征或存在激波。20 世纪 90 年代以来,强气动非线性周期性流固耦合问题的频域计算方法也获得了广泛关注。K. C. Hall 首先提出了采用非线性频域技术——谐波平衡(harmonic balance,HB)法用来模拟非定常流动。谐波平衡法既具有时域方法的精确性,又具有线化模型的计算效率,目前已经大量用于叶轮机械叶片颤振稳定性预测,并成为当前商业流体软件(如 Fluent 和 CFX)的标准模块。其后发展起来的高阶谐波平衡法通过离散 Fourier 变换和逆变换建立谐波系数和一个周期内等距分布的流场变量之间的关系,进一步提升了计算效率并简化了算法复杂度。Dowell 等则将谐波平衡法推广用于翼型、机翼、全机颤振和极限环预测,以及强迫振荡圆柱绕流的漩涡脱落现象及其导致的锁频问题。但对于振荡频率未知的流固耦合问题(如圆柱绕流的漩涡脱落频率、颤振频率、极限环振荡频率),由于无法通过当前相位值直接判断频率的搜索方向和步长,处理大规模问题时非常烦琐和耗时,失去了频域法计算效率高的优势。

3. 流固耦合时域计算方法

20 世纪 80 年代,随着计算机计算、计算流体力学和有限元技术的快速发展,基于 CFD/CSD(computational fluid dynamics,CFD; computational structure dynamics,CSD)耦合的时域流固耦合分析技术首先在航空领域迅速兴起。其学术思想是通过非线性 Euler/RANS 流动求解器在时间域计算弹性结构在任意运动下的非定常气动载荷,然后将非定常气动载荷与赋予结构运动解析方程或有限元求解器,进而给出弹性结构的时间响应历程。20 世纪 80 年代中期,Bendiksen 开发了基于 Euler 方程和 NS 方程的二维跨声速气动弹性求解器。Guruswamy 接着成功将基于将 Euler/NS 方程的 CFD 技术推广到三维平板机翼时域气动弹性分析。20 世纪 90 年代,Guruswamy、Batina、Dowell 和 Farhat 等众多气动弹性学者开始研究在时域耦合 CFD 求解器与结构有限元求解器,成功预测了气动弹性标模 AGARD 445.6 的"跨声速凹坑"、对 F-16 全机气动弹性性能和 B-1 飞机机翼的极限环线性[13-15]。

在 20 世纪 90 年代末前后,基于松耦合策略的 CFD/CSD 流固耦合数值模拟方法基本成熟。现代意义上的计算流固耦合力学研究框架基本形成,成为流固耦合力学发展史上又一重大里程碑[15]。21 世纪以来,经过十多年的飞速发展,国内外都已具备复杂外形全机非线性气动弹性 CFD/CSD 耦合数值模拟能力[16,17]。不仅 Openfoam、CFL3D、SU2、Code_Saturne 等开源求解器和 TAU、FUN3DOverflow2 等内部求解器集成了流固耦合计算功能,主流商业 CAE 软件 ANSYS、ADININA、STAR CCM +、ACUSOLVE、COMSOL 和 ABAQUS 等都纷纷将流固耦合模拟能力作为标配新功能迅速引入。计算流固耦合力学不仅在航空航天领域得到广泛应用,同时已成为土木、海洋、船舶、机械、生命科学等领域的重要研究手段。

1.3.2 计算流固耦合力学关键技术

1. 流固耦合策略与界面相容技术

由于流固耦合问题涉及流体和结构两种完全不同的介质,在连续介质力学理论框架中,流体力学方程和固体力学方程采用不同的描述方式和求解方法。最直接、最严谨的做法是将流体和固体介质在连续介质力学理论框架内统一采用单独拉格朗日或单独欧拉方程描述,然后对流体变量和固体变量直接求解。这种求解策略通常称为全耦合策略(fully coupling)。全耦合策略数学理论严谨、精度高,但是针对特定问题需要重新构造流固耦合系统控制方程。该耦合方程非线性度强、迭代算法构造难度极大、求解器需要重写,通用性和适应性差,无法继承在工程上广泛使用并经过大量验证的通用流体求解器和结构求解器。因此全耦合求解方法目前仍然停留在学术研究层面和二维流固耦合问题研究,在实际工程问题应用中还处于探索状态。

经过学术界和工业界多年共同努力,目前在实际问题中得到广泛使用的流固耦合策略是分区求解策略,即在任意拉格朗日-欧拉体系下,对流体域和固体域采用各种领域相对成熟的数值方法进行求解,流固耦合界面相容条件通过满足守恒律的数据交换来保证。分区求解策略包括松耦合(loosely coupling)和紧耦合(tightly coupling)两种策略,有的文献也称作弱耦合和强耦合。松耦合策略是最早发展起来并且应用最广泛的流固耦合计算方法。但松耦合方法在简化耦合流程提升计算效率的同时,也造成了流场和结构在物理时间上的不同步,计算时间精度通常只能达到一阶。在标准松耦合方法基础上,人们通过增加不同步数的预测-校正子迭代过程,将标准松耦合方法计算精度提高到时间二阶精度,部分解决了分区耦合方法天然具有的流场和结构时间不同步[17]。

目前工程中常用的计算流固耦合数值求解主要还是分区求解策略,即流体域和结构域分别采用不同类型的求解器求解,因此需要确保耦合界面上质量、动量、能量的守恒,从而满足流固耦合控制方程在耦合界面上位移和力的协调条件。流固耦合界面相容性是通过不同求解器之间的数据传递来保证的,耦合界面插值方法的精度、通用性与流固耦合求解精度密切相关。目前比较成熟的插值方法包括:无限样条函数插值(infinite surface splines,IPS)、薄板样条插值(thin plate spline,TPS)、边界有限元法(boundary element method,BEM)、常体积守恒法(constant volume tetrahedral,CVT)以及径向基函数法(radial basis function,RBF)等方法。这些方法分为全局映射和局部搜索两大类。局部搜索方法是一种表面跟踪法,仅采用局部有限单元的形状函数插值得到未知点的信息,如常体积守恒(CVT)方法。这种方法优点是所需内存小、计算效率高、精度较高并可以处理复杂几何体外形,但其搜索过程较耗时。全局映射方法是一种表面装配法,用全部已知点得到表面样条函数来插值界面上全部未知点,上文提到的 CVT 方法之外的插值算法基本上属于这一类。

2. 流固耦合界面运动处理技术

目前大部分含运动边界的非定常流动计算都是基于网格离散方法的。在工业界得到广泛应用的 CFD/CSD 流固耦合计算方法,也主要是在任意拉格朗日-欧拉框架下有限体积和有限元法的耦合。众所周知,网格质量对基于网格的数值模拟精度具有极其重要的影响。因此在流固耦合时间域推进的每一个时间步上,保证耦合界面运动后当前时刻整个流场求解域的网格质量是保证流固耦合问题求解精度和稳定性的前提。目前面向边界运动的动网格技术主要有嵌套网格法、滑移网格法、网格重绘法、网格变形法和浸入边界法(immersed boundary method,IBM)等几大类。其中前三种属于贴体网格坐标体系下常用的动网格方法,而浸入边界法是笛卡儿坐标下的运动边界处理方法。嵌套网格法和滑移网格法主要用于多刚体相对大位移运动等非定常问题,如列车交会、外挂物投放和叶轮旋转等非定常流动现象。网格重绘法在计算域发生变化后,通过删除该区域的旧网格再生成新网格。网格重绘法具备较大变形适应能力,但所需时间会大幅度增加。一般是在其他动网格技术难以处理的情况下才会采用。

流固耦合计算中的动网格技术通常特指网格变形方法。网格变形方法的任务是在不增减网格节点并保持原有网格拓扑结构条件下,自动调节原有网格节点的变形来以适应耦合界面运动变形。动网格技术能够高效高精度处理各种网格的刚体变形和弹性变形。目前已存在多种动网格技术,主要包括无限插值(transfinite interpolation,TFI)法、弹簧比拟法(spring analogy method,SAM)、反距离加权(inverse distance weighting,IDW)法、弹性力学法(elastic solid method,ESM)、Delaunay 图映射(delaunay graph mapping,DGM)法、径向基函数法及其组合动网格法等。除了无限插值法以外,其他网格变形方法对结构网格和非结构/混合网格都有效。动网格技术的发展方向是通用性好、变形能力强、鲁棒性好、网格质量好和计算效率高[18]。

对于柔性结构流固耦合问题,贴体网格坐标系下的动网格技术会遇到较大困难。而笛卡儿网格坐标体系下的浸没边界法和无网格方法在一些特殊流固耦合问题的边界追踪效果比较好。而建立在固定笛卡儿网格上的 IBM 方法,通过添加体积力项来满足控制方程在物面边界的无滑移条件。在 IBM 中,采用拉格朗日点表示物面边界,通过建立拉格朗日点与笛卡儿网格流体质点之间的映射来模拟边界的运动。因此 IBM 能够高效方便处理各种复杂边界的不规则任意变形运动,在生物流体力学和仿生流体运动模拟得到广泛应用。与有限元求解器耦合的 IBM 方法也在大变形非线性流固耦合问题求解中获得成功。基于笛卡儿网格求解 NS 方程的 IBM 方法在流场求解时需要压力修正过程,不仅影响了求解效率,而且还会使真实物理边界上的时间精度降到一阶。而运动边界捕捉和流场模拟精度对流固耦合力学行为的准确预测又格外重要。目前 IBM 方法在流固耦合问题比较关注的边界处理精度、高雷诺数和可压缩流动模拟等方面都取得了可喜的进展[19]。

无网格法(mesh-less method)在数值计算中不需要生成网格,而是按照一些任意分布的坐标点构造插值函数离散控制方程。无网格法在计算过程中不需要初始划分和重构网格,直接借助于离散点来构造函数,可以非常方便处理固体和流体等连续介质的任意形式大变形运动,避免了动网格方法在处理大变形问题时网格畸变出现负体积导致计算崩溃的缺点。尤其在水下爆炸、海浪冲击及激波管等特殊瞬态问题中具有显著优势。由于不需要网格重构过程,光滑粒子法(smoothed particle hydrodynamics,SPH)就在不可压流耦合问题特别是水动力相关流固耦合问题中得到广泛应用[20]。SPH 方法已经被 LS-DYNA、AUTODYN、XFlow、PowerFLOW、RADIOSS、VIRGO 等商业软件作为功能模块实现。但也正是因为无须预先划分计算域网格,复杂的布点与粒子追踪过程使得无网格流体求解器相比网格类求解器计算量要大很多。为了提高模拟效率,无网格方法和网格类方法的混合方法也在快速发展中[20,21]。此外,无网格方法在流体壁面附近湍流预测精度和有激波间断可压缩流动等预测精度还有待进一步提高。

3. 流体和结构高保真数值模拟技术

非线性流固耦合数值模拟精度和可信度依赖于流体模型和结构模型对实际流固耦合系统的保真度。目前流场求解器从简单的势流模型、欧拉方程发展到三维平均雷诺 NS 方程及大涡模拟模型。结构求解器也早已从线性梁理论、板壳单元发展到非线性三维实体单元有限元模型。不同保真度的流体和结构求解器包括四种典型组合:① 线性流体求解器+线性结构求解器;② 线性流体求解器+非线性结构求解器;③ 非线性流体求解器+线性结构求解器;④ 非线性流体求解器+非线性结构求解器。

作为典型的多学科交叉领域,流固耦合力学领域的各种新问题随着相关学科新技术的发展也层出不穷。计算流固耦合力学的发展趋势是进一步考虑流动非线性影响因素(如激波、激波与边界层耦合、流动分离、爆炸、空化、真实气体效应等)和结构非线性因素(如柔性、大变形、间断或接触、弹塑性、摩擦等非线性阻尼、相变等)的各种强非线性流固耦合问题求解方法。例如,爆炸等高压瞬态流固耦合问题使得同一结构区域可能同时呈现流体、弹性和塑性等状态,需要发展考虑物态变化的流固耦合模拟方法。高超声速流动中的气动加热和真实气体效应形成了气动热弹性力学;流体、结构和控制学科交叉形成的气动伺服弹性力学;流体、结构和声学交叉产生了流固耦合振动噪声问题。这些多学科交叉流固耦合问题都需要计算流固耦合力学引入更完善保真的数学模型和更丰富的数值求解方法。

当前流固耦合数值方法发展很快,包括边界元法、有限元法、有限差分法、有限体积法等在内的贴体网格类方法,求解 NS 方程和格子玻尔兹曼方程的浸没边界方法,光滑粒子法、物质质点法、等几何分析等无网格方法,以及上述各类方法的组合或耦合方法等[9-21]。但需要特别指出的是,数值计算方法和数值模型或多或少都采用了这样或那样的假设和简化,数值模拟的天生内在局限性可能会导致对某些条件下流固耦合现象内在机理认识不足,也可能难以准确捕捉复杂对象所呈现的一些新现象。因此在采用计算流固耦合力学方法来指导实际工程中的流固耦合问题时,需要特别重视结合试验研究来验证、确认、修正和完善流固耦合数值模型,尽可能提高流固耦合工程问题数值模拟结果的有效性和可靠性。

4. 流固耦合数值模拟使能技术

尽管表征复杂流固耦合系统的偏微分方程可以通过 CFD/CSD 耦合方法直接进行高精度的数值模拟,从而可以提供离散化流场变量的详尽时空信息。但是如果缺乏其他辅助工具和分析方法,单靠数值模拟提供的高阶模型和海量数据本身并不足以深入解释和描述系统的复杂动力学行为。更重要的是大型复杂系统数值模拟计算耗费巨大,针对单点状态的数值模拟方法很难直接应用于控制模型综合、多变量优化、稳定性预测和实时仿真等多学科设计领域。在面向单点的高精度高可信度数值分析和面向多点的多学科分析与设计需求之间存在很大的鸿沟。这就需要发展面向工程设计日程使用的 CFD/CSD 耦合计算使能技术。

一方面,继续通过改进数值算法和引入并行技术来提高 CFD/CSD 耦合时域计算效率是最直接的一种策略,同时也是 CFD/CSD 耦合数值模拟方法核心关键问题之一;另一方面也可以通过引入非线性系统模型降阶技术来提升 CFD/CSD 耦合方法的建模效率。20 世纪 90 年代中期,为了解决 CFD/CSD 耦合数值模拟方法用于飞行器气动弹性分析计算耗费太大的问题,在 NASA 和美国空军资助下,以杜克大学 Dowell 和 NASA 的 Silva 为代表的气动弹性领域学者们提出基于 CFD 数值模型构造非定常流场降阶模型(reduced-order model,ROM)的思想。构造 ROM 的目标主要有两点:一是以远少于原数值模型的阶数和计算耗费提供系统主要动力学特征较精确的数学描述;二是为研究者解释系统动力学特征提供工具。

ROM 是由流场全阶 CFD 模型(通常在几十万、几百万阶或更高)的近似投影获得的低阶数学模型,它能以相对较少的自由度(通常在几十阶或几百阶)来描述原系统的主要动力学特性,在保留全阶高精度 CFD 模型的可信度和高保真度的同时,计算量又不太大(几乎可以近实时获得结果),且能够方便地与其他学科模型通过 ROM 集成,在单点仿真的高可信度 CFD 数值模型和复杂多学科耦合系统仿真与设计之间架起了一座桥梁。ROM 的思想提出后立刻就得到了学术界和工程界的广泛关注,成为计算气动弹性领域的一个研究热点,被认为是近年来计算气动弹性力学领域的又一个重大突破。目前降阶模型类型包括基于特征模态法、谐波平衡法、系统识别法和本征正交分解(proper orthogonal decomposition,POD)等。系统识别法是根据系统输入输出信号数据来建立 ROM,而特征模态分解方法则是从流固耦合控制方程出发,将控制方程投影到系统特征来建立 ROM。在颤振分析、极限环预测、阵风响应和颤振主动控制等气动弹性问题中得到广泛使用,在流动主动控制、气动外形优化和飞行等模型或数据驱动的多点仿真领域开始得到初步应用[22]。

目前广泛使用的各种流固耦合模型降阶技术,其数学理论基础是各种投影法、正交特征/动态分解、神经网络和系统辨识算法等。无论是系统辨识 ROM 还是特征分解 ROM,都受限于所依赖的数学算法基础,难以直接构造出包含分离和漩涡等强非线性多尺度流动现象的泛化能力强降阶模型。尽管 ROM 已经在很多领域展出现优良性能,但是现有降阶模型方法还远不能满足众多工程领域应用需求。未来一段时间,还需要发展更多保精度、保性能和保效率的高性能大规模复杂非线性系统的降阶模型方法[23]。居于当前大数据、大计算、大决策三位一体的新一代人工智能核心地位的深度学习技术,蕴含着对大计算给出的大数据构建简化表示模型来预测系统复杂动力学行为的方法论,为突破基于经典数学理论所构造的降阶模型所面临的建模效率不够高、非线性能力描述不足和对系统参数变化敏感等难题提供了全新的解决途径。

【小结】

本章首先对流固耦合力学现象、分类和基本概念进行了介绍。在 1.2 节介绍了航空航天、土木和海洋船舶工程中的常见流固耦合力学问题,并对气动弹性力学问题进行了较为详细的介绍。1.3 节详细介绍了计算流固耦合力学建模方法与求解方法,以及流固耦合策略与数据交换、动网格技术、高保真建模和应用使能技术等关键技术。通过学习本章,读者可以了解计算流固耦合力学研究体系和技术框架。

参 考 文 献

[1] 邢景棠,周盛,崔尔杰.流固耦合力学概述[J].力学进展,1997,21(7):19-38.

[2] Zienkiewicz O C. Coupled problems and their numerical solution//Lewis R W, Bettess P, Hinton E. Numerical methods in coupled systems[M]. New York: John Wiley and Sons Ltd, 1984.

[3] 裴吉,袁寿其.离心泵非定常流动特性及流固耦合机理[M].北京:机械工业出版社,2014.

[4] 张阿漫,戴绍仕.流固耦合动力学[M].北京:国防工业出版社,2011.

[5] Collar A. The expanding domain of aeroelasticity[J]. The Aeronautical Journal, 1946, 50(428): 613-636.

[6] Garrick I E. A survey of aerothermoelasticity[J]. Aerospace Engineering, 1963,22:140-147.

[7] William P R.气动弹性力学理论与计算[M].万志强,等,译.北京:航空工业出版社,2014.

[8] 陈桂彬,杨超,邹丛青.气动弹性设计基础[M].第 2 版.北京:北京航空航天大学出版社,2010.

[9] 李家春,王涛.海洋工程中的流固耦合问题[J].非线性动力学学报,1999,6(4):286-292.

[10] 吴有生,邹明松,丁军,等.波浪及海洋水声环境中的船舶水弹性力学理论与应用[J].中国科学:物理学·力学·天文学,2018,48(9):6-19.

[11] 陈伟民,付一钦,郭双喜,等.海洋柔性结构涡激振动的流固耦合机理和响应[J].力学进展,2017,47(1):25-91.

[12] 朱洪来,白象忠.流固耦合问题的描述方法及分类简化准则[J].工程力学,2007,24(10):92-99.

[13] Bendiksen O. Transonic flutter analysis using the Euler equations[C]. New Jersey: 28th Structures, Structural Dynamics and Materials Conference, 1987: 911.

[14] Guruswamy G P. Unsteady aerodynamic and aeroelastic calculations for wings using Euler equations [J]. AIAA Journal, 1990, 28(3): 461-469.

[15] Ramji K. Fluid-structure interaction for aeroelastic applications[J]. Progress in Aerospace Sciences, 2004(40): 535-558.

[16] 安效民,徐敏,陈士橹.多场耦合求解非线性气动弹性的研究综述[J].力学进展,2009,39(3):284-298.

[17] 徐敏,安效民,康伟,等.现代计算气动弹性力学[M].北京:国防工业出版社,2016.

[18] 张伟伟,高传强,叶正寅.气动弹性计算中变形网格方法研究进展[J].航空学报,2014,35(3):303-319.

[19] 王力,田方宝.浸入边界法及其在可压缩流动中的应用和进展[J].中国科学:物理学·力学·天文学,2018,48(9):094703.

[20] Xing J T. Developments of numerical methods for linear and nonlinear fluid-solid interaction dynamics with applications[J]. Mechanics in Engineering, 2016, 38(1): 124.

[21] Liu M, Zhang Z. Smoothed particle hydrodynamics (SPH) for modeling fluid-structure interactions [J]. Science. China-Physics. Mechanics & Astronomy, 2019, 62(8): 1-38.

［22］陈刚,李跃明.非定常流场降阶模型及其应用研究进展与展望［J］.力学进展,2011,41（6）：686－701.

［23］李东风.面向结构参数变化的跨声速气动弹性降阶模型及其应用［D］.西安：西安交通大学,2019.

第 2 章
计算结构力学方法基础

学习要点
- 掌握：结构在静力和动力条件下，受指定载荷、温度和约束作用的变形和应力分析方法
- 熟悉：结构分析的矩阵建模方法，静力、动力和热结构分析方法
- 了解：子结构法、矩阵力法、材料的温度相关性、残余应力

结构力学是研究结构的合理形式以及结构在受力状态下内力、变形、动力响应和稳定性等方面规律性的学科[1]。从本质上讲，结构力学就是要确定结构在静力和动力条件下，受指定载荷、温度和约束作用的变形和应力分析。然而，为了保证结构的整体性和有效性，还必须探求其他很多领域，例如，应力和位移的分布、结构稳定性、热弹性、热弹塑性、塑性、蠕变、蠕变屈曲、自振频率和振型、气动弹性(颤振、操纵反效、变形发散等)、动力响应、应力集中、疲劳和断裂、结构的优化设计等一系列问题[2-4]。

在计算结构力学出现以前，都是将结构划分成杆、梁、板、壳、体等不同类型的部件，然后按照各个对象的特点建立结构力学模型，由平衡、连续、物性三者的统一分别基于力法、位移法，或者其他方法(如能量原理、变分法等)开展结构分析[5,6]。相较于以理论推导解析为主要手段的经典结构力学，计算结构力学在理论上更统一且更有活力，应用上更方便且更广泛，不仅能够更真实和可靠地反映实际，而且大大降低解决问题的智力成本、缩短研究周期。

在大力推广 CAD 技术的今天，从自行车到航天飞机，所有的设计制造都离不开有限元分析计算。有限元分析技术在工程设计和分析中得到越来越广泛的重视。早在 20 世纪 50 年代末、60 年代初，很多国家就投入大量的人力和物力开发具有强大功能的有限元分析程序[7,8]。其中最著名的是由美国国家航空航天局(NASA)在 1965 年委托美国计算科学公司和贝尔航空系统公司开发的 NASTRAN 有限元分析系统[9]。该系统发展至今已有几十个版本，包括 MSC. PATRAN、MSC. NASTRAN 等系列软件。发展至今，世界各地的研究机构和大学也开发了一批规模较小但使用灵活、价格较低的专用或通用有限元分析软件，主要有德国的 ASKA、英国的 PAFEC、法国的 SYSTUS、瑞典的 COMSOL、美国的

ABAQUS、ADINA、ANSYS、COMSOL、LS-DYNA、MARC 和 STARDYNE 等公司的产品[10-12]。

计算结构力学主要包括以下几个基本任务[13]：① 根据功能和服役环境等方面的要求,结合结构组成规律,确定结构的合理形式;② 研究结构内力、变形、动力响应和稳定性计算理论和计算方法;③ 发展计算理论和方法以根据结构形式确定承载能力,或根据服役环境确定结构形式,或对结构的受力响应进行控制。计算结构力学的求解方法和求解器是推动计算流固耦合力学发展的重要基础和关键支撑技术。本章简要介绍计算结构力学方法基础,为后续构建计算流固耦合力学方法提供理论和方法基础。

2.1　结构静力分析的矩阵法

2.1.1　矩阵法分析结构静力问题的基本步骤

工程结构是一种连续参数系统。结构的静力学模型为了描述结构变形的空间信息,通常表述为偏微分方程(组)的形式。结构静力分析在数学上可以认为是求解偏微分方程(组)的边值问题。而这一类问题只有在一些最简单的情况下才能找到理论精确解[14]。对于复杂工程结构往往不得不采用近似解法。结构分析方法常见分类如图 2.1 所示。

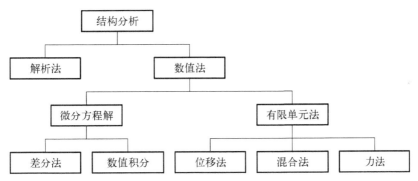

图 2.1　结构分析方法的分类

结构静力分析近似解法的目的是将无限维结构问题转化为有限维结构问题,也就是将空间上无限多个自由度的结构系统(连续参数系统)离散为有限个自由度的结构系统(离散参数系统)。因此又可将这种模型降维方法称为空间离散化方法。常用的空间离散化方法包括伽辽金法、有限差分法、有限单元法、有限体积法等[15]。通过空间离散化,结构静力分析转化为求解有限个自由度代数方程组的问题,从而可以利用矩阵法开展结构静力分析。

基于矩阵法的结构静力分析基本步骤如下。

1) 结构理想化

将真实结构简化为力学模型一般都需要引入简化假设,例如,用平面代替曲面等几何简化,用简支、固支、弹性支撑代替结构内部铰接、焊接、螺栓连接等边界条件简化,以及对载荷类型、分布和作用方向的简化等。这些理想化的简化假设都会在计算结果中引入理想化误差。

2）结构离散化

将连续的求解区域离散剖分为有限个互不重叠且相互连接的单元,并在各单元上分片的构造基函数(插值函数),根据变分原理或加权余量法,用单元基函数的线性组合来逼近单元中的真解。

3）建立单元刚度方程

单元刚度方程需要满足变形协调条件并保证静力平衡,单元刚度方程的建立过程如下。

(1)构建位移函数:根据收敛准则建立位移函数的近似表达式,或者根据假定的形状函数由节点位移插值得到单元任意位置的位移。

(2)导出几何关系:将位移函数代入应变-位移关系中,通过对形状函数的微分运算可推导出描述单元应变和节点位移之间关系的几何矩阵。

(3)引入弹性关系:由描述材料应力-应变关系的本构方程引入弹性矩阵。

(4)导出应力矩阵:建立单元应力和节点位移之间的关系,导出应力矩阵。

(5)计算单元刚度矩阵和等效节点载荷:根据最小势能原理计算单元的刚度矩阵和等效节点载荷,形成单元刚度方程。

4）建立总刚度方程

将整个求解区域上总体的基函数看作由每个单元基函数组成,并把总体的极值作为各单元极值之和,即将局部单元组装成总体结构。总刚度方程的建立过程大体可分为两步:

(1)通过坐标变换将单元刚度矩阵和等效节点载荷向量转换到总体坐标系下;

(2)全结构平衡,形成总刚度方程。

5）引入边界约束条件

引入边界约束条件以消除结构的刚体运动,来保证刚度方程能够求解。

通过上述步骤2）~5）,形成了结构静力分析的矩阵方程。由于结构离散过程中用有限个自由度的结构模型取代无限个自由度的结构系统,该过程将引入离散误差。

6）求解刚度方程

处理了边界约束条件之后的结构刚度方程是一个大型的线性代数方程组,可采用直接法或迭代法等数值方法进行求解。由于数值计算中数据截断、舍入等因素,不可避免会带来计算误差。

7）计算结构的内力、应力、应变等

通过求解刚度方程,可以得到结构上所有节点各自由度方向上的位移。对于每一个单元,在明确了节点位移的情况下即可根据几何关系计算单元的应变,进而可由弹性关系计算单元的应力。所有单元的应力/应变可以近似反映整体结构的应力/应变分布,对指定区域的应力做积分即可获得该区域中结构的内力。

2.1.2 矩阵位移法

在一定载荷作用下,结构位移的大小取决于结构的刚度,刚度越大则结构的位移越小;反之,刚度越小位移就越大[16]。在矩阵位移法中,单元和结构的刚度都采用矩阵形式表达,分别称为单元刚度矩阵和总刚度矩阵。刚度矩阵可由力与位移之间的关系得到。通过刚度矩阵将节点位移和节点力联系起来。对每一个单元,力与位移之间的关系可写成如下形式:

$$k^e \cdot w^e = f^e \qquad (2.1)$$

式中,k^e 为单元刚度矩阵;w^e 为单元的节点位移向量;f^e 为单元的节点力向量。式(2.1)称为单元刚度方程。同样,对于一个结构来说,力和位移之间的关系可表示为

$$k^0 \cdot w^0 = f^0 \qquad (2.2)$$

式(2.2)称为总刚度方程。其中,k^0 为总刚度矩阵;w^0 为总的节点位移向量;f^0 为总的力向量。需要说明的是,w^0 和 f^0 中包含了所有节点(含约束节点)自由度上的位移和力。总刚度矩阵 k^0 中的项,实际上表示当结构在某一自由度上发生单位位移而其余自由度上的位移均保持为零时对应的节点力。在线性结构理论中,刚度矩阵中各元素均为常数。结构的总刚度矩阵由各单元刚度矩阵线性叠加构成。

结构静力平衡方程的求解需要考虑边界约束条件。在边界约束作用下,对应约束自由度的位移为已知量,因此可以采用"删行删列"或"置大数"等方法将边界约束条件引入总刚度方程,得到结构的刚度方程如下:

$$k \cdot w = f \qquad (2.3)$$

式中,k 为结构刚度矩阵;w 为除约束自由度以外的结构节点位移;f 为除约束自由度以外的节点力。

2.1.3　直接刚度法

总刚度矩阵 k^0 中第 i 行第 j 列的元素 k^0_{ij} 表示第 j 个自由度上节点的单位位移在第 i 个自由度上引起的力分量。这个力分量应该包含所有连接自由度 i 和自由度 j 的单元在自由度 i 上的力分量贡献。直接刚度法通过建立单元刚度矩阵和总刚度矩阵自由度之间的联系,以及单元局部坐标系和结构总体坐标系之间的坐标变换关系,直接将各单元刚度矩阵的元素经坐标变换后对号放入总刚度矩阵进行叠加,形成总刚度矩阵。

结构有限元模型的总刚度矩阵具有三个主要特性[17]:① 对称性:刚度矩阵是对称矩阵,在构建总刚度矩阵的过程中可以利用该特性简化运算。② 奇异性:刚度矩阵是奇异矩阵,其行列式值为零。从数学上看,如果结构的总刚度方程中已知总刚度矩阵 k^0 和节点力向量 f^0,由于总刚度矩阵 k^0 的奇异性,如果总刚度方程有解,则必定是无穷多解,结构的位移状态 w^0 仍无法确定。从物理上看,当结构受到的所有节点力均为已知时,虽然结构变形可以完全确定,但此时结构整体仍可作刚体运动,节点位移无法确定。为了限制结构的刚体运动,必须引入位移边界条件。③ 稀疏性:总刚度矩阵中非零元素少,零元素多。由于结构经有限元离散后节点很多,而某一节点仅与周围少数单元节点相关,因此总刚度矩阵中存在大量零元素,节点越多总刚度矩阵越稀疏。

在结构静力分析中,一般先确定结构的服役环境和载荷,在已知节点外力的情况下分

析结构的变形和内力。例如,在结构总刚度方程式(2.2)中根据节点力向量 f^0 计算节点位移 w^0。然而,并非所有的节点位移都是未知量。例如,支座处的位移边界条件往往限制了部分节点的位移,这时节点位移为已知量(例如,位移为零)。如果定义节点的未知位移和对应的力向量分别为 w_a^0 和 f_a^0,已知位移和对应的力向量分别为 w_b^0 和 f_b^0,总刚度方程可通过换行换列等价变换为如下形式:

$$\begin{bmatrix} k_a^0 & k_{ab}^0 \\ k_{ba}^0 & k_b^0 \end{bmatrix} \cdot \begin{bmatrix} w_a^0 \\ w_b^0 \end{bmatrix} = \begin{bmatrix} f_a^0 \\ f_b^0 \end{bmatrix} \tag{2.4}$$

式(2.4)可以展开为联立方程组的形式:

$$k_a^0 \cdot w_a^0 + k_{ab}^0 \cdot w_b^0 = f_a^0 \tag{2.5a}$$

$$k_{ba}^0 \cdot w_a^0 + k_b^0 \cdot w_b^0 = f_b^0 \tag{2.5b}$$

如果支座处的已知位移均为零,即 $w_b^0 = 0$,则有

$$k_a^0 \times w_a^0 = f_a^0 \tag{2.6a}$$

$$k_{ba}^0 \times w_a^0 = f_b^0 \tag{2.6b}$$

由式(2.6a)就可以求解未知节点位移 w_a^0。如果定义结构刚度矩阵 $k = k_a^0$;除约束自由度以外的结构节点位移 $w = w_a^0$;除约束自由度以外的节点力 $f = f_a^0$,则式(2.6a)就是结构的刚度方程。该方程相当于在总刚度方程中将已知位移为零的节点自由度对应的行和列删去,形成的子方程组。这种处理位移边界条件的方法称为“删行删列”法。

支座处的位移约束消除了结构发生刚体位移的可能性,这样在给定载荷作用下结构的变形和位移都是唯一确定的,因此结构刚度矩阵 k 是对称的正定矩阵。当外载荷已知时,求解结构刚度方程即可得到所有未知的节点位移 w_a^0,将 w_a^0 代入式(2.6b)即可求得全部支反力。结合单元刚度方程,也可以由节点位移求得结构各单元的内力。

2.1.4 子结构法

高精度计算往往伴随着矩阵规模呈几何级数增长,而矩阵规模的增长同时意味着计算资源和消耗的增加。人们对高精度同时兼具低成本计算的追求催生了多种高效率的计算和存储方法,例如,适应稀疏矩阵的总刚度矩阵存储方式、高效且省内存的矩阵方程求解方法等。子结构方法是一种利用结构本身特性求解大型结构矩阵方程的有效方法。

从概念上,子结构是对单元的推广和扩大,即将若干个基本单元装配在一起,组成一个新的结构单元。这个新的结构单元称为原结构的子结构或广义单元。子结构法首先将一个大型的复杂结构划分为若干个子结构,先分别确定各子结构的刚度特性,然后再将子结构装配成整体结构,最后确定整体结构的刚度特性[18]。

如图 2.2 所示的双塔钢架结构,按照一般有限元解法共有 24 个未知节点位移,需要解 24 元的联立方程组。如果把两侧钢架各看成一个子结构,则可将原结构看成是由子结

构和杆单元的组合体系。子结构各有 12 个
未知的结构位移,而组合体仅有 6 个未知的
结构位移。在所有的节点中,子结构之间以
及子结构与一般单元之间连接的节点占有
重要地位。这种节点称为界面节点或外部
节点,如图 2.2 的节点。因此,可以将子结
构看成是在外部节点处与组合体系的其他
单元连接的广义单元。这个广义单元本身
就是由若干一般单元组成的,而组合体系则
是由若干广义单元与一般单元所组成的。

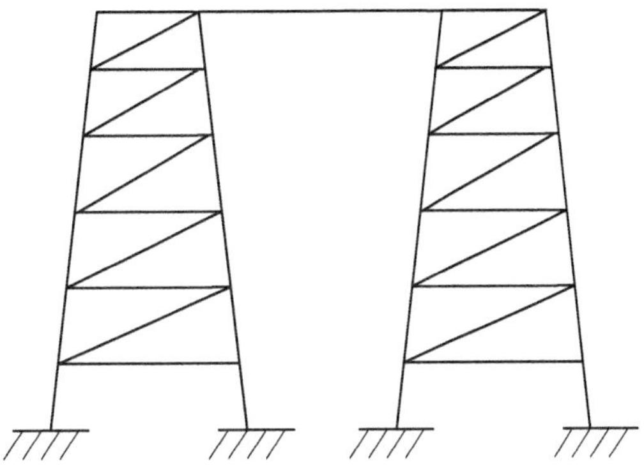

图 2.2 双塔钢架结构

子结构分析的基本思路和步骤如下:

(1)建立子结构外部节点位移与外部节点力之间的刚度关系,由此得到子结构相对
于外部节点位移的刚度矩阵。子结构外部节点刚度矩阵简称为次刚度矩阵;

(2)求出各个子结构的刚度矩阵后,按照子结构的外部节点自由度在总刚度矩阵的
对应自由度上叠加刚度矩阵元素,然后按照有限元的基本方法分析组合体系,从而得到组
合体系的全部节点位移,其中包括外部节点位移;

(3)根据求出的外部节点位移,求出子结构的全部节点位移,进而求出子结构中各个
单元的内力。

2.1.5 矩阵力法

与矩阵位移法不同,矩阵力法采用力(广义力)作为基本未知量,首先求解力(广义
力),然后根据解出的力计算结构位移。矩阵力法的计算效率要高于矩阵位移法。实际
上,早期发展矩阵力法的驱动力就是因为矩阵位移法对计算技术和手段的要求过高,超出
了当时的计算能力。自 1873 年和 1889 年卡斯提也努(Carlo Alberto Castigliano)和恩格赛
(Friedrich Engesser)分别提出了相关理论以来,力法一直被广泛应用于各种结构分析。直
至 1960 年代,随着计算机和数值计算技术的发展,矩阵位移法才逐渐取代矩阵力法成为
结构力学的主流分析方法[19]。

矩阵力法首先建立用单元力描述的静力平衡方程。对于静定结构,未知力的数目恰好
等于独立平衡方程的数目,由平衡方程组可以确定所有的力,进而就能确定单元的应力和位
移。对于静不定结构,未知力的数目超过独立平衡方程的数目,就不能单纯依靠静力平衡方
程求解。需要引入变形协调条件,导出平衡且协调的矩阵方程(组)。通常采用两种方法建
立矩阵力法方程:① 人工法:人工选定基本结构,根据对基本结构的内力计算结果建立矩
阵分析方法;② 秩力法:利用线性代数中秩的运算技巧(如 Jordan 消元法),分离出节点平
衡方程中多余的力,从而建立平衡且协调的矩阵力法方程。由于矩阵力法不需要使用近似
的位移函数计算应力,因此通常可以获得比矩阵位移法更高的应力计算精度。

2.1.6 机翼静力分析案例

一种高空长航时无人飞行器的平面外形示意图见图 2.3[20]。其长直机翼的展弦比为

32,其他结构参数见表 2.1[20]。基于工程梁理论建立机翼的结构模型。首先,用梁单元模拟结构的刚度特性,建立机翼的结构有限元模型;其次,沿机翼展向布置集中质量块以模拟质量和惯量的展向分布;最后,在机翼上施加载荷,开展机翼结构的静力分析。

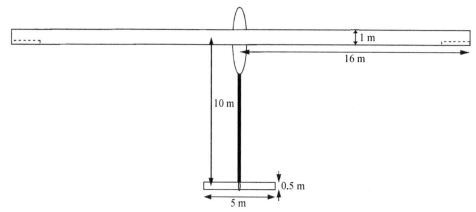

图 2.3 高空长航时无人飞行器外形示意图[20]

表 2.1 大展弦比机翼的模型参数

参 数	数 值	参 数	数 值
半翼展/m	16	质心	50%弦长
弦长/m	1	弯曲刚度/($N \cdot m^2$)	2×10^4
密度/(kg/m)	0.75	扭转刚度/($N \cdot m^2$)	1×10^4
惯量/(kg·m)	0.1	面内刚度/($N \cdot m^2$)	5×10^6
弹性轴位置	50%弦长		

高空长航时无人机的结构有限元模型见图2.4。采用工程梁模拟结构的刚度特性,选用非结构质量模拟结构的质量特性。假设机翼根部固支,在沿展向的均布载荷作用下该大展弦比机翼翼梢处的载荷-变形曲线如图2.5所示。可见,在线弹性有限元分析中,机翼变形随载荷增大而线性增长。当展向载荷密度为10 N/m时,机翼展向变形挠曲线计算结果如图2.6所示。该案例在 MSC. NASTRAN 中的模型文件和计算输出见相关数字资源。

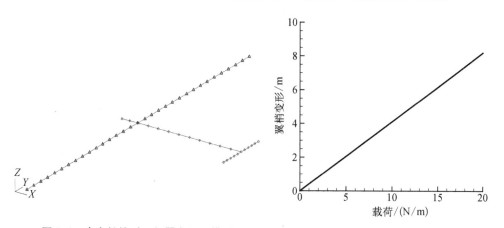

图 2.4 高空长航时飞行器有限元模型　　图 2.5 机翼翼梢变形与载荷的关系

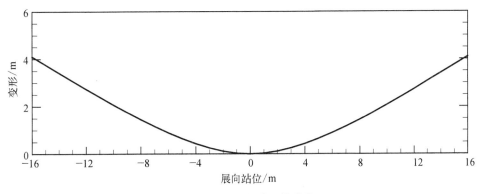

图 2.6　机翼展向变形挠曲线

2.2　结构动力分析的有限单元法

2.2.1　结构动力学方程

结构动力学方程中,结构的变形响应既与空间位置有关,同时又是时间的函数。基于分离变量原则,可以将位移函数 $d(x, y, z, t)$ 写成形状函数 $H(x, y, z)$ 和节点位移 $w^e(t)$ 的乘积,即

$$d(x, y, z, t) = \sum_{i=1}^{n} H_i(x, y, z) \cdot w_i^e(t) \tag{2.7}$$

式中, $H_i(x, y, z)$ 和 $w_i^e(t)$ 分别为第 i 个节点对应的形状函数和位移; n 为单元的节点数。

于是,以矩阵描述的单元位移场可以描述为节点位移的插值,表达式如下:

$$d = H \cdot w^e \tag{2.8}$$

式中, d 为单元位移场向量; H 为形状函数矩阵; w^e 为节点位移向量。

采用能量法建立结构的动力学方程。首先,单元的动能 T 与结构材料密度 ρ 和振动速度 $\dot{d}$ 有关:

$$T = \int_{\Omega} \frac{1}{2} \rho \dot{d}^{\mathrm{T}} \dot{d} \mathrm{d}\Omega \tag{2.9}$$

式中, Ω 为单元的体积。

单元的总势能 U 包含弹性势能和外力功,表达式如下:

$$U = \frac{1}{2} (w^e)^{\mathrm{T}} k^e w^e - (w^e)^{\mathrm{T}} f^e \tag{2.10}$$

对于有阻尼系统,假设存在与振动速度成正比的阻尼力,则单元中还存在能量耗散,其耗散函数为

$$F_c = \int_\Omega \frac{1}{2} \nu \dot{d}^{\mathrm{T}} \dot{d} \, \mathrm{d}\Omega \tag{2.11}$$

定义单元的质量矩阵 m^e 和阻尼矩阵 c^e 分别为

$$m^e = \int_\Omega \rho N^{\mathrm{T}} N \mathrm{d}\Omega \tag{2.12a}$$

$$c^e = \int_\Omega \nu N^{\mathrm{T}} N \mathrm{d}\Omega \tag{2.12b}$$

则单元动能和耗散函数可以写成节点位移的函数如下：

$$T = \frac{1}{2} (\dot{w}^e)^{\mathrm{T}} m^e \dot{w}^e \tag{2.13a}$$

$$F_c = \frac{1}{2} (\dot{w}^e)^{\mathrm{T}} c^e \dot{w}^e \tag{2.13b}$$

考虑耗散的拉格朗日方程具有如下形式：

$$\frac{\mathrm{d}}{\mathrm{d}t} \left(\frac{\partial L}{\partial \dot{w}_i^e} \right) - \frac{\partial L}{\partial w_i^e} + \frac{\partial F_c}{\partial \dot{w}_i^e} = 0, \ i = 1, 2, \cdots, n \tag{2.14}$$

式中，拉格朗日函数 $L = T - U$。

基于哈密尔顿原理和拉格朗日方程，可以导出单元的结构动力学方程如下：

$$m^e \ddot{w}^e + c^e \dot{w}^e + k^e w^e = f^e \tag{2.15}$$

将所有单元的动力学方程按有限元方法组装在一起，并处理边界约束条件，就可以得到结构的动力学方程如下：

$$m\ddot{w} + c\dot{w} + kw = f \tag{2.16}$$

式中，m、c、k 分别是结构的质量矩阵、阻尼矩阵和刚度矩阵；w 和 f 分别为结构节点处的位移向量和外载荷向量。

2.2.2 自由振动的固有特性

在结构振动过程中不受外部载荷作用的振动称为自由振动。自由振动的频率、振型等特性称为结构振动的固有特性。振动固有频率和振型可以从无阻尼系统的动力学方程导出。无阻尼系统动力学方程如下：

$$m\ddot{w} + kw = 0 \tag{2.17}$$

假设结构做简谐振动，节点位移具有如下形式：

$$w = w_0 \cos \omega t \tag{2.18}$$

式中，w_0 为各节点振幅向量；ω 为振动圆频率；t 为时间。

简谐振动下无阻尼系统的振动方程可化为如下形式：

$$(k - \omega^2 m)w_0 = 0 \tag{2.19}$$

由于结构处于自由振动状态，各节点振幅 w_0 不可能全为零，式（2.19）成立的充要条件是系数矩阵的行列式等于零，即

$$|k - \omega^2 m| = 0 \tag{2.20}$$

式（2.20）构成了无阻尼自由振动的特征方程。由特征方程可以通过求解特征值问题解出 ω^2，进而获得一系列自由振动频率 ω_1，ω_2，$\cdots$，ω_n 和对应的振型 w_{01}，w_{02}，$\cdots$，w_{0n}。自由振动频率从低到高排列，频率最低的 ω_1 称为第一阶频率或基频。从上述特征方程获得的频率和振型都与振动的激励无关，仅取决于结构的质量和刚度等系统固有特性，因此也称为结构的固有频率（模态频率）和固有振型（模态振型）。

一个 n 自由度的结构有 n 阶固有振型（或称为主振型），各阶固有振型关于质量矩阵和刚度矩阵具有正交性。设 w_{0i} 和 w_{0j} 是分别对应于 ω_i 和 ω_j 的两个固有振型，且 $\omega_i \neq \omega_j$，关于质量矩阵和刚度矩阵的正交性可分别表示成如下形式：

$$w_{0i}^{\mathrm{T}} m w_{0j} = 0 \tag{2.21a}$$

$$w_{0i}^{\mathrm{T}} k w_{0j} = 0 \tag{2.21b}$$

上述正交性可以利用质量矩阵和刚度矩阵的对称性予以证明。

根据自由振动的特征方程可知：

$$k w_{0i} = \omega_i^2 m w_{0i} \tag{2.22a}$$

$$k w_{0j} = \omega_j^2 m w_{0j} \tag{2.22b}$$

上述方程两端可以同时前乘 w_{0j}^{T} 或 w_{0i}^{T}，方程仍然成立，且有

$$w_{0j}^{\mathrm{T}} k w_{0i} = \omega_i^2 w_{0j}^{\mathrm{T}} m w_{0i} \tag{2.23a}$$

$$w_{0i}^{\mathrm{T}} k w_{0j} = \omega_j^2 w_{0i}^{\mathrm{T}} m w_{0j} \tag{2.23b}$$

利用质量矩阵 m 和刚度矩阵 k 的对称性，式（2.23a）可写为

$$w_{0i}^{\mathrm{T}} k w_{0j} = \omega_i^2 w_{0i}^{\mathrm{T}} m w_{0j} \tag{2.24}$$

结合式（2.23b）和式（2.24），可知

$$(\omega_i^2 - \omega_j^2) w_{0i}^{\mathrm{T}} m w_{0j} = 0 \tag{2.25}$$

对于不同阶振型，当 $\omega_i \neq \omega_j$，则有

$$w_{0i}^{\mathrm{T}} m w_{0j} = 0, \ i \neq j \tag{2.26}$$

结合式(2.26)和式(2.24),可知

$$w_{0i}^{\mathrm{T}} k w_{0j} = 0, \; i \neq j \tag{2.27}$$

式(2.26)和式(2.27)分别证明了固有振型关于质量矩阵和刚度矩阵的正交性。固有振型的正交性说明各阶固有振型向量之间相互线性独立,因此 n 个固有振型向量可以构成一个 n 维空间的完备正交基。利用这一性质,以固有振型向量作为基函数构建模态坐标系,则 n 维空间中的任一向量都可以用 n 个固有振型的线性组合表示:

$$w = \sum_{i=1}^{n} w_{0i} \zeta_i \tag{2.28}$$

定义模态振型矩阵如下:

$$\Phi = \begin{bmatrix} w_{01} & w_{02} & \cdots & w_{0n} \end{bmatrix} \tag{2.29}$$

坐标变换的矩阵方程可以写成如下形式:

$$w = \Phi \zeta \tag{2.30}$$

式中, $\zeta = \{\zeta_1 \quad \zeta_2 \quad \cdots \quad \zeta_n\}^{\mathrm{T}}$ 为系统的模态坐标向量。

定义模态质量矩阵 M 和模态刚度矩阵 K 分别为

$$M = \Phi^{\mathrm{T}} m \Phi \tag{2.31a}$$

$$K = \Phi^{\mathrm{T}} k \Phi \tag{2.31b}$$

可以导出模态坐标系下的无阻尼系统动力学方程如下:

$$M\ddot{\zeta} + K\zeta = 0 \tag{2.32}$$

由固有振型的正交性可知,模态质量矩阵 M 和模态刚度矩阵 K 均为对角阵。

通过特征方程求得的振型向量 w_{0i} 用于描述振幅的空间分布,其值具有相对性,即 w_{0i} 中各分量同乘一个常数仍是固有振型。考虑到模态质量和模态刚度都与固有振型的选取有关,需要制订一个统一的标准对固有振型做归一化处理。质量归一化是一种常用的处理方式。通过同一阶固有振型的各分量同乘一个常数,使得该阶固有振型对应的模态质量等于1,实现质量归一化。未归一化前,第 i 阶固有振型对应的模态质量为

$$M_i = w_{0i}^{\mathrm{T}} m w_{0i} \tag{2.33}$$

质量归一化后,第 i 阶固有振型变为

$$\bar{w}_{0i} = \frac{1}{\sqrt{M_i}} w_{0i} \tag{2.34}$$

由归一化振型构成的模态振型矩阵如下:

$$\bar{\Phi} = \begin{bmatrix} \bar{w}_{01} & \bar{w}_{02} & \cdots & \bar{w}_{0n} \end{bmatrix} \tag{2.35}$$

采用质量归一化的模态振型矩阵构建的模态质量矩阵为单位矩阵 I,采用质量归一化

的模态振型矩阵构建的模态刚度矩阵为以固有频率的平方作为对角线元素的对角矩阵,即

$$\overline{\Phi}^{\mathrm{T}} m \overline{\Phi} = I \tag{2.36a}$$

$$\overline{\Phi}^{\mathrm{T}} k \overline{\Phi} = \mathrm{diag}(\omega_i^2) \tag{2.36b}$$

值得注意的是,尽管模态质量和模态刚度都与固有振型的选取有关,但模态质量和模态刚度之间的比值关系不会因固有振型选取的不同而发生改变。固有频率、固有振型、模态质量和模态刚度都是描述结构固有动力学特性的模态参数。

2.2.3　受迫振动的动力响应

如果作用在结构上的外载荷是随时间变化的,结构在外载荷的激励下发生受迫振动,其动力学方程如下:

$$m\ddot{w} + c\dot{w} + kw = f(t) \tag{2.37}$$

式中,$f(t)$ 是随时间变化的外载荷。结构的动力响应分析就是要研究在时变外载荷作用下弹性结构的位移、速度、加速度、应力和应变分布等响应特性。

在结构动力响应问题中,阻尼对响应的影响很大[21]。由于阻尼能消耗激励力对结构所做的功,因此能限制结构的振幅。尤其在共振发生时,结构的振动基本上取决于阻尼。实际结构的阻尼有多种形式,如干燥接触面之间的干摩擦、润滑表面之间的摩擦、流体阻尼、电磁阻尼、材料阻尼、结构阻尼等。为了便于振动分析,一般基于能量等价的原则建立阻尼的简化模型。具体做法是根据阻尼在一个振动周期内所消耗的能量来折算等效的黏性阻尼系数。简化的黏性阻尼模型可以表述为瑞利阻尼的形式:

$$c = \alpha m + \beta k \tag{2.38}$$

式中,常系数 α 和 β 可由振动试验中测得的模态阻尼值确定。在瑞利阻尼模型中,由于阻尼分别正比于质量和刚度,因此固有振型对阻尼也具有正交性。当然这种假设只能在一定的情况下适用,在某些特殊的结构系统中有可能引入较大的阻尼偏差。

振形叠加法利用固有振型的正交性,将物理坐标下的结构动力学方程转换到模态坐标系中,以消除质量矩阵、刚度矩阵,甚至阻尼矩阵中的耦合项,简化求解运算。将坐标变换式(2.30)代入结构受迫振动的动力学方程式(2.37),并对方程两端同时前乘 Φ^{T},可得

$$\Phi^{\mathrm{T}} m \Phi \ddot{\zeta} + \Phi^{\mathrm{T}} c \Phi \dot{\zeta} + \Phi^{\mathrm{T}} k \Phi \zeta = \Phi^{\mathrm{T}} f \tag{2.39}$$

根据模态质量矩阵 M 和模态刚度矩阵 K 的定义,引入模态阻尼矩阵 C 和模态力向量 F 如下:

$$C = \Phi^{\mathrm{T}} c \Phi \tag{2.40a}$$

$$F = \Phi^{\mathrm{T}} f \tag{2.40b}$$

模态坐标系下结构的动力学方程可写为

$$M\ddot{\zeta} + C\dot{\zeta} + K\zeta = F \tag{2.41}$$

当结构阻尼可以用瑞利阻尼模型描述时,阻尼为结构质量和刚度的比例函数。固有振型对阻尼矩阵也有正交性,因此模态阻尼矩阵与模态质量和模态刚度矩阵一样,都是对角矩阵。这种情况下,方程(2.41)中各模态坐标之间不存在耦合关系,任意第 i 阶模态坐标的动力学方程可以简写为

$$M_i\ddot{\zeta}_i + C_i\dot{\zeta}_i + K_i\zeta_i = F_i,\ i = 1,\ 2,\ \cdots,\ n \tag{2.42}$$

分别求解这些方程,就可得到模态坐标向量 ζ 随时间的响应,代入式(2.30),即可获得物理坐标系下结构的位移响应。

与振形叠加法不同,直接积分法则直接求解如式(2.37)的微分方程(组)。直接积分法是一类数值近似解法的统称,其核心在于首先构建有限差分格式,然后将微分方程(组)的初值问题改写为差分方程(代数方程)来近似表示,从而将微分方程转化为代数方程求解。常用的直接积分法有龙格-库塔(Runge-Kutta)法、Wilson-θ 法、Newmark-β 法等。这里仅简要介绍龙格-库塔积分法。

龙格-库塔法首先要将振动微分方程降阶为一阶微分方程,引入状态空间向量:

$$W = \begin{bmatrix} w & \dot{w} \end{bmatrix}^{\mathrm{T}} \tag{2.43}$$

与式(2.37)等价的矩阵微分方程可写为

$$\begin{bmatrix} \dot{w} \\ \ddot{w} \end{bmatrix} = \begin{bmatrix} 0 & I \\ -m^{-1}k & -m^{-1}c \end{bmatrix} \begin{bmatrix} w \\ \dot{w} \end{bmatrix} + \begin{bmatrix} 0 \\ m^{-1}f \end{bmatrix} \tag{2.44}$$

于是,结构受迫振动的动力学响应可以通过求解状态空间中的一阶矩阵微分方程获得,即

$$\dot{W} = AW + B \tag{2.45}$$

式中,

$$A = \begin{bmatrix} 0 & I \\ -m^{-1}k & -m^{-1}c \end{bmatrix} \tag{2.46a}$$

$$B = \begin{bmatrix} 0 \\ m^{-1}f \end{bmatrix} \tag{2.46b}$$

令 $Y(t,\ W) = AW + B(t)$,则四阶龙格-库塔法的递推公式如下:

$$W(t + \Delta t) = W(t) + \frac{\Delta t}{6}(d_1 + 2d_2 + 2d_3 + d_4) \tag{2.47}$$

式中,

$$d_1 = Y[t,\ W(t)] \tag{2.48a}$$

$$d_2 = Y\left[t + \frac{\Delta t}{2}, \ W(t) + \frac{\Delta t}{2}d_1\right] \tag{2.48b}$$

$$d_3 = Y\left[t + \frac{\Delta t}{2}, \ W(t) + \frac{\Delta t}{2}d_2\right] \tag{2.48c}$$

$$d_4 = Y\left[t + \Delta t, \ W(t) + \Delta t d_3\right] \tag{2.48d}$$

由上述递推公式,即可根据响应初值 $W_{t=0} = \begin{bmatrix} w_{t=0} & \dot{w}_{t=0} \end{bmatrix}^{\mathrm{T}}$ 和时间步长 Δt,逐步计算出结构在各个时间步的位移和速度,最终获得结构响应的位移时间历程和速度时间历程。

2.2.4　无人机动力学分析案例

对高空长航时无人飞行器继续开展结构动力学分析。假设该无人机的机身和尾翼的结构刚度远大于机翼。放松结构约束,并在机翼根部设置质量为 50 kg,惯量为 200 kg · m^2 的集中大质量块以模拟全机质量、惯量的影响。基于工程梁有限元模型可以计算得到该无人机的自由振动固有模态。忽略 6 阶刚体运动模态后,无人机前 6 阶振动固有频率见表 2.2。表中同时列出了悬臂梁的理论分析结果[20],可见机翼对称振动模态的固有频率与悬臂梁的理论解符合良好,二者偏差不超过 2%。由于有限元模型中机翼固定于机身大质量块,有限元分析还能够得到反对称的振动固有模态。高空长航时无人飞行器的前 6 阶结构振动固有模态振型有限元计算结果见图 2.7。该案例在 MSC. NASTRAN 中的模型文件和计算输出见相关数字资源。

表 2.2　无人机前 6 阶振动固有频率

阶　　数	模　态　命　名	固有频率/Hz	
		有限元	理论解[20]
1	机翼对称一弯	0.362	0.357
2	机翼反对称一弯	0.604	
3	机翼对称二弯	2.235	2.237
4	机翼反对称二弯	2.281	
5	机翼对称一扭	4.939	4.941
6	机翼反对称一扭	4.939	

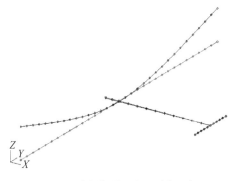

(a) 第1阶：机翼对称一弯

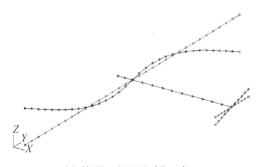

(b) 第2阶：机翼反对称一弯

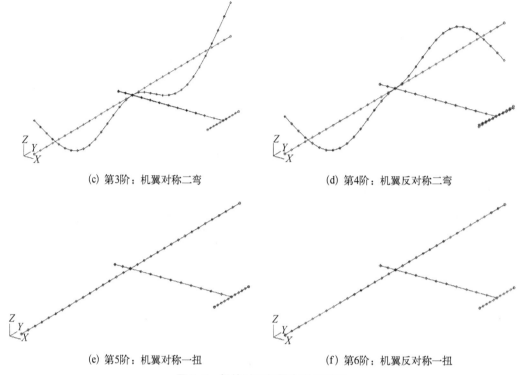

(c) 第3阶：机翼对称二弯

(d) 第4阶：机翼反对称二弯

(e) 第5阶：机翼对称一扭

(f) 第6阶：机翼反对称一扭

图 2.7　长航时飞行器有限元模型

2.3　热结构分析方法

　　热环境是结构服役过程中经常遇到的一种工况，在极端温度条件下，热环境会对结构的静/动力学特性产生重要影响。例如，超高速飞行器的气动加热、核反应堆的结构热-力载荷等。大多数情况下，温度变化的时间尺度相对于结构变形或振动是一个相对"慢"的过程，因此在热结构分析中可以将温度变化近似看作一个准定常过程，从而忽略结构变形或振动对温度场的影响，仅考虑温度场对结构力学特性的影响。

　　热对结构的力学特性主要有两方面影响：① 温度变化改变材料性质。日常生活中，天热时橡皮变"软"，烧红的铁条易弯都是这个道理。② 热应力改变结构刚度。结构受热时，如果出现温度梯度或结构变形受约束，都要产生热应力。这种热诱导的应力在升温时多为压应力，对结构刚度起削弱作用。上述热结构问题可采用如下步骤开展力学分析：首先，开展稳态温度场分析，确定结构上的温度分布；其次，根据温度变化的范围确定材料性质的改变量，如材料性质改变较大则需要考虑材料的温度相关性；然后，开展热弹性力学分析，确定结构的应变和应力；最后，如果结构的最大应力达到或接近材料的屈服应力，还应开展热弹塑性力学分析，计算残余应变和残余应力。

2.3.1　稳态温度场分析

　　稳态热传导理论认为结构由初始的温度分布 $T_0(x, y, z)$ 受热后达到 $T(x, y, z)$ 并且在一段时间内保持不变。温度分布仅仅是空间(结构坐标)的函数,而与时间无关。此时温度场 $T(x, y, z)$ 应该满足如下稳态热传导方程:

$$\frac{\partial^2 T}{\partial x^2} + \frac{\partial^2 T}{\partial y^2} + \frac{\partial^2 T}{\partial z^2} = 0 \tag{2.49}$$

稳态热传导问题中,理论上可在给定的温度边界条件下通过求解上述 Laplace 方程确定结构的温度分布。但实际应用上,针对一般工程情况很难找到该方程的闭合形式的解,因此可基于变分原理,写出与式(2.49)等价的泛函极值表达式为

$$\delta \Pi = 0 \tag{2.50}$$

设结构的体积为 Ω。式(2.50)中,泛函 Π 具有如下形式:

$$\Pi = \int_{\Omega} \frac{1}{2} \left[\left(\frac{\partial T}{\partial x} \right)^2 + \left(\frac{\partial T}{\partial y} \right)^2 + \left(\frac{\partial T}{\partial z} \right)^2 \right] d\Omega \tag{2.51}$$

从而可以采用有限单元法计算 T 的近似值。将结构划分成若干有限大小的单元,并保证各单元界面满足温度相同的连续条件,于是各单元内均有

$$\Pi^e = \int_{\Omega} \frac{1}{2} \left[\left(\frac{\partial T}{\partial x} \right)^2 + \left(\frac{\partial T}{\partial y} \right)^2 + \left(\frac{\partial T}{\partial z} \right)^2 \right] d\Omega \tag{2.52}$$

设单元内的温度分布为

$$T = N(x, y, z) T^e \tag{2.53}$$

式中,$N(x, y, z)$ 为插值函数,T^e 为节点温度,于是有

$$\frac{\partial T}{\partial x} = \frac{\partial}{\partial x} N T^e = B_x T^e \tag{2.54a}$$

$$\frac{\partial T}{\partial y} = \frac{\partial}{\partial y} N T^e = B_y T^e \tag{2.54b}$$

$$\frac{\partial T}{\partial z} = \frac{\partial}{\partial z} N T^e = B_z T^e \tag{2.54c}$$

代入式(2.52),可得

$$\Pi^e = \frac{1}{2} (T^e)^{\mathrm{T}} H^e T^e \tag{2.55}$$

式中,

$$H^e = \int_{\Omega} (B_x^{\mathrm{T}} B_x + B_y^{\mathrm{T}} B_y + B_z^{\mathrm{T}} B_z) d\Omega \tag{2.56}$$

由驻值条件可导出单元的热传导基本方程:

$$H^e T^e = 0 \tag{2.57}$$

根据节点连续条件,整体结构的热传导方程为

$$HT = 0 \tag{2.58}$$

由上述热传导方程解出节点温度,即可插值得到结构任意位置的温度 $T(x, y, z)$,进而可计算温度增量的分布为

$$\Delta T(x, y, z) = T(x, y, z) - T_0(x, y, z) \tag{2.59}$$

2.3.2 热弹性力学分析

1. 热弹性力学控制方程

一般温度环境下,随着温度升高或降低,大部分结构材料的物理/力学性能改变不大。这时可以近似认为材料的性能不随温度变化,建立不考虑材料温度相关性的简化力学模型。在该模型中,由温度增量 ΔT 引起的热应变增量记为

$$\Delta \varepsilon_T = \alpha \Delta T \tag{2.60}$$

式中,α 为材料热膨胀系数向量。

在弹性区域中,以增量形式表述的应力-应变关系如下:

$$\Delta \sigma = D_e (\Delta \varepsilon - \Delta \varepsilon_T) \tag{2.61}$$

式中,$\Delta \sigma$ 为单元应力增量;$\Delta \varepsilon$ 为单元应变增量;D_e 为单元的弹性矩阵。

结构的应变能增量为

$$U = \frac{1}{2} \int_\Omega \left[\int_0^{\Delta \varepsilon} (\sigma_0 + \Delta \sigma)^T d\Delta \varepsilon \right] d\Omega$$

$$= \int_\Omega \Delta \varepsilon^T \sigma_0 d\Omega + \frac{1}{2} \int_\Omega \Delta \varepsilon^T D_e \Delta \varepsilon d\Omega - \frac{1}{2} \int_\Omega \Delta \varepsilon^T D_e \Delta \varepsilon_T d\Omega \tag{2.62}$$

如果载荷增量和位移增量无关,假设体积 Ω 内的体力为 $\bar{f} = \bar{f}_0 + \Delta \bar{f}$;面积 S 上的面力为 $\bar{p} = \bar{p}_0 + \Delta \bar{p}$;在体力和面力的联合作用下结构变形的位移增量为 Δd。则外力功的增量为

$$W = \int_\Omega \Delta d^T (\bar{f}_0 + \Delta \bar{f}) d\Omega + \int_S \Delta d^T (\bar{p}_0 + \Delta \bar{p}) dS \tag{2.63}$$

设位移函数和应变-位移关系具有如下增量形式:

$$\Delta d = N \Delta w \tag{2.64a}$$

$$\Delta \varepsilon = B \Delta w \tag{2.64b}$$

式中,Δw 为节点位移增量;N 为根据形状函数确定的位移插值矩阵;B 为描述单元应变-位移关系的几何矩阵。由于热应变可作为初应变处理,因此假设热应变增量可用全应变增量表述成如下形式:

$$\Delta \varepsilon_T = (1 - \bar{h}) \Delta \varepsilon \tag{2.65}$$

单元的总势能增量可写为

$$\begin{aligned}
\Pi &= U - W \\
&= \frac{1}{2}\Delta w^{\mathrm{T}}\int_{\Omega} B^{\mathrm{T}}D_e B\mathrm{d}\Omega\Delta w - \frac{1}{2}\Delta w^{\mathrm{T}}\int_{\Omega} B^{\mathrm{T}}D_e B(1 - \bar{h})\mathrm{d}\Omega\Delta w \\
&\quad - \Delta w^{\mathrm{T}}\int_{\Omega} N^{\mathrm{T}}(\bar{f}_0 + \Delta\bar{f})\mathrm{d}\Omega - \Delta w^{\mathrm{T}}\int_{S} N^{\mathrm{T}}(\bar{p}_0 + \Delta\bar{p})\mathrm{d}S + \Delta w^{\mathrm{T}}\int_{\Omega} B^{\mathrm{T}}\sigma_0\mathrm{d}\Omega
\end{aligned} \tag{2.66}$$

基于最小势能原理可导出有限元基本方程如下:

$$k_e\Delta w = f_0 + \Delta f_e + \Delta f_T \tag{2.67}$$

式中, k_e 为弹性刚度矩阵, f_0、Δf_e、Δf_T 分别为初始不平衡载荷、节点载荷增量和热弹性载荷增量,且有

$$k_e = \int_{\Omega} B^{\mathrm{T}}D_e B\mathrm{d}\Omega \tag{2.68a}$$

$$f_0 = \int_{\Omega} N^{\mathrm{T}}\bar{f}_0\mathrm{d}\Omega + \int_{S} N^{\mathrm{T}}\bar{p}_0\mathrm{d}S - \int_{\Omega} B^{\mathrm{T}}\sigma_0\mathrm{d}\Omega \tag{2.68b}$$

$$\Delta f_e = \int_{\Omega} N^{\mathrm{T}}\Delta\bar{f}\mathrm{d}\Omega + \int_{S} N^{\mathrm{T}}\Delta\bar{p}\mathrm{d}S \tag{2.68c}$$

$$\Delta f_T = \int_{\Omega} B^{\mathrm{T}}D_e \Delta\varepsilon_T\mathrm{d}\Omega \tag{2.68d}$$

2. 材料的温度相关性

实践证明,弹性模量、泊松比、热膨胀系数、屈服应力等材料参数都是随温度变化的[22]。尤其在极端温度环境下,这种影响不能当作小量处理,需要在不同温度下通过试验确定这些量与温度的相关性,在此基础上推导计及温度相关性的力-热耦合关系。考虑材料的温度相关性后,应力-应变增量关系具有如下形式:

$$\mathrm{d}\sigma = D_e\left(\mathrm{d}\varepsilon_e - \frac{\mathrm{d}D_e^{-1}}{\mathrm{d}T}\sigma\mathrm{d}T\right) \tag{2.69}$$

在弹性区域中,由于温度增量 $\mathrm{d}T$ 引起全应变增量 $\mathrm{d}\varepsilon$,于是弹性应变增量为

$$\mathrm{d}\varepsilon_e = \mathrm{d}\varepsilon - \alpha\mathrm{d}T \tag{2.70}$$

可知,弹性区域中应力-应变的增量关系为

$$\mathrm{d}\sigma = D_e(\mathrm{d}\varepsilon_e - \mathrm{d}\varepsilon_0) \tag{2.71}$$

式中, $\mathrm{d}\varepsilon_0$ 表示由温度变化引起的应变增量,有

$$\mathrm{d}\varepsilon_0 = \left(\alpha + \frac{\mathrm{d}D_e^{-1}}{\mathrm{d}T}\sigma\right)\mathrm{d}T \tag{2.72}$$

将式(2.71)写成与式(2.61)类似的增量形式为

$$\Delta\sigma = D_e(\Delta\varepsilon_e - \Delta\varepsilon_0) \tag{2.73}$$

同理,可以推导得到考虑材料温度相关性的热弹性力学方程如下:

$$k_e\Delta w = f_0 + \Delta f_e + \Delta f_T \tag{2.74}$$

由于考虑了材料的温度相关性,式(2.74)中热弹性载荷增量应记为

$$\Delta f_T = \int_\Omega B^{\mathrm{T}} D_e \Delta\varepsilon_0 \mathrm{d}\Omega \tag{2.75}$$

2.3.3 热弹塑性力学分析和残余应力

对于小位移弹塑性情况,弹性力学中的几何方程和平衡方程依然是成立的,然而描述应力-应变关系的物理方程发生了变化,因此我们主要讨论弹塑性的应力-应变关系。在塑性区域中,全应变增量可以分解成

$$\mathrm{d}\varepsilon = \mathrm{d}\varepsilon_e + \mathrm{d}\varepsilon_p + \mathrm{d}\varepsilon_T \tag{2.76}$$

式中,$\mathrm{d}\varepsilon_e$、$\mathrm{d}\varepsilon_p$ 和 $\mathrm{d}\varepsilon_T$ 分别为弹性应变增量、塑性应变增量和热应变增量。

在塑性变形阶段,应变不仅与最终的应力状态有关,而且还依赖于加载的历史,应力-应变关系具有非线性特征。在增量法中,这种非线性应力-应变关系可以通过逐步加载的方法予以线性化。假设温度变化不影响材料性能,应力增量和应变增量之间的关系可以记为

$$\Delta\sigma = D_{ep}(\Delta\varepsilon - \Delta\varepsilon_T) \tag{2.77}$$

式中,D_{ep} 为弹塑性矩阵。

温度增量 ΔT 和热应变增量 $\Delta\varepsilon_T$ 之间具有如下线性化关系:

$$\Delta\varepsilon_T = \alpha\Delta T \tag{2.78}$$

在弹塑性区域中,结构单元的总势能增量为

$$\begin{aligned}
\Pi = &\frac{1}{2}\int_\Omega \Delta\varepsilon^{\mathrm{T}} D_{ep}\Delta\varepsilon \mathrm{d}\Omega - \frac{1}{2}\int_\Omega \Delta\varepsilon^{\mathrm{T}} D_{ep}\Delta\varepsilon_T \mathrm{d}\Omega \\
&- \left(\int_\Omega \Delta d^{\mathrm{T}}\Delta\bar{f}\mathrm{d}\Omega + \int_S \Delta d^{\mathrm{T}}\Delta\bar{p}\mathrm{d}S \right) - \left(\int_\Omega \Delta d^{\mathrm{T}}\bar{f}_0 \mathrm{d}\Omega \right. \\
&\left. + \int_S \Delta d^{\mathrm{T}}\bar{p}_0 \mathrm{d}S - \int_\Omega \Delta\varepsilon^{\mathrm{T}}\sigma_0 \mathrm{d}\Omega \right)
\end{aligned} \tag{2.79}$$

基于最小势能原理可导出有限元基本方程如下:

$$k_{ep}\Delta w = f_0 + \Delta f_e + \Delta f_{Tp} \tag{2.80}$$

式中,k_{ep} 为弹塑性刚度矩阵,f_0、Δf_e、Δf_{Tp} 分别为初始不平衡载荷、节点载荷增量和热弹塑性载荷增量,且有

$$k_{ep} = \int_\Omega B^{\mathrm{T}} D_{ep} B\mathrm{d}\Omega \tag{2.81a}$$

$$f_0 = \int_\Omega N^{\mathrm{T}} \bar{f}_0 \mathrm{d}\Omega + \int_S N^{\mathrm{T}} \bar{p}_0 \mathrm{d}S - \int_\Omega B^{\mathrm{T}} \sigma_0 \mathrm{d}\Omega \tag{2.81b}$$

$$\Delta f_e = \int_\Omega N^{\mathrm{T}} \Delta \bar{f} \mathrm{d}\Omega + \int_S N^{\mathrm{T}} \Delta \bar{p} \mathrm{d}S \tag{2.81c}$$

$$\Delta f_{Tp} = \int_\Omega B^{\mathrm{T}} D_{ep} \Delta \varepsilon_T \mathrm{d}\Omega \tag{2.81d}$$

对比式(2.67)和式(2.80)可知,弹塑性区域应力-应变关系的非线性特性会影响力学方程中的刚度矩阵和热载荷。在增量方程可以对这类非线性问题做逐步线化处理,用前一增量步的应力状态确定弹塑性矩阵 D_{ep},在每一增量步中无论在弹性或塑性区域均将 D_{ep} 当作常系数矩阵处理。于是,热弹塑性问题最终归结为求解式(2.80)这样一个逐步线性问题。式(2.80)就成为分析热弹塑性问题"增量变刚度法"中的单元基本方程。

工程中经常需要考察结构进入塑性状态后,卸去部分或全部载荷时的变形和应力状态。由于存在塑性变形,卸载后结构中有残余变形存在。同时由于变形的不均匀性,卸载后结构的内部还会有残余应力[23]。塑性力学假设:结构在卸载时应力-应变关系始终保持线性,这与材料是否屈服无关。以图 2.8 所示简单拉伸情况为例,设拉伸杨氏模量为 E,在加载过程中(从 A 点到 B 点),应力由 σ_A 增加到 σ_B,同时应变由 ε_A 增加到 ε_B;而在卸载过程中(从 B 点到 A' 点),应力由 σ_B 降低到 σ_A,同时应变由 ε_B 减小到 $\varepsilon_{A'}$。这时残余应变增量为

$$\Delta \varepsilon_p = \Delta \varepsilon - \Delta \varepsilon_e = \Delta \varepsilon - \frac{\Delta \sigma}{E} \tag{2.82}$$

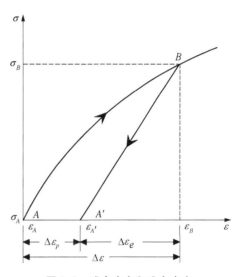

图 2.8　残余应变和残余应力

一般而言,如果结构在已知载荷 f 作用下,通过弹塑性分析能够确定节点位移、应变和应力分别为 w_{ep}、ε_{ep}、σ_{ep},则在全部载荷 f 卸去后结构中的残余位移 w_p、残余应变 ε_p 和残余应力 σ_p 的计算公式如下:

$$w_p = w_{ep} - w_e \tag{2.83a}$$

$$\varepsilon_p = \varepsilon_{ep} - \varepsilon_e \tag{2.83b}$$

$$\sigma_p = \sigma_{ep} - \sigma_e \tag{2.83c}$$

式中,w_e、ε_e、σ_e 分别为结构在载荷作用下按照线弹性理论计算得到的位移、应变和应力。

2.3.4　热结构分析案例

超声速飞行器设计中十分关心气动热对结构的影响。这种影响不仅体现在材料的温

度相关性,温度升高产生的热应力对结构刚度的削弱往往更为关键。下面以周边固支的蒙皮壁板为例,说明温度升高对结构振动特性的影响。一种用玻璃纤维(短纤维)制作的复合材料壁板,可视作准各向同性材料壁板,壁板的几何尺寸为 $l \times b \times h = 0.38 \text{ m} \times 0.305 \text{ m} \times 0.002 \text{ m}$,边界支撑条件为四边固支。材料的力学性能参数见表2.3。采用3节点三角形Mindlin板单元,壁板平面几何尺寸和网格划分见图2.9[24],单元数为18×14×2=504。设初始环境温度 $T_0 = 24℃$,该壁板的屈曲临界温升为 $\Delta T_{cr} = 11.06℃$。

表2.3 玻纤材料力学性能

杨氏模量 E/GPa	泊松比 v	密度 $\rho/(\text{kg/m}^3)$	热膨胀系数 $\alpha \times 10^{-6}/℃$
30	0.37	1 631	10.36

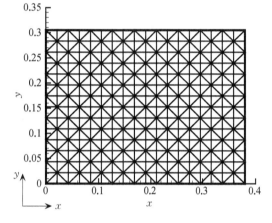

图2.9 受热壁板模型和有限元网格

随着温度升高,热弹性载荷在板中积累。由于拉-弯耦合效应,面内的热弹性载荷诱发热刚度效应引起壁板弯曲刚度变化。应用式(2.67)计算热弹性载荷和对应的壁板弯曲刚度,并在该温度场下对非线性热结构方程做等效线性化处理,将线性化刚度代入自由振动方程式(2.17),可以分析温度对结构自由振动特性的影响。

上述玻璃纤维壁板前四阶自由振动固有频率随温度的变化情况见图2.10[24]。可见,随着温度升高,首先出现各阶固有频率下降的现象,由于温度变化通过热刚度修正改变壁板的抗弯刚度,而很少影响壁板质量,因此随着温度升高,壁板的抗弯刚度首先降低;当温度升高到接近于屈曲临界温度时($\Delta T/\Delta T_{cr} \to 1$),抗弯刚度减弱得十分严重,以至于壁板的第一阶固有频率降低到趋近于零的程度;之后随着温度进一步升高而超过屈曲临界温度($\Delta T/\Delta T_{cr} > 1$),壁板发生挠度方向的屈曲变形,随之产生的非线性刚度随着屈曲变形量的增大而增大,因此温度高于屈曲临界温度后,壁板的抗弯刚度随着温度的升高而增强,各阶固有频率也随着温度的升高而提高。

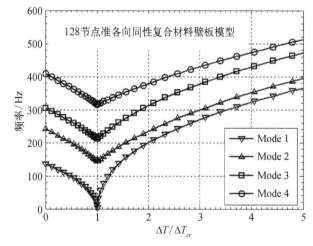

图2.10 玻璃纤维壁板前四阶固有频率随温升变化曲线

【小结】

结构力学研究静力和动力条件下,结构受指定载荷、温度和约束作用的变形和振动响应问题。计算结构力学将空间上无限多个自由度的结构系统(连续参数系统)离散为有限个自由度的结构系统(离散参数系统),在此基础上发展矩阵分析方法。矩阵位移法、矩阵力法、有限单元法都是很有代表性的矩阵分析方法。对于复杂大型结构,采用矩阵法开展分析常常需要在计算精度和成本之间进行权衡。采用子结构分析,可以将一个大型问题化为若干小问题,将大型的联立方程组分解为若干组小型的方程组,从而减小计算机的内存,实现微机解大题的作用。由于温度带来的热应变和材料的温度相关性,温度变化会影响力学方程中的刚度矩阵和热载荷,进而改变结构的静、动力学特性。计算结构力学技术可为结构静力、动力和热结构分析提供可靠方法和有效工具。

【数字资源】

航空航天领域应用较多的几种通用有限元分析软件链接。
(1) MSC 系列软件:https://www.mscsoftware.com/
(2) ANSYS:https://www.ansys.com/
(3) ABAQUS:https://www.simuleon.com/simulia-abaqus/
(4) ADINA:http://www.adina.com/
(5) COMSOL:https://www.comsol.com/
(6) LS-DYNA:http://www.lstc.com/products/ls-dyna

参 考 文 献

[1] 朱慈勉,吴宇清.计算结构力学[M].北京:科学出版社,2009.
[2] 黄克智,夏之熙,薛明德,等.板壳理论[M].北京:清华大学出版社,1986.
[3] 陈予恕.非线性振动[M].北京:高等教育出版社,2002.
[4] Bolotin V V,陆启韶,王士敏.结构力学的动态不稳定性[J].力学进展,2000,30(2):295-304.
[5] 秦荣.计算结构力学[M].北京:科学出版社,2001.
[6] 刘正兴,孙雁,王国庆.计算固体力学[M].上海:上海交通大学出版社,2000.
[7] 王勖成,邵敏.有限单元法基本原理和数值方法[M].第 2 版.北京:清华大学出版社,1996.
[8] Zienkiewicz O C, Taylor R L, Fox D D. The finite element method for solid and structural mechanics [M]. 7th ed. Butterworth-Heinemann publications, 2014.
[9] Rodden W P, Johnson E H. MSC/NASTRAN aeroelastic analysis user's guide V68[M]. The Macneal-Schwendler Corporation, 1994.
[10] Niu C Y. Airframe structural design [M]. 2nd ed. Hong Kong: Hong Kong Conmilit Press Limited, 1999.
[11] 龙驭球,龙志飞,岑松.新型有限元论[M].北京:清华大学出版社,2004.
[12] 孙旭峰.计算结构力学与有限元法基础[M].北京:中国建材工业出版社,2018.
[13] 阎军,杨春秋.计算结构力学[M].北京:科学出版社,2018.

［14］ 王新志,赵永刚,叶开沅,等.正交各向异性板的非对称大变形问题［J］.应用数学和力学,2002,23(9)：881－888.

［15］ 李荣华,冯果忱.微分方程数值解法［M］.北京：高等教育出版社,1980.

［16］ 陈大林,杨翊仁,范晨光.用微分求积方法计算二维薄板在超声速流中的非线性颤振［J］.固体力学学报,2007,28(4)：399－405.

［17］ Tessler A, Hughes T J R. A three-node mindlin plate element with improved transverse shear［J］. Computer Methods in Applied Mechanics and Engineering, 1985, 50：71－91.

［18］ 殷学纲,陈淮,蹇开林.结构振动分析的子结构方法［M］.北京：中国铁道出版社,1991.

［19］ 谢祚水.计算结构力学［M］.武汉：华中科技大学出版社,2004.

［20］ Patil M J, Hodges D H, Cesnik C E S. Nonlinear aeroelasticity and flight dynamics of high-altitude long-endurance aircraft［J］. Journal of Aircraft, 2001, 38(1)：88－94.

［21］ 王海期.非线性振动［M］.北京：高等教育出版社,1992.

［22］ 李世荣,周又和,滕兆春.正交异性环板-刚性质量系统的大幅振动和热屈曲［J］.振动工程学报,2002,15(2)：199－202.

［23］ 黄玉盈,钟伟芳,朱达善,等.各向异性中厚度板壳的弹塑性大变形分析［J］.工程力学,1995,12(3)：77－85.

［24］ 夏巍.超声速气流中受热复合材料壁板的非线性颤振特性研究［D］.西安：西北工业大学,2008.

第 3 章
经典气动弹性计算方法

学习要点

- 掌握准定常气动理论、非定常气动力面元法
- 熟悉基于势流理论的气动弹性分析方法
- 了解高阶面元法

在航空技术发展初期,诸多飞行事故及设计失败使飞机设计工程师及研究人员逐步认识到静气动弹性发散及颤振对飞行器设计的重要性,此类问题的工程分析方法应运而生。结构分析理论早在航空时代之前已在理论方面有了较充分的发展,而空气动力学则是由航空学和航空实践直接驱动。气动弹性力学作为流固耦合力学的重要分支,著名学者 Garrick 直言:气动弹性理论的历史主要就是升力面气动力发展的历史[1,2]。非定常气动力计算是动气动弹性计算中的重要组成部分,特别是对于颤振分析。本章从几个升力面模型气动力计算方法入手,介绍经典气动弹性计算方法。重点介绍与颤振计算相关的谐振荡形式的频域非定常气动力,以及可用于任意运动形式的时域非定常气动力概念、特点和基本计算方法。为了准确确定机翼的颤振临界速度,必须研究振动机翼所受的非定常气动力。由于精确计算非定常气动力的复杂性,所以需要对非定常气动力理论进行不同的简化假设。

3.1 准定常气动理论

准定常气动理论是低速机翼气动力方法在模型层次针对运动机翼气动力计算的简单推广。在低速定常气动力薄翼理论中,假设机翼可以用连续分布的附着涡来代替,如图3.1 所示。满足局部气流不穿透涡面的边界条件,即气流在涡面局部法向速度为零[3]。当薄翼运动动时,升力和涡强度随时间变化,但依据开尔文涡定理,在非黏性流中包围所有奇点周界内的总环量必须保持为零。因此,涡必然会从薄翼后缘脱落下来,并被气流沿流线带向下游,如图 3.2 所示。

理论上,在研究运动机翼的气动力时需要考虑这些尾涡的影响,即考虑它们对机翼上

图 3.1　连续涡模型　　　　　　　图 3.2　薄翼运动时,涡分布示意

各点的诱导速度。但在计算机技术还不发达的早期,为了简化计算引入准定常假设,即认为从后缘脱落的自由涡的影响可以不计,而附着涡在薄翼上的分布应使气流恰能在该瞬间无分离地流过机翼表面,且满足库塔条件。如此一来,只需在定常气动力计算方法中将边界条件替换为局部法向速度与涡面运动速度相等即可。苏联采用这种方法计算振动二元薄翼的空气动力,被称作格罗斯曼(Grossman)理论。

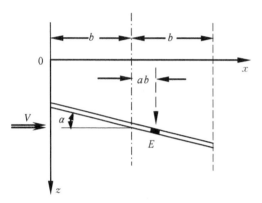

图 3.3　二元平板气动力计算图例

在飞行器气动面的流固耦合问题中,最被重视的是动力学稳定性问题,即颤振。该问题中,气动面初始攻角不大,在线性气动力范围内,颤振只和振动引起的附加气动力有关。图 3.3 给出弦长为 $2b$ 的二元平板。平板的运动可分解为刚心 E 点的平移 h(向下为正)及绕 E 点的转角 α(抬头为正)。E 点距翼弦的中点为 ab,a 是一个无量纲系数,当 E 点位于中点后时为正。

用一系列旋涡模拟平板,其强度为 $\gamma(x)$,以逆时针方向为正。按照儒可夫斯基定理,作用在单位展长上的气动力(向下为正)为

$$L = \int_0^{2b} \rho V \gamma(x)\,\mathrm{d}x = \rho V \int_0^{2b} \gamma(x)\,\mathrm{d}x \tag{3.1}$$

式中,V 是来流速度;ρ 是空气密度。

旋涡对平板上距前缘为 x 点的诱导速度(向下为正)为

$$w(x) = \int_0^{2b} \frac{\gamma(\xi)\,\mathrm{d}\xi}{2\pi(\xi - x)} \tag{3.2}$$

式(3.2)与定常情况形式相同。即在准定常假设下,相同瞬间的 $\gamma(\xi, t)$ 和 $w(x, t)$ 仍满足式(3.2)。此时的边界条件,即表现为在任意时刻气流不穿透平板,即诱导速度 w、平板瞬时斜率及平板运动速度应恰能满足:

$$\frac{w(x, t)}{V} = \frac{\partial z(x, t)}{\partial x} + \frac{1}{V} \frac{\partial z(x, t)}{\partial t} \tag{3.3}$$

此外,还应满足库塔条件,即

$$\gamma(2b) = 0 \tag{3.4}$$

对式(3.2)进行以下变量置换:

$$x = b(1 - \cos \theta) \tag{3.5}$$

$$\xi = b(1 - \cos \phi) \tag{3.6}$$

并设旋涡分布表示为

$$\gamma(\xi) = 2V\left[A_0 \mathrm{ctg}\, \frac{\phi}{2} + \sum_{n=1}^{\infty} A_n \sin(n\phi)\right] \tag{3.7}$$

它已满足式(3.4)所表示的库塔条件。现将式(3.5)、式(3.6)及式(3.7)代入式(3.2),得

$$w = -\frac{V}{\pi}\int_0^{\pi} \frac{A_0 \mathrm{ctg}\, \dfrac{\varphi}{2} + \sum\limits_{n=1}^{\infty} A_n \sin(n\varphi)}{\cos \varphi - \cos \theta} \sin \varphi\, \mathrm{d}\varphi \tag{3.8}$$

根据葛劳渥公式,有

$$\int_0^{\pi} \frac{\cos(n\phi)\,\mathrm{d}\phi}{\cos \phi - \cos \theta} = \pi \frac{\sin(n\theta)}{\sin \theta} \tag{3.9}$$

则式(3.8)可写为

$$w = V\left[-A_0 + \sum_{n=1}^{\infty} A_n \cos(n\theta)\right] \tag{3.10}$$

以式(3.10)代入式(3.3),并经积分得

$$A_0 = \frac{-1}{\pi}\int_0^{\pi}\left(\frac{\partial z}{\partial x} + \frac{1}{V}\frac{\partial z}{\partial t}\right)\mathrm{d}\theta \tag{3.11}$$

$$A_n = \frac{2}{\pi}\int_0^{\pi}\left(\frac{\partial z}{\partial x} + \frac{1}{V}\frac{\partial z}{\partial t}\right)\cos n\theta\, \mathrm{d}\theta \tag{3.12}$$

再将式(3.7)代入式(3.1),得

$$L = 2\pi \rho V^2 b\left(A_0 + \frac{1}{2}A_1\right) \tag{3.13}$$

并可导出气动力对前缘的力矩(抬头为正)为

$$\begin{aligned} M_{L\cdot E} &= \rho V\int_0^{2b} x\gamma(x)\,\mathrm{d}x \\ &= L \cdot \frac{b}{2} + \frac{1}{2}\pi \rho V^2 b^2 (A_1 - A_2) \end{aligned} \tag{3.14}$$

定义 C_L、$C_{m_{L\cdot E}}$ 为

$$C_L = \frac{L}{\dfrac{1}{2}\rho V^2(2b)} \tag{3.15}$$

$$C_{m_{L \cdot E}} = \frac{M_{L \cdot E}}{\frac{1}{2} \rho V^2 (2b)^2} \tag{3.16}$$

则得

$$C_L = 2\pi \left(A_0 + \frac{1}{2} A_1 \right) \tag{3.17}$$

$$C_{m_{L \cdot E}} = \frac{1}{4} C_L + \frac{\pi}{4} (A_1 - A_2) \tag{3.18}$$

平板作振动时,如图 3.3 所示,则有

$$z(x, t) = h(x, t) + [x - (1 + a)b] a(x, t) \tag{3.19}$$

以式(3.19)代入式(3.11)和式(3.12),得

$$A_0 = -a - \frac{1}{V} (\dot{h} - ab\dot{\alpha}) \tag{3.20}$$

$$A_1 = -\frac{b\dot{\alpha}}{V} \tag{3.21}$$

$$A_2 = 0 \tag{3.22}$$

以上三式代入式(3.13)和式(3.14),得

$$L = -2\pi \rho V^2 b \left[\alpha + \frac{\dot{h}}{V} + \left(\frac{1}{2} - a \right) b \frac{\dot{\alpha}}{V} \right] \tag{3.23}$$

$$M_{L \cdot E} = \frac{b}{2} L - \frac{1}{2} \pi \rho V b^3 \dot{\alpha} \tag{3.24}$$

且有

$$C_L = -2\pi \left[\alpha + \frac{\dot{h}}{V} + \left(\frac{1}{2} - a \right) b \frac{\dot{\alpha}}{V} \right] \tag{3.25}$$

$$C_{m_{L \cdot E}} = \frac{1}{4} C_L - \frac{b}{4} \frac{\pi}{V} \dot{\alpha} \tag{3.26}$$

注意到在不可压流中二元平板的理论升力线斜率为 2π,通常记作 a_0,则式(3.23)及式(3.25)可写为

$$L = -\rho V^2 a_0 b \left[\alpha + \frac{\dot{h}}{V} + \left(\frac{1}{2} - a \right) b \frac{\dot{\alpha}}{V} \right] \tag{3.27}$$

$$C_L = -a_0 \left[\alpha + \frac{\dot{h}}{V} + \left(\frac{1}{2} - a \right) b \frac{\dot{\alpha}}{V} \right] \tag{3.28}$$

在实际应用时,可以采用风洞实验所得到的升力线斜率代替式(3.27)和式(3.28)中的 a_0。此外,式(3.26)中第一项的 1/4 表示气动焦点在 1/4 弦长处。实际应用时也可以根据风洞实验数据的焦点位置来作相应的修正。

若转化成气动力对刚心点 E 的力矩,则有

$$M_E = 4\pi\rho V^2 b^2 \left(\frac{1+a}{2} - \frac{1}{4}\right)\left[\alpha + \frac{\dot{h}}{V} + \left(\frac{1}{2} - a\right)b\,\frac{\dot{\alpha}}{V}\right] - \frac{1}{2}\pi\rho V b^3 \dot{\alpha} \quad (3.29\text{a})$$

或

$$M_E = 2\rho V^2 a_0 b^2 \left(\frac{1+a}{2} - \frac{1}{4}\right)\left[\alpha + \frac{\dot{h}}{V} + \left(\frac{1}{2} - a\right)b\,\frac{\dot{\alpha}}{V}\right] - \frac{1}{2}\pi\rho V b^3 \dot{\alpha} \quad (3.29\text{b})$$

$$C_{m_E} = \left(\frac{1}{4} - \frac{1+a}{2}\right)C_L - \frac{b}{4}\frac{\pi}{V}\dot{\alpha} \quad (3.30)$$

在式(3.23)及式(3.25)中,$\alpha + \dfrac{\dot{h}}{V} + \left(\dfrac{1}{2} - a\right)b\,\dfrac{\dot{\alpha}}{V}$ 正是机翼 3/4 弦长处的 $\dfrac{\partial z}{\partial x} + \dfrac{\partial z}{V\partial t}$ 值,即该点处的翼面下洗值(也是在 3/4 弦长处诱导速度和速度之比)。这说明按准定常理论计算总升力时,可把旋涡看成是集中作用在 1/4 弦长处,而计算 3/4 弦长处的诱导速度,并使其在该点满足与翼面相切的边界条件,以求得总的旋涡强度。在总力矩式(3.24)及式(3.29)中的最后一项 $-\pi\rho V b^3 \dot{\alpha}/2$,是角速度引起的阻尼力矩。

以上针对一个简化的二元平板模型简要叙述了准定常气动力假设情况下计算任意平面运动的气动力计算方法。从其物理过程来看,就是用涡系模拟翼面,再根据诱导速度、翼面位形和运动速度确定物面不穿透条件,从而用结构运动状态量 $\dot{h}$、α、$\dot{\alpha}$ 线性地显式表达气动力。从数理逻辑来看,平板薄翼在不可压线性小扰动假设下,其气动扰流问题满足 Laplace 方程,在翼面上布置涡系从而形成满足控制方程的基本解,进一步通过边界条件来得到涡强分布,这是典型的偏微分方程半逆解法思路。从该结果形式来看,气动力可以被结构运动的状态变量显式表达,由此形成的流固耦合稳定性和响应分析可使用线性常微分方程组的相应理论进行直接求解,这是后续要介绍的非定常气动力结果所不具备的特点。

除了以上格罗斯曼准定常气动力理论之外,还有一些其他在飞行器工程分析中常用的基于势流理论的准定常气动力计算方法,如细长体理论、活塞理论等,感兴趣的读者可参考相关资料。

3.2　西奥道生理论

如图 3.2 所示的格罗斯曼理论忽略了尾涡影响。在此基础上进一步考虑由后缘脱出的尾迹中自由涡的影响,即形成所谓西奥道生理论。该理论所满足的方程仍是拉普拉斯方程。虽然拉普拉斯方程本身并不显含时间项,但仍包含了边界运动带来的流场非定常效应。因此在二元流动范围内,西奥道生理论是一种比格罗斯曼理论更准确的理论[4,5]。

当考虑三元效应的非定常理论时,西奥道生理论求解较为复杂,所以早期针对较大展弦比机翼的工程颤振计算常常采用二元的非定常理论。

关于机翼作简谐振动的情况,最早由西奥道生给出了完整的解答。由于涉及较为复杂的特殊方程理论,此处不作详细叙述,直接引出由非定常理论导出的结果,具体推导过程可参考相关文献资料。如图 3.3 所示,在不可压流中微幅振动的二元平板,附着涡仍按初始位置构建,尾涡沿初始位置拖出至无穷远,忽略附着涡和尾涡几何位置的变化。当它以频率 ω 作简谐振动时,有

$$h = h_0 e^{i\omega t} \tag{3.31}$$

$$\alpha = \alpha_0 e^{i\omega t} \tag{3.32}$$

由非定常理论求得[5]

$$L = -\pi\rho b^2 (V\dot{\alpha} + \ddot{h} - ab\ddot{\alpha}) - 2\pi\rho V b C(k)\left[V\alpha + \dot{h} + \left(\frac{1}{2} - a\right)b\dot{\alpha}\right] \tag{3.33}$$

$$M_E = \pi\rho b^2 \left[ab(V\dot{\alpha} + \ddot{h} - ab\ddot{\alpha}) - \frac{1}{2}Vb\dot{\alpha} - \frac{1}{8}b^2\ddot{\alpha}\right]$$

$$+ 2\pi\rho V b^2 \left(\frac{1}{2} + a\right)C(k)\left[V\alpha + \dot{h} + \left(\frac{1}{2} - a\right)b\dot{\alpha}\right] \tag{3.34}$$

式中,k 为减缩频率,是无量纲量,$k = \dfrac{b\omega}{V}$;ω 为简谐振动的圆周频率;$C(k)$ 为西奥道生函数。具体的表达式如下:

$$C(k) = F(k) + iG(k); \quad i = \sqrt{-1} \tag{3.35}$$

$$F(k) = \frac{J_1(J_1 + Y_0) + Y_1(Y_1 - J_0)}{(J_1 + Y_0)^2 + (Y_1 - J_0)^2} \tag{3.36}$$

$$G(k) = -\frac{Y_1 Y_0 + J_1 J_0}{(J_1 + Y_0)^2 + (Y_1 - J_0)^2} \tag{3.37}$$

式中,J_0、J_1、Y_0 和 Y_1 是 k 的第一类和第二类标准贝塞尔函数。$F(k)$ 和 $G(k)$ 随 k 的变化如图 3.4 所示。当 $k \to \infty$ 时,$F(k) \to 0.5$,$G(k) \to 0$。

关于式(3.33)及式(3.34)中气动力表达式的物理意义可作如下解释。在式(3.33)中第一个括号内的项可以改写为

$$\frac{\mathrm{d}}{\mathrm{d}t}(\dot{h} - ab\dot{\alpha} + V\alpha)$$

它代表有攻角 α 时中点处的下洗加速度,而 $\pi\rho b^2$ 则为气流视在质量。二者的乘积就可看作是机翼振动时带动空气和它一起振动而产生的惯性反作用力。这些力的合力作用点将通过机翼的中点,设为 L_1。在式(3.33)中的第二项,如果略去 $C(k)$ 的作用,则与准定常

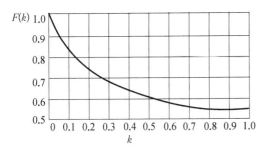 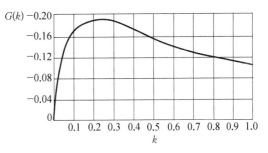

图 3.4　西奥道生函数

理论的升力式(3.23)一致。它代表由环量而产生的升力,正比于 3/4 弦长点处的下洗,而合力则通过气动力中心,设为 L_2。可见 $C(k)$ 正是由于考虑了自由涡的作用而引起的修正项,这种修正不仅表示升力大小将有所改变,而且还表示升力将落后于运动一个相位差。

在力矩表达式(3.34)中的第一项是由三部分组成的。第一部分显然是由于 L_1 产生的对刚心 E 的力矩;第二部分 $-\pi\rho b^3 \dot{\alpha}/2$ 是准定常理论中所指的阻尼力矩;第三部分 $-\pi\rho b^4 \ddot{\alpha}/8$ 可看作是由机翼围绕中点作角加速运动而引起的气流的惯性反作用力矩。式(3.32)中的第二项是由 L_2 产生的对刚心 E 的力矩。自由涡对于升力 L_2 的修正与减缩频率 k 有关,这是因为减缩频率 k 表征着流动随着时间变化的特征。冯·卡门曾经给出过如下有趣的解释:设想机翼上有一点处发生一扰动,并且与机翼一起振动,受到扰动影响的流体将以平均速度 V 向下游流去。设机翼受扰动的振动圆周频率是 ω,于是扰动的波长将是 $2\pi V/\omega$。因此,比值为

$$\frac{2b}{\left(\dfrac{2\pi V}{\omega}\right)} = \frac{b\omega}{\pi V} = \frac{k}{\pi}, \ k = \frac{\omega b}{V} \tag{3.38}$$

该比值与减缩频率成正比,并说明了 k 代表机翼特征长度 $2b$ 与扰动波长的比。换言之,k 表征着机翼上其他各点感受扰动的方式。由于振动机翼上每一点都扰动着气流,因此可以说减缩频率 k 表征着机翼各点处运动之间的相互影响作用。

计算时直接采用式(3.33)及式(3.34)的形式并不十分不方便。在工程实际中可通过气动导数的方式进行重新表达。已知机翼在做简谐振动时,满足式(3.31)和式(3.32),其中 h 与 α 代表振幅,并且可以是复数,以表示它们之间可以存在相位差。将式(3.31)、式(3.32)代入式(3.33)及式(3.34)中,经过整理可得

$$L = \pi\rho b^3 \omega^2 \left\{ L_h \frac{h}{b} + \left[L_a - \left(\frac{1}{2} + a\right) L_h \right] a \right\} \tag{3.39}$$

$$M_E = \pi\rho b^4 \omega^2 \left\{ \left[M_h - \left(\frac{1}{2} + a\right) L_h \right] \frac{h}{b} + \left[M_\alpha - \left(\frac{1}{2} + a\right)(L_\alpha + M_h) + \left(\frac{1}{2} + a\right)^2 L_h \right] \alpha \right\} \tag{3.40}$$

式中,L_h、L_α、M_h、M_α 的表达式如下:

$$L_h = 1 - \mathrm{i}\,\frac{2}{k}\big[\,F(k) + \mathrm{i}G(k)\,\big] \tag{3.41}$$

$$L_\alpha = \frac{1}{2} - \mathrm{i}\,\frac{1}{k}\big[\,1 + 2(F(k) + \mathrm{i}G(k))\,\big] - \frac{2}{k}\big[\,F(k) + \mathrm{i}G(k)\,\big] \tag{3.42}$$

$$M_h = \frac{1}{2} \tag{3.43}$$

$$M_\alpha = \frac{3}{8} - \mathrm{i}\,\frac{1}{k} \tag{3.44}$$

为了计算方便,所有相关的气动力系数均已制成表格,在需要时可以查阅 *Army Air Force TR4789* 或 Scanlan 和 Rosenbaum 著 *Introduction to the Study of Aircraft Vibration and Flutter* 一书的附录,此处仅摘录了不可压缩流情况的一小部分系数,见表 3.1。该表对不同 k 值列出 L_h、L_α、M_h 和 M_α 值,这些系数有些是复数,其虚数部分表示与相应位移有相位差的气动力,它的正负号取决于气动力是激振力还是起阻尼作用的气动力。

表 3.1 不可压缩流 Theodorsen 理论气动力系数

k	$1/k = V/(b\omega)$	L_h	L_α	M_h	M_α
∞	0.00	1.000 0+0.000 0i	0.500 0+0.000 0i	0.500 0	0.375 0+0.000 0i
4	0.25	0.984 8−0.251 9i	0.421 8−0.942 3i	0.500 0	0.375 0−0.250 0i
2	0.50	0.942 3−0.512 9i	0.185 8−0.984 1i	0.500 0	0.375 0−0.500 0i
1.2	0.83	0.853 8−0.883 3i	−0.382 3−1.594 9i	0.500 0	0.375 0−0.833 3i
0.8	1.25	0.708 8−1.385 3i	−1.522 8−2.271 2i	0.500 0	0.375 0−1.250 0i
0.6	1.67	0.540 7−1.929 3i	−3.174 9−2.830 5i	0.500 0	0.375 0−1.666 7i
0.5	2.00	0.397 2−2.391 6i	−4.886 0−3.186 0i	0.500 0	0.375 0−2.000 0i
0.4	2.50	0.175 2−3.125 0i	−8.137 5−3.562 5i	0.500 0	0.375 0−2.500 0i
0.34	2.94	−0.022 1−3.805 3i	−11.714 0−3.739 6i	0.500 0	0.375 0−2.941 2i
0.3	3.33	−0.195 0−4.433 3i	−15.473 0−3.782 2i	0.500 0	0.375 0−3.333 3i
0.27	3.75	−0.379 8−5.108 4i	−20.033 7−3.684 7i	0.500 0	0.375 0−3.750 0i
0.24	4.17	−0.552 0−5.824 2i	−25.319 0−3.526 0i	0.500 0	0.375 0−4.166 7i
0.2	5.00	−0.886 0−7.276 0i	−37.766 5−2.846 0i	0.500 0	0.375 0−5.000 i
0.16	6.25	−1.345 0−9.535 0i	−61.437 0−1.128 8i	0.500 0	0.375 0−6.250 0i
0.12	8.33	−2.002 0−13.438 5i	−114.492 0+3.242 0i	0.500 0	0.375 0−8.333 3i
0.1	10.00	−2.446 0−16.640 0i	−169.346 0+7.820 0i	0.500 0	0.375 0−10.000 0i
0.08	12.50	−3.010 0−21.510 0i	−272.410 0+16.115 0i	0.500 0	0.375 0−12.500 0i
0.06	16.67	−3.753 0−29.733 3i	−499.853 0+32.822 2i	0.500 0	0.375 0−16.666 7i

西奥道生理论可以看作是格罗斯曼准定常理论的一种发展和完善,它仍然是通过半逆解法来求解振动薄翼的小扰动扰流问题。但由于考虑尾涡影响的复杂性,直接求解气动力表达式异常困难,只能考虑谐振荡假设来给出解析解。这就引入了特殊函数表示的西奥道生函数,该函数隐含减缩频率 k 这一参数,并且呈现复数形式。该气动力表达式含有减缩频率作为参数,这就使得将其带入气动弹性方程后成为带参数的线性常微分方程

组。在求解颤振问题时在频率域内求解较为方便,且必须采用特殊的含参数特征值计算方法。

3.3　求解颤振方程的 $p\text{-}k$ 法

如 3.2 节所述,采用频域形式的线性非定常气动力西奥道生理论时,所得气动力表达式为含有参数 k 的复函数。从理论上来讲,线性常微分方程组的稳定性分析仍符合特征值理论,即系统所有特征值均位于复平面左侧,也即特征值实部小于零。但此时方程含有频率参数 k,而减缩频率 k 在方程求解前是未知数,因此在计算系统特征值时必须针对该参数采用迭代算法予以计算。在颤振分析中可使用的方法有 $V\text{-}g$ 法、$p\text{-}k$ 法及 g 法。$V\text{-}g$ 法的结果仅能给出临界颤振点的临界速度数值和颤振频率特征,目前在工程中已很少使用;g 法则尚未得到普及使用;而 $p\text{-}k$ 法能进一步说明亚临界自由振动衰减程度,在工程应用上得到了认可,并在商业软件 NASTRAN 及 ZAERO 中成为标准求解模块。因此本节仅简要介绍 $p\text{-}k$ 法的计算思路。

针对如图 3.5 的二元翼段模型,具有沉浮和俯仰两个自由度,弦长为 $2b$,宽度为单位长度。沉浮位移 h(在弹性轴上测量,向下为正)和绕弹性轴的转动 α(前缘向上为正),分别由一个线弹簧和一个扭转弹簧支持在弹性轴 E 点(相应于刚心处),弹簧常数分别为 K_h 和 K_α。E 点在翼弦中点后 ab 处。重心到弹性轴的距离以 x_α 表示,是无量纲量。于是机翼上任一点的位移为

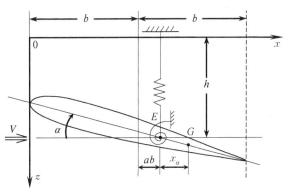

图 3.5　对二元翼段所规定的符号

$$Z = h + r\alpha \tag{3.45}$$

式中,r 为从弹性轴 E 量起的距离(在 E 点的后面为正)。

可建立该模型的运动方程:

$$\begin{cases} m\ddot{h} + S_\alpha\ddot{\alpha} + K_h h = Q_h \\ S_\alpha\ddot{h} + I_\alpha\ddot{\alpha} + K_\alpha\alpha = Q_\alpha \end{cases} \tag{3.46}$$

式中,$m = \int_0^{2b}\mathrm{d}m$,表示单位展长的机翼质量;$S_\alpha = \int_0^{2b} r\,\mathrm{d}m = m x_\alpha b$,表示单位展长机翼对弹性轴的质量静矩;$I_\alpha = \int_0^{2b} r^2\,\mathrm{d}m = m r_\alpha^2 b^2$,表示单位展长机翼对转轴的质量惯矩;$r_\alpha$ 为对弹性轴的回转半径的无量纲量;Q_h 表示与 h 相应的广义力,即由翼段振动引起的气动力(向下为正);Q_α 表示与 α 相应的广义力,即由翼段振动引起的气动力矩(以翼段前缘向上为正)。

当 Q_h 与 Q_α 采用西奥道生非定常气动力表达时,依据方程(3.46)求解系统稳定性,即颤振计算,归结为含参数 k 的特征值求解问题。

p-k 法是在 20 世纪 70 年代初由美国学者提出的一种颤振求解方法[6,7]。该方法中假设机翼作一般振动,其运动可表述为

$$h = h_0 e^{(\gamma+i)\omega t} = h_0 e^{\bar{p}t}$$
$$\alpha = \alpha_0 e^{(\gamma+i)\omega t} = \alpha_0 e^{\bar{p}t}$$
(3.47)

式中,$\bar{p} = \gamma\omega + i\omega$,$i = \sqrt{-1}$。 由式(3.47)可得

$$\gamma = \frac{1}{2\pi}\ln\left[\frac{h\left(t + \dfrac{2\pi}{\omega}\right)}{h(t)}\right]$$
(3.48)

式(3.48)表示了振动的衰减率。机翼作任意运动时的气动力表达式更为复杂,但颤振求解时最关心的还是颤振临界状态。此时,机翼的运动状态近似认为仍是简谐振动,所以在计算气动力时,仍用简谐振动机翼的非定常气动力公式,在计算中的减缩频率 k 仍取与式(3.47)中 ω 相应的 k。

由式(3.47),有

$$\ddot{h} = d^2h/dt^2 = \bar{p}^2 h$$
(3.49)

因而在非定常气动力表达式中,需要以 $\bar{p}^2$ 代替 $-\omega^2$ 即可得出翼段作任意运动的运动方程。

将西奥道生理论的气动力表达式带入气动弹性运动方程,通过在不同来流速度下求解二次特征值问题便得到特征值随流速的变化曲线。第一个特征值实部由负变为零所对应的速度点即为颤振临界速度。假定大气密度为海平面情况,大气密度为标准大气值,则颤振速度与飞行高度无关。因为此处采用了不可压流体假设,颤振速度与马赫数无关。求解主要步骤如下[7]:

(1)给定计算速度 V;

(2)针对所有给定模态及相应减缩频率 k_j 计算气动力影响系数矩阵;

(3)将气动力影响系数矩阵代入方程,求解系统特征值,并得到对应的减缩频率 k_{j+1},与步骤(2)的 k_j 值比较,若两值接近则取 k_{j+1} 作为下一轮试凑值 k_j,以此类推,进行迭代过程;

(4)在遍历所有模态后,再计算下一个速度点,最终给出所关心速度范围内的所有特征值随速度的变化趋势。

颤振计算的 p-k 法流程图见图 3.6。由此得到一系列来流速度 V 与特征值 p 的数对 (V_i, p_{ij}),$j=1, 2, \cdots, m$,m 为选取的模态数;i 为计算的来流速度点数。特征值为复数,可在复平面上画出 p_{ij} 曲线即根轨迹图。根轨迹穿越虚轴的交点即对应临界颤振点,但此

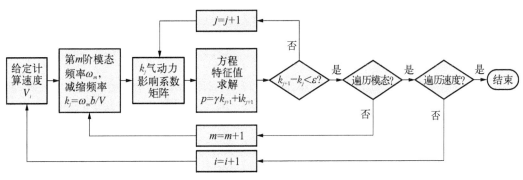

图 3.6　颤振计算的 $p-k$ 法流程图

时需根据数对关系得到对应的临界颤振速度。为方便起见,工程上也常用 (V_i,γ_{ij}) 及 (V_i,ω_{ij}) 实数曲线来表征稳定性,(V_i,γ_{ij}) 曲线中由负变正的交点即对应临界颤振点,交点横坐标即为临界颤振速度。如图 3.7 所示,通常将 (V_i,γ_{ij}) 与 (V_i,ω_{ij}) 曲线竖向排列,以方便查找发生颤振时失稳模态对应的频率值。在工程上往往也采用各阶模态的频率值曲线 (V_i,f_{ij}) 来替代圆频率曲线。对于低于临界颤振速度的情况,$p-k$ 法计算得到的 γ 值,可以认为就是亚临界流速情况下的真实衰减率,可以和颤振试验的实测值进行定性比较。

此外,工程颤振计算中,前述第(2)步计算气动力影响系数矩阵时,需要不断针对减缩频率 k 进行迭代计算,计算耗费较大。因此往往先预设一系列减缩频率值,计算得到气动力影响系数矩阵数据库,在需要迭代时仅根据该数据库进行插值得到计算所需的气动力影响系数矩阵,从而大大提高计算效率,且能满足工程计算精度的需要。

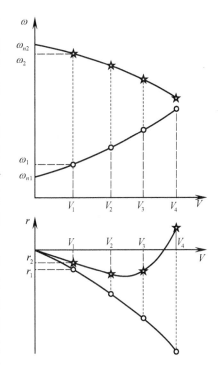

图 3.7　颤振分析的 $V-\omega$ 曲线和 $V-\gamma$ 曲线

3.4　非定常涡方法

在不可压理想流小扰动假设前提下,引入平板翼型沉浮/俯仰简谐运动条件,通过小扰动速度势方程,Theodorsen 理论给出了频域的非定常气动力解析表达式,且该表达式含有减缩频率参数。事实上,采用基本解代入 Laplace 方程可以在时变边界条件下进行时域推进计算,从而给出翼型上的气动力。而且此时不需引入简谐运动和小扰动条件,因此实际求解的是全位势方程,当然该方法能满足的具体扰动范围受到空气动力学全位势方程的限制。

考虑二维无旋不可压理想流体,此时流体具有全速度势 Φ,流体在空间任意点的流速

是速度势函数的梯度,而速度势函数满足二维 Laplace 方程:

$$\Delta \Phi = \frac{\partial^2 \Phi}{\partial x^2} + \frac{\partial^2 \Phi}{\partial y^2} = 0 \tag{3.50}$$

这是一个线性偏微分方程,由数理方程的知识可知该方程有基本解,如源、汇、涡、偶极子等。由于这些基本解都具有扰动衰减的特性,它们也自然满足远场无扰动的边界条件。通过近场物面边界条件可以确定基本解的强度从而得到方程的特解,此时物面条件并没有小扰动的限制。该方法直接考虑全速度势方程,因此可以不引入小扰动假设,从而能够考虑大运动情况。此外,在得到涡强分布后直接通过非定常 Bernoulli 方程给出翼型压强分布。该过程本质上是非线性的,能够在层流的限制下考虑必要的非线性作用,适用的攻角范围也较大。

前面章节中提到的 Theodorsen 理论基于小扰动薄翼假设,即采用沿弦线分布的非定常涡模拟平板翼型并考虑尾涡的非定常干扰,给出谐振荡翼型非定常气动力的频域解析形式。非定常涡方法也采用相同的物理模型,通过附着涡模拟翼型流动,采用自由尾涡考虑非定常干扰。所谓自由尾涡是指尾涡的瞬时移动速度由全场瞬时诱导速度确定。进一步对翼型上的附着涡及自由尾涡进行离散化,能够方便进行时域非定常气动力的计算。

考虑弦长为 c 的平板翼型,x 方向翼型前进速度 V 的负方向,向上为 z 正向,该坐标系固联于未扰动大气。如图 3.8 所示,将翼型离散化为 m 个线段单元,在距前点 1/4 线段长处布置点涡,3/4 线段长处作为控制点使翼型后缘流动满足 Kutta 条件;尾涡由翼型后缘依次脱出涡单元,第 i 时间步共脱出 i 个尾涡,单元长度 d 与选取的计算时间步长相关,$d = |V_{\text{loc}}| \Delta t$,$V_{\text{loc}}$ 为自由涡位置每一瞬时的当地流速,作为自由涡处理时尾涡是一条曲线。考虑到计算效率以及尾涡对附着涡的影响随距离增加而递减,通常将尾涡进行截断,可选择不小于 20 倍翼型弦长的尾涡进行计算,必要时还应对被截断涡的影响进行修正处理。

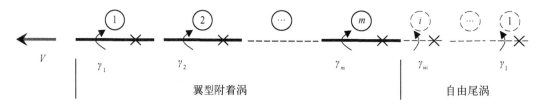

图 3.8 二元平板翼型非定常涡模型

记翼面附着涡总环量为 $\Gamma(t)$;自由尾涡总环量为 $\Gamma_w(t)$。不考虑尾涡耗散时,由 Kelvin 条件全场总环量变化率应为零,即

$$\frac{\mathrm{d}\Gamma(t)}{\mathrm{d}t} + \frac{\mathrm{d}\Gamma_w(t)}{\mathrm{d}t} = 0 \tag{3.51}$$

由此可建立附着涡与尾涡对离散时间的递推关系。在时间起点 t 时刻即第一个时间步,此时仅脱出一个尾涡,满足如下关系:

$$\Gamma(t) + \gamma_{w1} = 0$$

第 i 时间步时有

$$\gamma_{wi} = -\left[\Gamma(t_i) - \Gamma(t_{i-1})\right] \tag{3.52}$$

在每一时间步,通过翼型单元控制点处满足不穿透条件确定附着涡环量,即

$$(\nabla\Phi_c - V_c)n_c = 0 \tag{3.53}$$

$\nabla\Phi$ 为流体速度;V 为翼型运动速度;n 为翼型法向量;下标 c 表示各量在控制点处取值。每一计算时刻式(3.53)中的未知量为 m 个附着涡环量,在 m 个控制点满足边界条件形成 m 阶方程组,从而求解各环量。

各点涡环量在控制点的诱导速度可进行如下计算。设平面上任意点 (x_0, z_0) 位置处具有环量 γ 的点涡对空间点 (x, z) 的诱导速度为

$$u = \frac{\gamma}{2\pi}\frac{(z - z_0)}{(x - x_0)^2 + (z - z_0)^2}, \quad w = \frac{-\gamma}{2\pi}\frac{(x - x_0)}{(x - x_0)^2 + (z - z_0)^2} \tag{3.54}$$

或可写成矩阵形式更方便计算,有

$$\begin{bmatrix} u \\ w \end{bmatrix} = \frac{\gamma}{2\pi r^2}\begin{bmatrix} 0 & 1 \\ -1 & 0 \end{bmatrix}\begin{bmatrix} x - x_0 \\ z - z_0 \end{bmatrix} \tag{3.55}$$

式中,$r^2 = (x - x_0)^2 + (z - z_0)^2$。

得到翼型上附着涡环量后,通过非定常 Bernoulli 方程计算涡作用点即单元压心处的压强。平板翼型上表面压强记为 p_u;下表面压强记为 p_l;压强差为 ∇p;大气密度为 ρ;Q 为翼型表面流速的大小,则有

$$\frac{\Delta p}{\rho} = \frac{p_u - p_l}{\rho} = \left(\frac{Q^2}{2}\right)_u - \left(\frac{Q^2}{2}\right)_l + \left(\frac{\partial\Phi}{\partial t}\right)_u - \left(\frac{\partial\Phi}{\partial t}\right)_l \tag{3.56}$$

由此可以得到翼型上作用的气动力。这里所介绍的是二维流动情形。将其推广到三维机翼,将点涡单元改为涡环单元即形成所谓三维非定常涡格法(unsteady vortex lattice method,UVLM)[2]。

针对做沉浮与俯仰简谐运动的二元翼段问题,分别采用非定常涡方法和 Theodorsen 理论计算翼段受到的气动力来考察两者的精度关系和各自的适用范围。考虑单位弦长平板翼型,来流速度 10 m/s;俯仰运动中心取在翼型 1/4 弦长位置;翼型划分为 50 个单元;无量纲时间步长为 0.1;计算 400 步,即考虑 400 个尾涡影响。图 3.9~图 3.11 给出了非定常气动力的计算结果,减缩频率 $k = 0.2$ 反映了低频振动情况,$k = 0.5$ 反映了中等频率振动情况,$k = 1.0$ 为高频振动情况;沉浮运动的幅值为相对弦长的比值,0.1 和 0.5 分别对应小振幅和大振幅情况;俯仰的幅值为度,0.5°、3°和 5°分别对应小振幅、中等振幅和大振幅情况。

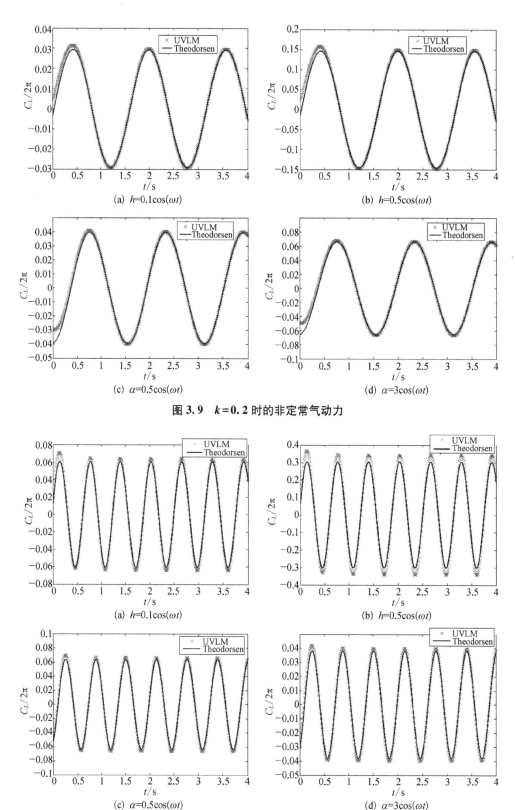

图 3.9　$k=0.2$ 时的非定常气动力

图 3.10　$k=0.5$ 时的非定常气动力

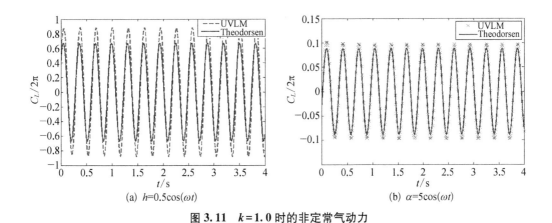

(a) $h=0.5\cos(\omega t)$　　　　　(b) $\alpha=5\cos(\omega t)$

图 3.11　$k=1.0$ 时的非定常气动力

图中 UVLM 为非定常涡方法的计算结果。在计算初始的一段时间,其数值与 Theodorsen 结果稍有差异,这是由于 Theodorsen 理论是稳态振动解,而非定常涡方法则会产生启动涡效应,给出的是瞬态响应过程,在尾涡影响稳定后才能得到稳态解,即图中 1 s 后的计算数据才有可比性。当然,能够给出瞬态响应也是非定常涡方法的优势之一。图 3.9 的小减缩频率情况下,两种计算结果符合度很高,小幅值振荡比中等幅值与大幅值情况具有更好的一致性,这也恰好反映了 Theodorsen 理论基于小扰动速度势进行求解的事实。图 3.10 的中等减缩频率下,大幅值振荡的气动力响应已能够看出两种计算结果的差异;图 3.11 给出了高减缩频率下大幅值振荡气动力响应,其数值结果体现出明显的差异。

非定常涡方法给出了非定常气动力时域计算方式,但并不能像准定常的 Grossman 理论那样显式表达为运动状态变量的函数形式,因此在气动弹性计算时并不能直接求解状态空间方程。非定常涡方法计算非定常气动力是时间推进算法,在每一时刻,已知结构位形和速度的情况下能够计算此时的非定常气动力,将该气动力作用在结构上推进计算得到下一时刻的结构位形和速度。这样可以形成结构和气动交错计算的所谓“松耦合”迭代算法,在时间步长很小的情况下能够较为准确地得到气动弹性时域响应[8]。

3.5　面元法简介

面元法以速度势方程为基础,将复杂三维绕流问题简化为一个二维积分方程,从而大大降低了数值计算量。作为一种气动力计算工程方法,近 50 年来一直发展不衰。在面元法中,飞行器外形由若干面元模拟,源(汇)、涡、偶极子等满足 Laplace 方程的基本解布置在面元上,基本解的强度通过求解相应的边界条件方程来确定。一旦确定了这些基本解的强度,速度场和压力场就可通过相应的计算得到。现今存在的面元法种类众多,其差别在于基本解形式的选择、分布的类型、面元的几何形状,以及所采用的边界条件的种类。

本节介绍飞行器气动弹性工程分析中常用的几种面元法。其中频域的非定常偶极子格网法建立于 20 世纪 70 年代,作为一种标准算法在工程分析中最为常用。涡格法及三维面元法也在 20 世纪 90 年代逐渐成熟,可以计算定常气动力和时域非定常气动力,近年来在气动弹性工程领域逐渐成为主流方法[7,9]。

3.5.1 偶极子格网法简述

亚声速偶极子格网法实质上是采用压力偶极子,它是基于小扰动线化位势流方程的面元法,适用于亚声速范围,是当前颤振工程分析中流行的非定常气动力计算方法之一。本节对偶极子格网法进行简要介绍,更详细理论推导可参考文献[4]。由于采用压力偶极子,而只有翼面上才有压力差,因此可以只在翼面上布置压力偶极子,从而可以避免尾流区的建模,工程分析较为简单。需要注意的是,基于压力偶极子的偶极子格网法并不能退化为减缩频率等于零的情况,因此不适合用于计算定常气动力。

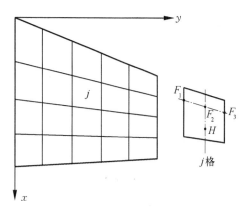

图 3.12 升力面网格上的 F_1、F_2、F_3 和 H 点

采用亚声速偶极子格网法计算非定常气动力时,将升力面分成若干个两侧边平行于来流的梯形块。并认为每小块上的空气动力作用在分块的中剖面与分块 1/4 弦线的交点,该点称为压力点(如图 3.12 所示的 F_2 点)。边界条件则是在分块的中剖面与分块 3/4 弦线的交点处满足,该点称为下洗控制点(如图 3.12 所示的 H 点)。假定将升力面划分成 n 个网格。空气动力坐标系约定如下:升力面坐标系规定原点位于升力面根前缘,x 轴顺气流,y 轴沿翼展向外,z 轴由右手定则确定。

通过求解基本方程可以确定气动分块上的非定常气动力分布。由线性非定常气动力理论可知,对于每个网格中 3/4 弦长点(即下洗控制点 H)处应满足下列积分方程:

$$
\begin{aligned}
w_i &= \frac{1}{4\pi\rho V^2} \sum_{j=1}^{n} \frac{1}{2}\rho V^2 \Delta c_{p_j} \Delta x_j \cos\varphi_j \int_{l_j} K_{ij} \mathrm{d}l_j \\
&= \frac{1}{8\pi} \sum_{j=1}^{n} \Delta c_{p_j} \Delta x_j \cos\varphi_j \int_{l_j} K_{ij} \mathrm{d}l_j, \quad i=1,2,\cdots,n, \quad j=1,2,\cdots,n
\end{aligned} \tag{3.57}
$$

式中,w_i 为第 i 个网格 3/4 弦长点处的下洗速度;Δc_{p_j} 为第 j 个网格上的压力系数,它与压力 Δp_j 的关系式如下:

$$
\Delta c_{p_j} = \frac{2\Delta p_j}{\rho V^2} \tag{3-58}
$$

Δx_j 为第 j 个网格的中剖面长度;l_j 为第 j 个网格的过 1/4 弦点的展长(图 3.12 中 $\overline{F_1 F_3}$);φ_j 为第 j 个网格的后掠角(图 3.12 中 $\overline{F_1 F_3}$ 的后掠角);K_{ij} 为气动力计算核函数;n 为升力面的气动网格分块数。

式(3.57)可化为矩阵形式,有非定常气动压力分布表达式:

$$\Delta p = \frac{1}{2}\rho V^2 D^{-1} w \tag{3.59}$$

式中，Δp 为压力作用点处的压力分布列阵；w 为下洗控制点处的下洗速度列阵；D 为气动力影响系数矩阵，其元素为

$$D_{ij} = \frac{\Delta x_j}{8\pi}\cos\varphi_j \int_j K_{ij}\mathrm{d}l_j, \quad i = 1, 2, \cdots, n, \quad j = 1, 2, \cdots, n \tag{3.60}$$

此处核函数 K_{ij} 与影响系数 D_{ij} 的计算较为复杂，详细推导过程可参见有关文献[4,10,11]。

对于薄翼面，考虑到在 H 点上满足边界条件，所以各气动网格 H 点的下洗速度与振动模态应有下列关系：

$$w = \left(F' + i\frac{k}{b}F\right)q \tag{3.61}$$

式中，q 为广义坐标向量；F 为 H 点处各阶模态列向量 f_i 组成的模态矩阵；F' 为 H 点处矩阵 F 对 x 的导数；b 为参考长度；k 为减缩频率，$k = \dfrac{b\omega}{V}$；V 为飞行速度；ω 为圆频率。

将式(3.60)代入式(3.58)中，可以得到频域内的非定常气动压力分布表达式：

$$\Delta p = Pq \tag{3.62}$$

式中，P 为压力系数矩阵，其表达为

$$P = \frac{1}{2}\rho V^2 D^{-1}\left(F' + i\frac{k}{b}F\right) \tag{3.63}$$

该方法思路可以拓展到超声速范围即形成超声速偶极子格网法。它也是基于线化理论的面元法，适合于马赫数 3 以内的超声速范围。其网格划分与如图 3.12 所示的亚声速偶极子格网法相似。不同之处在于，压力偶极子分布在整个网格上，下洗控制点在网格中剖面 85%~95%处。超声速情况下，计算基本解的相互影响具有定域性，即只有在以任意 H 为顶点的倒置马赫锥中的点所发出的扰动才会影响到 H 点。除具体算法上略有差异外，基本表达式与亚声速偶极子格网法基本一致，此处不再赘述，有兴趣的读者可参考相关文献[10,11]。

3.5.2　涡格法简介

对于薄机翼，其流场绕流模型可用直匀流+附着涡+自由涡来模拟。定常涡格法将机翼的中弧面沿弦向和展向划分网格，在网格内布置涡环基本解。如图 3.13 所示，涡环单元由四段等强度直线涡首尾相接而成，翼面自由马蹄涡由后缘拖出，平行于来流方向。选取涡格 1/4 弦线中点为力作用点（图中用符号"○"表示），涡格 3/4 弦线中点为控制点（图中用符号"×"表示），在控制点满足涡格法向不可穿透的边界条件：

$$\nabla\Phi \cdot n = 0 \tag{3.64}$$

式中，Φ 为流场的速度势，包含远前方来流、机翼附着涡和尾涡；n 为机翼控制点处的法向

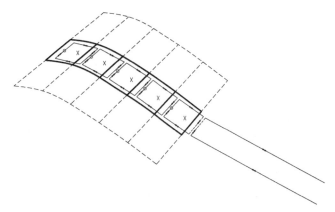

图 3.13 定常涡格法涡环单元布置情况

量。利用比奥-萨法尔定理计算每个涡环对控制点处的诱导速度可以得到气动力影响系数矩阵 A，式(3.64)可进一步写为

$$A \cdot \Gamma = V_\infty \cdot n \tag{3.65}$$

式中，A 为机翼气动力影响系数矩阵；Γ 为机翼附着涡环强度组成的列向量；V_∞ 表示远前方来流速度。求解边界条件方程(3.64)即可得到涡环强度，再基于如科夫斯基定理进行定常气动力的求解。

对于非定常情况，涡格法可以方便地推广到时域气动力的计算中。与定常涡格法相似，非定常涡格法也在机翼中弧面布置涡环，但尾流区用随着时间步推进的涡环来模拟，如图3.14 所示。在每一个离散时间步中，机翼沿着飞行轨迹向前运动，机翼后缘脱出尾涡涡环，而原有的尾涡涡环以自由涡的形式按照各自的运动速度向后运动，尾涡涡环强度满足开尔文定律。

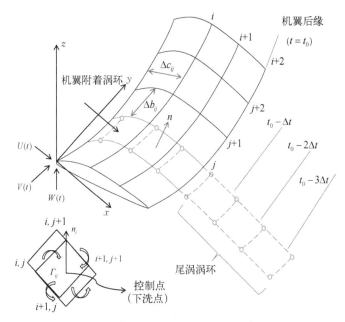

图 3.14 非定常涡格法涡环单元布置情况

在非定常涡格法中,需要在每一个时间步内求解边界方程:

$$A\Gamma + \left[V(t) + V_w\right] \cdot n = 0 \tag{3.66}$$

式中,A 为机翼气动力影响系数矩阵;Γ 为机翼附着涡环强度组成的列向量;$V(t) = [U(t), V(t), W(t)]$ 包含机翼运动速度和非定常来流速度(如给定形式的阵风扰动速度);$V_w = [u_w, v_w, w_w]$ 代表尾涡在机翼处引起的诱导速度。在得到涡环强度之后,机翼压强可通过非定常伯努利方程得到,即

$$\Delta p = p_l - p_u = \rho\left[\left(\frac{Q_t^2}{2}\right)_u - \left(\frac{Q_t^2}{2}\right)_l + \left(\frac{\partial \Phi}{\partial t}\right)_u - \left(\frac{\partial \Phi}{\partial t}\right)_l\right] \tag{3.67}$$

式中,p_l、p_u 分别代表下翼面和上翼面压强大小;Q_t^2 为翼面切向流体运动速度。则每个网格上的气动力可通过压强积分得到:

$$\Delta F = -(\Delta p \Delta s)_{ij} n_{ij} \tag{3.68}$$

每一个时间步都生成一排新的尾涡单元,在不同时间计算步中,机翼表面涡环环量不同,尾流区的涡环分布也随之变化,呈现出显著的非定常特点。在实际计算中,由于计算时间步较多,往往采取尾流区截断的方法避免过多尾涡环导致计算量的增大。流体第二边界条件保证一定范围的尾流截断可以满足工程计算精度的需求。一般根据计算对象和经验,选取 15~20 倍的机翼弦长作为尾流区的计算范围是合理的。

3.5.3　三维面元法简介

1. 低阶面元法

涡格法主要针对三维薄机翼的气动力计算。如果需要考虑机翼的厚度和翼型,可以采用面元法来求解。本小节首先以常值源和偶极子单元为例,介绍低阶面元法的相关理论和计算方法[12]。面元法的计算模型可根据飞机真实的几何外形构建,同时奇点元素在气动网格中是连续分布的。相比于二维飞行载荷的平板升力面和离散奇点分布,计算精度有了一定程度的提高。面元法中常使用源和偶极子作为基本解,模拟机翼对流场的扰动,将机翼对流场的扰动用源和偶极子来模拟,流场任意一点的速度势可写为

$$\Phi(x, y, z) = \frac{1}{4\pi}\int_{S_B+S_W} \mu \frac{\partial}{\partial n}\left(\frac{1}{r}\right)dS - \frac{1}{4\pi}\int_{S_B} \sigma \frac{1}{r}dS + \Phi_\infty \tag{3.69}$$

式中,S_B、S_W 分别表示机翼和尾涡的边界;μ 表示偶极子的强度;σ 表示源的强度;r 表示任意一点 $P(x, y, z)$ 到源或偶极子的距离;Φ_∞ 表示来流的速度势。对于有厚度的机翼,通常采用 Dirichlet 边界条件,即保证机翼内部的速度势为常量。在实际数值计算时,可以选取不同的速度势常量,则可发展出不同类型的面元法。本小节主要介绍常用的一种取法,令机翼内部速度势与远前方来流的速度势相等,则边界条件方程可以写为

$$\frac{1}{4\pi}\int_{S_B+S_W} \mu \frac{\partial}{\partial n}\left(\frac{1}{r}\right)dS - \frac{1}{4\pi}\int_{S_B} \sigma \frac{1}{r}dS = 0 \tag{3.70}$$

如图 3.15 所示,将机翼表面沿展向和弦向划分为 N 个若干网格,在每个网格上布置连续分布的面源和偶极子,尾涡部分用偶极子单元来模拟。低阶面元法中,使用了强度为常值的源和偶极子,设第 k 个面元的源强为 σ_k,偶极子强度为 μ_k,尾涡部分的偶极子单元强度为 N_w。 选取面元中心点为控制点,则离散的边界条件方程可写为

$$\sum_{k=1}^{N} C_k \mu_k + \sum_{j=1}^{N_w} C_j \mu_j + \sum_{k=1}^{N} B_k \sigma_k = 0 \tag{3.71}$$

式中,C_k、B_k 分别为偶极子和源的影响系数:

$$C_k = \frac{1}{4\pi} \int \frac{\partial}{\partial n}\left(\frac{1}{r}\right) \mathrm{d}S \mid_k \tag{3.72}$$

$$B_k = -\frac{1}{4\pi} \int \left(\frac{1}{r}\right) \mathrm{d}S \mid_k \tag{3.73}$$

源强可根据物面不穿透的边界条件确定:

$$\sigma = -n \cdot V_\infty \tag{3.74}$$

式中,C、B 分别为偶极子和源的影响系数;N 为翼面单元的个数;N_w 为尾涡单元的个数。

此外,还需要满足后缘 Kutta 条件:

$$\mu_w = \mu_u - \mu_l \tag{3.75}$$

即后缘处尾涡的偶极子强度为上下翼面后缘最后一排网格偶极子强度的差。

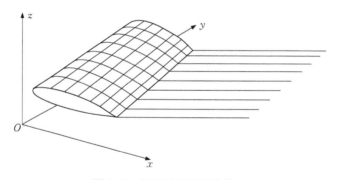

图 3.15　面元法网格划分情况

将式(3.74)和式(3.75)代入边界条件方程式(3.71)中和式(3.72),求解线性方程就可以得到每个面元上的偶极子强度 μ。

由此,可以根据偶极子的特性计算出每个面元上的切向扰动速度:

$$q_l = \frac{\partial \mu}{\partial l}, \ q_m = \frac{\partial \mu}{\partial m} \tag{3.76}$$

式中,l、m 表示面元当地的两个切向方向。因此,面元控制点处的实际流速为远前方来

流速度与当地扰动速度之和,即

$$V_l = V_{\infty,l} + q_l, \quad V_m = V_{\infty,m} + q_m \tag{3.77}$$

根据非定常伯努利方程,可以得到每个面元上的压强系数为

$$C_{p_k} = 1 - \frac{V_k^2}{V_\infty^2} \tag{3.78}$$

从而最终得到每个面元上的气动力为

$$\Delta F_k = -C_{pk}\left(\frac{1}{2}\rho V_\infty^2\right)\Delta S_k n_k \tag{3.79}$$

式中,ΔS_k 为面元的面积。

2. 高阶面元法

高阶面元法的控制方程与边界条件与低阶面元法相同,相比于低阶面元法,其主要区别在于奇异元的分布形式与面元的几何描述。低阶面元法中,源与偶极子在一个面元上的强度都为常值,而高阶面元法中可以定义更高阶的分布形式。如图 3.16 所示,在低阶面元法中,四边形面元由四个顶点的坐标来确定,而高阶面元法中,任意网格的曲面面元由 5 个平面子面元近似表示,每个面元由九个点来描述,子面元可通过二阶多项式来近似描述:

$$z(x,y) = z_0 + z_x x + z_y y + z_{xx} x^2 + z_{xy} xy + z_{yy} y^2 \tag{3.80}$$

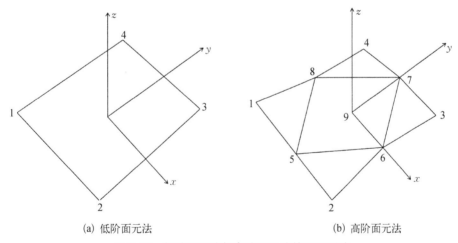

(a) 低阶面元法　　　　(b) 高阶面元法

图 3.16　低阶面元法与高阶面元法的面元形式

高阶面元法不仅对气动外形的几何描述更加细致,同时,奇点强度分布也采用了更高阶的表达形式,而不同于低阶面元法中采用的常值分布形式。开源面元法软件 PANAIR 中,采用了线性分布的点源和二次分布的偶极子:

$$\sigma(x,y) = \sigma_0 + \sigma_x x + \sigma_y y \tag{3.81}$$

$$\mu(x, y) = \mu_0 + \mu_x x + \mu_y y + \mu_{xx} x^2 + \mu_{xy} xy + \mu_{yy} y^2 \tag{3.82}$$

代入边界条件(3.70)中,得到

$$\sum_{k=1}^{6N} C_k \mu_k + \sum_{j=1}^{N_w} C_l \mu_l + \sum_{k=1}^{3N} B_k \sigma_k = 0 \tag{3.83}$$

每个面元上有 3 个源强变量 σ_0、σ_x、σ_y 和 6 个偶极子强度变量 μ_0、μ_x、μ_y、μ_{xx}、μ_{xy}、μ_{yy},其中源强仍可通过物面不穿透的边界条件(3.74)得到。

可以看出,高阶面元法无论是在几何描述上还是在奇点分布上,相比于低阶面元法都更加精确。然而,由于高阶面元法使用较为复杂的函数描述,其计算量也会显著增加。低阶面元法在计算效率上显然更快速高效,同时也可以通过更加细致的网格划分来提高精度。高阶和低阶面元法各有利弊,在使用时可根据需要来做权衡。

与涡格法类似,面元法也可以按时间步推进的方式方便地推广到非定常情况。下面以低阶面元法为例,介绍非定常面元法的计算流程。

相比于定常计算,在非定常面元法中,每一个离散时间步都应当满足边界条件方程(3.70)。如图 3.17 所示,从 $t = \Delta t$ 时刻开始计算,此时只存在一排尾涡单元,边界条件方程为

$$\sum_{k=1}^{N} C_k \mu_k + \sum_{j=1}^{N_w} C_j \mu_{wj} + \sum_{k=1}^{N} B_k \sigma_k = 0, \ t = \Delta t \tag{3.84}$$

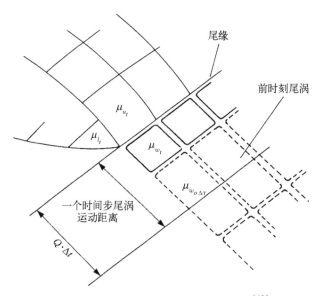

图 3.17 非定常面元法的尾涡脱出情况[12]

代入后缘库塔条件式(3.75),得

$$\mu_{w, t} = \mu_{u, t} - \mu_{l, t} \tag{3.85}$$

方程可简化为

$$\sum_{k=1}^{N} A_k \mu_k + \sum_{k=1}^{N} B_k \sigma_k = 0, \ t = \Delta t \tag{3.86}$$

源强仍通过物面不穿透条件求得

$$\sigma = -n \cdot V(t) \tag{3.87}$$

但其中的速度 $V(t)$ 应当是该时刻的流动速度,包含机翼的运动速度和非定常来流速度等。此后每经过一个时间步 Δt,已有的尾涡单元就按当地流速向后运动一段距离,同时机翼后缘生成一排新的尾涡。边界条件可以写为

$$\sum_{k=1}^{N} A_k \mu_k + \sum_{j=1}^{M_w} C_l \mu_{uj} + \sum_{k=1}^{N} B_k \sigma_k = 0, \ t = I_t \Delta t \tag{3.88}$$

式中,M_w 为当前时间步的尾涡单元个数。

在每一时间步,求解方程(3.88),就可以得到每一时刻翼面上的偶极子强度和源强。与定常面元法的求解类似,面元上的当地流速可以直接通过偶极子强度的方向导数求得,进而通过非定常伯努利方程求得单元压强系数:

$$C_{p_k} = 1 - \frac{V_k^2}{V_{\text{ref}}^2} - \frac{2}{V_{\text{ref}}^2} \frac{\partial \Phi}{\partial t} \tag{3.89}$$

由于机翼内部的速度势为常数,则有

$$\frac{\partial \Phi}{\partial t} = \frac{\partial \mu}{\partial t} \tag{3.90}$$

而计算压强时的参考速度 V_{ref} 一般可以取为机翼运动速度。最终,面元上的气动载荷通过压强积分直接得到。

3.6　典　型　案　例

3.6.1　基于定常涡格法的静气弹分析

如图 3.18 所示,平板半机翼算例的展长为 360 mm;弦长为 120 mm;机翼厚度为 1.5 mm。机翼材料为铝;弹性模量为 70 GPa;泊松比为 0.33;密度为 $2.7 \times 10^3 \text{ kg/m}^3$。建立图示的结构有限元模型,单元类型为四节点板单元,设置翼根固支边界条件。结构坐标系以翼根前缘点 O 为坐标原点,顺气流向后为 x 轴方向,y 轴水平向右,z 轴垂直向上。机翼结构沿弦向划分为 6 个单元,沿展向划分为 18 个单元,共 108 个板单元。机翼气动网格划分如图 3.19 所示,共划分为 75 个平面气动单元,气动坐标系与结构坐标系一致。本算例仅分析静气动弹性问题,但机翼跟随机身整体做稳态运动的加速度效应仍可予以考虑,即增加给定的刚体加速度,引入稳态惯性力项。

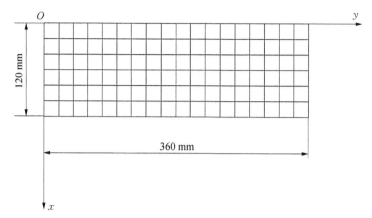

图 3.18　平板机翼结构有限元划分

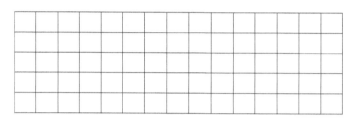

图 3.19　机翼气动网格划分

机翼的静气动弹性问题可以基于定常涡格法与结构有限元方法来计算。对于线性小变形情况,结构变形引起的弹性气动力可以用气动力影响系数(aerodynamics influence coefficient,AIC)矩阵来表示,静气动弹性方程可以写为

$$M\ddot{u}_R + Ku_E = F_R + (q_d\mathrm{AIC}) \cdot u_E \qquad (3.91)$$

式中,u_R 为刚体位移;$M\ddot{u}_R$ 为给定加速度引起的惯性力项;u_E 为弹性位移。方程右端的气动载荷由两部分组成,分别是刚体气动力 F_R 和弹性变形引起的增量气动力 $F_E = (q_d\mathrm{AIC}) \cdot u_E$。下面以机翼根部固支,给定加速度为 0,攻角为 5°,远前方来流速度为 30 m/s,忽略重力的计算工况,简单介绍静气动弹性分析结果。

图 3.20 为本工况机翼在气动载荷作用下的静气动弹性变形结果云图。在给定的动

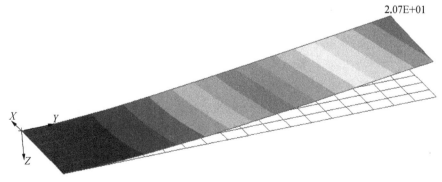

图 3.20　静气动弹性变形云图

压和攻角下,机翼翼尖最大垂向位移为 20.67 mm,约为机翼半展长的 5.73%。图 3.21、图 3.22 分别展示了在机翼的弯曲和扭转变形情况。可以看出,在气动载荷作用下,机翼结构同时发生弯曲和扭转变形,而弹性变形又同时引起了一部分增量气动力,静气动弹性分析就是要计算综合考虑气动、结构的平衡解。

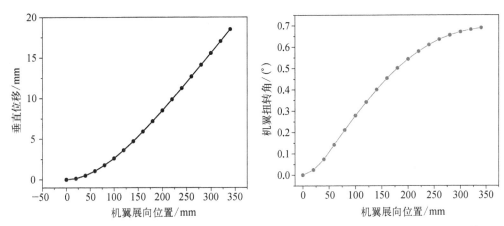

图 3.21　机翼 50% 弦长处结点垂向位移分布情况　　图 3.22　机翼弹性扭转角沿展向的分布情况

3.6.2　基于偶极子格网法的颤振分析

仍然以上一节所使用的平直机翼算例,基于 NASTRAN 软件计算结构模态。ZAERO 软件计算非定常气动力系数矩阵并进行颤振分析。模型颤振分析中使用了前四阶模态,图 3.23~图 3.26 给出了气动网格表示的模态振型图。图 3.27 和图 3.28 分别为颤振计算结果的 $V-g$ 和 $V-f$ 曲线。可以看出,当飞行速度达到 89.6 m/s 时,第二阶弹性模态一阶扭转发生穿越,颤振频率为 33.0 Hz。由 $V-f$ 曲线可以看出,机翼的垂直一弯模态与一阶扭转模态耦合,形成了典型的弯扭耦合颤振。

3.6.3　气动弹性响应分析

对本算例基于非定常涡格法和结构有限元方法进行气动弹性响应分析,得到的翼尖位移时域响应结果如图 3.29~图 3.31 所示。给机翼一个小量的速度扰动,当飞行速度

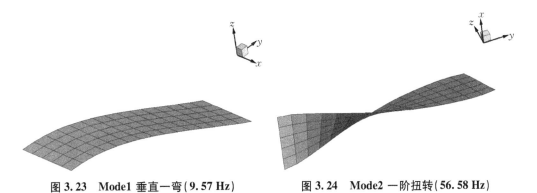

图 3.23　Mode1 垂直一弯(9.57 Hz)　　　　图 3.24　Mode2 一阶扭转(56.58 Hz)

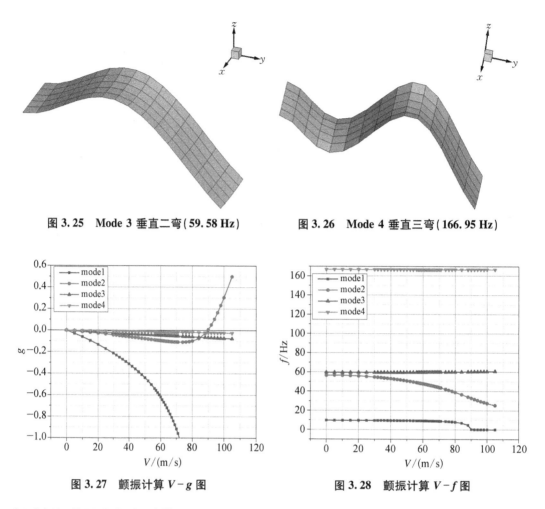

图 3.25　Mode 3 垂直二弯(59.58 Hz)　　　图 3.26　Mode 4 垂直三弯(166.95 Hz)

图 3.27　颤振计算 V-g 图　　　　　　　图 3.28　颤振计算 V-f 图

超过颤振临界速度时,计算得到的振动响应应当是发散的;当飞行速度小于颤振速度时,响应结果是收敛的。因此,通过气动弹性响应结果来判断得到的颤振速度为 87.0 m/s,与上一小节中频域方法得到的颤振速度 89.6 m/s 结果一致,误差为 2.9%。

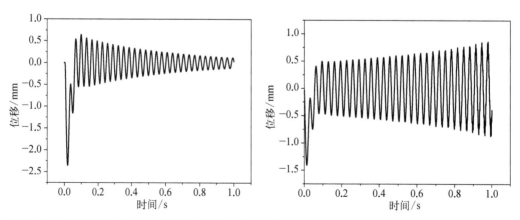

图 3.29　来流速度为 86 m/s 时的翼尖位移响应　　图 3.30　来流速度为 87 m/s 时的翼尖位移响应

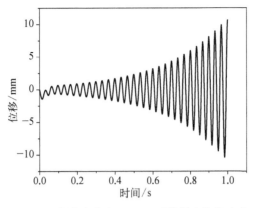

图 3.31　来流速度为 88 m/s 时的翼尖位移响应

3.6.4　翼体干涉对全机颤振特性的影响

机翼外挂对飞机颤振特性有时候会产生较为显著的影响。通过基于翼体干涉偶极子网格法的颤振计算方法,对某外挂形式下 F – 16 飞机在飞行试验中出现的气动弹性现象进行模拟。该算例模型主要包括 F – 16 模型、翼尖导弹 AIM – 9、翼下航弹 MK – 84 和翼下油箱 TK – 370。根据实际飞行状态,构建此外挂算例的气动模型,使用经典偶极子网格法模拟 F – 16 机翼、尾翼、弹翼与外挂物挂架。使用翼体干涉偶极子网格法模拟机身与挂弹等细长体及其翼体干涉部分。根据公开文献试验结果建立该挂载方式的有限元模型(半模),如图 3.32 所示。在反对称边界条件下,其前 5 阶模态特性如表 3.2 所示。

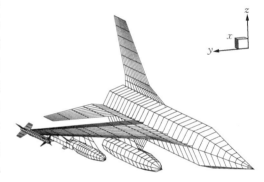

图 3.32　F – 16 外挂算例气动网格

表 3.2　算例模型固有频率及振型表

阶　　数	频率/Hz	振　　型
1	0.0	横向平动模态
2	0.0	滚转模态
3	0.0	偏航模态
4	34.383	翼尖挂弹反对称俯仰
5	35.884	机翼反对称弯曲

通过 TPS 和 IPS 样条插值方法将试验得到的 F – 16 外挂算例的模态结果向气动网格插值,得到模态振型在气动网格上的插值结果,如图 3.33 所示。根据飞行试验工况,控制来流条件 $Ma = 0.9$,依次变化飞行海拔高度,求解颤振方程,得到阻尼与频率分别随动压变化曲线(图 3.34)。

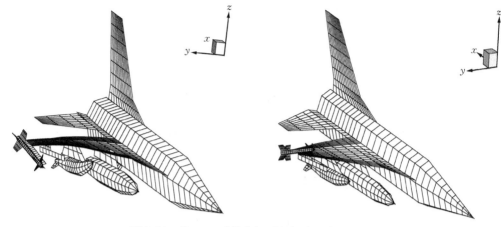

图 3.33　第四、五阶模态振型向气动网格插值结果

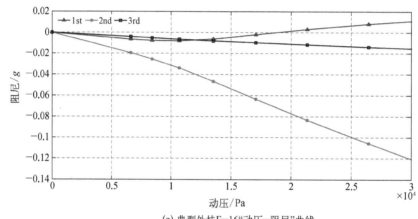

(a) 典型外挂F–16"动压–阻尼"曲线

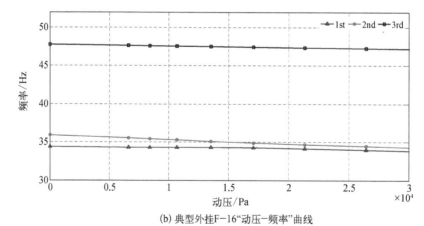

(b) 典型外挂F–16"动压–频率"曲线

图 3.34　某 F – 16 外挂"动压–阻尼"与"动压–频率"曲线

　　通过分析"动压–阻尼"曲线与"动压–频率"曲线,此 F – 16 外挂算例的颤振动压为 18 760 Pa,颤振频率为 34.2 Hz,颤振发生的机理是由第 1 阶弹性模态与第 2 阶弹性模态耦合导致。通过对比颤振计算结果与风洞试验结果,可以发现两者契合,证明翼体干涉偶

极子网格法能够有效模拟该状态下的颤振特性。

【小结】

本章第一节首先介绍 Grossman 理论,这是理解第二节 Theordosen 非定常理论的基础。对非定常气动力基本形式有一定认识后,第三节介绍颤振分析的常用工程方法 $p-k$ 法。第四节以平板翼型为例简要介绍时域非定常涡方法,并与频域 Theordorsen 理论进行了数值对比。第五节则对工程中常用的几种面元法进行了介绍。偶极子格网法是常用的频域非定常气动力计算方法,而涡格法是近年来在气动弹性领域得到广泛使用的非定常气动力时域计算方法。随着计算精度要求逐步提升,三维面元法由于其较强的三维表面建模能力,目前正在发展当中。第六节以商业软件 ZAERO 为工具,给出了静气动弹性、颤振特性分析的基本算例,便于读者了解基于面元方法的经典流固耦合分析过程。

【数字资源】

1. 3.6 节典型案例输入文件和结果文件
2. 面元法开源代码 PANAIR 下载地址 http://www.pdas.com/panairdownload.html
3. 基于修正片条理论的全速域机翼颤振分析工具 FLUTTER 下载地址:http://www.pdas.com/flutter.html

参 考 文 献

［1］Garrick I E. Manual on aeroelasticity — Part II, aerodynamic aspect, chapter 1［M］. New York:AGARD, 1961.

［2］William P R. 气动弹性力学理论与计算［M］.万志强,等,译.北京:航空工业出版社,2014.

［3］陈再新,刘福长,鲍国华. 空气动力学［M］.北京:航空工业出版社,1993.

［4］H W 伏欣. 气动弹性力学原理［M］.沈克杨,译.上海:上海科学技术文献出版社,1982.

［5］Bisplinghoff R L, Ashley H, Halfman R L. Aeroelasticity［M］. Cambridge:Addison-Wesley Publishing Company, 1957.

［6］诸德超,陈桂彬,邹丛青. 气动弹性力学［M］.北京:航空工业部教材编审室,1986.

［7］杨超.飞行器气动弹性原理［M］.北京:北京航空航天大学出版社,2016.

［8］叶正寅,张伟伟,史爱明.流固耦合力学基础及其应用［M］.哈尔滨:哈尔滨工业大学出版社,2010.

［9］赵永辉.气动弹性力学与控制［M］.北京:科学出版社,2007.

［10］管德.非定常空气动力计算［M］.北京:北京航空航天大学出版社,1991.

［11］管德.飞机气动弹性力学手册［M］.北京:航空工业出版社,1994.

［12］Katz J, Plotkin A. Low-speed aerodynamics from wing theory to panel methods［M］. Singapore:McGraw-Hill Book Co., 1991.

第4章
计算流体力学方法基础

学习要点
- 掌握：计算流体力学的控制方程基本概念和常用湍流模型
- 熟悉：采用计算流体力学分析简单的工程问题
- 了解：计算流体力学求解问题的整个流程

基于快速发展的计算机软硬件水平,借助计算数学中的数值方法,对理论推导来的流体力学方程组进行离散求解是计算流体力学的主要工作路线。但相对于计算机软硬件和理论方程,数值方法对结果的影响占据主导地位;同时,由于流动问题的复杂性,流体求解的普适方法并不存在。本章将计算流固耦合力学求解 Navier – Stokes 方程的常用数值求解方法进行阐述。

4.1 流动控制方程

流体力学运动遵循质量守恒定律、动量守恒定律和能量守恒定律。这三大定律构成了流体力学的基本方程组即 Navier – Stokes 方程组。由于其本身的非线性性质,大多数的流体应用案例都无法直接求得方程的解析解。除了稀疏流体之外,一般流体都可以视为连续介质。对于高雷诺数流,流体中湍流运动的兴起并不会改变这种情况从而继续保持其连续性。即便在高雷诺数流动中,流体流中最小结构尺度仍然远大于分子尺度,考虑到流体通量的守恒性,可以将守恒定律应用于流体微元上,从而导出流体运动的控制方程的微分形式,该过程会产生一组耦合的偏微分方程,这也是计算流体力学的主要求解对象。

如果将质量守恒应用于不可压缩的牛顿流体流域中的无限小控制体积,可以获得连续方程,以张量形式表征为

$$\frac{\partial u_i}{\partial x_i} = 0 \tag{4.1}$$

通过爱因斯坦求和约定,式(4.1)需要在三个方向上进行求和($i = 1, 2, 3$)。控制流

体粒子运动的动量方程式称为"Navier-Stokes 方程式",是通过将动量守恒应用于微小控制体而获得。对于不可压缩的牛顿黏性流体流,方程式可以用非保守形式表示,如下所示:

$$\frac{\partial u_i}{\partial t} + u_j \frac{\partial u_i}{\partial x_j} = -\frac{1}{\rho}\frac{\partial p}{\partial x_i} + v\frac{\partial^2 u_i}{\partial x_j^2} \tag{4.2}$$

输运方程式(4.2)可以解释为牛顿第二定律在控制体微元上的应用。实际上,等式右端项表示压力和黏性力在控制体上的作用,而左端项代表惯性力,包括非稳态(时间项)和非线性对流项。左端项中的后一项是流体非线性特征的主要来源,特别是在湍流运动兴起的状态下,这一项通过拉伸机制在产生小涡(各向同性运动)的能量级串中起着关键作用,这一非线性项在 Navier-Stokes 方程的数值求解过程中也会产生收敛性问题。如果将能量守恒定律应用到流体微元上则可以得到能量方程。通过求解能量方程,可以得到流体内部的温度分布。需要说明的是,当处理不可压流动时,能量方程与其他两组方程解耦。

从数学的角度来看,Navier-Stokes 方程属于二阶偏微分方程,它在带有时间项(非稳态)的黏性流体流动呈抛物线形,对于定常(稳态)情况则呈椭圆形。通常,偏微分方程可以被转化为一个初边值问题,因此为了确保数学解的存在,必须提供初始条件和边界条件,以确保方程有唯一的解。

在惯性坐标系下,非定常积分形式的 Navier-Stokes 方程可写为

$$\frac{\partial}{\partial t}\int_{\Omega(t)} \bar{U}\mathrm{d}\Omega + \int_{S(t)} \bar{F}\cdot\mathrm{d}S = \frac{1}{Re}\int_{S(t)} \bar{F}_V\cdot\mathrm{d}S \tag{4.3}$$

式中,$\bar{U}$ 表示单位体积质量、动量和能量组成的通量;$\bar{F}$ 和 $\bar{F}_V$ 分别表示无黏流通矢量和有黏流通矢量;$\Omega(t)$ 是运动控制体积;$S(t)$ 是运动控制体积的表面积。$\mathrm{d}S = \mathrm{d}S[n_x, n_y, n_z]^{\mathrm{T}}$ 为 S 上微元表面的外法向面积向量。式(4.3)中的 $\bar{U}$、$\bar{F}_V$、$\bar{F}$ 的表达式分别为

$$\bar{U} = \begin{bmatrix} \rho \\ \rho u \\ \rho v \\ \rho w \\ \rho e \end{bmatrix}, \quad \bar{F}_V = \begin{bmatrix} 0 & 0 & 0 \\ \tau_{xx} & \tau_{yx} & \tau_{zx} \\ \tau_{xy} & \tau_{yy} & \tau_{zy} \\ \tau_{xz} & \tau_{yz} & \tau_{zz} \\ \phi_x & \phi_y & \phi_z \end{bmatrix}$$

$$\bar{F} = \begin{bmatrix} \rho(u - u_b) & \rho(v - v_b) & \rho(w - w_b) \\ \rho u(u - u_b) + p & \rho u(v - v_b) & \rho u(w - w_b) \\ \rho v(u - u_b) & \rho v(v - v_b) + p & \rho v(w - w_b) \\ \rho w(u - u_b) & \rho w(v - v_b) & \rho w(w - w_b) + p \\ \rho H(u - u_b) + p u_b & \rho H(v - v_b) + p v_b & \rho H(w - w_b) + p w_b \end{bmatrix}$$

式中,u、v、w分别为流体运动速度沿x、y、z方向的分量;ρ、p、e、H分别是流体的密度、压强、总能量、总焓;$\bar{F}$中的u_b、v_b、w_b表示控制体表面的绝对运动速度,$\bar{F}_V$中的各元素为

$$\tau_{yx} = \mu(u_y + v_x), \qquad\qquad \tau_{xx} = \lambda(u_x + v_y + w_z) + 2\mu u_x$$

$$\tau_{yy} = \lambda(u_x + v_y + w_z) + 2\mu v_y, \quad \tau_{xy} = \mu(u_y + v_x)$$

$$\tau_{yz} = \mu(v_z + w_y), \qquad\qquad \tau_{xz} = \mu(u_z + w_x)$$

$$\tau_{zx} = \mu(u_z + w_x), \qquad\qquad \phi_x = u\tau_{xx} + v\tau_{xy} + w\tau_{xz} + kT_x$$

$$\tau_{zy} = \mu(v_z + w_y) \qquad\qquad \phi_y = u\tau_{yx} + v\tau_{yy} + w\tau_{yz} + kT_y$$

$$\tau_{zz} = \lambda(u_x + v_y + w_z) + 2\mu w_z \quad \phi_z = u\tau_{zx} + v\tau_{zy} + w\tau_{zz} + kT_z$$

式中,μ为动力黏性系数;k为热传导系数;T为静温。λ由Stokes假设给出:

$$\lambda = -\frac{2}{3}\mu \tag{4.4}$$

对于湍流流动,须选择一个湍流模型来确定湍流黏性系数和湍流热传导系数,二者的概念可由时均化方程得出。湍流模型更详细内容将在后面进一步介绍。

基于涡黏假设,在动量方程中的动力黏性系数可表示为

$$\mu = \mu_l + \mu_t \tag{4.5}$$

式中,μ_l为层流黏性系数;μ_t为湍流黏性系数;由湍流模型确定。热传导数k可表示为

$$k = k_l + k_t \tag{4.6}$$

式中,层流k_l和湍流k_t分别为

$$k_l = \mu_l \frac{C_p}{(Pr)_l}, \; k_t = \mu_t \frac{C_p}{(Pr)_t} \tag{4.7}$$

式中,C_p为常压比热;Pr是普朗特数。完全气体的状态方程为

$$P = (\gamma - 1)\rho[e - 0.5(u^2 + v^2 + w^2)] \tag{4.8}$$

式中,γ为比热比系数。而无黏、无热传导性气流的基本控制方程是Euler方程。在惯性坐标下,其非定常积分形式为

$$\frac{\partial}{\partial t}\int_{\Omega(t)} \bar{U}\mathrm{d}\Omega + \int_{S(t)} \bar{F} \cdot \mathrm{d}S = 0 \tag{4.9}$$

4.2 有限体积法基础

4.2.1 有限体积法原理

通常,有多种方法可以对偏微分方程组进行数值求解,包括有限差分法(FDM)、有限

体积法(FVM)、有限元法(FEM)、频谱法以及无网格法等。这些方法的主要目的是通过离散方程组来近似连续偏微分方程的解析解。除了无网格方法使用离散的点云进行空间离散外,其他方法都需要构造一个由节点连接而成的空间网格系统。而网格的细化则代表着离散解逐步逼近精确解。

有限差分法是用数值求解 PDE 系统的最古老的方法,它将计算域划分为多个网格单元,借助泰勒展开并且进行一定局部截断来替换方程中出现的导数,并最终给出所有网格节点相关联的一组代数方程,但是该方法通常只能用来处理比较简单的几何外形。有限元方法是另一种流行的方法,最初是为解决固体力学问题而开发的。该方法依赖于弱解形式的 PDE 方程的加权积分。在这种方法中,计算域被划分为有限数量的元素,每个元素中的变量通过型函数来定义,基于每个元素的 Galerkin 近似估计加权积分方程,并将其组装在整体刚度矩阵中,从而形成一个代数方程组,借助稀疏求解器可以有效地求解。有限元方法的优点在于对复杂几何以及运动的描述能力和鲁棒性。

通过将守恒定律直接应用在控制体上可以建立另一种方法,称为有限体积法(finite volume method,FVM)。本章重点介绍计算流固耦合力学中最常用的有限体积法基础。有限体积法使用输运方程的积分形式。首先将计算域划分为有限个空间微元;然后在这些微元上应用守恒定律;最后构造积分形式的偏微分方程的离散形式并最终求解。如图 4.1 所示,FVM 确保守恒的关键步骤是在控制体上整合运输方程。

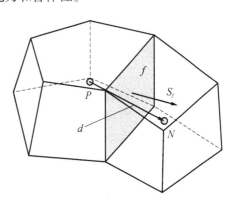

图 4.1　FVM 方法中用于离散方程的控制体示意图

对于被动标量 ϕ,守恒形式的非稳态输运方程的一般形式可以写为

$$\frac{\partial}{\partial t}(\rho\phi) + \nabla \cdot \rho\phi U = \nabla \cdot \Gamma\nabla\phi + S_\phi \tag{4.10}$$

式(4.10)左端项分别表示非稳态项和对流项;右端项分别表示扩散项和源项。在式(4.10)中,Γ 表示扩散系数,通过对上述方程的两边进行体积积分并将应用高斯定理,可以得到以下方程式:

$$\frac{\partial}{\partial t}\int_{CV}\rho\phi\mathrm{d}V + \int_{CV}n \cdot (\rho\phi U)\,\mathrm{d}S = \int_{CS}n \cdot (\Gamma\nabla\phi)\,\mathrm{d}S + \int_{CV}S_\phi\mathrm{d}V \tag{4.11}$$

以上方程式构成了有限体积法的主体框架。左端项的第二项和右端项的第一项分别代表了流动中通过控制体的对流通量和扩散通量,因此该方程式可解释为通量守恒定律。FVM 的这一特性使该方法成为一般流体流动问题,尤其是涉及激波等不连续性问题的合适选择。值得注意的是,方程(4.11)是精确的,可能的误差引入来源于物理建模和数值求解时的近似运算。

在获得输运方程的积分形式之后,需要将积分方程中出现的导数替换为一些近似表达式。通常,主要借助基于泰勒展开的有限差分法近似方法来完成这一项工作,但是也可以借助一些混合方法,如使用类似于 FEM 的形状函数达到同样的目的。最后,通过对计算域中存在的所有单元进行积分以及一些线化处理,例如,牛顿-拉夫森方法将非线性项处理后则获得了一组代数方程,并通过使用加速技术(如多重网格技术和共轭梯度技术)的求解器来求解所得的一组方程并获得最终的收敛数值解。FVM 可以应用于非结构化或者结构化网格,它可以确保所有网格微元和整个计算域的通量和能量守恒。FVM 方法的精度主要受所采用的时间推进和空间离散方法。需要说明的是,在 FVM 中,流场的物理量信息(如速度、压力和湍流量)可以存储在面、网格点或者网格单元体中心上,也就是通常所谓的面心、点心和格心方式。

4.2.2 数值离散方法

1. 扩散项(拉普拉斯项)的离散方法

式(4.3)左端项中的第一项代表由于扩散作用引起的流场变化,对于这一项,可以通过在控制体上的面积分来构造离散方程,如下所示:

$$\int_{CS} n \cdot (\Gamma \nabla \phi) \mathrm{d}S = \sum_f \Gamma_f S_f \cdot (\nabla \phi)_f \tag{4.12}$$

式(4.12)右端项均需要在控制体的边界面上进行计算(图 4.1)。为了完全离散化上面的等式,应该用基于控制体格心值的代数差分关系式替换式(4.12)中的梯度。对于正交网格,当两相邻控制体中心连线和交界面法向矢量(S 上头有箭头)平行时,可以通过以下表达式近似表示梯度:

$$S_f \cdot (\nabla \phi)_f = \mid S_f \mid \frac{\phi_N - \phi_P}{\mid d \mid} \tag{4.13}$$

对于非正交网格,Jasak 介绍了一种校正方法,可以使得误差较小[1]。

2. 对流项的离散方法

输运方程[方程(4.11)]中的左端项第二项(对流项)是一个非线性项,难以通过普通的数值方法进行求解。通过在控制体表面上进行积分,将离散形式的对流项表示为

$$\int_{CS} n \cdot (\rho \phi U) \mathrm{d}S = \sum_f S_f \cdot (\rho U)_f \phi_f = \sum_f F \phi_f \tag{4.14}$$

式中,F 是质量通量,是一个标量。控制体面上的值最终应通过控制体格心值进行近似。非线性项将通过线化方法来进行近似,上述方程中的非线性应该进线化处理而消除。通常,在计算开始,先给出一个预估的速度场,然后分别计算控制体界面通量,最后在和压力方程耦合从而最终获取数值解。

一般而言,动量方程的非定常数值解法主要包括两个计算循环:基于一定时间推进方法的时间项求解过程和对流项的空间离散求解过程。如前所述,控制体面心上的值的求解时整个数值求解的主要目的,通过不同的控制体格心值,可以构造不同的面心值和导数近似关系式。以常用的中心差分方法为例,面心上的场变量值 ϕ_f 可以表示为

$$\phi_f = \frac{\overline{fN}}{\overline{PN}}\phi_P + \frac{\overline{fP}}{\overline{PN}}\phi_N = \frac{\overline{fN}}{\overline{PN}}\phi_P + \left(1 - \frac{\overline{fN}}{\overline{PN}}\right)\phi_N \tag{4.15}$$

式中,横线代表几何距离,例如,$\overline{fN}$ 和 $\overline{fP}$ 分别代表表示面 f 与控制体格心 N 和 P 之间的距离。借助于泰勒级数展开可以证明,上述近似的空间精度是二阶的。需要注意的是,二阶中心差分在处理对流项是条件稳定的,在过大的扩散作用下将会引起振荡和发散。针对这个问题,采用迎风差分将会有效提升给定网格规模下对流项的求解鲁棒性,例如,对于面心值的估计,采用一阶迎风差分可以写为

$$\varphi_f = \begin{cases} \varphi_P & S_f \cdot U_f \geqslant 0 \\ \varphi_N & S_f \cdot U_f < 0 \end{cases} \tag{4.16}$$

采用迎风方式的差分,可以提供了更高的稳定性,缺点是数值精度降低,为了提升精度,许多学者发展了很多二阶迎风差分方法,如对流项二次迎风差分(quadratic upwind interpolation for convective kinematics,QUICK)格式。与一阶迎风差分相比,二阶迎风方案在计算过程中具有更高的精度和更少的数值扩散,但是对于高精度湍流运动的模拟,这些格式的耗散性仍然过强。

3. 源项线化方法

输运方程中与时间、对流和扩散无关的项都可以被归纳到源项中。一般而言,源项通常是场变量 ϕ 的函数。通常,源项通常以场变量 ϕ 的线化形式表示,这样,源项的积分形式可以被发展为

$$\int_{CV} S_\phi \mathrm{d}V = \alpha V_P + \beta \phi_P V_P \tag{4.17}$$

式中,α 和 β 表示线化方程的权重系数,通过上述转换,源项可以被隐式处理。当 β 为负值时,源项的增加可以提高线性方程组的对角占优。反之,源项则需要显式处理,并被放在等式右端去保证线性方程组对角占优。

4. 非定常项(时间项)离散方法

控制方程的时间项通常可以使用有限差分法来近似,如使用欧拉一阶和二阶背风差分等。欧拉一阶精确法可以被写为

$$\frac{\partial}{\partial t}\int_{CV}\rho\phi\mathrm{d}V = \frac{(\rho_P\phi_P V_P)^n - (\rho_P\phi_P V_P)^{n-1}}{\Delta t} + o(\Delta t) \tag{4.18}$$

对于高精度湍流模拟(如大涡数值模拟或者直接数值模拟),二阶时间精度一般是最基本的精度门槛。逆风差分使用了三个时间步来统计时间项导数,因此可以提供二阶时间精度,即

$$\frac{\partial}{\partial t}\int_{CV}\rho\phi\mathrm{d}V = \frac{3(\rho_P\phi_P V_P)^n - 4(\rho_P\phi_P V_P)^{n-1} + (\rho_P\phi_P V_P)^{n-2}}{2\Delta t} + o(\Delta t^2) \tag{4.19}$$

在对控制方程式(4.11)的所有项完成离散后,可以得到如下格心格式的代数方程组:

$$a_P \phi_P^n + \sum_N a_N \phi_N^n = R_P \tag{4.20}$$

式(4.20)表明求解点 P 与周围节点有着同样的时间等级,因此可以被认为是隐式求解。通常输运方程可以通过隐式或者显式方法求解,显式方法在计算空间导数时,全部采用上一步的计算量,因此显式计算是条件稳定的。相对而言,隐式计算在变量表达中引入了当前时间步的计算量,这就是 P 点的信息传递在时间层面上与周边节点保持同一等级。隐式方法的好处在于可以使用更大的时间步,但需要注意的是,湍流结构尺度差异非常大,增大时间步带来的风险就是脉动周期小于推进时间步的结构将会被漏掉,因此在仿真时必须选用合理的时间步来进行流场解析。在对于流场结构非常看重的大涡数值模拟或者直接数值模拟(包括脱体涡模拟方法等),通常采用显式推进来保证流场结构的解析度,而对于看重效率的雷诺平均求解方法,则经常使用隐式方法来进行运算。

5. 不可压流动中的压力速度耦合

动量方程中存在相对于不同空间方向的压力梯度。为了求解这些方程并获得速度分量,应该以一定的方式给出一个预估的压力场供动量方程使用。在不可压缩流动的情况下,虽然不存在独立的压力方程,但是数学上所得到的方程组是封闭的,并且存在解。换句话说,变量的数量(三个速度分量和压力)等于方程式的数量(三个动量和连续性方程式)。为了构造不可压缩流的压力方程,在完成动量方程的离散之后,将连续性方程与所获得的方程合并,从而确保动量方程的连续性条件,并能够得到压力场的椭圆(泊松)方程,其写法如下:

$$\frac{\partial^2 P}{\partial x_i^2} = -\rho \frac{\partial u_j}{\partial x_i} \frac{\partial u_i}{\partial x_j} \tag{4.21}$$

一般而言,不可压缩流体运动的控制方程可以用两种方式求解,分别称为“分离”或“耦合”方法。在耦合方法中,基于压力的连续性和动量方程被同时求解。该方法比分离求解方法需要更多的内存,但是通常具有更好的收敛速度。在分离式解法中,控制方程是顺序求解或彼此隔离的,针对计算域中的所有单元求解某个变量的控制方程,然后重复该过程。该求解方法可以有效地用于不可压缩和低马赫数可压缩流的模拟。如著名的开源程序 OpenFOAM 便是基于分离式算法。

存在多种不同的压力和速度耦合方法,如 PISO 和 SIMPLE 算法。在著名的流体力学软件 ANSYS Fluent 中,基于压力基的求解器提供了两种算法。对于不可压缩流动,由于其控制方程对空间坐标是椭圆形,因此数值求解比较困难。Pantankar 等 1972 年提出了 SIMPLE(semi-implicit method for pressure linked equation)算法[2]。SIMPLE 算法面对的关键问题都与压力梯度的离散和求解有关,即上述的压力-速度耦合问题。例如,面对波形压力场,采用通常的网格系统进行求解,会出现压力-速度奇偶失联问题,即速度场无法感受到特定压力场的信息,通常采用交错网格技术进行求解。面对第二个问题,通常采用预估校正方法来提高收敛速度,以二维流场为例,SIMPLE 算法的一般步骤为

(1) 假定一个速度分布,即 u^0 和 v^0,以此对离散方程比变量的初始值进行评估;

(2) 假定一个压力场 p^*;

（3）以此求解动量方程,得到 u^* 和 v^*;

（4）求解压力修正方程,得到 p';

（5）根据修正后的压力改进速度场;

（6）利用改进后的速度场求解输运变量 ϕ;

（7）重复上述步骤,直至收敛。

对于非定常问题,则在每个时间步,上述校正过程都会重复进行,以达到预定义的收敛水平,求解过程将继续进行到下一个时间步,直到达到规定的运行时间。图 4.2 给出了 SIMPLE 方法进具体流程。

4.2.3　对流扩散问题求解

1. 扩散问题求解

以最简单的稳态扩散问题为例,从控制方程中消去对流项和时间项,则关于场变量 ϕ（Navier - Stokes 任何输运变量）的控制方程可以写为

$$\nabla \cdot (\Gamma \nabla \phi) + S_\phi = 0 \qquad (4.22)$$

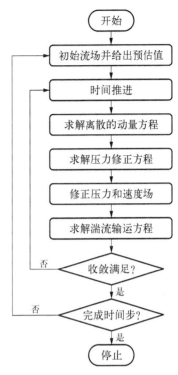

图 4.2　**PIMPLE 算法示意图**

与一般的流体控制方程比较可以得出,式（4.22）中的 Γ 可以理解为热扩散系数或者动力学黏性系数。正如前面所讲,有限体积法需要将控制方程写成积分形式才能进行离散,因此,将式（4.22）写成更易进行离散的形式:

$$\frac{\mathrm{d}}{\mathrm{d}x}\left(\Gamma \frac{\mathrm{d}\phi}{\mathrm{d}x}\right) + S = 0 \qquad (4.23)$$

假定有一个一维杆的传热问题,应用有限体积法通常需要三个步骤:① 生成网格;② 离散方程;③ 解离散方程。在第一步中,将一维杆分成如图 4.3 五个节点,并且在每个

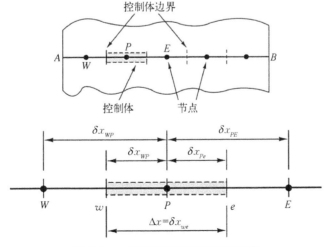

图 4.3　**一维传热杆的离散网格系统**

节点周围建立一个控制体,该控制体有两个边界,命名为 w 和 e;相应的,控制体中心点命名为 P,其两个相邻节点命名为 W 和 E。δx_{PE} 和 δx_{WP} 代表控制节点之间的距离,控制体格心 P 到其两个控制体边界的距离则定义为 δx_{Pe} 和 δx_{wP},因此,控制体的长度可以写为 $\Delta x = \delta x_{we}$。

对于该一维问题,在 P 点给出离散后的积分方程形式为

$$\left(\Gamma A \frac{\mathrm{d}\phi}{\mathrm{d}x}\right)_e - \left(\Gamma A \frac{\mathrm{d}\phi}{\mathrm{d}x}\right)_w + \bar{S}\Delta V = 0 \tag{4.24}$$

式中,A 和 V 分别代表了控制体的截面面积和体积;$\bar{S}$ 则代表了源项在控制体内的平均值。整个方程表达的是从西侧控制面进入的通量减去从东侧流出的通量与内部源项的产生总量为 0,整体上形成了一个平衡态,即场变量 ϕ 通量守恒。但是,控制体边界上的扩散系数并不是已知量,需要通过控制点上的值平均获得,以此类推,式(4.24)中右端前两项均代表的是控制体界面值,所以导数值,如 $\mathrm{d}\phi/\mathrm{d}x$ 则需要两侧控制节点的差分获取,其基本思路如下。

界面扩散系数:

$$\Gamma_w = \frac{1}{2}(\Gamma_W + \Gamma_P) ; \ \Gamma_e = \frac{1}{2}(\Gamma_E + \Gamma_P) \tag{4.25}$$

界面扩散通量:

$$\left(\Gamma A \frac{\mathrm{d}\phi}{\mathrm{d}x}\right)_e = \Gamma_e A_e\left(\frac{\phi_E - \phi_P}{\delta x_{PE}}\right) ; \ \left(\Gamma A \frac{\mathrm{d}\phi}{\mathrm{d}x}\right)_w = \Gamma_w A_w\left(\frac{\phi_P - \phi_W}{\delta x_{WP}}\right) \tag{4.26}$$

源项的处理采用前面介绍的方法将源项写为

$$\bar{S}\Delta V = S_u + S_p\phi_P \tag{4.27}$$

式(4.27)将源项写为节点场变量的函数,这种线化处理使得源项在线性方程组的构造中可以有效增强对角占优。融合式(4.27),一维扩散方程可以写为

$$\Gamma_e A_e\left(\frac{\phi_E - \phi_P}{\delta x_{PE}}\right) - \Gamma_w A_w\left(\frac{\phi_P - \phi_W}{\delta x_{WP}}\right) + (S_u + S_p\phi_P) = 0 \tag{4.28}$$

重写为

$$\left(\frac{\Gamma_e A_e}{\delta x_{PE}} + \frac{\Gamma_w A_w}{\delta x_{WP}} - S_p\right)\phi_P = \frac{\Gamma_w A_w}{\delta x_{WP}}\phi_W + \frac{\Gamma_w A_w}{\delta x_{WP}}\phi_E + S_u \tag{4.29}$$

实质上,将式(4.29)场变量前的系数记为 a_P、a_W 和 a_E,式(4.29)可以写成一个标准形式:

$$a_P\phi_P = a_W\phi_W + a_E\phi_E + S_u \tag{4.30}$$

这样实际上已经构造出了一个线性方程组。但是考虑到方程的解需要通过边界条件确定,换句话说,给定了边界条件,上述方程才能有确定的解。因此在除边界点外所有节

点建立上述方程外,还需对边界处进行特殊处理。假设在这个问题里,在 A 点和 B 点有着给定的场变量值 ϕ_A 和 ϕ_B,以 A 点为例,控制点 P 的西侧节点 W 将被 A 取代。因此,线性方程应该写为

$$\Gamma_e A_e\left(\frac{\phi_E - \phi_P}{\delta x_{PE}}\right) - \Gamma_w A_w\left(\frac{\phi_P - \phi_A}{\delta x_{wP}}\right) + (S_u + S_p\phi_P) = 0 \tag{4.31}$$

写成标准形式后,有

$$\left[\frac{\Gamma_e A_e}{\delta x_{PE}} - \left(S_p - \frac{\Gamma_w A_w}{\delta x_{wP}}\right)\right]\phi_P = 0 \cdot \phi_W + \left(\frac{\Gamma_e A_e}{\delta x_{PE}}\right)\phi_E + \left[S_u + \left(\frac{\Gamma_w A_w}{\delta x_{wP}}\right)\phi_A\right]$$

$$\tag{4.32}$$

可以看出,由于边界点 A 处的场变量是已知值,因此在边界点处,相当于西侧场变量系数被置 0,而边界上的场变量值则以源项的形式进入了线性方程组。这样维持了与内点一致的线性方程组形式,可以进行统一处理和求解。借助任何合适的矩阵求解技术,上述线性方程组均可以得到合理的场变量解向量。

2. 对流问题求解

另一个例子,在自然流体中,扩散现象总是与对流现象相互耦合。例如,在一个密闭的空间里放置一个烟源,在没有任何流体装置做功情况下,烟雾可以在一定时间内平均的分布在屋子里的每个地方。但那时如果有一台风扇快速搅动,那么烟雾扩散的速度会更快,而这个物理过程中,加速扩散作用的风扇风就被称为对流运动。考虑一个一维无源对流扩散问题,其输运方程不考虑瞬态效应一般可以写为

$$\frac{\mathrm{d}}{\mathrm{d}x}(\rho u\phi) = \frac{\mathrm{d}}{\mathrm{d}x}\left(\Gamma\frac{\mathrm{d}\phi}{\mathrm{d}x}\right) \tag{4.33}$$

除了上述的动量方程,还需要考虑到流动的连续方程有

$$\frac{\mathrm{d}}{\mathrm{d}x}(\rho u) = 0 \tag{4.34}$$

仍然使用图 4.3 所示的网格系统,网格内点 P 的离散控制方程可以写为

$$(\rho u A\phi)_e - (\rho u A\phi)_w = \left(\Gamma A\frac{\mathrm{d}\phi}{\mathrm{d}x}\right)_e - \left(\Gamma A\frac{\mathrm{d}\phi}{\mathrm{d}x}\right)_w \tag{4.35}$$

连续方程可以写为

$$(\rho u A\phi)_e - (\rho u A\phi)_w = 0 \tag{4.36}$$

分别定义对流通量和扩散通量为

$$F = \rho u A, \quad D = \frac{\Gamma A}{\delta x} \tag{4.37}$$

则各个控制面上的 F 和 D 可以写为

$$F_e = (\rho u A)_e, \ D_e = \frac{(\Gamma A)_e}{\delta x_{PE}}, \ F_w = (\rho u A)_w, \ D_w = \frac{(\Gamma A)_w}{\delta x_{WP}} \tag{4.38}$$

由于是一维问题,控制面面积可以假定为 1,即有 $A_e = A_w = A = 1$,则 F 和 D 中的面积 A 可以省去。如果以中心差分方法离散扩散项,则有

$$F_e \phi_e - F_w \phi_w = D_e(\phi_E - \phi_P) - D_w(\phi_P - \phi_W) \tag{4.39}$$

连续方程可以演化为 $F_e - F_w = 0$。假定计算对流通量 F 所需要的速度场已知,而且认为离散网格均匀,则对流通量中的场变量可以通过代数平均来获取,即

$$\phi_e = (\phi_P + \phi_E)/2, \ \phi_w = (\phi_W + \phi_P)/2 \tag{4.40}$$

因此,离散方程可以写为

$$\frac{F_e}{2}(\phi_P + \phi_E) - \frac{F_w}{2}(\phi_W + \phi_P) = D_e(\phi_E - \phi_P) - D_w(\phi_P - \phi_W) \tag{4.41}$$

整理得

$$\left[\left(\frac{F_e}{2} + D_e\right) + \left(\frac{F_w}{2} + D_w\right) + (F_e - F_w)\right]\phi_P = \left(D_w + \frac{F_w}{2}\right)\phi_W + \left(D_e - \frac{F_e}{2}\right)\phi_E$$

$$\tag{4.42}$$

同样,经过整理仍然可以获得类似于扩散问题的标准线性方程组,只是在系数中出现了对流项。边界的处理与扩散问题相同。

容易看出,有限体积法求解流体问题的核心在于网格系统的建立和采用的算法,例如上面的问题就建立在一个 5 点网格系统和中心差分法上。但是,工程上的具体问题非常复杂,只有当离散格式和网格疏密度匹配才能产生合理的物理解。例如,中心差分在某些条件下就不再适用,研究人员发现,格式的稳定性有一定的规律,其必须要满足守恒性、有界性和输运性。守恒性要求在控制体上积分必须产生守恒型的方程,这一点从有限体积法的推导过程可以得出。另外,为了保证进入控制体的通量和离开控制体的通量相当,在控制体交界面上必须采用相同的通量表达式。有界性要求求解器求解的线性方程组必须是对角占优的,并且要求离散方程组所有系数应具有同样的符号,也就是一个节点值增加,则周围的节点值也必须增加,有界性不满足极容易引起求解的振荡和不收敛。输运性中需要重视对流效应与扩散效应的比值,通常称为佩克莱特数,纯对流情况下,节点 P 对下游节点的影响作用设定为 1,反之,纯扩散状态下,则理解为 P 点对周围节点的影响为等值圆向外扩散。

4.3　非定常可压缩流动有限体积法

4.3.1　空间离散方法

利用有限体积法对非定常可压缩 NS 方程(4.3)进行离散。设 Q 取单元中心的体积

平均,即

$$Q_{i,j,k} = \frac{1}{V_{i,j,k}} \iiint_{\Omega} Q \mathrm{d}\Omega \tag{4.43}$$

则式(4.3)可以写为

$$\frac{\mathrm{d}}{\mathrm{d}t}(V_{i,j,k} \cdot Q_{i,j,k}) + \iint_{\partial\Omega} \bar{\bar{F}}_{i,j,k} \cdot \mathrm{d}S = \frac{1}{\mathrm{Re}_a} \iint_{\partial\Omega} \bar{\bar{F}}^v_{i,j,k} \cdot \mathrm{d}S \tag{4.44}$$

对流项可以写为

$$
\begin{aligned}
\iint_{\partial\Omega} \bar{\bar{F}}_{i,j,k} \cdot \mathrm{d}S = {}& (\bar{\bar{F}} \cdot S)_{i+1/2,j,k} - (\bar{\bar{F}} \cdot S)_{i-1/2,j,k} \\
& + (\bar{\bar{F}} \cdot S)_{i,j+1/2,k} - (\bar{\bar{F}} \cdot S)_{i,j-1/2,k} \\
& + (\bar{\bar{F}} \cdot S)_{i,j,k+1/2} - (\bar{\bar{F}} \cdot S)_{i,j,k-1/2}
\end{aligned} \tag{4.45}
$$

对于黏性项也可以写成类似的形式。

1. van Leer 格式

van Leer 格式是计算网格单元通量项中矢通量分裂(flux vector splitting,FVS)的代表。对于网格面 $S_{i+1/2,j,k}$ 有如下形式:

$$F_{i+1/2,j,k} = F^+(Q^L_{i+1/2,j,k}) + F^-(Q^R_{i+1/2,j,k}) \tag{4.46}$$

式中,F^+ 为非负矢通量;F^- 为非正矢通量;$Q^L_{i+1/2,j,k}$ 为网格面左侧(内侧)流动变量;$Q^R_{i+1/2,j,k}$ 为网格面右侧(外侧)流动变量。定义当地法向马赫数 Ma_n 为

$$Ma_n = q_n / a \tag{4.47}$$

式中,a 为当地声速;q_n 为网格面上的法向速度。

$|Ma_n| \geqslant 1$ 时,当地为超声速流动,有

$$\text{当 } Ma_n \geqslant +1 \text{ 时 } F^+ = F, \ F^- = 0 \tag{4.48}$$

$$\text{当 } Ma_n \leqslant -1 \text{ 时 } F^+ = 0, \ F^- = F \tag{4.49}$$

$|Ma_n| < 1$ 时,当地为亚声速流动,有

$$F^{\pm} = |S| \cdot \begin{bmatrix} f^{\pm}_{\mathrm{mass}} \\ f^{\pm}_{\mathrm{mass}} \left[(-q_n \pm 2a) \dfrac{n_x}{\gamma} + u \right] \\ f^{\pm}_{\mathrm{mass}} \left[(-q_n \pm 2a) \dfrac{n_y}{\gamma} + v \right] \\ f^{\pm}_{\mathrm{mass}} \left[(-q_n \pm 2a) \dfrac{n_z}{\gamma} + w \right] \\ f^{\pm}_{\mathrm{energy}} \end{bmatrix} \tag{4.50}$$

式中，

$$f_{energy}^{\pm} = f_{mass}^{\pm} \cdot \left[\frac{(\gamma - 1)q_n^2 \pm 2(\gamma - 1)q_n a + 2a^2}{(\gamma^2 - 1)} + \frac{(u^2 + v^2 + w^2)}{2} \right] \quad (4.51)$$

$$f_{mass}^{\pm} = \pm \frac{\rho a}{4}(M_n \pm 1)^2$$

为了保证总焓不变，Hänel 提出用以下公式对能量项进行修正：

$$f_{energy}^{\pm} = f_{mass}^{\pm} \cdot \left[\frac{a^2}{\gamma - 1} + \frac{(u^2 + v^2 + w^2)}{2} \right] \quad (4.52)$$

为了使解具有保单调特性和高阶精度，一般使用 MUSCL(monotone upstream-centered scheme for conservation laws) 方法进行插值以确定网格面两侧变量值。对于网格面 $S_{i+1/2, j, k}$、$Q_{i+1/2, j, k}^L$ 和 $Q_{i+1/2, j, k}^R$ 的插值表达式可以表示为如下形式：

$$Q_{i+1/2, j, k}^L = Q_{i, j, k} + \frac{1}{4}\left[(1 - k)\Delta_- + (1 + k)\Delta_+ \right]_{i, j, k} \quad (4.53)$$

$$Q_{i+1/2, j, k}^R = Q_{i+1, j, k} - \frac{1}{4}\left[(1 - k)\Delta_+ + (1 + k)\Delta_- \right]_{i+1, j, k} \quad (4.54)$$

式中，$(\Delta_+)_{i, j, k} = Q_{i+1, j, k} - Q_{i, j, k}$；$(\Delta_-)_{i, j, k} = Q_{i, j, k} - Q_{i-1, j, k}$。$k = -1$ 对应为二阶完全迎风格式；$k = 1/3$ 对应为三阶迎风偏置格式；$k = 1$ 对应为二阶中心格式。

迎风型格式通常需要采用限制器来抑制激波附近的数值振荡。常用的限制器有 min mod 限制器、van Albada 限制器、Woodward - Colella 限制器、Superbee 限制器等。带限制器的插值公式为

$$Q_{i+1/2, j, k}^L = Q_{i, j, k} + \frac{1}{4}\left[(1 - k)\bar{\Delta}_- + (1 + k)\bar{\Delta}_+ \right]_{i, j, k} \quad (4.55)$$

$$Q_{i+1/2, j, k}^R = Q_{i+1, j, k} - \frac{1}{4}\left[(1 - k)\bar{\Delta}_+ + (1 + k)\bar{\Delta}_- \right]_{i+1, j, k} \quad (4.56)$$

对于 van Albada 限制器有

$$\bar{\Delta}_+ = \frac{\Delta_-(\Delta_+^2 + \varepsilon) + \Delta_+(\Delta_-^2 + \varepsilon)}{\Delta_+^2 + \Delta_-^2 + 2\varepsilon} \quad (4.57)$$

式中，ε 是防止分母为零的一个小数（$1 \times 10^{-7} \leqslant \varepsilon \leqslant 1 \times 10^{-6}$）。

2. ROE 格式

ROE 格式是采用通量差分分裂格式对无黏通量进行空间离散的代表。对每个网格面上的左右状态取一个特殊的 ROE 平均，有

$$\left.\begin{array}{l} \hat{\rho} = \sqrt{\rho_L \rho_R} \\[2mm] \hat{H} = \dfrac{\sqrt{\rho_L} H_L + \sqrt{\rho_R} H_R}{\sqrt{\rho_L} + \sqrt{\rho_R}} \\[4mm] \hat{u} = \dfrac{\sqrt{\rho_L} u_L + \sqrt{\rho_R} u_R}{\sqrt{\rho_L} + \sqrt{\rho_R}} \\[4mm] \hat{v} = \dfrac{\sqrt{\rho_L} v_L + \sqrt{\rho_R} v_R}{\sqrt{\rho_L} + \sqrt{\rho_R}} \\[4mm] \hat{w} = \dfrac{\sqrt{\rho_L} w_L + \sqrt{\rho_R} w_R}{\sqrt{\rho_L} + \sqrt{\rho_R}} \\[4mm] \hat{q}^2 = \hat{u}^2 + \hat{v}^2 + \hat{w}^2 \\[2mm] \hat{a}^2 = (\gamma - 1)(\hat{H} - \hat{q}^2/2) \end{array}\right\} \tag{4.58}$$

式中, 下标 "L" 和 "R" 分别表示网格界面的左右状态。界面处的无黏通量可以写为

$$F_{i+1/2} = \frac{1}{2}\left[F_L + F_R - |\hat{A}|(\hat{Q}_R - \hat{Q}_L) \right] \tag{4.59}$$

式 (4.59) 中最后一项起到了数值黏性的作用, 类似于中心格式中的人工黏性。具体求法如下:

$$|\hat{A}|(\hat{Q}_R - \hat{Q}_L) = \Delta F_1 + \Delta F_2 + \Delta F_3 + \Delta F_4 \tag{4.60}$$

式中,

$$\Delta F_1 = |\bar{\hat{U}}| \cdot |\Delta S| \, (\Delta\rho - \Delta p/\hat{a}^2) \begin{bmatrix} 1 \\ \hat{u} \\ \hat{v} \\ \hat{w} \\ \hat{q}^2/2 \end{bmatrix} \tag{4.61}$$

$$\Delta F_2 = |\bar{\hat{U}}| \cdot |\Delta S| \, \hat{\rho} \begin{bmatrix} 0 \\ \Delta u - \hat{n}_x \Delta\bar{U} \\ \Delta v - \hat{n}_y \Delta\bar{U} \\ \Delta w - \hat{n}_z \Delta\bar{U} \\ \hat{u}\Delta u + \hat{v}\Delta v + \hat{w}\Delta w - \bar{\hat{U}}\Delta\bar{U} \end{bmatrix} \tag{4.62}$$

$$\Delta F_3 = |\bar{\hat{U}} + \hat{a}| \cdot |\Delta S| \, \frac{\Delta p + \hat{\rho}\hat{a}\Delta\bar{U}}{2\hat{a}^2} \begin{bmatrix} 1 \\ \hat{u} + \hat{n}_x \hat{a} \\ \hat{v} + \hat{n}_y \hat{a} \\ \hat{w} + \hat{n}_z \hat{a} \\ \hat{H} + \bar{\hat{U}}\hat{a} \end{bmatrix} \tag{4.63}$$

$$\Delta F_4 = |\hat{\bar{U}} - \hat{a}| \cdot |\Delta S| \frac{\Delta p - \hat{\rho}\hat{a}\Delta\bar{U}}{2\hat{a}^2} \begin{bmatrix} 1 \\ \hat{u} - \hat{n}_x\hat{a} \\ \hat{v} - \hat{n}_y\hat{a} \\ \hat{w} - \hat{n}_z\hat{a} \\ \hat{H} - \hat{\bar{U}}\hat{a} \end{bmatrix} \tag{4.64}$$

式中，$\bar{U} = u\Delta\hat{n}_x + v\Delta\hat{n}_y + w\Delta\hat{n}_z$；$(\Delta\hat{n}_x, \Delta\hat{n}_y, \Delta\hat{n}_z)$ 为界面单位外法向量；$\Delta(\cdot) = (\cdot)_R - (\cdot)_L$。ROE 格式虽然是一种综合性能优秀的计算格式，分辨率很高，但是当其通量 Jacobi 矩阵特征值很小时，会违反熵条件，产生非物理解，故必须引入熵修正。Harten - Yee 型熵修正方法是最常用的一种修正方法。具体表达式如下：

$$\lambda = \begin{cases} |\lambda| & (|\lambda| \geqslant \delta) \\ \dfrac{(\lambda^2 + \delta^2)}{2\delta} & (|\lambda| < \delta) \end{cases} \tag{4.65}$$

δ 为一正实数小量。计算中常常取 $\delta = 1.0 \times 10^{-10}$。采用基于 MUSCL 的迎风偏置格式，可获得具有空间二阶及二阶以上精度格式如下：

$$q_{i+1/2}^- = q_i + \{S/4[(1 - kS)\Delta_- + (1 + kS)\Delta_+]\}_i$$
$$q_{i+1/2}^+ = q_{i+1} - \{S/4[(1 - kS)\Delta_+ + (1 + kS)\Delta_-]\}_{i+1} \tag{4.66}$$

式中，限制函数 S 可选用式（4.57）给出的 Van - Albada 限制器。参数 k 取 0、1/3 时格式分别具有空间二阶、三阶精度。

4.3.2 时间离散格式

对于非定常流动问题，控制方程式（4.3）可以写成如下半离散形式：

$$\frac{\mathrm{d}}{\mathrm{d}t}(Q_{i,j,k}) + R_{i,j,k} = 0 \tag{4.67}$$

$$R_{i,j,k} = \frac{1}{V_{i,j,k}}\left(F_{i,j,k} - \frac{1}{Re_a}F_{i,j,k}^V\right) \tag{4.68}$$

式中，$F_{i,j,k}$ 和 $F_{i,j,k}^V$ 分别为无黏项通量和黏性项通量。对式（4.67）进行时间方向的一阶隐式离散处理可得

$$\left(\frac{V_{i,j,k}}{\Delta t}I + \frac{\partial R}{\partial Q}\right)(\Delta Q_{i,j,k}) = -R(Q_{i,j,k}) \tag{4.69}$$

式中，$\dfrac{\partial R}{\partial Q}(\Delta Q_{i,j,k})$ 可写为

$$\frac{\partial R}{\partial Q}(\Delta Q_{i,j,k}) = (A\Delta Q)_{i+1/2,j,k} - (A\Delta Q)_{i-1/2,j,k} + (B\Delta Q)_{i,j+1/2,k} - (B\Delta Q)_{i,j-1/2,k}$$
$$+ (C\Delta Q)_{i,j,k+1/2} - (C\Delta Q)_{i,j,k-1/2} \tag{4.70}$$

对隐式部分数值通量采用矢通量分裂方法:

$$(A\Delta Q)_{i+\frac{1}{2},j,k} = A^+_{i,j,k}\Delta Q_{i,j,k} + A^-_{i+1,j,k}\Delta Q_{i+1,j,k}$$

$$(A\Delta Q)_{i-\frac{1}{2},j,k} = A^+_{i-1,j,k}\Delta Q_{i-1,j,k} + A^-_{i,j,k}\Delta Q_{i,j,k}$$

$$(B\Delta Q)_{i,j+\frac{1}{2},k} = B^+_{i,j,k}\Delta Q_{i,j,k} + B^-_{i,j+1,k}\Delta Q_{i,j+1,k} \tag{4.71}$$

$$(B\Delta Q)_{i,j-\frac{1}{2},k} = B^+_{i,j-1,k}\Delta Q_{i,j-1,k} + B^-_{i,j,k}\Delta Q_{i,j,k}$$

$$(C\Delta Q)_{i,j,k+\frac{1}{2}} = C^+_{i,j,k}\Delta Q_{i,j,k} + C^-_{i,j,k+1}\Delta Q_{i,j,k+1}$$

$$(C\Delta Q)_{i,j,k-\frac{1}{2}} = C^+_{i,j,k-1}\Delta Q_{i,j,k-1} + C^-_{i,j,k}\Delta Q_{i,j,k}$$

式(4.69)可以写为

$$\left(\frac{V_{i,j,k}}{\Delta t}I + A^+_{i,j,k} - A^-_{i,j,k} + B^+_{i,j,k} - B^-_{i,j,k} + C^+_{i,j,k} - C^-_{i,j,k}\right)(\Delta Q_{i,j,k}) +$$
$$(A^-_{i+1,j,k}\Delta Q_{i+1,j,k} + B^-_{i,j+1,k}\Delta Q_{i,j+1,k} + C^-_{i,j,k+1}\Delta Q_{i,j,k+1}) -$$
$$(A^+_{i-1,j,k}\Delta Q_{i-1,j,k} + B^+_{i,j-1,k}\Delta Q_{i,j-1,k} + C^+_{i,j,k-1}\Delta Q_{i,j,k-1}) = R_{i,j,k}(Q_{i,j,k}) \tag{4.72}$$

Jacobian 矩阵采用最大特征值分裂简化计算:

$$A = A^+ + A^-$$

$$A^\pm = \frac{1}{2}(A \pm \gamma I) \tag{4.73}$$

$$\gamma = \beta \max(|\lambda_A|)$$

$$\beta \geqslant 1$$

对于 B、C 采用相同的方法进行分裂。经整理,式(4.72)可以写为

$$\left[\left(\frac{V_{i,j,k}}{\Delta t}I + \gamma_A + \gamma_B + \gamma_C\right) + (A^-_{i+1,j,k} + B^-_{i,j+1,k} + C^-_{i,j,k+1}) - (A^+_{i-1,j,k} + B^+_{i,j-1,k} + C^+_{i,j,k-1})\right]\Delta Q_{i,j,k} = -R(Q_{i,j,k}) \tag{4.74}$$

将式(4.74)分解可得

$$(E + D)D^{-1}(D + F)\Delta Q_{i,j,k} = -R(Q_{i,j,k}) \tag{4.75}$$

$$E = - \left(A^{+}_{i-1, j, k} + B^{+}_{i, j-1, k} + C^{+}_{i, j, k-1} \right)$$

$$D = \left(\frac{V_{i, j, k}}{\Delta t} + \gamma_A + \gamma_B + \gamma_C \right) I$$

$$F = A^{-}_{i+1, j, k} + B^{-}_{i, j+1, k} + C^{-}_{i, j, k+1}$$

定义算子：

$$L = E + D$$

$$U = F + D \tag{4.76}$$

式(4.75)可以写为

$$LD^{-1}U\Delta Q_{i, j, k} = - R(\Delta Q_{i, j, k}) \tag{4.77}$$

式(4.77)可以分两步求解：

$$L\Delta Q^{*}_{i, j, k} = - R(Q_{i, j, k}) \tag{4.78}$$

$$U\Delta Q_{i, j, k} = D\Delta Q^{*}_{i, j, k} \tag{4.79}$$

求解时，隐式边界条件为 $\Delta Q^{*}_{i, j, k} = 0$；$\Delta Q_{i, j, k} = 0$。

4.3.3 边界条件处理

控制方程只有在一定的初始条件和边界条件下,方程的解才是唯一的。因此求解控制方程所首要解决的问题是边界条件的处理。如果边界条件处理不好,不仅会给计算结果带来较大的误差,也可能使计算过程不稳定,迭代不收敛。边界条件包括物面边界条件、对称边界条件、远场边界条件。

1. 物面边界条件

对于非定常流,由于流动参数随时间变化,物面边界条件也就是时间的函数。根据流体是理想流还是黏性流,物面的边界条件有不同的提法。对于理想流体,物面边界条件是流体在物面的法向速度等于该物面的法向速度。对于黏性流体,物面边界条件是:流体在物面的速度等于该物面的速度。

$$\begin{cases} \dfrac{\partial T}{\partial n} = 0 \\ u = x_t \\ v = y_t \\ w = z_t \\ \dfrac{\partial P}{\partial n} = -\rho \dot{\omega} \cdot n \end{cases} \tag{4.80}$$

式中, x_t、y_t、z_t 为物体运动速度; $\dot{\omega}$ 为物体加速度,由物体的运动规律确定。引入虚拟网格点,则虚拟网格点上的物理量遵循镜面对称原理,速度分量遵循反对称原理,有

$$\rho_{i,-1,k} = \rho_{i,1,k}$$
$$u_{i,-1,k} = u_{i,1,k} - 2(q_n)_{i,1,k} \cdot n_x$$
$$v_{i,-1,k} = v_{i,1,k} - 2(q_n)_{i,1,k} \cdot n_y$$
$$w_{i,-1,k} = w_{i,1,k} - 2(q_n)_{i,1,k} \cdot n_z$$

(4.81)

式中，$(q_n)_{i,1,k} = u_{i,1,k}n_x + v_{i,1,k}n_y + w_{i,1,k}n_z$ 为第一层网格在物面法向上的投影；n_x、n_y、n_z 分别为物面单位法向矢量的分量。

2. 对称边界条件

对于计算物体为面对称或轴对称物体，计算时可取物体的一半构型，在对称面上采用对称边界条件。虚拟网格点上的物理量表征为

$$\rho_{i,-1,k} = \rho_{i,1,k}$$
$$u_{i,j,-1} = u_{i,j,1}$$
$$v_{i,j,-1} = v_{i,j,1}$$
$$w_{i,j,-1} = -w_{i,j,1}$$

(4.82)

3. 远场边界条件

用有限体积法进行空间离散时，计算区域的大小是有限的，因而在计算区域的远场边界处需要引入无反射边界条件以保证物体所产生的扰动波不被反射回内场这一流动的物理特征，以均匀流场作为初场进行时间推进时，可以认为扰动波沿网格逐层地由物面传向无穷远。人们常采用一维 Riemann 不变量来处理远场边界条件。

令 q_n 和 q_t 分别表示边界外法向速度和切向速度，根据特征线理论 Riemann 不变量可表征为

$$R_1 = q_t$$
$$R_2 = s$$
$$R_3 = q_n - \frac{2a}{\gamma - 1}$$
$$R_4 = q_n + \frac{2a}{\gamma - 1}$$

(4.83)

Riemann 不变量的取值可分为以下四种情况：
（1）亚声速流入（$-a < q_n < 0$），R_1、R_2、R_3 取来流值，R_4 取内场外插值；
（2）亚声速流出（$0 < q_n < a$），R_1、R_2、R_3 取内场外插值，R_4 取来流值；
（3）超声速流入（$q_n < -a$），所有的物理量都取来流值；
（4）超声速流出（$q_n > a$），所有的物理量都由内场外插。

4.3.4　几何守恒定律

气动弹性领域的非定常流动计算往往涉及网格的变形运动。如果网格存在动态运动

过程,就将涉及网格体积导数 $\partial V / \partial t$ 的计算问题。一些文献认为,要想精确求解非定常流场不宜直接求解 $\partial V / \partial t$,而是应满足网格变形的几何守恒律(geometric conservation law,GCL),否则将引入随时间变化的数值误差[3]。这个守恒律可以通过均匀流场中积分形式的连续方程得到

$$\frac{\partial}{\partial t}\int_{\Omega} dV - \oint_{S} v \cdot n dS = 0 \tag{4.84}$$

式中,V 是单元体积;v 是控制体表面运动速度;n 是控制体表面外法方向。时间导数项采用与控制方程相同的二阶精度方法离散后方程(4.84)转化为

$$\frac{3V^{n+1} - 4V^{n} + V^{n-1}}{2\Delta t} - \oint_{S} v \cdot n dS = 0 \tag{4.85}$$

式(4.85)表明每个控制体的体积变化等于单元网格边界在 $\Delta t = t^{n+1} - t^{n}$ 时间内扫过的体积,所以 t^{n+1} 时刻的体积 V^{n+1} 可以用下式计算:

$$V^{n+1} = \frac{4}{3}V^{n} - \frac{1}{3}V^{n-1} + \frac{2\Delta t}{3}\oint_{S} v \cdot n dS \tag{4.86}$$

几何守恒定律可以保证由几何计算引起的误差与由流动方程积分解引起的误差相一致。

4.4　湍流模型简介

从雷诺数的定义出发,惯性力与黏性力之比成为界定流场特征的一个重要参量。随着雷诺数的增加,相邻流体层从平滑留过彼此(层流)开始变得不再稳定,不同流层之间出现了动量交换,因此产生了一种混沌状态,这个过程被称作转捩。由于层流阻力远小于湍流阻力,因此大量的工作集中于湍流猝发的研究领域,以便能够控制层流从而控制阻力的大小进而能够形成可用的工程减阻方法。然而,自然界中大部分流动均为湍流态,而湍流的运动本质是非定常的,速度和其他变量变化方式是随机和混沌方式。人们需要采用一定方法,才能将流动的控制方程进行封闭和求解。

4.4.1　封闭性问题

通常工程师最为关注的是湍流场的平均量,因此采用统计平均方法对于湍流场进行处理可以极大地降低流场求解代价。以不可压流动中常用的时间平均方法为例,对于湍流变量 ϕ 可以采用如下方式表达:

$$\phi = \bar{\phi} + \phi' \tag{4.87}$$

式中,上标的横线和撇号分别表示时间平均量和脉动量。将速度矢量 u_i 和压力 p 也写成这种形式:

$$u_i = \bar{u}_i + u_i'; \quad p = \bar{p} + p' \tag{4.88}$$

采用上述式子对流场控制方程进行操作,可以推导出雷诺平均后的 N-S 方程,即常用的雷诺平均方程(RANS):

$$\frac{\partial \rho}{\partial t} + (\rho \bar{U}_i)_{,i} = 0 \tag{4.89}$$

$$\frac{\partial \rho \bar{U}_i}{\partial t} + (\rho \bar{U}_i \bar{U}_j)_{,j} = -\bar{P}_{,i} + \left[\mu (\bar{U}_{i,j} + \bar{U}_{j,i}) - \rho \overline{u_i' u_j'} \right]_{,j} \tag{4.90}$$

从修正后的 RANS 方程来看,时间平均后的动量方程产生了新生应力项即雷诺应力张量(Reynolds stress tensor)。雷诺应力项主要由脉动量引出,它将脉动作用反馈于时均流场。由于无法使用 N-S 方程组中的变量对雷诺应力项进行直接封闭,因此求解需要额外引入数学模型即湍流模型。以最常用的涡黏模型举例,对于雷诺应力的封闭源于能量耗散和动量法向输运过程,即

$$-\rho \overline{u_i' u_j'} = \mu_t \left(\frac{\partial \bar{u}_i}{\partial x_j} + \frac{\partial \bar{u}_j}{\partial x_i} \right) - \frac{2}{3} \rho \delta_{ij} k = 2\mu_t S_{ij} \tag{4.91}$$

式中, $S_{ij} = \frac{1}{2} \left(\frac{\partial \bar{u}_i}{\partial x_j} + \frac{\partial \bar{u}_j}{\partial x_i} \right)$ 为拉伸应变率, k 为湍流动能。这一关系假设雷诺应力和平均流动应变率成正比,其比值被定义为涡黏性系数 μ_t ,上式被称作线性涡黏假设。虽然线性涡黏假设对法向剪切的各向异性无法估计,并且不能模拟传导和扩散引起的剪切应力输运作用,但由于其形式简单,而且对于大部分流动的适应性很好,因此在工程湍流模拟中得到了大量应用。有了时间平均方法和涡黏性假设,只需要给出 μ_t 一个合理的解法便可完成湍流模拟的问题的封闭。在涡黏性假设框架内,针对 μ_t 的解法分为线性湍流模型和非线性湍流模型两类。

4.4.2　一方程模型

从量纲分析角度出发,涡黏性系数 μ_t 和速度尺度 v 与湍流长度尺寸 l_t 之间有关系式:

$$\mu_t = \rho v l_t \tag{4.92}$$

式(4.92)反映出涡黏性系数的确定离不开速度尺度与湍流特征尺度。以经验和代数方程确定 μ_t ,此类方法则被归为零方程模型;若采用一个输运方程对 μ_t 进行求解则被称为一方程模型;若采用两个输运方程对 μ_t 进行求解则被称为两方程模型。本节主要介绍常用的一方程模型和两方程模型。

由于零方程模型采用代数关系式描述雷诺应力项存在一定缺陷,学者们便通过构造输运方程的形式求解雷诺应力。最早的一方程湍流模型是建立在湍动能的基础上,即

$$\rho \frac{\partial k}{\partial t} + \rho \bar{u}_j k_{,j} = \mu_t S - C\rho \frac{k^{3/2}}{l_t} + \left[\left(\mu + \frac{\mu_t}{\sigma_k} \right) k_{,j} \right]_{,j} \tag{4.93}$$

式(4.93)是 Prandtl 推导出的第一个单方程模型。虽然已经非常简洁,但是对于湍流长度

尺度 l_t 仍然没有给定明确的计算方式,而是以经验给定湍流长度尺度 l_t。Prandtl 模型留下了非常好的湍流问题求解框架,如果能够给出一个精确的求解 l_t 的方法,即可完成封闭。

Spalart 和 Allmaras 从经验和量纲分析出发,将涡黏性系数的相关量作为输运变量,以混合层流动和尾迹流动等标定模型系数,然后采用压力平板和槽道进一步校正,推导出了 Spalart - Allmaras 模型(SA)。SA 模型鲁棒性极好,Spalart 将诸多航空器外流模拟的经验加入 SA 模型。在跨声速情况下,SA 模型的精度较高。目前 SA 模型在许多商业 CFD 软件中均有集成。在 SA 模型中涡黏性系数被写为

$$\mu_t = \rho \hat{v} f_{v1} \tag{4.94}$$

$\hat{v}$ 的输运方程为

$$\frac{\partial \hat{v}}{\partial t} + u_j \hat{v}_{,j} = C_{b1} \tilde{S} \hat{v} + \frac{1}{\sigma_{\hat{v}}} [\{ (v + \hat{v}) \hat{v}_{,k} \}_{,k} + C_{b2} \rho \hat{v}_{,k} \hat{v}_{,k}] - C_{w1} \rho f_w \left(\frac{\hat{v}}{d} \right)^2 \tag{4.95}$$

封闭系数及近似关系式为 $C_{b1} = 0.135\,5$;$C_{b2} = 0.622$;$C_{v1} = 7.1$;$\sigma_{\hat{v}} = 2/3$;$C_{w1} = \dfrac{C_{b1}}{\kappa^2} +$

$\dfrac{(1 + C_{b2})}{\sigma_{\hat{v}}}$;$C_{w2} = 0.3$;$C_{w3} = 2$;$\kappa = 0.41$;$f_{v1} = \dfrac{\chi^3}{\chi^3 + C_{v1}^3}$;$f_{v2} = 1 - \dfrac{\chi}{1 + \chi f_{v1}}$;$\chi = \dfrac{\hat{v}}{v}$;$f_w =$

$g \left[\dfrac{1 + C_{w3}^6}{g^6 + C_{w3}^6} \right]$;$g = r + C_{w2}(r^6 - r)$;$r = \dfrac{\hat{v}}{\tilde{S} \kappa^2 d^2}$;$\tilde{S} = \Omega + \dfrac{\hat{v}}{\kappa^2 d^2} f_{v2}$;$\Omega = \sqrt{2\Omega_{ij}\Omega_{ij}}$;$\Omega_{ij} =$

$0.5(U_{i,j} - U_{j,i})$。

4.4.3 两方程模型

由于输运方程将湍流场的历史效应引入一方程模型中,因此其性能优于零方程模型,为了更为精确的确定涡黏性系数,可以增加一个特征变量的输运方程。实际上,线性涡黏模型并不关注求解涡黏性系数使用了几个方程,重要的在于建立一个流态自适应的求解模型。而从前文中可知,除了湍动能外,封闭涡黏性系数求解方程仍需一个额外的变量,这个变量可以是长度尺度 l_t、时间尺度 τ、者耗散率 ε 或者比耗散率 ω,它们之间是线性关系。

Jones 和 Launder[4] 在 1972 年提出的经过近似处理的 $k - \varepsilon$ 模型被称为标准 $k - \varepsilon$ 模型,也是第一个大范围应用的两方程湍流模型。但由于该模型是在高雷诺数和无壁面约束条件下发展出来,而对于壁面约束的湍流运动,近壁区域分子黏性扩散作用和湍流耗散的各向异性增强,必然导致 $k - \varepsilon$ 模型在壁面附近需要一定修正函数,一般称为壁面阻尼函数(wall damping function)。Launder 和 Sharma[5] 提出了一种带有 WDF 的 $k - \varepsilon$ 模型,该模型极大地提高了壁面附近低雷诺数区域的湍流模拟精度因此得到了极为广泛的应用。学者们将带有 WDF 的 $k - \varepsilon$ 湍流模型称为低雷诺数 $k - \varepsilon$ 模型(low Reynolds number $k - \varepsilon$ model)。一般而言,壁面附近的湍流输运对湍流结构有着重要的影响,WDF 的选取往往决定着壁面剪切湍流的预报成功与否。$k - \varepsilon$ 模型的主控方程为

$$\rho \frac{\partial k}{\partial t} + \rho \bar{u}_j \frac{\partial k}{\partial x_j} = \mu_t S^2 - \rho \varepsilon + \frac{\partial}{\partial x_j}\left[\left(\mu + \frac{\mu_t}{\sigma_k}\right)\frac{\partial k}{\partial x_j}\right] \qquad (4.96)$$

$$\rho \frac{\partial \varepsilon}{\partial t} + \rho \bar{u}_j \frac{\partial \varepsilon}{\partial x_j} = C_{\varepsilon 1}\frac{\varepsilon}{k}\mu_t S^2 - C_{\varepsilon 2}\frac{\varepsilon^2}{k}f_2 + \frac{\partial}{\partial x_j}\left[\left(\mu + \frac{\mu_t}{\sigma_{\varepsilon 2}}\right)\frac{\partial \varepsilon}{\partial x_j}\right] \qquad (4.97)$$

$$\mu_t = \rho f_\mu \frac{k^2}{\varepsilon} \qquad (4.98)$$

封闭系数及近似关系式为 $C_{\varepsilon 1} = 1.44$；$C_{\varepsilon 2} = 1.92$；$C_\mu = 0.09$；$\sigma_k = 1.0$；$\sigma_{\varepsilon 2} = 1.3$；$f_2 = 1 - 0.3\exp(-Re_\tau^2)$；$f_\mu = \exp\left[\dfrac{-3.4}{(1 + Re_t/50)^2}\right]$；$Re_\tau = \dfrac{k^2}{v\varepsilon}$；$S = \sqrt{2S_{ij}S_{ij}}$；$S_{ij} = 0.5(U_{i,j} + U_{j,i})$。

Patel 等[6]比较了 9 种 LRNk-ε 模型的发现：不同模型的区别仅仅在于 WDF，但是没有一种 WDF 能够普适于所有工况，因此仍然建议在使用 LRNk-ε 模型前需要用壁面湍流校验 WDF 是否能够反映正常的边界层结构。

Kolmogorov[7]在 1942 年提出了第一个两方程模型即是 k-ω 湍流模型，采用比耗散率 ω 作为第二个输运变量，并且指出比耗散率 ω 的量纲是时间的倒数，因此可以被认为是湍动能耗散的时间尺度，这也为 k-ω 模型的第二输运变量找到了物理解释。但事实上，k-ω 模型在使用以类比分子黏性耗散过程而提出的比耗散率 ω、湍动能 k 与湍流特征长度的比例关系时就已经进入了量纲分析的空间，因此并不能完全等价于真正的物理输运过程。

Komogorov 认为比耗散率 ω 作为一种耗散尺度直接与小尺度涡系相互联系，因此对于它的描述过程没有时均流动的介入，为此不需要产生项的加入。这一结论的主要缺陷在于忽视了时均流动决定着湍流的时间尺度和耗散尺度，而且大尺度和小尺度涡系的相互作用并不能被孤立开来；同时，分子黏性扩散项的缺失导致了这个模型只能被严格应用于附面层较薄的高雷诺数流动中，丧失了一定的通用性。在后续发展中，学者们对 ω 给出了更多的解释，例如，一些学者认为 ω 是湍流耗散率 ε 和湍动能 k 的比值。但是这些并不妨碍 k-ω 形式上的一致性。较为常用的 k-ω 主要是 Wilcox 等提出的版本。Wilcox 版本的 k-ω 模型具体形式为

$$\rho \frac{\partial k}{\partial t} + \rho \bar{u}_j \frac{\partial k}{\partial x_j} = \mu_t S^2 - \beta^* \rho k\omega + \frac{\partial}{\partial x_j}\left[\left(\mu + \frac{\mu_t}{\sigma_k}\right)\frac{\partial k}{\partial x_j}\right] \qquad (4.99)$$

$$\rho \frac{\partial \omega}{\partial t} + \rho \bar{u}_j \frac{\partial \omega}{\partial x_j} = \gamma \rho S^2 - \beta \rho \omega^2 + \frac{\partial}{\partial x_j}\left[\left(\mu + \frac{\mu_t}{\sigma_\omega}\right)\frac{\partial \omega}{\partial x_j}\right] \qquad (4.100)$$

$$\mu_t = \rho \frac{k}{\omega} \qquad (4.101)$$

封闭系数及近似关系式为 $\gamma = \dfrac{\beta}{C_\mu} - \dfrac{\kappa^2}{\sigma_\omega \sqrt{C_\mu}}$；$\beta = 0.075$；$\beta^* = C_\mu = 0.09$；$\sigma_k = 2$；

$\sigma_{\omega} = 2$；$\kappa = 0.41$；$S = \sqrt{2S_{ij}S_{ij}}$；$S_{ij} = 0.5(U_{i,j} + U_{j,i})$。

Wilcox 版本的 $k-\omega$ 模型在自由剪切流、边界层流动、管流和分离流动模拟中取得了极好的效果，但是该模型在自由剪切流动中对于来流信息较为敏感，而 $k-\varepsilon$ 模型则大都不具有这样的问题。

Menter[8] 在 1992 年提出了一种两层模型(two-layer model)，采用边界层开关函数进行 Jones-Launder $k-\varepsilon$ 模型和 Wilcox $k-\omega$ 模型的切换：边界层内使用 $k-\omega$ 模型以保持对逆压梯度的模拟精度，而边界层外则使用 $k-\varepsilon$ 来避免该模型在壁面附近的非物理行为，这个模型被命名为新基本 $k-\omega$ 模型。对于 $k-\omega$ 的来流敏感性则通过引入交叉扩散项进行修正。BSL 模型的控制方程为

$$\rho \frac{\partial k}{\partial t} + \rho \bar{u}_j \frac{\partial k}{\partial x_j} = \mu_t S^2 - \beta^* \rho k\omega + \frac{\partial}{\partial x_j}\left[\left(\mu + \frac{\mu_t}{\sigma_k}\right)\frac{\partial k}{\partial x_j}\right] \tag{4.102}$$

$$\rho \frac{\partial \omega}{\partial t} + \rho \bar{u}_j \frac{\partial \omega}{\partial x_j} = \gamma \rho S^2 - \beta \rho \omega^2 + 2\rho(1-F_1)\sigma_{\omega2}\frac{1}{\omega}\frac{\partial k}{\partial x_j}\frac{\partial \omega}{\partial x_j} + \frac{\partial}{\partial x_j}\left[\left(\mu + \frac{\mu_t}{\sigma_\omega}\right)\frac{\partial \omega}{\partial x_j}\right]$$

$$\tag{4.103}$$

$$\mu_t = \rho \frac{k}{\omega} \tag{4.104}$$

令 ϕ_1 为 $k-\omega$ 模型的常数、ϕ_2 为 $k-\varepsilon$ 模型常数，而 ϕ 为 BSL 模型常数，且它们之间的关系式为

$$\phi = F_1\phi_1 + (1-F_1)\phi_2 \tag{4.105}$$

ϕ_1 系列的常数为 $\sigma_{k1} = 0.5$；$\sigma_{\omega1} = 0.5$；$\beta_1 = 0.075$；$\beta_1^* = 0.09$；$\kappa = 0.41$；$\gamma_1 = \beta_1/\beta_1^* - \sigma_{\omega1}\kappa^2/\sqrt{\beta_1^*}$。$\phi_2$ 系列的常数为 $\sigma_{k2} = 0.5$；$\sigma_{\omega2} = 0.856$；$\beta_2 = 0.0828$；$\beta_2^* = 0.09$；$\kappa = 0.41$；$\gamma_2 = \beta_2/\beta_2^* - \sigma_{\omega2}\kappa^2/\sqrt{\beta_2^*}$。边界层开关函数 F_1 形式为

$$\begin{cases} \Gamma_1 = \frac{500\nu}{y^2\omega}; \ \Gamma_2 = \frac{4\rho\sigma_{\omega2}k}{y^2 CD_{k-\omega}} \\ CD_{k-\omega} = \max\left(\rho\frac{2\sigma_{\omega2}}{\omega}k_{,j}\omega_{,j}, \ 10^{-20}\right) \\ \arg_1 = \min[\Gamma_1, \ \Gamma_2] \\ F_1 = \tanh(\arg_1^4) \end{cases} \tag{4.106}$$

F_1 函数控制着模型的切换。在黏性亚层中 Γ_1 为常数，因此 F_1 的值一直为 1。对数层中 Γ_1 值正比于 $61.5/y^+$，所以 F_1 函数在 $50 < y^+ < 110$ 范围内会从 1 衰减到 0。在附面层外边界处，Γ_1 会因为比耗散率 ω 的急剧减小而变得很大，因此容易诱发 F_1 变为 1，而 Γ_2 就

是为了防止该现象的发生而引入。

　　Menter 注意到，由于控制函数 F_1 的存在，使得模型仅仅在黏性亚层中开启，而 Wilcox 提出的模型在对数层的计算中也有着良好的效果，因此 Menter 将 F_1 函数进行了一定程度的改造，使得 $k-\omega$ 模型在整个边界层内都能得以释放。改造后的 F_1 形式为

$$\begin{cases} \Gamma_1 = \dfrac{500\nu}{y^2\omega}; \ \Gamma_2 = \dfrac{4\rho\sigma_{\omega2}k}{y^2CD_{k-\omega}}; \ \Gamma_3 = \dfrac{\sqrt{k}}{\beta_1^*\omega y} \\[3mm] CD_{k-\omega} = \max\left(\rho\dfrac{2\sigma_{\omega2}}{\omega}k_{,j}\omega_{,j}, \ 10^{-20}\right) \\[3mm] \mathrm{arg}_1 = \min\left[\max(\Gamma_1, \ \Gamma_3), \ \Gamma_2\right] \\[2mm] F_1 = \tanh(\mathrm{arg}_1^4) \end{cases} \tag{4.107}$$

　　显然，由对数率可知在对数层内 Γ_3 值恒为 $2.5(1/\kappa)$，因此 F_1 在对数层内自始至终都为 1 并最终在边界层尾迹区衰减为 0。另一方面，Menter 在计算中发现，$k-\omega$ 模型对于强逆压梯度流动的计算结果并不理想，引入了 Bradshaw 等的研究成果[9]，即在非平衡流态下湍动能与雷诺主应力存在以下关系式：

$$-\overline{u'v'} = a_1 k \tag{4.108}$$

　　涡黏性系数的表达形式为

$$\mu_t = \frac{\rho a_1 k}{\Omega} \tag{4.109}$$

　　为了避免式（4.107）在边界层内触发，类比 F_1 控制函数构造一个新的切换函数 F_2，其形式为

$$\begin{cases} \Gamma_1 = \dfrac{500\nu}{y^2\omega}; \ \Gamma_3 = \dfrac{\sqrt{k}}{\beta_1^*\omega y} \\[3mm] CD_{k-\omega} = \max\left(\rho\dfrac{2\sigma_{\omega2}}{\omega}k_{,j}\omega_{,j}, \ 10^{-20}\right) \\[3mm] \mathrm{arg}_2 = \max(2\Gamma_1, \ \Gamma_3) \\[2mm] F_2 = \tanh(\mathrm{arg}_2^2) \end{cases} \tag{4.110}$$

　　修正后的涡黏性系数表达式为

$$\mu_t = \min\left(\frac{\rho a_1 k}{\Omega F_2}, \ \frac{\rho k}{\omega}\right) \tag{4.111}$$

　　这种考虑雷诺主应力输运影响的改进 BSL 模型被命名为剪切应力输运模型（shear stress transportation，SST）。该模型在流体计算中取得了巨大的成功，在飞行器外流场模拟中，SST 模型经常被作为基准模型来进行对比，其精度和鲁棒性均较好。

线性涡黏模型中包含了能够描述历史效应的单方程和两方程模型。这些模型对应的剪切层流动、带有逆压梯度的附着流动和中等以下程度的分离流动都能够得出良好的仿真效果。伴随计算机硬件的发展，线性涡黏模型的计算代价极大减小，因此可以对传统飞机迭代设计工具中的流体求解模块进行精度升级。然而，在复杂非线性流动，如大分离、流线弯曲、旋转、高剪切率区域等，线性雷诺应力本构关系难以反映非线性流动中的流线松弛效应；同时，旋转应变由于平均涡量的无法反映而被消除，对于强剪切流动的模拟精度产生了较大影响。这些都导致了线性涡黏模型的精度退化。

为了克服这些影响，近年来随着直接数值模拟和实验数据的日益丰富，人们对线性涡黏模型进行非线性改造，类比非牛顿流体的层流应力本构关系，重新对雷诺应力本构关系式进行解析表达，使其包含了能够反映流动各向异性的二阶项和反映流线曲率旋转效应的三阶项。徐晶磊等[10]的研究证明了非线性模型能够有效地解决复杂流动中的非线性效应缺失问题，大大改善了湍流模型的性能。

除了上述湍流模型外，在 RANS 框架下还存在很多湍流模型，学者们在不同的问题驱动下构造出了众多求解不同湍流问题的模型。线性湍流模型中：Rotta[11]使用湍动能和湍流特征尺度进行湍流模型构造并形成了一个 $k-kl$ 模型，该模型引入速度的两点相关量来试图精确求解耗散率方程，但是大量的量纲分析和近似仍然使得该模型的精度提高十分有限，同时该模型需要求解速度的三阶量而使得编程鲁棒性降低。Speziale 等[12]采用湍流时间尺度进行湍流求解，由于时间尺度在物面边界自然为 0，因此该模型最大的优势在于边界满足 Dirichlet 条件因而不需要进行特殊的处理。

非线性模型中，Durbin[13]提出的 VOF 模型在两相流计算中得到了良好的应用。曼彻斯特大学的 Launder 课题组的 Launder、Craft 和 Suga 等构造出了一系列的非线性模型，在带有旋转和曲率流动中的应用十分良好[14]。另一方面，采用重整化群方法(renormalization group，RNG)和直接相互作用理论(direct interaction approximation，DIA)方法来建立湍流模型为湍流模型发展增添了一股新生力量，由于湍流惯性子区的脉动处于边界无关的临界状态，因此人们便使用运用分析临界现象的 RNG 方法来进行湍流研究。Yakhot 和 Orszag[15]构造了第一个重整化群 $k-\varepsilon$ 湍流模型，其对于复杂湍流的预测性能较好，但是 RNG 模型仍需要更多的工程实践进行验证。

4.5　典型模型数值模拟验证

本节通过几个国际标模，并与已有试验数据对比来展示本章所提到的一些 CFD 数值模拟方法。算例包括 NACA0012 和 RAE 2822 翼型绕流的定常流场计算、三维 M6 机翼的跨声速流动以及 NACA0012 翼型周期性振荡的非定常问题[16]。

4.5.1　NACA0012 翼型定常扰流

NACA0012 为对称翼型，计算工况为 $Ma=0.8$、$\alpha=1.25°$。由于试验状态为高雷诺数，所以忽略黏性的影响，采用 Euler 方程求解即能得到比较精确地数值结果。一方面验证 CFD 求解器对于 Euler 方程求解的精度;另一方面验证对于高雷诺数流动采用 Euler 方程简化求解的合理性。计算网格如 4.4 所示,网格数量为 277×74,翼型表面网格分布数为 277,计算采用 van Leer 格式。

图 4.5 为该状态下计算的流场压力分布云图和翼型表面压力分布。从流场压力云图可以看出,在该状态下,翼型上表面后缘部分有强烈的激波形成,导致在该处形成较大的压差和压力梯度。从表面压力分布可以看出,CFD 计算与试验值结果吻合较好,CFD 方法能较准确地捕捉该状态下激波的位置和压力分布。

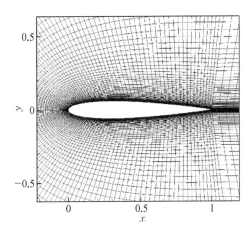

图 4.4 NACA0012 翼型计算网格

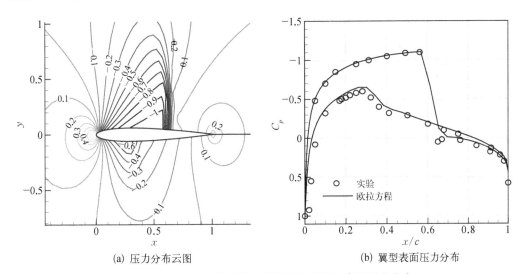

(a) 压力分布云图

(b) 翼型表面压力分布

图 4.5 NACA0012 翼型流场压力分布云图和表面压力分布

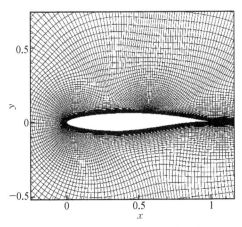

图 4.6 RAE 2822 翼型计算网格

4.5.2 RAE2822 超临界翼型

RAE 2822 翼型在跨声速流动中上翼面激波与边界层的分离现象是典型跨声速非线性特性,是考核差分格式与湍流模型综合作用的标准算例之一。计算采用 van Leer 格式、Albada 限制器、二阶完全迎风格式,湍流模型分别采用 B－L 和 S－A 模型。计算状态为 $Ma = 0.729$; $\alpha = 2.31°$; $Re = 6.5 \times 10^6$。计算网格如图 4.6 所示,网格数量为 316×126,翼型表面网格分布数为 316,在 $x/c = 0.6$ 处对网格进行了周向加密,壁面第一层网格 $y^+ \approx 1$。

图 4.7 为该状态下所计算的流场压力分布云图和翼型表面压力分布。从流场压力云图可以看出,在翼型中部有一道较强的激波,此处激波与附面层相互作用,压力等值线出现弯曲。从表面压力分布可以看出,CFD 计算结果与试验结果吻合良好。在这种激波附面层干扰不是很强的二维绕流情况下,湍流模型对表面压力分布和气动力的影响比较大。湍流模型对压力分布的影响主要集中在对激波的模拟上。

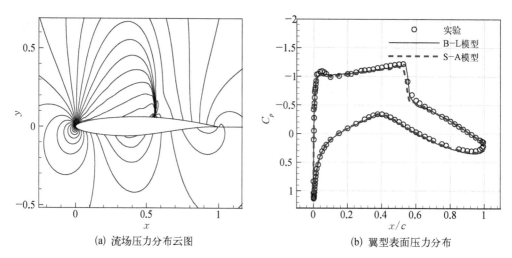

(a) 流场压力分布云图   (b) 翼型表面压力分布

图 4.7　RAE 2822 翼型流场压力分布云图和表面压力分布

4.5.3　ONERA M6 机翼跨声速流动

ONERA M6 机翼在跨声速环境中,表面绕流呈现出诸如局部超声速流动、激波、边界层分离等复杂的流动状态,因而成为典型的 CFD 验证算例之一。计算状态为 $Ma = 0.8395$;$\alpha = 3.06°$;$Re = 1.171 \times 10^7$。计算网格采用 ICEM‐CFD 建模得到,为了捕捉机翼表面复杂的激波分布,将机翼表面整体加密。计算采用 Van Leer 格式,湍流模型分别采用 B‐L 和 S‐A 模型。

图 4.8 给出了该状态下计算的上表面压力等值线图,可以很明显看到上表面的 λ 形激波图 4.9(a)~(f)为计算的沿展向 6 个剖面的压力分布和试验值比较,图中 L 表示机翼展长。可以看出 CFD 计算的压力分布与试验值吻合较好。不同湍流模型结果相差不大,对于激波的大小、位置的捕捉都能很好地的与试验值相一致。

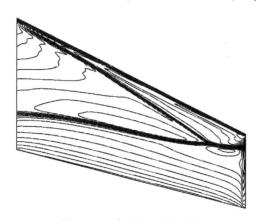

图 4.8　上表面压力等值线图

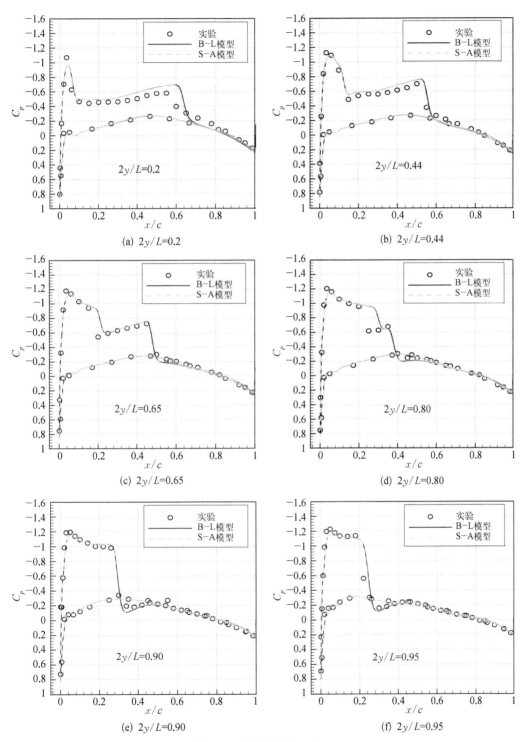

(a) $2y/L$=0.2

(b) $2y/L$=0.44

(c) $2y/L$=0.65

(d) $2y/L$=0.80

(e) $2y/L$=0.90

(f) $2y/L$=0.95

图 4.9 不同剖面压力分布

4.5.4 NACA0012 翼型周期性振荡

非定常气动力的精确计算是气动弹性力学模拟的基础。作为非定常 CFD 计算的基础,定常问题的精度保证了非定常问题求解的可信度。计算算例为 NACA0012 翼型围绕转轴周期性振荡,运动形式为 $\alpha(t) = \alpha_m + \alpha_0 \sin(\omega \cdot t)$,$k = (\omega \cdot b)/V_\infty$,$b$ 为翼型的半弦长。转轴位置和力矩积分点位置都为 0.25 倍弦长处。所选计算状态为 $\alpha_m = 0.016°$;$\alpha_0 = 2.51°$;$Ma = 0.755$;$k = 0.0814$。网格与前面定常计算的 NACA0012 网格一致。

图 4.10(a)、(b) 为计算得到的升力系数和力矩系数随迎角变化的曲线,可以看出整体气动力的变化范围和试验结果基本一致。图 4.11 给出了该翼型在不同位置下非定常压力系数分布的对比结果。可以看出在不同的运动位置,CFD 计算的压力分布与试验值吻合较好。本算例验证了所采用的 CFD 求解器对于非定常气动力计算的精度。

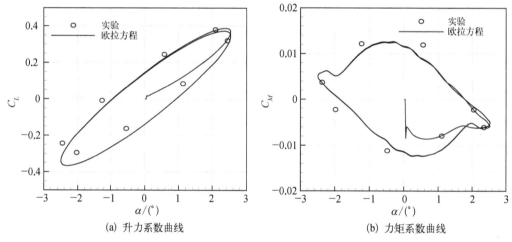

(a) 升力系数曲线　　　　　　　　　　(b) 力矩系数曲线

图 4.10　NACA0012 翼型的非定常气动力计算

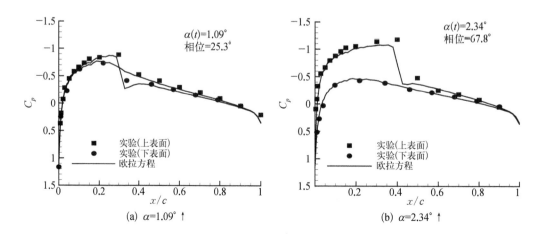

(a) $\alpha=1.09°$ ↑　　　　　　　　　　(b) $\alpha=2.34°$ ↑

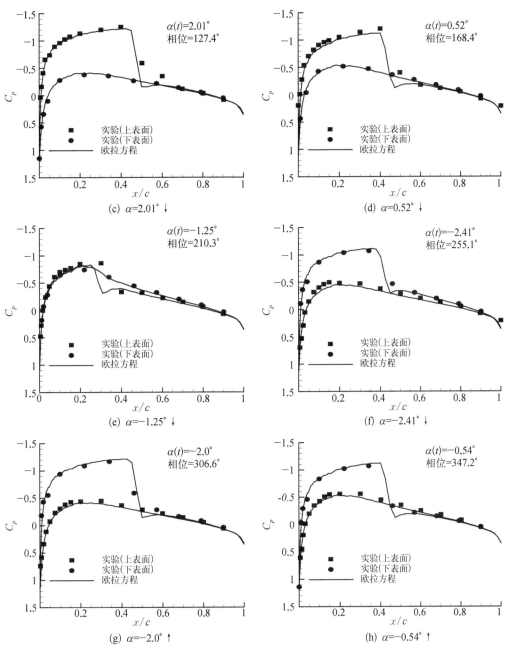

图 4.11 一个周期内不同时刻的压力系数分布

【小结】

本章介绍了最基本的计算流体力学方法及关键部分。以有限体积法为主,介绍了开源 CFD 代码 OPENFOAM 中核心数值离散格式和速度-压力耦合格式。针对非定常可压缩流动数值模拟的有限体积法,重点介绍了以 van Leer 格式和 ROE 格式为代表了两种空间离散格式。此外也对当前计算流体力学中常用的湍流模型进行了简要介绍。

【数字资源】

1. 开源通用计算流体力学代码 OPENFOAM 网站：https：//openfoam. org/
2. 非结构化可压缩流体求解器 SU2 网站：https：//su2code. github. io/
3. 国家数值风洞工程开源软件风雷网站：https：//www. cardc. cn/phenglei/

参 考 文 献

[1] Jasak H. Error analysis and estimation for the finite volume method with applications to fluid flows [D]. London：Imperial College London (University of London), 1996.

[2] Patankar S. Numerical heat transfer and fluid flow[M]. New York：Taylor & Francis, 2018.

[3] Thomas P D, Lombard C K. Geometric conservation law and its application to flow computations on moving grids[J]. AIAA Journal, 1979,17(10)：1030−1037.

[4] Jones W, Launder B. The prediction of laminarization with a two-equation model of turbulence[J]. International Journal of Heat Mass Transfer, 1972, 15：301−314.

[5] Launder B, Sharma B. Application of the energy dissipation model of turbulence to the calculation of flow near a spinning disc[J]. Letters in Heat and Mass Transfer, 1974, 1(2)：131−138.

[6] Patel V, Rodi W, Georg S. Turbulence model for near-wall and low Reynolds number flows：a review [J]. AIAA Journal, 1984, 23(9)：1308−1319.

[7] Kolmogorov A. Equations of turbulent motion of an incompressible fluid[J]. Izvestia Academy of Sciences, USSR, 1942, 6(1−2)：26−58.

[8] Menter F. Improved two-equation k-w turbulence models for aerodynamic flows[R]. NASA, TM103975, 1992.

[9] Bradshaw P, Ferriss D, Atwell P. Calculation of boundary-layer development using the turbulent energy equation[J]. Journal of Fluid Mechanics, 1967, 28(3)：293−616.

[10] 徐晶磊,马晖扬,黄于宁.反映强流动曲率效应的非线性湍流模型[J].应用数学和力学,2008,29(1)：27−37.

[11] Rotta J. Turbulente stromungen[M]. Stuttgart：Teubner Verlag, 1972.

[12] Speziale C, Abid R, Anderson E. Critical evaluation of two-equation models for near-wall turbulence [J]. AIAA Journal, 1992,30(2)：324−331.

[13] Durbin P. Near-wall turbulence closure modeling without damping function[J]. Theoretical and Computational Fluid Dyanmic, 1991,3：1−13.

[14] Suga K. Development and application of a non-linear eddy viscosity model sensitized to stress and strain invariants[D]. Manchester：University of Manchester Institute of Science and Technology, 1995.

[15] Yakhot V, Orszag S. Renormalization group analysis of turbulence I Basic[J]. Journal of Scientific Computing, 1986, 1：3−51.

[16] 周强.非线性气动弹性系统降阶模型及其应用[D].西安：西安交通大学,2017.

第5章
任意拉格朗日-欧拉流固耦合计算方法

学习要点

- 掌握：CFD/CSD 耦合计算策略与流程
- 熟悉：流固耦合界面载荷与位移交换方法方法
- 了解：ALE 方程形式与推导过程

对于流固耦合力学问题,流体流动改变固体表面压力分布,同时固体结构在分布力作用下产生响应变形,而结构变形又会使流体的流动区域和边界发生改变,从而影响流体的流动。因此从数学描述来看,流体域和结构域控制方程存在耦合变量,通常需要同时求解流体与固体的控制方程,并考虑两者的相互影响。在流体建模与计算通常采用 Euler 坐标系。在此坐标系下,描述空间离散的分布的网格单元保持不变,而流体质点在不同网格单元之间运动。而在固体结构计算过程中,大多采用 Largrange 坐标系。在此坐标系下,空间离散的网格单元跟随结构变形一起运动。本章介绍流体和固体仅在耦合界面上存在载荷和位移交换的流固耦合问题建模与求解方法。航空航天领域的气动弹性问题和工程领域很多流固耦合问题都属于此类型。对于该类流固耦合问题,本章介绍最常用的任意拉格朗日-欧拉(arbitrary Lagrangian Eulerian，ALE)贴体网格类 CFD/CSD 耦合求解方法。

5.1　任意拉格朗日-欧拉流固耦合力学方程

5.1.1　ALE 坐标体系流动控制方程

1. ALE 坐标系

流体力学中对流体建模通常采用 Euler 坐标体系,而固体力学建模中通常采用 Lagrange 坐标体系。在流固耦合计算过程中不能简单对流体或者固体套用对方坐标体系。若对固体结构采用 Euler 坐标描述,当结构产生变形时,在网格单元保持静止的情况下,原有部分边界计算区域固体介质会丢失。而有些位于边界上的固体介质会超出原有计算区域,使得坐标系无法完全描述固体结构的变形。若流体采用 Lagrange 坐标描述,流动中的剪切与涡等结构运动会使跟踪流体质点的随动网格严重扭曲,造成单元拓扑结构改变从而使得流动计算无法继续。因此最简单直观建模策略是根据固体与流体介质性质分别采用不同的坐标描述方式,即在固体区域采用 Lagrange 方法描述,在流体区域采用欧拉坐标系为主进行描述。

固体结构部分采用 Lagrange 坐标系描述时,坐标固定于每个固体质点上,当固体发生形变时,坐标系也跟随变化,如图 5.1(a)所示。流体采用 Euler 坐标系描述,坐标点固定于空间给定位置,在每个坐标点上只记录流体的速度而不区分每个流体质点,如图 5.1(b)所示。在流固耦合建模中的流体所采用的 Euler 坐标系需要进行修正。即在流动区域坐标不跟踪每个质点,但坐标位置可跟随计算区域的变化而变化,如图 5.1(c)所示。这种改进的坐标体系称为任意拉格朗日-欧拉坐标系。在 ALE 坐标系下建立的流固耦合力学方程称为流固耦合 ALE 控制方程。而本章流固耦合计算方法的主要目标就是高效高精度稳定求解流固耦合 ALE 控制方程。

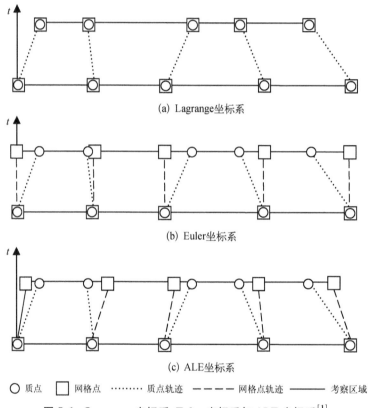

(a) Lagrange坐标系

(b) Euler坐标系

(c) ALE坐标系

○ 质点　　□ 网格点　　……… 质点轨迹　　———— 网格点轨迹　　———— 考察区域

图 5.1　Lagrange 坐标系、Euler 坐标系与 ALE 坐标系[1]

2. 非守恒形式三维可压缩 NS 方程

采用非守恒形式三维可压缩 N-S 方程描述流体的运动。根据 Euler 坐标系下流动控制方程的守恒形式,经过坐标变换可得到在 ALE 坐标系下方程的形式。设 Euler 坐标为 $x = (x_1, x_2, x_3)^T$,则 N-S 方程中所有物理量均为时间 t 和空间坐标 x 的函数。忽略物理量函数的自变量时间 t 和空间坐标 x。微分形式的非守恒流动控制方程为

$$\frac{\partial \rho}{\partial t} + v_i \frac{\partial \rho}{\partial x_i} = - \rho \frac{\partial v_i}{\partial x_i} \tag{5.1}$$

$$\rho \left(\frac{\partial v_i}{\partial t} + v_j \frac{\partial v_i}{\partial x_j} \right) = - \frac{\partial p}{\partial x_i} + \frac{\partial}{\partial x_i} \left[\mu \left(\frac{\partial v_i}{\partial x_j} + \frac{\partial v_j}{\partial x_i} \right) - \frac{2}{3} \mu \frac{\partial v_k}{\partial x_k} \delta_{ij} \right] \tag{5.2}$$

$$\rho \left(\frac{\partial E}{\partial t} + v_i \frac{\partial E}{\partial x_i} \right) = - \frac{\partial p v_i}{\partial x_i} + \frac{\partial}{\partial x_j} \left[\mu v_j \left(\frac{\partial v_i}{\partial x_j} + \frac{\partial v_j}{\partial x_i} \right) - \frac{2}{3} \mu v_j \frac{\partial v_k}{\partial x_k} \delta_{ij} \right] + \frac{\partial}{\partial x_i} \left(k \frac{\partial T}{\partial x_i} \right)$$

$$\tag{5.3}$$

式中, v 为 x_i 各个坐标方向上的速度分量; ρ 为密度; p 为压力; T 为温度; δ_{ij} 为 Kroneck 符号。假设气体满足量热完全气体的状态方程 $p = \rho R T$, 其中单位质量气体常数 $R = 287$。气体的动能与内能之和为 $E = \varepsilon + v_i v_i / 2$, 其中气体内能与温度之间的关系为 $\varepsilon = c_v T$。定容比热 $c_v = R T / (\gamma - 1)$, 比热比 $\gamma = 1.4$。动力黏性系数 μ 根据 Sutherland 公式计算 $\mu = 10^{-6} \cdot 1.45 T^{3/2} / (T + 110)$。热传导系数 $k = c_p \mu / Pr$, 其中定压比热 $c_p = \gamma R T / (\gamma - 1)$。Prandtl 数 $Pr = 0.72$。

采用有限体积方法求解流动控制方程需要用积分形式 N-S 方程。对于某控制体 V_C 将守恒型 N-S 方程在控制体上积分, 并利用 Gauss-Green 公式将体积分转化为面积分, 得到积分形式的守恒型 N-S 方程为

$$\frac{\partial}{\partial t} \int_{V_C} \rho \mathrm{d}V + \oint_{S_C} \rho v_i n_i \mathrm{d}S = 0 \tag{5.4}$$

$$\frac{\partial}{\partial t} \int_{V_C} \rho v_i \mathrm{d}V + \oint_{S_C} \rho v_i (v_j n_j) \mathrm{d}S = - \oint_{S_C} p n_i \mathrm{d}S + \oint_{S_C} \left[\mu \left(\frac{\partial v_i}{\partial x_j} + \frac{\partial v_j}{\partial x_i} \right) - \frac{2}{3} \mu \frac{\partial v_k}{\partial x_k} \delta_{ij} \right] n_j \mathrm{d}S$$

$$\tag{5.5}$$

$$\frac{\partial}{\partial t} \int_{V_C} \rho E \mathrm{d}V + \oint_{S_C} \rho E v_i n_i \mathrm{d}S = - \oint_{S_C} p v_i n_i \mathrm{d}S + \oint_{S_C} \left[\mu \left(\frac{\partial v_i}{\partial x_j} + \frac{\partial v_j}{\partial x_i} \right) - \frac{2}{3} \mu \frac{\partial v_k}{\partial x_k} \delta_{ij} \right] v_i n_j \mathrm{d}S$$

$$+ \oint_{S_C} k \frac{\partial T}{\partial x_i} n_i \mathrm{d}S \tag{5.6}$$

3. 坐标系变换

选择不同坐标系时, 随体导数的形式会发生变化。随体导数采用 ALE 坐标, 空间导数仍采用 Euler 坐标, 则可得到 ALE 方程。不失一般性用函数 $f(t, x)$ 代替前述流动控制方程(5.4)~方程(5.6)中的物理量进行讨论。设 ALE 坐标系为 $\xi = (\xi_1, \xi_2, \xi_3)^T$, Lagrange 坐标为 $X = (X_1, X_2, X_3)^T$。考虑微分形式, 将 Lagrange 坐标引入到函数 f 的 Euler 坐标中, 得到关于 Lagrange 坐标 X 的函数 f^{**}:

$$f(t, x) = f[t, x(t, X)] = f^{**}(t, X) \tag{5.7}$$

对式(5.7)中等式两边关于时间 t 和 Lagrange 坐标 X 求导, 省略自变量, 根据链式法则

可得

$$\left[\frac{\partial f^{**}}{\partial t}, \frac{\partial f^{**}}{\partial X}\right] = \left[\frac{\partial f}{\partial t}, \frac{\partial f}{\partial X}\right]\begin{bmatrix} 1 & 0 \\ \left.\dfrac{\partial x}{\partial t}\right|_X & \dfrac{\partial x}{\partial X} \end{bmatrix} \tag{5.8}$$

方程中 $\partial x / \partial t$ 为流体质点位置随时间的导数,即为流体质点的速度:

$$\left.\frac{\partial}{\partial t}x(t, X)\right|_X = v, \quad \left.\frac{\partial}{\partial t}x_i(t, X)\right|_X = v_i \tag{5.9}$$

将式(5.9)代入到式(5.8)中,并只考察函数 f^{**} 关于时间 t 的导数。对于函数 f^{**} 关于时间 t 的导数,实际上是保持所考察的质点不变,即随体导数:

$$\frac{\partial f^{**}}{\partial t} = \left.\frac{\partial f^{**}}{\partial t}\right|_X = \frac{\mathrm{d}f}{\mathrm{d}t} = \frac{\partial f}{\partial t} + v_j \frac{\partial f}{\partial x_j} \tag{5.10}$$

将 ALE 坐标 ξ 代入到函数 f 空间坐标 x 中得到关于 ξ 的函数 f^*,再将 Lagrange 坐标 X 代入到 ALE 坐标 ξ 中,得到:

$$f(t, x) = f[t, x(t, \xi)] = f^*(t, \xi) = f^{**}(t, X) \tag{5.11}$$

针对式(5.11)中的 f^* 和 f^{**} 关于时间 t 和 Lagrange 坐标求导,省略自变量得到:

$$\left[\frac{\partial f^{**}}{\partial t}, \frac{\partial f^{**}}{\partial X}\right] = \left[\frac{\partial f^{**}}{\partial t}, \frac{\partial f^{**}}{\partial \xi}\right]\begin{bmatrix} 1 & 0 \\ \left.\dfrac{\partial \xi}{\partial t}\right|_X & \dfrac{\partial \xi}{\partial X} \end{bmatrix} \tag{5.12}$$

类似地,得到随体导数在 ALE 坐标系下的表达式:

$$\frac{\mathrm{d}f}{\mathrm{d}t} = \frac{\partial f^*}{\partial t} + v_{\xi, j} \frac{\partial f^*}{\partial \xi_j} = \left.\frac{\partial f}{\partial t}\right|_\xi + v_{\xi, j} \frac{\partial f^*}{\partial \xi_j} \tag{5.13}$$

式中, $v_{\xi, j}$ 为流体质点在 ALE 坐标 ξ 下的速度,定义如下:

$$\frac{\partial \xi}{\partial t}(t, X) = v_\xi, \quad \frac{\partial \xi_i}{\partial t}(t, X) = v_{\xi, i} \tag{5.14}$$

在方程中将关于 t 的导数变为关于 x 的导数,并由此引入坐标变换矩阵 $\dfrac{\partial x}{\partial \xi}$:

$$\frac{\mathrm{d}f}{\mathrm{d}t} = \frac{\partial f^*}{\partial t} + v_{\xi, j} \frac{\partial f^*}{\partial \xi_j} = \left.\frac{\partial f}{\partial t}\right|_\xi + v_{\xi, j} \frac{\partial f^*}{\partial x_k} \cdot \frac{\partial x_k}{\partial \xi_j} \tag{5.15}$$

Euler 坐标 x 可以视为 Lagrange 坐标的函数 $x(t, X)$,也可以视为 ALE 坐标的函数 $x[t, \xi(t, X)]$。通过不同坐标系之间的 Jacobi 矩阵可以得到式中未知量的具体形式。Euler 坐标 x 中关于 Lagrange 坐标 X 的 Jacobi 矩阵,可以分解为 Euler 坐标 x 关于 ALE 坐标 X 的 Jacobi 矩阵与 ALE 坐标 ξ 关于 Lagrange 坐标 X 的 Jacobi 矩阵之间的乘积:

$$\frac{\partial(t,x)}{\partial(t,X)} = \frac{\partial(t,x)}{\partial(t,\xi)} \cdot \frac{\partial(t,\xi)}{\partial(t,X)} \qquad (5.16)$$

对应的矩阵形式为

$$\begin{bmatrix} 1 & 0 \\ \left.\frac{\partial x}{\partial t}\right|_x & \frac{\partial x}{\partial X} \end{bmatrix} = \begin{bmatrix} 1 & 0 \\ \left.\frac{\partial x}{\partial t}\right|_\xi & \frac{\partial x}{\partial \xi} \end{bmatrix} \cdot \begin{bmatrix} 1 & 0 \\ \left.\frac{\partial \xi}{\partial t}\right|_X & \frac{\partial \xi}{\partial X} \end{bmatrix} \qquad (5.17)$$

只考虑方程中的时间导数项,得

$$\left.\frac{\partial x}{\partial t}\right|_X = \left.\frac{\partial x}{\partial t}\right|_\xi + \frac{\partial x}{\partial \xi} \cdot \left.\frac{\partial \xi}{\partial t}\right|_\xi \qquad (5.18)$$

式中,在 ALE 坐标 ξ 不变的情况下,空间位置 x 的时间导数的物理意义为网格速度 v_m。

$$v_m = \left.\frac{\partial x}{\partial t}\right|_\xi \qquad (5.19)$$

将式(5.16)、式(5.17)、式(5.18)代入式(5.19)中,并移项得

$$v_\xi \cdot \frac{\partial x}{\partial \xi} = v - v_m \qquad (5.20)$$

代入到式(5.15)中得

$$\frac{\mathrm{d}f}{\mathrm{d}t} = \left.\frac{\partial f}{\partial t}\right|_\xi + (v_j - v_{m,j})\frac{\partial f}{\partial x_j} \qquad (5.21)$$

此即为在 ALE 坐标系下表示的微分形式的随体导数项。将其代入到控制方程中就可以得到微分形式的 ALE 方程。

对于 ALE 坐标系中的体积为常数的控制体 V_ξ,在 Euler 坐标下的体积 V_E 仍有可能随时间变化 $V_E(t)$。故在 Euler 坐标系下的积分形式的 N-S 方程需要考虑控制体随着坐标的变化。对于任意函数 f,考虑其在随时间变化的 Euler 坐标下的控制体 $V_E(t)$ 上的积分对于时间的导数:

$$\left.\frac{\partial}{\partial t}\int_{V_E(t)} f(t,x)\,\mathrm{d}V\right|_\xi \qquad (5.22)$$

由于积分区域随着时间变化,所以此式的积分与求导不能任意互换。为了将时间导数与积分互换,将在 x 空间的积分变换到坐标不随时间变化的 ALE 坐标系 ξ 下。在变换积分变量时,会在积分中引入积分变量之间变换的 Jacobi 矩阵:

$$\left.\frac{\partial}{\partial t}\int_{V_E(t)} f(t,x)\,\mathrm{d}V\right|_\xi = \left.\frac{\partial}{\partial t}\int_{V_E(t)} f(t,\xi)\frac{\partial x}{\partial \xi}\mathrm{d}V\right|_\xi \qquad (5.23)$$

将求导符号与积分符号互换得

$$\frac{\partial}{\partial t}\int_{V_E(t)} f(t, x)\, \mathrm{d}V \bigg|_{\xi} = \int_{V_E(t)} \frac{\partial}{\partial t} f(t, x)\bigg|_{\xi} \cdot \frac{\partial x}{\partial \xi}\mathrm{d}V + \int_{V_E(t)} f(t, x)\bigg|_{\xi} \cdot \frac{\partial}{\partial t}\frac{\partial x}{\partial \xi}\mathrm{d}V$$

$$(5.24)$$

式中,Jacobi 矩阵关于时间的导数展开后,代回到式中,可以得到积分量的时间导数:

$$
\begin{aligned}
\frac{\partial}{\partial t}\frac{\partial x}{\partial \xi}\bigg|_{\xi} &= \frac{\partial}{\partial t}\left(\frac{\partial x_1}{\partial \xi_i} \cdot \varepsilon_{ijk}\frac{\partial x_2}{\partial \xi_j}\frac{\partial x_3}{\partial \xi_k}\right)\bigg|_{\xi} \\
&= \frac{\partial}{\partial t}\frac{\partial x_1}{\partial \xi_i}\bigg|_{\xi} \cdot \varepsilon_{ijk}\frac{\partial x_2}{\partial \xi_j}\frac{\partial x_3}{\partial \xi_k} + \frac{\partial x_1}{\partial \xi_i} \cdot \varepsilon_{ijk}\frac{\partial}{\partial t}\frac{\partial x_2}{\partial \xi_j}\bigg|_{\xi}\frac{\partial x_3}{\partial \xi_k} \\
&\quad + \frac{\partial x_1}{\partial \xi_i} \cdot \varepsilon_{ijk}\frac{\partial x_2}{\partial \xi_j}\frac{\partial}{\partial t}\frac{\partial x_3}{\partial \xi_k}\bigg|_{\xi} \\
&= \frac{\partial v_{m,1}}{\partial \xi_i} \cdot \varepsilon_{ijk}\frac{\partial x_2}{\partial \xi_j}\frac{\partial x_3}{\partial \xi_k} + \frac{\partial x_1}{\partial \xi_i} \cdot \varepsilon_{ijk}\frac{\partial v_{m,2}}{\partial \xi_i}\frac{\partial x_3}{\partial \xi_k} + \frac{\partial x_1}{\partial \xi_i} \cdot \varepsilon_{ijk}\frac{\partial x_2}{\partial \xi_j}\frac{\partial v_{m,3}}{\partial \xi_i} \\
&= \frac{\partial v_{m,1}}{\partial x_i}\frac{\partial x_i}{\partial \xi_i} \cdot \varepsilon_{ijk}\frac{\partial x_2}{\partial \xi_j}\frac{\partial x_3}{\partial \xi_k} + \frac{\partial x_1}{\partial \xi_i} \cdot \varepsilon_{ijk}\frac{\partial v_{m,2}}{\partial x_i}\frac{\partial x_i}{\partial \xi_i}\frac{\partial x_3}{\partial \xi_k} \\
&\quad + \frac{\partial x_1}{\partial \xi_i} \cdot \varepsilon_{ijk}\frac{\partial x_2}{\partial \xi_j}\frac{\partial v_{m,3}}{\partial x_i}\frac{\partial x_i}{\partial \xi_i} \\
&= \frac{\partial v_{m,1}}{\partial x_i}\left(\frac{\partial x_i}{\partial \xi_i} \cdot \varepsilon_{ijk}\frac{\partial x_2}{\partial \xi_j}\frac{\partial x_3}{\partial \xi_k}\right) + \frac{\partial v_{m,2}}{\partial x_i}\left(\frac{\partial x_1}{\partial \xi_i} \cdot \varepsilon_{ijk}\frac{\partial x_i}{\partial \xi_i}\frac{\partial x_3}{\partial \xi_k}\right) \\
&\quad + \frac{\partial v_{m,3}}{\partial x_i}\left(\frac{\partial x_1}{\partial \xi_i} \cdot \varepsilon_{ijk}\frac{\partial x_2}{\partial \xi_j}\frac{\partial x_i}{\partial \xi_i}\right)
\end{aligned}
$$

$$(5.25)$$

式中,坐标 x 关于时间的导数用到了式(5.15)。根据行列式的定义,有

$$
\begin{cases}
\dfrac{\partial x_2}{\partial \xi_i} \cdot \varepsilon_{ijk}\dfrac{\partial x_2}{\partial \xi_j}\dfrac{\partial x_3}{\partial \xi_k} = \dfrac{\partial x_3}{\partial \xi_i} \cdot \varepsilon_{ijk}\dfrac{\partial x_2}{\partial \xi_j}\dfrac{\partial x_3}{\partial \xi_k} = 0 \\[2mm]
\dfrac{\partial x_1}{\partial \xi_i} \cdot \varepsilon_{ijk}\dfrac{\partial x_1}{\partial \xi_j}\dfrac{\partial x_3}{\partial \xi_k} = \dfrac{\partial x_1}{\partial \xi_i} \cdot \varepsilon_{ijk}\dfrac{\partial x_3}{\partial \xi_j}\dfrac{\partial x_3}{\partial \xi_k} = 0 \\[2mm]
\dfrac{\partial x_1}{\partial \xi_i} \cdot \varepsilon_{ijk}\dfrac{\partial x_2}{\partial \xi_j}\dfrac{\partial x_1}{\partial \xi_k} = \dfrac{\partial x_1}{\partial \xi_i} \cdot \varepsilon_{ijk}\dfrac{\partial x_2}{\partial \xi_j}\dfrac{\partial x_2}{\partial \xi_k} = 0
\end{cases}
$$

$$(5.26)$$

将式(5.26)代入到式(5.25)中得

$$
\begin{aligned}
\frac{\partial}{\partial t}\frac{\partial x}{\partial \xi}\bigg|_{\xi} &= \frac{\partial v_{m,1}}{\partial x_i}\left(\frac{\partial x_i}{\partial \xi_i} \cdot \varepsilon_{ijk}\frac{\partial x_2}{\partial \xi_j}\frac{\partial x_3}{\partial \xi_k}\right) + \frac{\partial v_{m,2}}{\partial x_i}\left(\frac{\partial x_1}{\partial \xi_i} \cdot \varepsilon_{ijk}\frac{\partial x_i}{\partial \xi_i}\frac{\partial x_3}{\partial \xi_k}\right) \\
&\quad + \frac{\partial v_{m,3}}{\partial x_i}\left(\frac{\partial x_1}{\partial \xi_i} \cdot \varepsilon_{ijk}\frac{\partial x_2}{\partial \xi_j}\frac{\partial x_i}{\partial \xi_i}\right)
\end{aligned}
$$

$$= \frac{\partial v_{m,l}}{\partial x_l} \left(\frac{\partial x_1}{\partial \xi_i} \cdot \varepsilon_{ijk} \frac{\partial x_2}{\partial \xi_j} \frac{\partial x_3}{\partial \xi_k} \right)$$

$$= (\nabla \cdot v_m) \frac{\partial x}{\partial \xi} \tag{5.27}$$

将式(5.27)代入到积分的时间导数式(5.23)中得到：

$$\frac{\partial}{\partial t} \int_{V_E(t)} f(t,x) \, \mathrm{d}V \bigg|_{\xi} = \int_{V_E(t)} \frac{\partial}{\partial t} f(t,x) \bigg|_{\xi} \cdot \frac{\partial x}{\partial \xi} \mathrm{d}V + \int_{V_E(t)} f(t,x) \bigg|_{\xi} \cdot (\nabla \cdot v_m) \frac{\partial x}{\partial \xi} \mathrm{d}V \tag{5.28}$$

根据随体导数表达式(5.15)得到 ALE 坐标系下时间导数 $\dfrac{\partial f}{\partial t} \bigg|_{\xi}$ 和 Euler 坐标系下时间

$\dfrac{\partial f}{\partial t}$ 导数之间的关系：

$$\frac{\mathrm{d}f}{\mathrm{d}t} = \frac{\partial f}{\partial t}\bigg|_{\xi} + (v_j - v_{m,j}) \frac{\partial f}{\partial x_j} = \frac{\partial f}{\partial t} + v_j \frac{\partial f}{\partial x_j} \Rightarrow \frac{\partial f}{\partial t}\bigg|_{\xi} = \frac{\partial f}{\partial t} + v_{m,j} \frac{\partial f}{\partial x_j} \tag{5.29}$$

将其代入到式(5.28)中，再将积分变量从 ξ 变换到 x 中，可以去掉式中的 Jacobi 矩阵并利用 Gauss - Green 公式，得到在坐标 ξ 下积分形式导数：

$$\frac{\partial}{\partial t} \int_{V_E(t)} f(t,x) \, \mathrm{d}V \bigg|_{\xi}$$

$$= \int_{V_\xi(t)} \frac{\partial}{\partial t} f(t,x) \cdot \frac{\partial x}{\partial \xi} \mathrm{d}V + \int_{V_\xi(t)} \{ v_m [\nabla f(t,\xi)] + f(t,\xi)(\nabla \cdot v_m) \} \cdot \frac{\partial x}{\partial \xi} \mathrm{d}V$$

$$= \int_{V_E(t)} \frac{\partial}{\partial t} f(t,x) \mathrm{d}V + \int_{V_E(t)} \nabla \cdot [v_m f(t,\xi)] \mathrm{d}V$$

$$= \int_{V_E(t)} \frac{\partial}{\partial t} f(t,x) \mathrm{d}V + \oint_{S_E} f(t,x)(v_m \cdot n) \mathrm{d}V \tag{5.30}$$

式中，等式中的 S_E 为控制体 V_E 的表面；n 为控制体表面的单位法向方向。

4. 任意拉格朗日-欧拉流动控制方程

如前所述，将微分形式的随体导数式代入方程式(5.4)~式(5.6)中可以得到微分形式的非守恒形式的 ALE 流动控制方程：

$$\frac{\partial \rho}{\partial t}\bigg|_{\xi} + (v_i - v_{m,i}) \frac{\partial \rho}{\partial x_i} = -\rho \frac{\partial v_i}{\partial x_i} \tag{5.31}$$

$$\rho \left[\frac{\partial v_i}{\partial t}\bigg|_{\xi} + (v_j - v_{m,j}) \frac{\partial v_i}{\partial x_j} \right] = -\frac{\partial p}{\partial x_i} + \frac{\partial}{\partial x_i} \left[\mu \left(\frac{\partial v_i}{\partial x_j} + \frac{\partial v_j}{\partial x_i} \right) - \frac{2}{3} \mu \frac{\partial v_k}{\partial x_k} \delta_{ij} \right] \tag{5.32}$$

$$\rho\left[\left.\frac{\partial E}{\partial t}\right|_{\xi} + (v_i - v_{m,i})\frac{\partial E}{\partial x_i}\right] = -\frac{\partial pv_i}{\partial x_i} + \frac{\partial}{\partial x_j}\left[\mu v_j\left(\frac{\partial v_i}{\partial x_j} + \frac{\partial v_j}{\partial x_i}\right) - \frac{2}{3}\mu v_j\frac{\partial v_k}{\partial x_k}\delta_{ij}\right]$$
$$+ \frac{\partial}{\partial x_i}\left[k\frac{\partial T}{\partial x_i}\right] \tag{5.33}$$

将式(5.30)中的函数 f 替换为密度 ρ、动量 ρv_i、能量 ρE 等守恒变量,可得到在运动参考系下控制体上的积分对时间导数,式(5.30)右端包含守恒变量的时间导数。再通过 Euler 坐标下的时间导数 $\partial f/\partial t = -\nabla(v_f) + S_{\text{source}}$,进而得到积分形式的 ALE 方程:

$$\left.\frac{\partial}{\partial t}\int_{V_E}\rho dV\right|_{\xi} + \oint_{S_E(t)}\rho(v_i - v_{m,i})n_i dS = 0 \tag{5.34}$$

$$\left.\frac{\partial}{\partial t}\int_{V_E}\rho v_i dV\right|_{\xi} + \oint_{S_E(t)}\rho v_i(v_j - v_{m,j})n_j dS$$
$$= -\oint_{S_E(t)}pn_i dS + \oint_{S_E(t)}\left[\mu\left(\frac{\partial v_i}{\partial x_j} + \frac{\partial v_j}{\partial x_i}\right) - \frac{2}{3}\mu\frac{\partial v_k}{\partial x_k}\delta_{ij}\right]n_j dS \tag{5.35}$$

$$\left.\frac{\partial}{\partial t}\int_{V_E}\rho E dV\right|_{\xi} + \oint_{S_E(t)}\rho E(v_j - v_{m,j})n_j dS$$
$$= -\oint_{S_E(t)}pv_i n_i dS + \oint_{S_E(t)}\left[\mu\left(\frac{\partial v_i}{\partial x_j} + \frac{\partial v_j}{\partial x_i}\right) - \frac{2}{3}\mu\frac{\partial v_k}{\partial x_k}\delta_{ij}\right]v_i n_j dS + \oint_{S_E(t)}k\frac{\partial T}{\partial x_i}n_i dS$$
$$\tag{5.36}$$

上述积分形式的 ALE 方程式(5.34)~式(5.36)表明,对于给定的控制体,在其中物理量的体积分随时间的变化只与该时刻的 Euler 坐标系的空间导数有关,空间导数不需要考虑坐标随时间的变化,坐标随时间变化带来的效果包含在了网格速度 v_m 中。若将微分形式的 ALE 方程写为守恒形式,得到的方程会多出网格速度的梯度项 $f\nabla\cdot v_m$($f = \rho$,ρv_i,ρE;$\nabla\cdot v_m$ 表示梯度)。这一项由控制体随时间的变化引起。

$$\left.\frac{\partial\rho}{\partial t}\right|_{\xi} + \frac{\partial\rho(v_i - v_{m,i})}{\partial x_i} + \rho\frac{\partial v_{m,i}}{\partial x_i} = 0 \tag{5.37}$$

$$\left.\frac{\partial\rho v_i}{\partial t}\right|_{\xi} + \frac{\partial\rho v_i(v_j - v_{m,j})}{\partial x_j} + \rho v_i\frac{\partial v_{m,j}}{\partial x_j} = -\frac{\partial p}{\partial x_i} + \frac{\partial}{\partial x_i}\left[\mu\left(\frac{\partial v_i}{\partial x_j} + \frac{\partial v_j}{\partial x_i}\right) - \frac{2}{3}\mu\frac{\partial v_k}{\partial x_k}\delta_{ij}\right]$$
$$\tag{5.38}$$

$$\left.\frac{\partial\rho E}{\partial t}\right|_{\xi} + \frac{\partial\rho E(v_i - v_{m,i})}{\partial x_i} + \rho E\frac{\partial v_{m,i}}{\partial x_i} = -\frac{\partial pv_i}{\partial x_i} + \frac{\partial}{\partial x_j}\left[\mu v_j\left(\frac{\partial v_i}{\partial x_j} + \frac{\partial v_j}{\partial x_i}\right) - \frac{2}{3}\mu v_j\frac{\partial v_k}{\partial x_k}\delta_{ij}\right]$$
$$+ \frac{\partial}{\partial x_i}\left(k\frac{\partial T}{\partial x_i}\right) \tag{5.39}$$

5.1.2　运动坐标系下的湍流模型

前面得到的 ALE 方程可以用于考察参考系变化时流体的运动,即计算网格运动情况下的流体输运特性。在雷诺数较高时,流动会发展为湍流,此时需要分辨的流动结构尺度极为丰富,模拟所有的湍流尺度所需要的计算量和存储量较大。在大多数典型气动弹性问题中,固体的响应只和低频模态运动有关,湍流中的小尺度脉动较难引起结构的气动弹性发散。对于此类流固耦合问题,可以采用雷诺平均 N－S(Reynolds averaged N－S,RANS)方程计算流场平均量的变化,这样可以节省计算量。

对积分形式 ALE 方程进行雷诺平均可以得到 RANS 方程。但是此时由于密度变化,使得雷诺平均中速度与密度、内能与密度之间耦合。对于密度变化 ρ' 远小于密度平均值 $\bar{\rho}$ 时,即 $\rho' \ll \bar{\rho}$,可以将密度的雷诺平均与其他物理量的雷诺平均相互解耦。这包括不可压缩流动的情况,或者马赫数小于 5 的可压缩边界层流动的情况。但是,对于自由剪切流动或热传导流动等密度波动较大的流动,需要考虑速度与密度、内能与密度之间的耦合效应。为了将平均压力与其他物理量解耦,对 ALE 方程进行 Favre 平均。对于某物理量 f,其 Favre 平均的表达式为

$$\tilde{f} = \frac{1}{\rho} \lim_{T \to \infty} \int_t^{t+T} \rho f \mathrm{d}t \tag{5.40}$$

将积分形式的 ALE 方程中的物理量分解为 Favre 平均量 $\tilde{f}$ 与相对应的脉动量 f'' 之和,再对方程进行 Favre 平均,并交换积分顺序,可得积分形式的 RANS 方程:

$$\frac{\partial}{\partial t} \int_{V_E} \bar{\rho} \mathrm{d}V \Big|_{\xi} + \oint_{S_E(t)} \bar{\rho}(\tilde{v}_i - v_{m,i}) n_i \mathrm{d}S = 0 \tag{5.41}$$

$$\frac{\partial}{\partial t} \int_{V_E} \bar{\rho}\, \tilde{v}_i \mathrm{d}V \Big|_{\xi} + \oint_{S_E(t)} \bar{\rho}\, \tilde{v}_i(\tilde{v}_j - v_{m,j}) n_j \mathrm{d}S$$

$$= - \oint_{S_E(t)} \tilde{p} n_i \mathrm{d}S + \oint_{S_E(t)} \left[\tilde{\mu}\left(\frac{\partial \tilde{v}_i}{\partial x_j} + \frac{\partial \tilde{v}_j}{\partial x_i} \right) - \frac{2}{3}\tilde{\mu} \frac{\partial \tilde{v}_k}{\partial x_k}\delta_{ij} + \tilde{\tau}_{ij}^{\mathrm{T}} \right] n_j \mathrm{d}S \tag{5.42}$$

$$\frac{\partial}{\partial t} \int_{V_E} \bar{\rho}\tilde{E}_T \mathrm{d}V \Big|_{\xi} + \oint_{S_E(t)} \bar{\rho}\tilde{E}_T(\tilde{v}_j - v_{m,j}) n_j \mathrm{d}S$$

$$= - \oint_{S_E(t)} \tilde{p}\, \tilde{v}_i n_i \mathrm{d}S + \oint_{S_E(t)} \left[\tilde{\mu}\left(\frac{\partial \tilde{v}_i}{\partial x_j} + \frac{\partial \tilde{v}_j}{\partial x_i} \right) - \frac{2}{3}\tilde{\mu} \frac{\partial \tilde{v}_k}{\partial x_k}\delta_{ij} + \tilde{\tau}_{ij}^{\mathrm{T}} \right] \tilde{v}_i n_j \mathrm{d}S$$

$$+ \oint_{S_E(t)} \left(k \frac{\partial \tilde{T}}{\partial x_i} - \overline{\rho v_i'' h''} + \widetilde{\tau_{ij} v_j''} - \overline{\rho v_i'' K_T} \right) n_i \mathrm{d}S \tag{5.43}$$

式中,$\tilde{\tau}_{ij}^{\mathrm{T}}$ 为湍流应力项,由速度的脉动量的 Favre 平均引起表达式为

$$\tilde{\tau}_{ij}^{\mathrm{T}} = - \bar{\rho}\widetilde{v_i'' v_j''} \tag{5.44}$$

K_T 为湍流动能,为

$$K_T = \frac{1}{2} v_i'' v_j'' \tag{5.45}$$

$\tilde{E}_T$ 为湍流流动的气体总能量,为

$$\tilde{E}_T = \bar{\rho}\tilde{\varepsilon} + \frac{1}{2}\bar{\rho}\tilde{v}_i\tilde{v}_j + \bar{\rho}\tilde{K}_T \tag{5.46}$$

τ_{ij} 为黏性应力张量,为

$$\tau_{ij} = \mu\left(\frac{\partial v_i}{\partial x_j} + \frac{\partial v_j}{\partial x_i}\right) - \frac{2}{3}\mu\frac{\partial v_k}{\partial x_k}\delta_{ij} \tag{5.47}$$

此外,$\widetilde{\tau_{ij}v_j''}$ 表示湍流动能 K_T 的分子扩散,$\overline{\rho v_i'' K_T}$ 表示湍流动能由湍流脉动的输运,这两项通常可以忽略[2]。湍流应力项 $\tilde{\tau}_{ij}^{\rm T}$ 和焓的湍流输运项 $\frac{\partial}{\partial t}\left[\int_{V_E(t)} f(t,x)\,{\rm d}V\Big|_\xi\right]$ 为脉动量乘积的 Favre 平均,不能由平均量直接表示,需要针对这两项进行建模。

根据涡黏性模型假设,湍流应力与湍流平均流动应力成正比,比例系数为涡黏性系数 μ_T,即

$$\tilde{\tau}_{ij}^{\rm T} = -\bar{\rho}\widetilde{v_i''v_j''} = \mu_T\left(\frac{\partial\tilde{v}_i}{\partial x_j} + \frac{\partial\tilde{v}_j}{\partial x_i}\right) - \frac{2}{3}\mu_T\frac{\partial\tilde{v}_k}{\partial x_k}\delta_{ij} - \frac{2}{3}\bar{\rho}\tilde{K}_T\delta_{ij} \tag{5.48}$$

式(5.48)中包含湍流动能 K_T 的最后一项 $2/3\bar{\rho}\tilde{K}_T\delta_{ij}$ 在较简单的湍流模型中可以忽略,如代数模型。同样,对于焓的湍流输运项 $\bar{\rho}\widetilde{v_i''h''}$,在涡黏性模型假设下,其大小与平均温度梯度成正比,比例系数为湍流热传导系数 k_T,即

$$\bar{\rho}\widetilde{v_i''h''} = -k_T\frac{\partial\tilde{T}}{\partial x_i} \tag{5.49}$$

式(5.49)中的湍流热传导系数 k_T 可以通过湍流黏性系数 μ_T 得到

$$k_T = c_p\frac{\mu_T}{Pr_T} \tag{5.50}$$

等式(5.50)中 Pr_T 为湍流 Prandtl 数。对于空气通常可取 0.9。

这里采用 Spalart 和 Allmaras[2] 通过归纳总结边界层、混合层等多种剪切湍流中 Reynolds 应力 $\tilde{\tau}_{ij}^{\rm T}$ 与涡黏系数 μ_T 之间的关系,发展起来的 Spalart-Allmaras(S-A)一方程湍流模型。它描述了运动涡黏性系数 ν_T 在空间的输运过程,模型中包含了边界层湍流、自由剪切湍流,以及流动分离等对运动学涡黏性系数 ν_T 的影响。在得到运动涡黏性系数 ν_T 后。湍流动力涡黏性系数 μ_T 可取作

$$\mu_T = f_{v1}\bar{\rho}\nu_T \tag{5.51}$$

式中,系数 f_{v_1} 通过模型中的计算得到。模型的表达式为

$$\frac{\partial}{\partial t}\int_{V_E}\nu_T dV\Big|_{\xi}+\oint_{S_E}\nu_T(\tilde{v}_i-v_{m,i})n_i dS=C_{b1}\int_{V_E}(1-f_{t2})\overline{S}_{S-A}\nu_T+\frac{f_{t2}}{\kappa_{S-A}}\left(\frac{\nu_T}{d_{S-A}}\right)^2 dV$$

$$-C_{w1}\int_{V_E}f_w\left(\frac{\nu_T}{d_{S-A}}\right)^2 dV+\frac{1}{\sigma_{S-A}}\left\{\oint_{S_E}\left[(\nu+\nu_T)\frac{\partial\nu_T}{\partial x_i}\right]n_i dS+C_{b1}\int_{V_E}\frac{\partial\nu_T}{\partial x_i}\cdot\frac{\partial\nu_T}{\partial x_i}dV\right\} \tag{5.52}$$

式中, f_{v1} 表示流场中考察点距离壁面的最小距离。模型参数的表达式分别为

$$f_{v1}=\frac{\chi_{S-A}^3}{\chi_{S-A}^3+C_{v1}^3}\ ,\ f_{v2}=g_{S-A}\left(\frac{1+C_{w3}^6}{g_{S-A}^6+C_{w3}^6}\right)^{\frac{1}{6}} \tag{5.53}$$

$$f_{t2}=C_{t3}\exp(-C_{t4}\chi_{S-A}^2)\ ,\ f_w=g_{S-A}\left(\frac{1+C_{w3}^6}{g_{S-A}^6+C_{w3}^6}\right)^{\frac{1}{6}} \tag{5.54}$$

式中,

$$\chi_{S-A}=\frac{\nu_T}{\nu}\ ,\ S_{S-A}=|\omega|+\frac{\nu_T}{\kappa_{S-A}^2 d_{S-A}^2}f_{v2} \tag{5.55}$$

$$r_{S-A}=\frac{\nu_T}{S_{S-A}\kappa_{S-A}^2 d_{S-A}^2} \tag{5.56}$$

$$g_{S-A}=r_{S-A}+C_{w2}(r_{S-A}^6+r_{S-A}) \tag{5.57}$$

ω 为旋度向量。表达式中的系数分别如表 5.1 所示。

表 5.1　S-A 模型系数

C_{b1}	C_{b2}	C_{t3}	C_{t4}	C_{v1}	C_{w1}	C_{w3}	C_{w4}	σ_{SA}	κ_{SA}
0.133 5	0.622	1.2	0.5	7.1	$\frac{C_{b1}}{\kappa_{S-A}^2}+\frac{1+C_{v2}}{\sigma_{S-A}}$	0.3	2.0	2/3	0.41

5.1.3　固体运动控制方程

固体结构采用 Lagrange 坐标系描述,未知量为每个固体质点的位置。采用第二章介绍的方法,对固体结构连续方程进行有限元离散,便可得到结构力学控制方程。结构力学方程中的未知量为有限元网格上所有节点的位置。在三维空间中的节点, z 由节点上的每一维的坐标组成:

$$z=(X_{1,1},X_{1,2},X_{1,3},X_{2,1},X_{2,2},X_{2,3},\cdots,X_{N,1},X_{N,2},X_{N,3})^T \tag{5.58}$$

式中,上标表示固体节点编号,下标表示空间方向编号。对固体进行有限元分析的过程中,分别得到结构力学方程中的质量矩阵 M、阻尼矩阵 C 和刚度矩阵 K,方程的表达式为

$$M\ddot{z} + C\dot{z} + Kz = F \tag{5.59}$$

式中,向量 F 为每一个节点上受到的集中力组成的向量,上标一点"·"表示对时间求一次导数,上标两点"··"表示对时间求两次导数,质量矩阵 M 与刚度矩阵 K 为对称矩阵。对于结构静力学问题,方程(5.59)中左边第一项和第二项为零,即

$$Kz = F \tag{5.60}$$

结构有限元方程(5.58)中的矩阵包含非对角元素,求解过程中若考虑所有的信息,所需要的存储量和计算量与节点数目的平方成正比。当节点数目增加时,存储量和计算量会急剧增加。在结构动力学方程中,阻尼矩阵较难通过计算直接得到,实验测量需要对实物模型进行,无法对计算模型进行分析。阻尼矩阵对振动起到了稳定的作用,为了计算简便,得到较保守的结果,可以忽略方程中的阻尼矩阵,即

$$M\ddot{z} + Kz = F \tag{5.61}$$

为求解该常微分方程组需要将未知量做变换,使其解耦,也就是使得方程中的质量矩阵和刚度矩阵对角化。将方程两边同时乘以质量矩阵的逆 M^{-1} 得

$$\ddot{z} + M^{-1}Kz = M^{-1}F \tag{5.62}$$

对于结构动力学问题,当结构振动过程中,频率较低的振动模态比频率较高的振动模态更容易被激发,高频模态的振动幅度相对于低频振动可以忽略。为了简化计算,在线性结构动力学方程中通常只考虑前几阶模态,采用振形叠加法进行结构方程求解,对整体计算结果影响很小。当然对于非线性结构力学方程,可以直接采用有限元直接数值积分求解。

设质量正规化模态组成的矩阵记为 $\psi = \{\psi_1, \psi_2, \cdots, \psi_n\}$。 质量正规化模态矩阵 ψ 可以将质量矩阵正规化:

$$\psi^{\mathrm{T}}M\psi = I \tag{5.63}$$

质量正规化模态组成的矩阵 ψ 为满秩矩阵,也就是各个模态之间线性无关,从而节点空间位置 z 可以表示为模态的线性组合。空间位置在模态方向上的投影为模态坐标 $z^{\psi} = \{z_1^{\psi}, z_2^{\psi}, \cdots, z_n^{\psi}\}$。

$$z = \psi z^{\psi} \tag{5.64}$$

将式(5.64)代入到方程(5.62)中,并将方程两边同时乘以模态矩阵的转置 ψ^{T},可以得到关于模态坐标的结构动力学方程为

$$\ddot{z}^{\psi} + \Omega^{W} z^{\psi} = F^{\psi} \tag{5.65}$$

式中, Ω^{W} 为模态特征值组成的对角阵。F^{ψ} 为模态力,其表达式为

$$F^{\psi} = \psi^{\mathrm{T}}F \tag{5.66}$$

将流体力学计算得到的流体边界上的分布压力通过乘以流体控制体表面积并求和,从而得到节点集中力 F。 再通过式(5.66)将作用在固体表面的流体节点载荷转化为模态力,

就可以求解式(5.65)得到模态坐标,再通过式(5.64)就得到节点的物理位移。有了节点位移 z 就可以确定 ALE 流动控制方程的物面边界条件。

5.2　CFD/CSD 耦合求解策略与流程

5.2.1　流固耦合计算的耦合策略

流固耦合计算过程中,结构变形依赖作为输入条件的气动力,而气动力的计算依赖作为边界条件的结构变形。求解器中流体变量和固体变量之间的耦合粒度、数据交换时机和频率称为流固耦合计算策略。目前流固耦合计算策略主要包括全耦合和分区耦合两种,其中分区耦合又包括松耦合策略和紧耦合策略两种[1-3]。

1. 全耦合策略

全耦合策略是最严谨最直接的做法。全耦合将流体和固体介质在连续介质力学理论框架内采用统一控制方程进行描述,同时对包含流体变量和固体变量的控制方程矩阵直接求解。设全耦合系统解矢量表示为 $U = (X_f,\ X_s)^{\mathrm{T}}$,其中 X_f 和 X_s 分别表示流体和结构子系统解矢量,则连续介质力学框架下的流固耦合力学方程在形式上可以表示为

$$\begin{cases} F(U) = \begin{bmatrix} F_f[X_f,\ u_s(X_s)] \\ F_s[X_s,\ \sigma_f(X_f)] \end{bmatrix} = 0 \\ \dfrac{\partial X_f}{\partial t} = \dfrac{\partial X_s}{\partial t},\ X_f = X_s,\ \sigma_s \cdot n = -pn \end{cases} \tag{5.67}$$

式中,流体子统关联项 $u_s(X_s)$ 与耦合界面上结构位移 u_s 直接影响,结构子系统关联项 $\sigma_f(X_f)$ 受到耦合界面上流体应力 σ_f 的影响。式(5.67)中第二个式子表示在耦合界面上满足连续性条件和法向力平衡条件。直接求解全耦合方程(5.67)的全耦合流程示意图如图 5.2 所示。全耦合意味着在同一个空间域和时间域直接求解流固耦合系统连续介质力学控制方程,无须不同网格体系直接信息转换,并能自动满足流固耦合界面上的应力和应变协调条件。

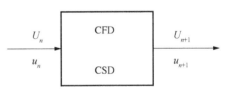

图 5.2　全耦合流程示意图

全耦合求解方法数学理论严谨、精度高。但是针对特定问题需要重新构造流固耦合系统控制方程。该全耦合方程非线性度强、迭代算法构造难度大,求解器需要重写且通用性和适应性差,无法继承已经在工程上广泛使用并大量验证的通用流体求解器和结构求解器代码。全耦合求解算法设计目前仍然是学术研究热点和难点,在应用上仍限于一些相对简单的特定二维流固耦合问题。

2. 松耦合策略

1) 经典松耦合策略

最简单最直接的分区耦合策略为松耦合策略。松耦合策略是最早发展起且仍然是目

前应用最为广泛的流固耦合计算策略。在分区耦合求解方法中,由于流体与固体的计算采用不同的控制方程求解,没有形成统一的系统矩阵,所以这两部分的计算结果不能同时获得。在计算过程中,需要先得到一部分区域的结果,然后再根据这部分区域结果进行另一部分区域的计算。因此松耦合策略基本思想是在时间推进开始时,首先根据前一个时间步得到的气动力获得当前时间步上的固体变形,再根据当前时间步上的固体变形得到当前时间步的气动载荷,通过交错求解最终获得流固耦合协调解。经典松耦合策略流程如图5.3所示。

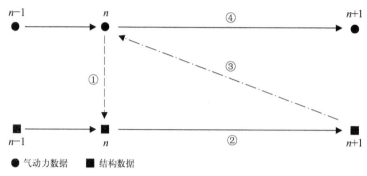

图 5.3 松耦合迭代示意图

松耦合策略具体算法求解过程如下:

(1)假设 $n-1$ 时刻流体和结构状态已知,流动推进一个时间步获得 n 时刻流动状态;结构推进一个时间步获得 n 时刻的结构状态;

(2)将 n 时刻流体载荷转换到 n 时刻结构子系统上,结构子系统推进一个时间步获得 $n+1$ 时刻的结构状态量;

(3)将 $n+1$ 时刻结构位移插值作为 n 时刻流体子系统边界,并利用动网格技术更新流体网;

(4)将 n 时刻流体子系统推进一个时间步获得 $n+1$ 时刻流体子系统状态;

(5)转到第(2)步进入下一个循环直到迭代过程结束。

从上面算法过程可以看到,松耦合方法采用交替时间推进求解流场和结构状态,在流场和结构求解一个时间步推进后进行各场之间的数据交换。在整个交替求解过程中,气动迭代过程不会引起额外结构计算量,结构迭代过程中也不产生额外气动计算量。流体和结构子系统耦合边界上的应力应变协调完全通过二者之间数据交换来保证。松耦合方法最大优点在于最大限度地保留了流体和固体两个求解器直接的独立性,能充分复用现有成熟工业代码,只需要新开发不同求解器直接的数据交换模块即可。因此松耦合策略在工程问题应用中获得了广泛应用。

但是也可以发现,图5.3所示的松耦合求解过程中流场求解滞后结构一个时间步,无法实现耦合界面应力应变协调条件动态平衡。现有研究已经证明这会导致最常采用的二阶精度龙格-库塔求解器退化为一阶精度,从而也整个导致耦合算法时间精度仅为一阶[2]。也就是说,结构时间推进一步后有时候并不能反映真实的固体变形,有可能会给气动力计算带来一定误差,同时也限制了算法稳定性范围。尽管可以采用更小的时间推进步长来提高算法稳定性和模拟精度,但也大大增加了计算时间失去了松耦合算法计算高效的特点。

2)改进的松耦合策略

在 CFD/CSD 松耦合求解过程中,CFD 求解器可以采用显式和隐式求解算法,CSD 求解器也可以采用显式和隐式求解算法。因此理论上可以组合成四种求解策略。但是对于在 CFD/CSD 耦合时间推进过程中,往往 CFD 求解器占据大部分计算时间。考虑到流动计算稳定性限制和希望采用较大时间步长,通常 CFD 求解模块优先选择隐式求解器。隐式 CFD 求解器在求解当前时刻气动力时需要基于当前时刻的网格状态,因此就需要知道当前时刻的结构参数。根据所选取的求解方法不同可以构造多种松耦合迭代过程,从而为进一步改进并提升松耦合方法精度提供了机会。

在图 5.3 所示经典松耦合迭代过程中,在结构时间推进过程仅仅与流场进行了一次数据交换,也就是在当前结构时间步推进过程中流动载荷假定保持不变。失去了预测-校正过程的标准龙格库塔法退化为了一阶精度。如果能在经典松耦合算法的每一个物理时间推进步中加入不同次数流体和结构,子系统之间的数据交换就有可能发展多做改进的松耦合迭代格式。其中采用预估-校正迭代过程来改善气动力与固体变形的计算结果就是最典型的一种松耦合改进算法。预估-校正算法首先根据上一步计算结果得到的气动力预估固体变形的中间状态,然后再根据固体变形的中间状态得到新的气动力,再用气动力数据校正固体变形的中间状态。一种典型的预测-校正松耦合迭代流程如图 5.4 所示。具体算法流程如下:

(1)假设 $n-1$ 时刻流体和结构状态已知,流动推进一个时间步获得 n 时刻流动状态;结构推进一个时间步获得 n 时刻的结构状态;

(2)将 n 时刻流体载荷转换到 n 时刻结构子系统上,结构子系统推进 $1/2$ 个时间步获得 $n+1/2$ 时刻的中间结构状态量;

(3)将 $n+1/2$ 时刻结构位移插值作为 n 时刻流体子系统边界,并利用动网格技术更新流体网;

(4)将 n 时刻流体子系统推进一个时间步获得 $n+1$ 时刻流体子系统状态;

(5)将 $n+1$ 时刻流体载荷转换到 $n+1/2$ 时刻结构子系统上,将结构子系统推进 $1/2$ 个时间步获得 $n+1$ 时刻结构状态变量;

(6)转到第(2)步进入下一个循环直到迭代过程结束。

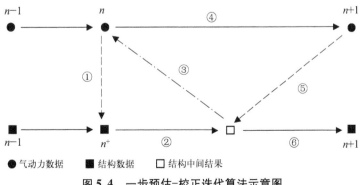

图 5.4　一步预估-校正迭代算法示意图

该预测-校正迭代算法实际上是在精度松耦合算法的当前结构推进过程中加入了一次半个时间步长预测-校正过程,从而使得结构求解精度有所提升最终提升整个改进松耦合过程的时间精度提高到二阶精度[4,5]。通过引入不同的预测-校正步数和数据交换时机,目前已经提出了多种隐式CFD求解器和显式/隐式结构求解器组合的二阶时间精度的改进松耦合算法[1,2]。关于改进的松耦合迭代格式为二阶时间精度的详细证明请参见相关文献[4,5],这里不再予以详细证明。

3. 紧耦合策略

上述通过引入一步预测-校正过程改进的松耦合策略通常也称之为预测-校正松耦合策略。如果在流体和结构一个物理时间推进步过程中引入多个交替预测-校正子迭代过程,就形成了所谓的紧耦合方法。紧耦合策略是在双时间步方法求解非定常流场的基础上,在每个物理时间步内对流场和结构进行多次数据交换。通过一个物理时间步类的多次数据交换来消除流场与结构信息交换的不同步问题,从而提高流固耦合计算的精度。根据预估-校正迭代算法框架通过加入更多中间迭代步就可以形成不同的紧耦合迭代格式,如图5.5所示。具体算法流程如下:

(1)假设 $n-1$ 时刻流体和结构状态已知,流动推进一个时间步获得 n 时刻流动状态;结构推进一个时间步获得 n 时刻的结构状态;

(2)将 n 时刻流体载荷转换到 n 时刻结构子系统上,结构子系统推进 $1/k$ 个时间步(k 为预先设定子迭代步数)获得 $n+1/k$ 时刻的中间结构状态量;

(3)将 $n+1/k$ 时刻结构位移插值作为 n 时刻流体子系统边界,并利用动网格技术更新流体网;

(4)将 n 时刻流体子系统推进一个时间步获得 $n+1/k$ 时刻流体子系统状态;

(5)将 $n+1/k$ 时刻流体载荷转换到 $n+1/k$ 时刻结构子系统上,将结构子系统推进 $1/k$ 个时间步获得 $n+2/k$ 时刻结构状态变量;

(6)反复执行 k 次子迭代过程直到获得 $n+1$ 时刻流体状态,完成当前物理时间步迭代计算;再返回(2)循环推进下一个物理时间步,直到达到收敛条件。

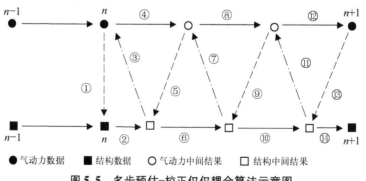

图5.5 多步预估-校正仅仅耦合算法示意图

从图5.5可以看出这种策略类似于非定常流动求解中的伪时间子迭代步。迭代步数越多,结构求解次数就越多,计算耗时也就越长。这种紧耦合迭代格式被证明能达到二阶时间精度[4,5],可以取得比较大的物理时间步长。但是由于一个物理时间步中的伪时间子迭代步也会消耗大量计算时间,很多实际算例测试结果表明其计算效率与松耦合方法并不一定会有显著提升。

4. CFD/CSD 耦合求解器集成框架流程

流固耦合(气动弹性)静力学问题和动力学问题所采用的求解器类型有所不同。流固耦合静力学数值模拟是同时求解稳态流体力学方程和结构静力学方程,将定常流场求解器和静力学结构求解器进行耦合。流固耦合静力学问题的 CFD/CSD 耦合流程如图5.6 所示,需要指出的是,该耦合流程对采用有限元结构直接积分法或振形叠加法求解结构响应都是适用的。

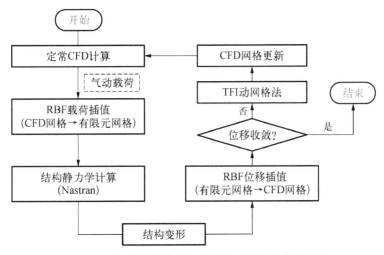

图 5.6　流固耦合静力学问题 CFD/CSD 耦合流程图

首先在未变形的流体网格上计算该状态下的定常流场,该流场作为流固耦合计算的初始流场;然后将耦合面的气动压力通过插值方法(如 RBF、IPS 等方法)插值到节点力作用的节点上;接着通过静力学求解器(如 NASTRAN)计算出结构静变形;结构变形求解完后,将结构位移再次通过插值方法插值得到流体物面位移;判断结构前后两次最大变形的绝对差是否小于某一数值来判定耦合计算是否结束,若小于等于则收敛,若大于则继续耦合计算;根据物面的位移变化,通过基于各种动网格方法(如 RBF_TFI 方法等)生成变形后的流体网格;在新生成的网格基础上通过定常 CFD 求解器计算变形后的气动力。如此循环下去直至达到收敛条件则完成静气弹计算。

流固耦合动力学数值模拟是同时求解非定常流体力学方程和结构动力学方程,需要将非定常流场求解器和结构动力学求解器进行耦合。流固耦合动力学问题的 CFD/CSD 耦合流程如图 5.7 所示。非定常 CFD

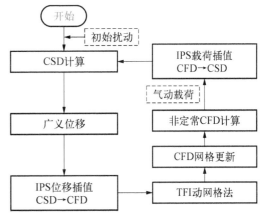

图 5.7　流固耦合动力学问题 CFD/CSD 耦合流程图

计算和 CSD 计算同样分别依次采用各自的代码计算,流体和结构界面直接的数据传递需要采用各种插值方法(如 IPS、RBF 等)。流固耦合界面数据交换技术将在下一节专门介绍。

首先,计算未变形流体网格工况下的定常收敛解作为初始输入文件;然后给结构第一阶广义模态速度初始值,通过 CSD 计算 t 时刻的位移;接着通过插值方法(如 IPS、RBF 等)将有限元网格的位移插值到流体物面,得到变形后的物面网格;再通过动网格方法生成整个流体域的网格;再通过非定常 CFD 计算出物面的气动力,并将气动力通过 IPS 或是 RBF 插值方法插值到结构网格上;通过 CSD 计算出下一时刻即 $t+\Delta t$ 时刻的结构位移。如此反复耦合计算并输出各时刻的广义气动力和广义位移响应,直到达到预先设定的停止条件。为了控制方便,一般将终止条件设定为耦合次数。如果精度不满足要求,还可以通过增加耦合迭代次数继续计算。

5.2.2 流固耦合计算格式精度分析

1. 耦合迭代格式时间精度分析

为了对不同流固耦合策略时间精度进行分析,这里假定流场求解器和结构求解器内部迭代误差忽略不计,仅仅考虑由于不同流固耦合界面迭代格式带来的计算误差。根据分区耦合计算策略,流场求解器多采用至少具有二阶精度的显示或隐式格式。不失一般性,设 n 时刻流场积分所得的壁面压力 F 为二阶精度,即有

$$F^n = F(t^n) + O(\Delta t^2) \tag{5.68}$$

将式(5.68)代入不同结构求解器时间积分格式就看获得结构响应截断误差 E。这里以 Newmark 积分方法为例进行简要说明。在标准松耦合情况下有

$$F^n = F^{n+1} + O(\Delta t) \tag{5.69}$$

将 F^n 代入 Newmark 公式并考虑式(5.69)可得

$$(K + a_0 M + a_1 C)u^{n+1} = F^{n+1} + O(\Delta t) + M(a_0 u^n + a_2 \dot{u}^n + a_3 \ddot{u}^n) + C(a_1 u^n + a_4 \dot{u}^n + a_5 \ddot{u}^n) \tag{5.69}$$

式中,各系数 a_i 是与时间步长相关的常数。将式(5.69)与标准 Newmark 积分公式相减,可得到截断误差为

$$E^{n+1} = (K + a_0 M + a_1 C)^{-1} \cdot O(\Delta t) = O(\Delta t^2) \tag{5.70}$$

此时,结构响应截断误差为二阶,则其时间精度为一阶。因此采用标准松耦合策略时,尽管流场为二阶时间精度,但耦合迭代求解后整体时间精度仅仅为一阶精度。

从上面可见,导致松耦合策略整体精度降低为一阶的主要原因在于交错迭代公式(5.69)中的压力载荷精度仅仅只有一阶。因此可以通过采取包括预测-校正策略在内的各种方法来提高耦合迭代过程中载荷预测精度。以一步预测-校正迭代格式为例,假设流场计算后所得流场截断误差为三阶,流场整体计算精度为二阶。流动壁面引入半个时间步预压力预测步:

$$F^{n+1/2} = F(t^{n+1/2}) + O(\Delta t^2) \tag{5.71}$$

根据一步预测-校正迭代格式计算流程使用,使用 n 时刻和 $n+1/2$ 时刻壁面载荷外插得到 $n+1$ 时刻载荷为

$$F^{n+1} = 2F^{n+1/2} + F^n \tag{5.72}$$

注意到采用预测-校正步后 $n+1$ 时刻压力预测值具有二阶精度,即

$$F^{n+1} = F(t^{n+1}) + O(\Delta t^2) \tag{5.73}$$

使用式(5.72)作为气动力校正步计算并考虑式(5.73),代入 Newmark 结构积分格式,可得半个时间步长的预测-校正迭代格式误差为

$$E^{n+1} = (K + a_0 M + a_1 C)^{-1} \cdot O(\Delta t^2) = O(\Delta t^3) \tag{5.74}$$

由此可见,预测-校正耦合迭代格式的局部截断误差为三阶,因此算法整体时间精度为二阶精度。对于其他类型改进预测-校正迭代耦合格式和紧耦合迭代格式为时间二阶精度。更严格证明请参考相关文献[2,4,5]。

2. 松耦合迭代策略仿真对比

采用单步气动力数据进行耦合计算的标准松耦合算法由于只有一阶时间精度,因此得到的流场在时间方向通常精度较低。以 AGARD 445.6 机翼在跨声速颤振耦合计算为例,在马赫数为 0.901 以上时,采用单步方法预测的颤振动压高于采用预估-校正迭代算法 20% 以上。而带有中间步的预估-校正迭代算法在中间步迭代过程中可以保证固体变形与气动力计算达到定常值,能达到时间二阶精度。图 5.8 是位移和升力系数的预估-校正迭代收敛曲线,不随着中间步迭代次数的增加而改变,即迭代收敛。进过 1 次校正以后,结构位移基本不随着中间步迭代次数的增加而变化,但气动力还需要更多中间步迭代才能逐渐收敛。

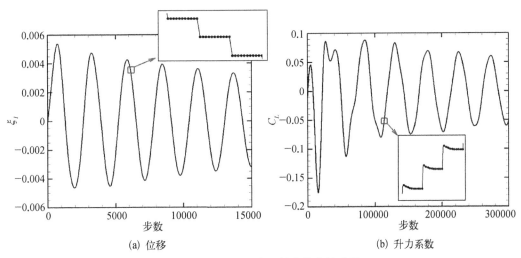

(a) 位移　　　　　　　　　(b) 升力系数

图 5.8　位移和升力系数迭代收敛过程

对于固体变形计算,模态坐标变化不大,由于气动力的变化只会影响模态坐标的加速度,且加速度乘以时间步长的平方为位移,所以当时间步长较小时,每次增加的位移增量

为小量,结构变形较容易达到定常。而对于气动力计算,虽然模态位移已经收敛从而固体边界几乎不发生变形,但是仍需要通过增加几步中间迭代过程使气动力逐渐收敛。一般而言,预估-校正迭代算法的中间迭代步对于固体变形计算影响不是特别显著,而对流体计算结果收敛性有较大影响。因此,在流固耦合计算中,为了提高计算效率通常可以省略固体计算的中间迭代,只对流体计算采用足够的中间迭代次数就可以得到收敛结果。

需要注意的是,在耦合计算过程中,每一个耦合迭代过程均需要网格变形。因此采用带有中间步的预估-校正迭代算法,则需要调用的网格变形算法次数显著增加。网格变形所耗费时间在流固耦合计算中通常不可忽视。因此在采用预估-校正迭代算法进行耦合计算时,需要采用各种措施提升网格变形计算效率。例如,对于采用模态叠加法进行结构方程求解的求解器,网格变形采用模态法时可以将计算位移插值系数的过程放在计算初始化时进行。此时网格变形的模态位移为固定值,可将每一个模态的位移引起的网格变形对应的插值系数事先算好,然后再根据计算得到的模态坐标对插值系数做相应比例的变换,可得到最终的网格位移。这样,在每次网格变形过程中,只需要将位移插值得到的网格变形量根据模态坐标做相应比例的变化再相加,计算量比重新计算位移插值系数要小。经过改进后,计算网格变形的时间可提升到 10^{-1}s 量级,几乎可以忽略。

尽管通过各种改进动网格算法计算效率会有一定提升,但动网格算法计算位移插值系数仍需要较大计算量。特别是对于采用有限元直接积分求解非线性结构变量的流固耦合力学问题,非线性结构迭代求解计算量也并不小。此时也难以像线性结构求解那样,采用模态迭代法简化动网格插值算法来提升动网格计算效率。而且动网格插值算法本身也会产生一定累计数值误差。因此需要针对所求解的流固耦合问题特点仔细选择预测-校正中的子迭代步数,在计算效率和精度之间进行平衡。工程经验表明,如果更关心流固耦合现象中的结构响应问题,往往校正次数为零的标准松耦合策略就能取得不错的结果。这也是标准松耦合算法目前在工程中得到广泛应用的原因之一。

5.3 流体/结构耦合界面数据映射技术

流体结构耦合计算过程中的数据交换和映射是非常重要的环节。在基于分区策略的流固耦合计算过程中,流体物面的气动压力在 CFD 网格上计算,而结构变形在有限元网格上完成,流体求解和结构求解相互独立。通常流体求解器表面网格和结构求解器网格并不一致,两个不同物理场和两套不同的网格之间需要进行位移、压力、密度、温度等物理量之间数据交换,在耦合界面上的能量守恒才能保证各自独立求解器的正常运行。因此,在耦合计算过程中需将 CFD 数值求解的物面上物理量(如压力或温度等载荷变量)传递给结构求解器的网格节点上,这个过程称之为流固耦合界面载荷映射。同时在一步结构求解完成后,需根据结构计算出的节点位移求出流体物面网格变形量,从而重构流体域新的物面边界条件和表面网格,这个过程称之为流固耦合界面位形重构。

由此可见,在 CFD/CSD 耦合计算中的边界数据转换,通常包含两个任务:一是将 CFD 计算得到的压力信息转换到 CSD 的节点上,形成等效节点载荷;二是将 CSD 计算的位移信息转换到 CFD 网格体系上。这两种转换算法的具体要求包括:① 精确性,即要真实反映出压力和位移信息的实时状态;② 光滑性,即在计算域内保持物理属性的连续性;③ 稳定性,不能由于数据转换造成整个计算的发散;④ 易用性,能够比较容易的编程实现;⑤ 计算效率高,利用较少的 CPU 时间和较小的 CPU 存储量可以得到稳定的结果。

显然,在整个 CFD/CSD 耦合数值计算过程中,在保证耦合界面能量守恒前提下不同物理场界面之间的数据插值算法的精度、效率和鲁棒性,是流固耦合计算得以实现的关键技术。不同插值方法的精度、鲁棒性和通用性与 CFD/CSD 耦合求解精度密切相关。目前比较成熟的插值方法包括[1]: 无限平板样条(infinite surface splines,IPS)函数插值、薄板样条插值(thin plate spline,TPS)、边界有限元法(boundary element method,BEM)、常体积守恒法(constant volume tetrahedral,CVT)以及径向基函数法(radial basis function,RBF)。本节介绍应用最广泛的 IPS 插值方法和 RBF 插值算法,其他插值算法请参考相关文献[1,2]。

5.3.1　无限平板样条插值方法

无限平板样条(IPS)插值算法最早由 Harder 在 1972 年提出[6],因其简单高效目前仍然是应用最为广泛的流固耦合界面数据插值方法之一。IPS 基本原理是表面样条被看作一个无限大的均质平板,而且只存在弯曲变形 $W_i = W(x_i, y_i)$,平板弯曲导致的应力和载荷相平衡的微分方程为

$$D\nabla^4 W = q \tag{5.75}$$

式中,D 为抗弯刚度;q 为平板上的分布载荷。

平板的变形用 N 个相互独立点的位移表示 (x_i, y_i),第 $i = 1, 2, \cdots, N$ 个点上的载荷为 P_i。引入极坐标形式 $(x = r\cos\theta, y = r\sin\theta)$ 来确定由载荷引起的平板变形。通过对方程(5.75)积分可得其解:

$$W(r) = A + Br^2 + (P/16\pi D)r^2\ln r^2 \tag{5.76}$$

式中,A 和 B 为未知的待定系数。整个样条曲线的位移可以通过公式中各个节点效果的叠加得到:

$$W(x, y) = \sum_{i=1}^{N} \left[A_i + B_i r_i^2 + (p_i/16\pi D)r_i^2\ln r_i^2 \right] \tag{5.77}$$

式中,$r_i^2 = (x - x_i)^2 + (y - y_i)^2$,代入方程(5.77)整理得到:

$$W(x, y) = \sum_{i=1}^{N} \left[A_i + B_i(x_i^2 + y_i^2) \right] - 2x\sum_{i=1}^{N} B_i x_i - 2y\sum_{i=1}^{N} B_i y_i$$
$$+ r^2\sum_{i=1}^{N} B_i + \sum_{i=1}^{N} \left[(P_i/16\pi D)r_i^2\ln r_i^2 \right] \tag{5.78}$$

然后将方程(5.78)整理成数值计算形式为

$$W(x, y) = a_0 + a_1 x + a_2 y + a_3(x^2 + y^2) + \sum_{i=1}^{N} F_i r_i^2\ln r_i^2 \tag{5.79}$$

式中,

$$a_0 = \sum_{i=1}^{N} \left[A_i + B_i(x_i^2 + y_i^2) \right], \quad a_1 = -2 \sum_{i=1}^{N} B_i x_i$$

$$a_2 = -2 \sum_{i=1}^{N} B_i y_i, \quad a_3 = \sum_{i=1}^{N} B_i, \quad F_i = P_i / 16\pi D \tag{5.80}$$

表面样条必须在控制节点附近的一段较长距离内保持光滑。将方程展开到足够大的情形,得

$$W(r, \theta) = r^2 \ln r^2 \sum_{i=1}^{N} P_i / 16\pi D + r^2 \sum_{i=1}^{N} B_i - 2r \ln r^2 \sum_{i=1}^{N} (x_i \cos\theta + y_i \sin\theta)(P_i / 16\pi D)$$

$$- 2r \sum_{i=1}^{N} (x_i \cos\theta + y_i \sin\theta)(P_i / 16\pi D + B_i)$$

$$+ \ln r^2 \sum_{i=1}^{N} (x_i^2 + y_i^2)(P_i / 16\pi D) + \cdots \tag{5.81}$$

余项为 1、r^{-1}、r^{-2}、$\cdots$。包含 $r^2 \ln r^2$、r^2、$r \ln r^2$ 的高次项可通过无穷远处的边界条件消除:

$$\sum P_i = 0, \quad \sum x_i P_i = 0, \quad \sum y_i P_i = 0, \quad \sum B_i = 0 \tag{5.82}$$

$N+3$ 个未知数 $(a_0, a_1, a_2, F_1, F_2, \cdots, F_N)$ 由以下方程确定:

$$\sum_{i=1}^{N} F_i = \sum_{i=1}^{N} x_i F_i = \sum_{i=1}^{N} y_i F_i = 0 \tag{5.83}$$

$$W_j(x, y) = a_0 + a_1 x_j + a_2 y_j + \sum_{i=1}^{N} F_i r_{ij}^2 \ln r_{ij}^2, \quad (j = 1, \cdots, N) \tag{5.84}$$

将方程(5.83)和方程(5.84)联立组装成矩阵形式,得到一个包含 $N+3$ 个未知数的线性方程组:

$$\begin{bmatrix} w_1 \\ w_2 \\ w_3 \\ \vdots \\ w_N \\ 0 \\ 0 \\ 0 \end{bmatrix} = \begin{bmatrix} 1 & x_1 & y_1 & r_{11}^2 \ln r_{11}^2 & r_{12}^2 \ln r_{12}^2 & \cdots & r_{1N}^2 \ln r_{1N}^2 \\ 1 & x_2 & y_2 & r_{21}^2 \ln r_{21}^2 & r_{22}^2 \ln r_{22}^2 & \cdots & r_{2N}^2 \ln r_{2N}^2 \\ 1 & x_3 & y_3 & r_{31}^2 \ln r_{31}^2 & r_{32}^2 \ln r_{32}^2 & \cdots & r_{3N}^2 \ln r_{3N}^2 \\ \vdots & \vdots & \vdots & \vdots & \vdots & \ddots & \vdots \\ 1 & x_N & y_N & r_{N1}^2 \ln r_{N1}^2 & r_{N2}^2 \ln r_{N2}^2 & \cdots & r_{NN}^2 \ln r_{NN}^2 \\ 0 & 0 & 0 & 1 & 1 & \cdots & 1 \\ 0 & 0 & 0 & x_1 & x_2 & \cdots & x_N \\ 0 & 0 & 0 & y_1 & y_2 & \cdots & y_N \end{bmatrix} \begin{bmatrix} a_0 \\ a_1 \\ a_2 \\ \vdots \\ F_{N-3} \\ F_{N-2} \\ F_{N-1} \\ F_N \end{bmatrix} \tag{5.85}$$

式中,$r_{ij}^2 = (x_i - x_j)^2 + (y_i - y_j)^2$。

通过求解线性方程组(5.85)得到 $N+3$ 个未知数的值,将其代入方程(5.77)得到插值表达式,最后可以求出任一点 (x_i, y_i) 的位移 W_i。

IPS 方法至少需要 3 个以上不共线的网格点。IPS 方法在气动弹性领域有着非常广泛的应用,是著名的气动弹性分析软件 MSC. FlightLoad 中的一种主要的数据交换方法。但 IPS 对复杂几何体适应性和精度较差,主要适用于平板。为了适应曲面插值,在 IPS 方法基础上又提出了薄板样条插值方法 TPS[7]。TPS 的插值样条在平动和转动中保持不变,可用于运动或柔性表面。

5.3.2　常体积转换法

Badcock 等提出了一种只与局部点有关的数据交换新方法,称之为常体积转换法(constant volume transformation,CVT)[8]。CVT 方法既可以用于压力信息转换方法,也可以用于位移插值。CVT 方法是一种局部插值方法,具有计算精度高,使用方便,计算量小等特点。

1. 位移信息转换

常体积转换(CVT)方法利用变形前后的体积守恒来实现插值计算,包括投影、展开和恢复表面三个过程。CVT 方法是一种矢量法,插值计算时可采用有向体积,即当气动点位于结构三角单元的上方时,体积为正,反之为负。设在结构网格中为每一个气动点 $a(t)$ 选取最近的三角形单元,用 $s_i(t)$、$s_j(t)$ 和 $s_k(t)$ 表示结构三角形单元的三个顶点。已知气动点位置 $a(0)$ 可描述为

$$a(0) - s_i(0) = \alpha v_1(0) + \beta v_2(0) + \gamma(0)v_3(0) \tag{5.86}$$

式中,

$$\begin{aligned} v_1(t) &= s_j(t) - s_i(t) \\ v_2(t) &= s_k(t) - s_i(t) \\ v_3(t) &= v_1 \times v_2 \end{aligned} \tag{5.87}$$

α、β 的值可通过下式选取:

$$a^p(0) - s_i(0) = \alpha v_1(0) + \beta v_2(0) \tag{5.88}$$

式中,a^p 表示气动点 $a(0)$ 在由结构点组成的三角单元平面内的垂直投影。$\gamma(0)$ 随后可由后面式(5.97)确定。

流固耦合计算推进一个时间步后可获得新结构点,则气动点可由下式得到:

$$a(t) - s_i(t) = \alpha v_1(t) + \beta v_2(t) + \gamma(t)v_3(t) \tag{5.89}$$

式中,α、β 保持初始值不变。γ 由结构点三角单元与气动点组成的四面体体积的前后守恒来确定的。通过确保由结构点三角单元与气动点组成的四面体体积守恒,新气动点位置就可以计算出来。设在初始时刻,对每一个气动网格点 a,如图 5.9 所示,首先

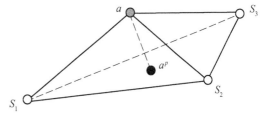

图 5.9　常体积转换法示意图

在结构网格上找出离它最近的三角形单元,其顶点用 s_1、s_2 和 s_3 表示。

用 (x_1, y_1, z_1)、(x_2, y_2, z_2) 及 (x_3, y_3, z_3) 表示结构三角单元三个顶点 s_1、s_2 和 s_3 的坐标,(x, y, z) 表示三角单元内某一任意点 s 的坐标。结构三角单元组成的平面方程为

$$\begin{cases} x = \alpha x_1 + \beta x_2 + \gamma x_3 \\ y = \alpha y_1 + \beta y_2 + \gamma y_3 \\ z = \alpha z_1 + \beta z_2 + \gamma z_3 \end{cases} \tag{5.90}$$

式中,$\alpha + \beta + \gamma = 1$,该平面法向向量 $N(x, y, z)$ 为

$$N = (s_2 - s_1) \times (s_3 - s_1) \tag{5.91}$$

即

$$\begin{vmatrix} i & j & k \\ x_2 - x_1 & y_2 - y_1 & z_2 - z_1 \\ x_3 - x_1 & y_3 - y_1 & z_3 - z_1 \end{vmatrix} = li + mj + nk \tag{5.92}$$

另外,设气动网格点 a 的坐标是 (x_4, y_4, z_4)。气动点与结构三角单元组成的四面体体积由几何知识可以得到:$V = \frac{1}{3} SH$,S 是结构三角单元的面积,H 是气动点到结构三角单元平面的距离,有

$$S = \frac{1}{2} \left| (s_2 - s_1) \times (s_3 - s_1) \right| = \frac{1}{2} \left| N \right| = \frac{1}{2} \sqrt{l^2 + m^2 + n^2} \tag{5.93}$$

$$H = \frac{l(x_4 - x_1) + m(y_4 - y_1) + n(z_4 - z_1)}{\sqrt{l^2 + m^2 + n^2}} \tag{5.94}$$

将式(5.94)、式(5.93)代入四面体体积表达式中得

$$V = \frac{1}{6} \left[l(x_4 - x_1) + m(y_4 - y_1) + n(z_4 - z_1) \right] \tag{5.95}$$

设气动点 a 在结构三角单元平面上的投影为 a^p,坐标是 (x_p, y_p, z_p),则气动点 a 与其投影点 a^p 组成的直线方程是

$$\begin{cases} x = x_4 - \mu l \\ y = y_4 - \mu m \\ z = z_4 - \mu n \end{cases} \tag{5.96}$$

式中,μ 是一个实参。l、m、n 可从式(5.84)中得到。联立方程式(5.84)和 $\alpha + \beta + \gamma = 1$,组成新方程组:

$$\begin{cases} \alpha x_1 + \beta x_2 + \gamma x_3 + \mu l = x_4 \\ \alpha y_1 + \beta y_2 + \gamma y_3 + \mu m = y_4 \\ \alpha z_1 + \beta z_2 + \gamma z_3 + \mu n = z_4 \\ \alpha \cdot 1 + \beta \cdot 1 + \gamma \cdot 1 + \mu \cdot 0 = 1 \end{cases} \tag{5.97}$$

由此方程组可求出 α、β、γ 及 μ，再回代到式(5.78)中就可得到 a^p 的值 (x_p, y_p, z_p)。结构网格发生变形时结构三角单元也跟着发生变形，设坐标变为 (s'_1, s'_2, s'_3)，新气动点位置设其为 a'。利用体积守恒和投影点在结构三角单元平面上的相对坐标不变原理（即 α、β、γ 保持不变），那么，a' 的坐标 (x'_4, y'_4, z'_4) 可由下式确定：

$$\begin{cases} x'_4 = \alpha x'_1 + \beta x'_2 + \gamma x'_3 + \mu' l' \\ y'_4 = \alpha y'_1 + \beta y'_2 + \gamma y'_3 + \mu' m' \\ z'_4 = \alpha z'_1 + \beta z'_2 + \gamma z'_3 + \mu' n' \end{cases} \tag{5.98}$$

新结构三角单元平面的法向向量为

$$\begin{vmatrix} i & j & k \\ x'_2 - x'_1 & y'_2 - y'_1 & z'_2 - z'_1 \\ x'_3 - x'_1 & y'_3 - y'_1 & z'_3 - z'_1 \end{vmatrix} = l'i + m'j + n'k \tag{5.99}$$

又有

$$V' = \frac{1}{6}\left[l'(x'_4 - x'_1) + m'(y'_4 - y'_1) + n'(z'_4 - z'_1) \right] \tag{5.100}$$

$$V = V' \tag{5.101}$$

将式(5.98)代入式(5.100)、式(5.101)中，求得 μ'，再回代到式(5.98)中便可得到新的气动点坐标。至此，从流固耦合界面上的新结构点插值构造新气动网格点的插值计算完毕。

2. 压力信息映射

CVT 方法不仅可以用于耦合界面上位移插值，也可很方便用于耦合界面上压力信息变化。压力信息变换就是将流场计算得到耦合界面上 CFD 网格上压力等效插值到耦合面 CSD 网格上，从而形成等结构求解器所需要的效节点载荷。用于压力转换的 CVT 方法包括以下三个主要步骤。

第一步，首先确定壁面 CFD 网格点上的压力分布。对壁面上 CFD 网格点 $a(i, j)$，三个方向上压力分布通过积分得到：

$$\begin{Bmatrix} G_x^{i,j} \\ G_y^{i,j} \\ G_z^{i,j} \end{Bmatrix} = S^{i,j} \cdot p^{i,j} \begin{Bmatrix} n_x^{i,j} \\ n_y^{i,j} \\ n_z^{i,j} \end{Bmatrix} \tag{5.102}$$

式中，$G_x^{i,j}$、$G_y^{i,j}$、$G_z^{i,j}$ 分别是 x、y、z 方向上的气动力载荷；$S^{i,j}$ 是压强 $p^{i,j}$ 的作用面积；

$n_x^{i,j}$、$n_y^{i,j}$、$n_z^{i,j}$ 是气动网格点 $a(i,j)$ 上 x、y、z 方向的单位法向量。

第二步,确定耦合壁面上气动网格点 $a(i,j)$ 拟进行载荷插值的 CSD 表面网格。对于每一个壁面上的 CFD 网格点,其相邻的结构三角形网格存在如图 5.10 所示的四种情况。图中黑点为壁面 CFD 网格点 (i,j),白点为其相邻四个结构网格点。

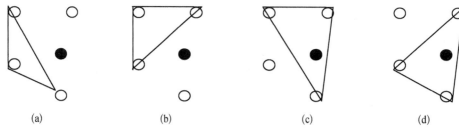

(a)   (b)   (c)   (d)

图 5.10 CFD 网格点相邻的结构三角形

在选择结构三角形时,首先需要舍去内部不包含 CFD 点的三角形。判断某一个点是否落在三角形内可以用解析几何面积法坐标来表示。具体算法原理就是对于 CFD 网格点 (i,j),首先用面积坐标判断其是否位于结构三角形内,面积坐标定义如图 5.11 所示。因为 CFD 网格点不一定会正好位于结构三角形所定义的平面上。CFD 网格节点与结构三角形顶点构成三个三角形,其面积分别为 A_1、A_2 和 A_3。面积坐标 N_1、N_2 和 N_3 如下:

$$N_1 = A_1/A$$
$$N_2 = A_2/A \qquad\qquad (5.103)$$
$$N_3 = A_3/A$$

其中,

$$A = A_1 + A_2 + A_3$$

如果面积坐标的和达到 $1.0 \pm \varepsilon$(ε 是误差控制精度,通常为一正的实数小量),则可认为这个点就在结构三角形内部。从图 5.10 可以直观看出,三角形(a)和(b)中没有包含 CFD 网格点,可以舍去。而三角形(c)和(d)中包含了 CFD 网格点。对于该情况可以采用 CFD 网格点到结构三角形顶点的距离 L_i^m 来判断。L_i^m 可以表示为

$$L_i^m = \sqrt{\left(x_i^m - x_a\right)^2 + \left(y_i^m - y_a\right)^2 + \left(z_i^m - z_a\right)^2} \quad i = 1, 2, 3 \qquad (5.104)$$

式中,(x_a, y_a, z_a) 是 CFD 网格点 (i,j) 的坐标;(x_i^m, y_i^m, z_i^m) 是第 m 个结构三角形的顶点 i 的坐标。第 m 个三角形的最大距离为

$$L_{\max}^m = \max(L_1^m, L_2^m, L_3^m) \qquad (5.105)$$

具有最小 $L_{\max}^m$ 的三角形就是 CFD 网格点 (i,j) 的最小结构三角形,这样就可以将 CFD 网格点 (i,j) 的压力转换到这个结构三角形的三个顶点上。如图 5.12(a)和图 5.12(b)所示的三角形中有 $L_{\max}^d < L_{\max}^c$,所以可以选择结构三角形 d 作为转换对应的结构三角形。

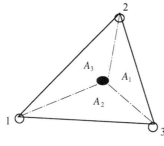

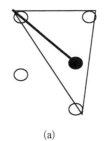
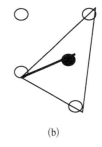

图 5.11　面积坐标定义　　　　　图 5.12　结构三角形选择

第三步,确定对于气动网格点和结构网格点后,进行不同网格点之间压力载荷映射。三角形中 CSD 节点上的载荷可以如下计算:

$$
\left\{ \begin{matrix} F_{n_1}^{i,j} \\ F_{n_2}^{i,j} \\ F_{n_3}^{i,j} \end{matrix} \right\} = \begin{vmatrix} N_1 & 0 & 0 \\ 0 & N_1 & 0 \\ 0 & 0 & N_1 \\ N_2 & 0 & 0 \\ 0 & N_2 & 0 \\ 0 & 0 & N_2 \\ N_3 & 0 & 0 \\ 0 & N_3 & 0 \\ 0 & 0 & N_3 \end{vmatrix} = \left\{ \begin{matrix} G_x^{i,j} \\ G_y^{i,j} \\ G_z^{i,j} \end{matrix} \right\} \tag{5.106}
$$

式中,$F_{n_1}^{i,j}$、$F_{n_2}^{i,j}$ 和 $F_{n_3}^{i,j}$ 是由 CFD 网格点 $a(i,j)$ 上压力引起的结构三角形中三个顶点 1、2 和 3 上的载荷。N_i 是结构三角形里 CFD 网格点 $a(i,j)$ 的面积坐标。n_1、n_2 和 n_3 是 CSD 网格中真实的节点序号。由于引入了面积坐标,其作用相当于结构有限元分析中的结构单元形状函数,因此就没有必要在额外对弯矩和扭矩等力矩载荷进行附加变换了。

第四步,对每个边界上 CFD 网格点都进行上述三步转换。对每个耦合面上气动网格点都进行变换后,那么对于每个结构节点 n_i,其总力矢量 F_{n_i} 最终叠加如下:

$$
F_{n_i} = \sum_{i=1}^{i_{max}} \sum_{j=1}^{j_{max}} F_{n_i}^{i,j} \quad (n_i = n_1, n_2, n_3, \cdots, n_{max}) \tag{5.107}
$$

式中,i_{max}、j_{max} 是流固耦合界面上 CFD 网格点的数目;n_{max} 是耦合界面上 CSD 网格点数目。最终我们就可以获得结构有限元单元上节点总载荷力矢量 $\{f_s\}$ 为

$$
\{f_s\} = \left\{ \begin{matrix} F_{n_1} \\ F_{n_2} \\ \vdots \\ F_{n_{max}} \end{matrix} \right\} \tag{5.108}
$$

CVT 方法具有以下优点：① 用求解大型的代数方程和大型矩阵的求逆,从而避免占用大量的 CPU 时间和存储量,计算效率高;② 自适应的局部搜索算法,可以处理复杂几何体及不连续的结构,达到局部的高精度,并且可以很容易的应用于多块区域及并行 CFD/CSD 耦合计算中;③ 与压力转换的搜索方法相同,可以用一个求解器实现,最大限度地保持了模块的独立性。

5.3.3 径向基函数插值方法

1. 标准 RBF 插值方法

RBF 插值方法可以直接进行全体离散云的数据传递,传递过程仅需要节点坐标,无须节点间连接信息且数据结构简单。近年来 RBF 方法在流固耦合计算中被广泛使用[9]。RBF 方法可以看作是一个高维空间中的曲面拟合(逼近)问题。假设在 d 维欧几里得空间已知的一组空间离散点 $X = \{x_1, x_2, \cdots, x_N\} \subseteq R^d$,称为中心点。可以根据已知的离散点确定一个连续函数,使函数通过这些中心点。当连续函数采用如下方程表示的形式时,称为 RBF 插值函数:

$$s(x) = \sum_{i=1}^{N} \alpha_i \phi(\parallel x - x_i \parallel) + p(x) \tag{5.109}$$

式中, $s(x)$ 为 x 点处的未知函数值; x 为未知点坐标; x_i 为已知第 i 个点坐标; ϕ 为选用的径向基函数。基函数在一个插值问题中通常选定一种不再改变。α_i 为相应于第 i 个点的待求系数; $\parallel x - x_i \parallel$ 为欧几里得空间距离,表示为

$$r = \parallel x - x_i \parallel = \left[(x - x_i)^2 + (y - y_i)^2 + (z - z_i)^2 \right]^{1/2} \tag{5.110}$$

$p(x)$ 为一个低阶 d 维多项式,一阶线性多项式一般即可满足要求,表示为

$$p(x) = \gamma_0 + \gamma_x x + \gamma_y y + \gamma_z z \tag{5.111}$$

方程式(5.109)中系数 α_i 和多项式 $p(x)$ 中的系数根据以下定解条件求得:

$$s(x_i) = g_i \quad i = 1, 2, \cdots, N \tag{5.112}$$

$$\sum_{i=1}^{N} \alpha_i q(x) = 0 \tag{5.113}$$

式中, g_i 为已知数据中心点; x_i 为已知函数值; $q(x)$ 为多项式函数。$q(x)$ 的阶数需满足 $\deg[q(x)] \leqslant \deg[p(x)]$,保证了插值系数 α_i 解的唯一性。

假设在流固耦合面上,固体域和流体域分别存在 N_s 和 N_f 个插值点,表示为[9]

$$\begin{aligned} x_{si} = (x_{si}, y_{si}, z_{si}) \in R^3 \quad i = 1, 2, \cdots, N_s \\ x_{fi} = (x_{fi}, y_{fi}, z_{fi}) \in R^3 \quad i = 1, 2, \cdots, N_f \end{aligned} \tag{5.114}$$

假设 d_{si}、d_{fi} 分别代表固体、流体插值点的位移矢量,根据插值初始条件将方程(5.114)统一写成矩阵的表达形式为

$$D_{sx} = C_{ss}\alpha_x$$
$$D_{sy} = C_{ss}\alpha_y \tag{5.115}$$
$$D_{sz} = C_{ss}\alpha_z$$

其中, D_{sx} 和 α_x 定义为

$$D_{sx} = \begin{bmatrix} 0 \\ 0 \\ 0 \\ 0 \\ d_{sx} \end{bmatrix}, \quad d_{sx} = \begin{bmatrix} d_{s1} \\ \vdots \\ d_{sN_s} \end{bmatrix}, \quad \alpha_x = \begin{bmatrix} \gamma_0^x \\ \gamma_x^x \\ \gamma_y^x \\ \gamma_z^x \\ \alpha_{s1}^x \\ \vdots \\ \alpha_{sN_s}^x \end{bmatrix} \tag{5.116}$$

同理可以定义 D_{sy}、D_{sz} 及它们对应的 α_y、α_z 向量。C_{ss} 表达式为

$$C_{ss} = \begin{bmatrix} 0 & 0 & 0 & 0 & 1 & \cdots & 1 \\ 0 & 0 & 0 & 0 & x_{s1} & \cdots & x_{sN_s} \\ 0 & 0 & 0 & 0 & y_{s1} & \cdots & y_{sN_s} \\ 0 & 0 & 0 & 0 & z_{s1} & \cdots & z_{sN_s} \\ 1 & x_{s1} & y_{s1} & z_{s1} & \phi_{s1,1} & \cdots & \phi_{s1,N_s} \\ \vdots & \vdots & \vdots & \vdots & \vdots & \ddots & \vdots \\ 1 & x_{sN_s} & y_{sN_s} & z_{sN_s} & \phi_{sN_s,1} & \cdots & \phi_{sN_s,N_s} \end{bmatrix} \tag{5.117}$$

式中,

$$\phi_{s1,2} = \phi(\parallel x_{s1} - x_{s2} \parallel) \tag{5.118}$$

$\phi_{s1,2}$ 为径向基函数,代表节点 1 和 2 间的距离函数,其他的表达式意义相似,可依此类推。

根据方程(5.115),即可求出系数矩阵

$$\alpha_x = C_{ss}^{-1} D_{sx}$$
$$\alpha_y = C_{ss}^{-1} D_{sy} \tag{5.119}$$
$$\alpha_z = C_{ss}^{-1} D_{sz}$$

同理,如果要插值得到 CFD 网格节点的信息,将 CFD 物面网格节点的坐标带入到方程(5.119)中,即得到:

$$d_{fx} = A_{fs}\alpha_x = A_{fs}C_{ss}^{-1}D_{sx}$$
$$d_{fy} = A_{fs}\alpha_y = A_{fs}C_{ss}^{-1}D_{sy} \qquad (5.120)$$
$$d_{fz} = A_{fs}\alpha_z = A_{fs}C_{ss}^{-1}D_{sz}$$

其中, A_{fs} 矩阵为

$$A_{fs} = \begin{bmatrix} 1 & x_{f1} & y_{f1} & z_{f1} & \phi_{f1,s1} & \cdots & \phi_{f1,sN_s} \\ 1 & x_{f2} & y_{f2} & z_{f2} & \phi_{f2,s1} & \cdots & \phi_{f2,sN_s} \\ \vdots & \vdots & \vdots & \vdots & \vdots & \ddots & \vdots \\ 1 & x_{fN_f} & y_{fN_f} & z_{fN_f} & \phi_{fN_f,s1} & \cdots & \phi_{fN_f,sN_s} \end{bmatrix} \qquad (5.121)$$

定义矩阵 H 为

$$H = A_{fs}C_{ss}^{-1} \qquad (5.122)$$

则方程(5.120)写成矩阵运算形式为

$$\begin{bmatrix} d_{fx} \\ d_{fy} \\ d_{fz} \end{bmatrix} = \begin{bmatrix} H & & \\ & H & \\ & & H \end{bmatrix} \begin{bmatrix} d_{sx} \\ d_{sy} \\ d_{sz} \end{bmatrix} \qquad (5.123)$$

利用虚功原理可以得到气动力到结构有限元节点力的插值关系式。耦合界面的能量守恒原理是指在耦合作用过程中,耦合界面上流体荷载(外力)、固体力(内力)在界面位移上所做的虚功相等,即

$$\delta W = \delta u_f^{\mathrm{T}} \cdot f_s = \delta u_f^{\mathrm{T}} \cdot f_f \qquad (5.124)$$

根据式(5.115),位移间的插值关系满足 $\delta u_f = H \cdot \delta u_s$,则载荷之间插值关系为

$$f_s = H^{\mathrm{T}} \cdot f_f \qquad (5.125)$$

RBF 插值法适用于对大量点数据进行插值计算,同时要求获得平滑表面的情况。将 RBF 插值方法应用于表面变化平缓的表面,能得到令人满意的结果。而在一段较短的水平距离内,表面值发生较大变化,或无法确定采样点数据的准确性,或采样点数据具有很大的不确定性时,RBF 插值方法误差将变大或不适用。

2. 面向工业级应用的通用插值方法

对于工业级应用而言,在确定插值方法后,插值点和耦合面的选择方法是实现通用流体求解器与通用结构求解器耦合成败的关键。而飞行器研发企业所采用的复杂结构有限元模型和流体模型通常由企业内部不同部门各自生成,模型间差异通常比较大。在有限元模型不做简化前提下,如何简便高效结合 CFD 求解器构造面向工业部门使用的通用静气动弹性耦合求解器,对于工业界流固耦合计算应用具有重要价值。而合理有效的插值点选择方法便成为关键。这里介绍周强等 2015 年发展的一种通用的非线性静气弹流固耦合插值方法[10],该插值算法也适用于动气动弹性问题模拟。

工业级流固耦合应用模型通常比较复杂,流体和结构模型网格都很大。由于流体网格数量普遍比较多,采用标准 RBF 插值将导致方程(5.120)中矩阵 A_{fs} 的维数急剧增加,给计算增加困难。对于多块结构化网格或非结构化网格流体求解器而言,物面网格点分块插值可以有效避免 A_{fs} 维数过大的问题。针对复杂结构有限元网格插值点的选择,周强等提出在流固耦合面上加载单位节点力,通过识别有限元输入文件里节点力所作用的网格节点编号,来作为结构的插值点。这种选择方式可以自动标记和识别设计人员所选择的结构耦合面,适用于任何形式的结构有限元模型,有效地解决了结构表面网格过多而导致插值矩阵过大的问题。图 5.13 表示整个插值过程中的流固耦合界面的数据传递过程。流体模型分别将块 1、2、3…等网格中心

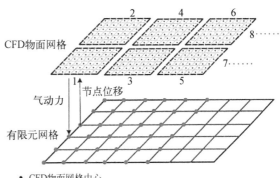

图 5.13　流固耦合界面插值示意图

(小黑点表示)的气动载荷(aerodynamic loads)插值到所选的有限元结构点上(大黑点表示);反过来,变形后的结构节点位移(structural displacements)通过所选的有限元结构点插值到整个流体物面网格上。

5.4　机翼气动弹性 CFD/CSD 耦合计算实例

5.4.1　大展弦比机翼静气动弹性问题

静气动弹性问题只考虑定常气动力对结构的作用产生的定常变形。机翼的静气动弹性变形可能引起机翼的升力减小,阻力增加,甚至结构的静发散、舵面反效等问题。此类问题在高空长航时飞行器中较为突出。静气动弹性计算分为定常气动力计算、结构静变形计算和载荷与位移插值 3 个部分。其中气动力计算可以采用模型方法也可以采用更精确的 CFD 方法,鉴于本章主要关注 CFD/CSD 耦合计算,所以气动力采用 CFD 计算,结构分析采用 ANSYS 有限元分析软件。静气动弹性问题中气动力与结构变形均为定常状态,所以可以根据给定的气动力分布下的结构变形先得到更新的气动力,再计算机翼在此气动力作用下产生的变形,重复此过程直到计算收敛。在第一步时,采用模型原始的形状,分析得到气动力分布。采用文献[11]中的机翼模型,示意图见图 5.14。机翼剖面为 NACA 0012 翼型,长度约为 36 m 并分为 3 段。每段长度为 12.19 m,弦长为 2.44 m。其翼梢 1/3 处有 10° 的上反角。

机翼结构模型采用梁单元与壳单元模拟机翼的蒙皮与梁结构(图 5.15)。建模过程忽略了机翼中与梁垂直的肋结构。通过调整弹性模量、Poisson 比等结构参数可以使得结构的振型与振动频率与文献[11]中基本一致。所建立的机翼有限元模型中壳单元有 564 个,梁单元有 30 个。

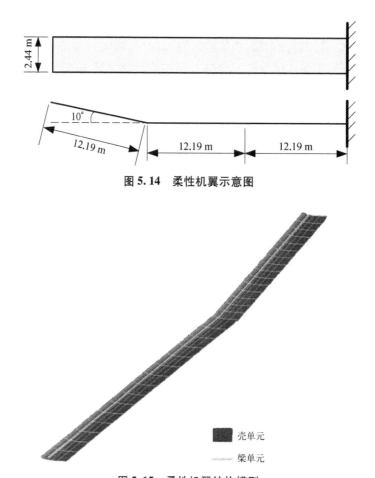

图 5.14　柔性机翼示意图

图 5.15　柔性机翼结构模型

壳单元

梁单元

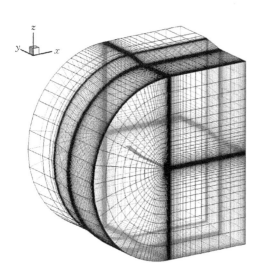

图 5.16　计算网格示意图

来流条件采用海平面参数,来流速度为 10 m/s,对应的来流马赫数为 0.029;雷诺数为 1.67×10^{6};来流速度对应的动压为 61.25 Pa。流体计算区域为 $40c\times40c\times40c$,其中 c 为弦长。采用此计算区域可以使得计算过程中机翼表面不会受到边界流动的影响,同时流体流过计算域时不会出现堵塞效应。流体计算区域采用 8.94×10^{9} 个网格单元进行离散,其中网格单元在翼前缘、翼尾缘、翼梢和上反连接处加密,在机翼表面上分布 7.0×10^{4} 个网格单元。流体网格计算区域如图 5.16 所示。

显而易见,机翼表面上的流体计算网格点数量远大于固体表面计算节点数量,其二者之间没有一一对应的关系。因此流体网格点上的气动载荷需要通过插值传递到结构模型网格节点上。图 5.17 为流体计算边界上网格点分布与固体计算节点之间的相对关系。其中黑色网格为流体网格,圆点为固体计算节点。

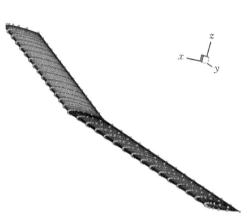

图 5.17　机翼表面流体计算网格与
固体计算节点

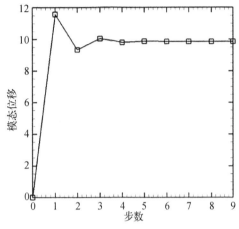

图 5.18　来流 10 m/s 时机翼静气动
变形收敛过程

在来流速度为 10 m/s 时,采用刚体计算得到的气动力高估了整体的气动力,使得第 1 步变形过大。在第 3 步后,位移逐渐振荡收敛(图 5.18)。图 5.18 为迭代过程中结构节点的位移随着迭代步的增加而变形的情况,最大位移的曲线图相似。在第 5 步迭代后位移基本保持不变。此时得到的最大位移为 9.86 m,是展向长度的 26.96%。图 5.19 为最终位移形状与原机翼形状的对比图,等值面通过无量纲压力系数 C_p 染色。由于翼根部分固支,所以变形从翼根处开始逐渐增加,其分布如图 5.20 所示。机翼最终变形如图 5.21 所示,以法向为主而在流向与展向的变形较小,可以忽略。在变形之前计算得到的刚体情况下机翼的升力为 1 118.64 N,在变形后得到的升力为 1 009.22 N,升力减小了 9.78%。阻力从 7.95 N 增加到 12.58 N,增加了 58.21%。

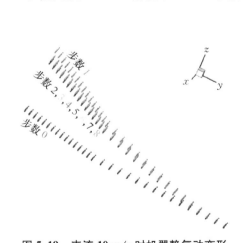

图 5.19　来流 10 m/s 时机翼静气动变形
结构节点空间分布

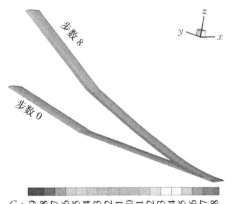

C_p: -0.9 -0.8 -0.7 -0.6 -0.5 -0.4 -0.3 -0.2 -0.1 0 0.1 0.2 0.3 0.4 0.5 0.6 0.7 0.8

图 5.20　来流 10 m/s 时机翼最终位移
形状与原机翼形状的对比

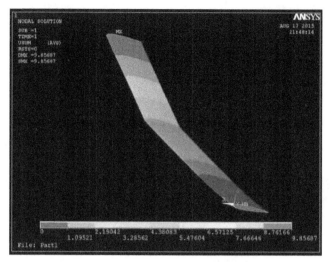

图 5.21　来流 10 m/s 时机翼最终位移分布

5.4.2　机翼颤振 CFD/CSD 耦合计算

颤振由于机翼结构与流体相互作用形成统一系统的自激振动引起的,是一个动态过程。本小节以 AGARD 445.6 机翼的颤振计算为例,说明动气动弹性计算 CFD/CSD 耦合计算过程。在耦合计算过程中,流体计算部分采用 CFD 方法,这样可以较准确地得到结构表面上的气动力分布。而结构计算采用模态方法加速结构分析效率。结构模态数据采用有限元求解器预先求出。而对于有具体实验模型的颤振问题,采用模态方法可以方便使用地面振动实验(grand vibration test)得到的模态振形与频率数据,从而可以避免了复杂有限元建模分析带来的建模不确定性,在工程应用中具有较大实用价值。

1. 结构模型与流动参数

AGARD 445.6 机翼的结构模型为文献[12]中的弱模型。其中模态振形数据分布在翼型表面 11×11 个点上。数据中长度的单位为 inch, 1 inch = 2.54×10^{-2} m。力的单位为 lb, 1 lb = 4.45 N。模态位移的量纲为长度除以力的平方根 $\sqrt{L/F}$,需要采用 lb 与 inch 对此数据进行转化,得到国际标准单位下的模态位移。模态位移一共有 6 阶,其形状如图 5.22 所示。由于模型制作的材料具有非线性,因此第 1 阶模态在弯曲变形的基础上

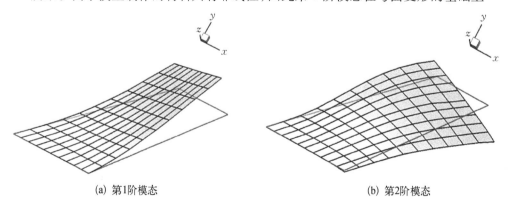

(a) 第1阶模态　　　　　　　　　　　　　　　　(b) 第2阶模态

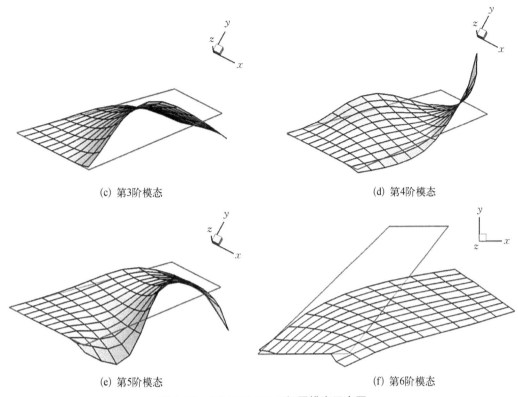

(c) 第3阶模态　　　　　　　　　　　　　　　(d) 第4阶模态

(e) 第5阶模态　　　　　　　　　　　　　　　(f) 第6阶模态

图 5.22　AGARD 445.6 机翼模态示意图

包含扭转变形,扭转角向下,前 5 阶模态变形为面外变形,第 6 阶变形为面内变形。

　　流体计算采用 N - S 方程,湍流模型采用 S - A 模型。使用 6.60×10^5 个网格单元进行计算(图 5.23)。在翼型周围采用 C 形网格,在翼型表面、翼梢处以及尾迹中对网格进行加密;在展向方向,网格沿机翼展向扩展到远场。计算网格在远场的范围随着马赫数的增加可以逐渐减少。对于近似不可压缩的流动,在流向与法向平面上的计算区域的截面半径需要大于截面弦长的 20 倍。在展向方

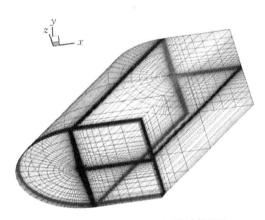

图 5.23　AGARD 445.6 机翼计算网格

向,需要大于展向长度的 10 倍。这样才可以将远场有限区域的影响降到最小。计算状态来流对应的马赫数为 0.957。

　　固体变形采用模态叠加方法求解,在流体计算过程中加入 8 次固体变形的预测-校正迭代计算。流体计算与固体计算采用相同的时间步长。流体计算时间为无量纲时间,固体的计算时间为有量纲时间,需要将流体的计算时间乘以相应的量纲还原为有量纲的时间,再代入到固体计算中。计算时间步长根据固体模态振动的频率确定,应满足在最高频对应的周期中有至少 10 个采样点。第 6 阶模态对应的频率为 140.2 Hz,流体计算的无量

纲时间步长为 0.1,由此得到固体计算时间步长最长为 3.13×10^{-4},在第 6 个模态振动的周期中具有 22 个时间步。

2. 自回归移动平均方法(auto-regressive moving average,ARMA)

颤振动压为流体、结构耦合自激系统阻尼为 0 时的来流动压。通过 CFD/CSD 计算得到的最终结果为结构在时域的响应曲线,并不能直接得到耦合系统的阻尼数值,需要采用辨识方法从时域数据中得到频率与阻尼。其中常用辨识方法为自回归移动平均方法。ARMA 方法根据最终的时域响应数据和对应的系统振动的理论形式,估算系统各个模态的特征频率与此模态对应的阻尼比。在 ARMA 模型中,响应的时序数据 z_k 与激励的时序数据 f_k 之间的关系为

$$z_k - \sum_{i=1}^{p} a_i z_{k-i} = b_0 f_k - \sum_{i=1}^{q} b_i f_{k-i} \tag{5.126}$$

模型中系数 a_i 共有 p 个,称为自回归系数;b_i 共有 q 个,称为滑动平均系数;p 和 q 为 ARMA 模型的阶次。在给定系统形式的情况下,采用上面所示的 ARMA 模型表达式,根据得到的离散时间序列数据可以确定出事先给定的模型的振动频率与阻尼。例如,对于给定的时间序列数据 z_i,假设其来自单自由度的黏性阻尼振动系统,系统的描述方程为

$$m\ddot{z} + c\dot{z} + kz = f(t) \tag{5.127}$$

对上述系统进行离散,得到时间导数与离散的时间序列之间的关系为

$$\dot{z}_k = \frac{1}{\Delta t}(z_k - z_{k-1}), \quad \ddot{z}_k = \frac{1}{\Delta t^2}(z_k - 2z_{k-1} + z_{k-2}) \tag{5.128}$$

将式(5.128)代入到式(5.126)中,并且按照 ARMA 模型式(5.126)计算对应的系数,可以得到一个 $p = 2, q = 1$ 的模型。模型中两个自回归系数和一个平均系数为

$$a_1 = \frac{2m + c\Delta t}{m + c\Delta t + k\Delta t^2} \tag{5.129}$$

$$a_2 = -\frac{m}{m + c\Delta t + k\Delta t^2} \tag{5.130}$$

$$b_0 = \frac{\Delta t^2}{m + c\Delta t + k\Delta t^2} \tag{5.131}$$

对 N 阶系统,有

$$M\ddot{z} + C\dot{z} + Kz = f(t) \tag{5.132}$$

首先对于其某一个物理变量 z 进行考察,并将上面关于整个系统的 N 个方程转化为关于 z 的 $2N$ 阶微分方程:

$$a_{2n}z^{(2n)} + a_{2n-1}z^{(2n-1)} + \cdots + a_1\dot{z} + a_0 z = \beta_{2n-2}f^{(2n-2)}(t) + \beta_{2n-3}f^{(2n-3)}(t) + \cdots$$
$$+ \beta_1 \dot{f}(t) + \beta_0 f(t) \tag{5.133}$$

对式(5.133)关于一个变量的高阶方程进行离散,并套用 ARMA 模型的表达式,得到一个 $p = 2N$, $q = N - 2$ 的模型为

$$z_k - \sum_{i=1}^{2N} a_i z_{k-1} = b_0 f_k - \sum_{i=1}^{2N-2} b_i f_{k-1} \tag{5.134}$$

$$z_k - \sum_{l=1}^{2N} a_l z_{k-l} = b_0 f_k - \sum_{l=1}^{2N-2} b_l f_{k-l} \tag{5.135}$$

采用此模型可以根据计算中得到的单点上的位移数据分析出各个模态上的频率与对应的阻尼。对于气动弹性系统,将流体与固体视为统一的整体,系统中不包含外力作用,因此可以忽略式中包含外力 f 的右端项。由此得到气动弹性系统对应的 ARMA 模型为

$$z_k - \sum_{i=1}^{2N} a_i z_{k-1} = 0 \tag{5.136}$$

此模型为 $p = 2N$、$q = 0$ 的模型。根据计算得到的 m 个离散的时域数据 $\{z_k\}_{k=1,\cdots,m}$,代入到模型中,可以确定模型系数 $\{a_i\}_{i=1,\cdots,2N}$,再由模型系数 $\{a_i\}_{i=1,\cdots,2N}$ 确定系统各阶模态的频率与阻尼比。在实际计算过程中,时域数据的数量 m 远大于模型的阶数 N,为了确定模型中的系数,需要采用最小二乘方法。设模型系数组成的向量为 a,由数据组成的矩阵为 P,由时域数据组成的采样点向量为 z,表达式为

$$z = Pa \tag{5.137}$$

式中,

$$z = \left[z_{2N+1}, z_{2N+1}, \cdots, z_m \right]^{\mathrm{T}} \tag{5.138}$$

$$P = \begin{bmatrix} z_{2N} & z_{2N-1} & \cdots & z_1 \\ z_{2N+1} & z_{2N} & \cdots & z_2 \\ \vdots & \vdots & \ddots & \vdots \\ z_{m-1} & z_{m-2} & \cdots & z_{m-2N} \end{bmatrix} \tag{5.139}$$

$$a = \left[a_1, a_2, \cdots, a_{2N} \right]^{\mathrm{T}} \tag{5.140}$$

通过最小二乘方法得到系数向量 a 的表达式为

$$a = (P^{\mathrm{T}}P)^{-1} P^{\mathrm{T}} \cdot z \tag{5.141}$$

求得系数向量 a 后,根据 a 的数值构造多项式,有

$$1 - a_1 x - a_2 x^2 - \cdots - a_{2N} x^{2N} = 0 \tag{5.142}$$

并对此多项式求根。若求得的根可以表示为 $\{s_k\}_{k=1,\cdots,2N}$,由于多项式为实系数多项式,因此 $2N$ 个根为共轭复根。将得到的根表示为 e 指数的形式:

$$s_k = \mathrm{e}^{\lambda_k \Delta t}, \quad \lambda_{2t\pm1} = -\zeta_i \omega_i + i\omega_i \sqrt{1 - \zeta_i^2} \tag{5.143}$$

式中，i 为虚数单位。由于前面假设系统中有 N 个模态，因此得到的系统频率 $\{\omega_i\}_{i=1,\cdots,N}$ 共有 N 个，每个模态对应的阻尼比 $\{\zeta_i\}_{i=1,\cdots,N}$ 共有 N 个。根据求得的根，奇数编号的根与偶数编号的根互为共轭，因此可以得到确定系统频率与阻尼比的公式为

$$\lambda_{2l-1} = \frac{\ln(s_{2l-1})}{\Delta t}, \quad \omega_l = |\lambda_{2l-1}|, \quad \zeta_l = -\frac{R(\lambda_{2l-1})}{\omega_l} \tag{5.144}$$

式(5.144)中，$R(\cdot)$ 表示取实部。

采用给定的时域数据对上面计算程序进行验证。数据中共有 1 024 个点，时间分布区间为 $t \in [0, 16\pi \times 1\,023/1\,024]$，系统的位移数据为

$$z = \sum_{k=1}^{4} e^{-\zeta_k \omega_k t} \sin\left(\sqrt{1-\zeta_k^2} \cdot \omega_k t\right) \tag{5.145}$$

式中，ω_k 为系统固有角频率，分别为 $\omega_1 = 1$，$\omega_2 = 2$，$\omega_3 = 5$，$\omega_4 = 10$，其对应的频率分别为 $f_1 = 1/2\pi \approx 0.159\,2$，$f_2 = 2/2\pi \approx 0.318\,3$，$f_3 = 5/2\pi \approx 0.795\,8$，$f_4 = 10/2\pi \approx 1.591\,5$；$\zeta_k$ 为系统的阻尼比，分别为 $\zeta_1 = 0.01$，$\zeta_2 = -0.01$，$\zeta_3 = -0.02$，$\zeta_4 = 0.000\,1$。对于上面时域数据进行 Fourier 变换得到频率谱，如图 5.24 所示。

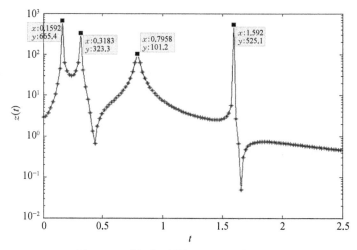

图 5.24 时间序列数据 Fourier 分析结果

通过图中频率峰值的标注可以看出，峰值频率与系统设置的参数一致。通过 ARMA 模型分析得到的频率为 $f_1 = 0.159\,15$，$f_2 = 0.318\,31$，$f_3 = 0.795\,77$，$f_4 = 1.591\,55$，与给定的系统固有频率之间的误差为 1.0×10^{-7} 量级。计算得到的阻尼比为 $\zeta_1 = 0.01$、$\zeta_2 = -0.01$、$\zeta_3 = -0.02$、$\zeta_4 = 0.000\,1$，与给定的阻尼比之间的误差也为 1.0×10^{-7} 量级。由此验证前面介绍的 ARMA 方法可以分析得到多自由度的黏性阻尼振动系统的阻尼比与固有频率。

3. 计算结果分析

在马赫数为 0.957 时，文献[12]中给定的颤振临界动压为 2 954.20 Pa。计算考察的两个来流动压为 3 692.75 Pa 和 2 215.65 Pa，分别为临界动压的 129.68% 和 77.81%。图

5.25 为翼梢位移随时间的变化图,在 77.81% 临界动压时翼梢的位移逐渐收敛,而在 129.68% 动压时翼梢位移逐渐发散。

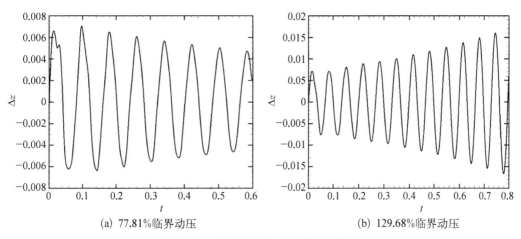

(a) 77.81%临界动压　　　　　　　　(b) 129.68%临界动压

图 5.25　AGARD 445.6 时域分析数据

　　通过对数据进行 Fourier 变换,得到其频率谱如图 5.26 所示。其中,顶端带有三角形的条形图案表示 AGARD 445.6 的结构固有频率,顶端带有实心方块的条形图案表示 ARMA 分析得到的振动频率。当动压为临界动压的 77.81% 时,振动位移收敛,数据形成的周期较多,此时 Fourier 分析得到了前 5 阶频率。第 1 阶与第 2 阶频率与系统的固有频率相比,它们之间的差别减小,后面 3 阶频率保持不变。结果中不包含第 6 阶频率的峰值,由于第 6 阶模态的振动位于流向,在法向时间序列数据中没有体现。ARMA 分析中采用了 15 个模态,得到的前 5 阶频率与 Fourier 分析的结果相近,第 6 阶频率与固体的原有频率相差较大,可能为法向位移的噪声引起。当动压为临界动压的 129.68% 时,计算逐渐发散,得到的时域数据具有 4 个周期。通过 Fourier 分析得到的频率谱具有 4 个峰值,其中最低频的峰值占优,此频率位于固体结构振动频率的 1 阶和 2 阶之间。ARMA 分析采用了 9 阶模态,若采用更高阶模态,则会出现与 Fourier 分析相差较远或者得到非共轭复根的情况。

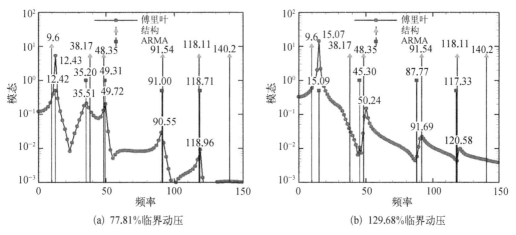

(a) 77.81%临界动压　　　　　　　　(b) 129.68%临界动压

图 5.26　AGARD 445.6 频域分析数据

表 5.2 和表 5.3 中的数据为 ARMA 分析得到的数据与 Fourier 分析以及机翼固有模态频率之间的对比。表 5.2 为在 77.81%临界动压下 ARMA 分析得到的频率与阻尼。在 1 阶频率时,Fourier 分析与 ARMA 分析得到的 1~5 阶频率相近,与固体频率在 3~5 阶相近。在气动力作用下,振动模态的第 1 阶和第 2 阶模态的振动频率与固体模态频率相比相互靠近。表 5.3 为在 129.68%临界动压下 ARMA 分析得到的频率与阻尼。对于 3~5 阶频率 Fourier 分析与 ARMA 分析的结果与固体 3~5 阶模态频率相近,但是第 1、2 阶频率与固体模态的第 1、2 阶频率相差较大,在表中将分析得到的 3~5 阶频率与固体 3~5 阶模态频率相比,而将分析得到的第 1 阶频率重复列在表中作为第 1、2 阶频率。

表 5.2　在 77.81%临界动压下频率与阻尼

模 态	机翼固有频率		Fourier 分析		ARMA 分析	
	频 率	差 别	频 率	差 别	频 率	阻 尼
1 阶	9.599 2	29.39%	12.43	−0.07%	12.42	0.008 8
2 阶	38.165	−7.77%	35.51	−0.88%	35.20	0.057 0
3 阶	48.348 2	1.99%	49.72	−0.82%	49.31	0.007 5
4 阶	91.544 8	−0.61%	90.55	0.48%	91.00	0.011 9
5 阶	118.113 2	0.51%	118.96	−0.21%	118.71	0.004 2
6 阶	140.200 4	181.21%	—	—	394.25	0.596 8

表 5.3　在 129.68%临界动压下频率与阻尼

模 态	机翼固有频率		Fourier 分析		ARMA 分析	
	频 率	差 别	频 率	差 别	频 率	阻 尼
1 阶	9.599 2	57.24%	15.07	0.14%	15.09	−0.011 5
2 阶	38.165	−60.45%	15.07	0.14%	15.09	−0.011 5
3 阶	48.348 2	−6.29%	50.24	−9.82%	45.31	0.018 7
4 阶	91.544 8	−4.13%	91.69	−4.28%	87.77	0.053 3
5 阶	118.113 2	−0.66%	120.58	−2.69%	117.33	0.014 9
6 阶	140.200 4	187.67%	—	—	403.32	0.723 1

通过上文所述的数据排列方式,可以清晰地看到,随着动压的升高,达到颤振的临界状态时,第 1 阶与第 2 阶频率相互靠近最终形成单一频率,此频率位于固体模态第 1、2 阶频率之间,而其他阶的模态频率几乎不变。由此说明,颤振为频率重合型颤振,随着动压的升高,第 1 阶模态与第 2 阶模态逐渐靠近最终耦合发散。通过在发散与收敛的阻尼比插值得到无量纲颤振速度为 0.299 3,与实验值 0.303 1 相比,相差−1.274 2%。

【小结】

本章详细介绍了任意拉格朗日-欧拉坐标体系下流固耦合力学控制方程建立过程,以及流固耦合计算策略和流固耦合界面映射技术等两个关键技术。在流固耦合计算各种耦合策略方面重点对分区耦合策略下的松耦合策略及其改进方法,并对具有二阶时间精度的预测-校正紧迭代格式进行详细分析。在压力和位移等耦合界面信息映射关键技术部分,重点介绍了无限平板样条插值、局部搜索的常体积转换法和全局映射的 RBF 插值方法。最后以大展弦比机翼静气动弹性和机翼跨声速颤振两个典型流固耦合问题为例,详细演示了时域 CFD/CSD 耦合计算应用流程。

【数字资源】

1. 开源流固耦合框架 preCCI 下载地址：https：//www. precice. org/
2. 基于 Openfoam+Calculix 的流固耦合分析实例教程

参 考 文 献

［1］安效民,徐敏,陈士橹. 多场耦合求解非线性气动弹性的研究综[J]. 力学进展,2009. 39(3)：284－298.

［2］徐敏,安效民,康伟,等. 现代计算气动弹性力学[M]. 北京：国防工业出版社,2016.

［3］De Boer A, Van Zuijlen A, Bijl H. Review of coupling methods for non-matching meshes[J]. Computer Methods in Applied Mechanics and Engineering, 2007, 196(8)：1515－1525.

［4］Farhat C, Lesoinne M. Two efficient staggered algorithms for the serial and parallel solution of three-dimensional nonlinear transient aeroelastic problems[J]. Computer methods in applied mechanics and engineering, 2000, 182：499－515.

［5］Farhat C, Van Der Zee K G, Geuzaine P. Provably second-order time-accurate loosely-coupled solution algorithms for transient nonlinear computational aeroelasticity [J]. Computer Methods in Applied Mechanics and Engineering, 2006, 195(17－18)：1973－2001.

［6］Harder R L, Desmarais R N. Interpolation using surface splines[J]. Journal of aircraft, 1972, 9(2)：189－191.

［7］Bhardwaj M K. A CFD/CSD interaction methodology for aircraft wing：[dissertation][D]. Virginia：Virginia Polytechnic Institute and state University, 1997, 1－24.

［8］Goura G S L, Badcock K J. A data exchange for fluid-structure interaction problems[J]. The Aeronautical Journal, 2001, 4：215－221.

［9］Rendall T C S, Allen C B. Efficient mesh motion using radial basis functions with data reduction algorithms[J]. Journal of Computational Physics, 2009, 228：6231－6249.

［10］周强,李东风,陈刚,等. 基于 CFD 和 CSD 耦合的通用静气弹分析方法研究[J]. 航空动力学报,2018,33(2)：355－363.

［11］Patil M J, Hodges D H. Flight dynamics of highly flexible flying wings[J]. Journal of aircraft., 2006, 43(6)：1790－1798.

［12］Yates E C. AGARD Standard aeroelastic configurations for dynamic response 1：Wing 445. 6[J]. NASA TM 100492, 1987.

第6章
动网格技术

学习要点
- 掌握动网格技术分类、实质和内涵
- 熟悉常用动网格计算方法
- 了解动网格技术现状和进展

在流固耦合问题中,固体计算域会发生运动或者变形(否则问题将退化为纯流体问题)。在此情形中,相应的网格必须能够适应计算域几何形状的变化,数值计算才能得以进行。因此,动网格技术是计算流固耦合学科的一项重要基础技术[1,2]。当结构变形后,流体所在的区域发生了相应的改变。如果在计算此类问题的过程中流场计算将结构与流场交接面处理为固体表面,而不是用源项代替(如浸入边界方法,immersed boundary method),则流场的计算网格需要根据结构的变形做出相应的改变。在结构弹性变形过程中,结构的拓扑不会发生改变,此时流场计算的网格只需考虑跟随结构变形而改变,而不需要改变其拓扑。本章从动网格构造思想和具体算法出发,对经过长期实践发展出来的一些"比较好"的动网格技术进行介绍。

6.1 常用动网格生成方法

6.1.1 动网格问题的实质和内涵

要理解"动网格"这一概念,首先要理解"网格"这一概念。计算网格的实质是一个分布在计算域中的点集加上定义在这个点集上的拓扑集。通俗地讲,就是点和点之间的关系。这就是说,一套计算网格包含两层信息:第一层信息是点集,这个点集是所有网格节点构成的一个点云,它不涉及任何顺序信息,各点之间也没有任何关系;第二层信息才是拓扑集,也就是指明上述点集中那些点之间相连构成边,那些边连起来围成面,哪些面再连起来围成网格单元。

网格拓扑的特性将网格区分为结构网格和非结构网格。所谓结构网格是指,网格中所有内点与其邻接点的拓扑关系都相同。不满足这一性质的网格称为非结构网格。因此,所谓"结构网格"和"非结构网格"概念中"结构"内涵是"拓扑结构"。为便于理解,结构网格可以类比于晶体,而非结构网格则相当于非晶体。在实际工程应用中,最常见的结构网格为二维四边形/三维六面体网格。需要注意的是,结构网格的概念本身并不要求网格单元为特定形状,就像晶体可以有各式各样的晶胞一样。用三角形单元和六边形单元也可以定义出结构网格。

经过多年发展,当前动网格算法数目繁多,不胜枚举。参考文献[3]给出了动网格算法的一个很好的综述。但是,所有动网格算法都可以抽象为一个从边界网格点集到计算域网格点集的映射,记为 P。这个映射将边界点的位移映射到计算域中的网格点,使得变形后的计算域网格质量能较好得满足流固耦合控制方程数值求解的要求。此处应注意的是,动网格算法的作用对象是点集,与网格拓扑无关。认识到这一点对理解下文即将介绍的各种动网格算法是非常有帮助的。

从定义层面而言,除了具有明确的像和原像集合外,通常对映射 P 无法给出任何约束。这就决定了对于给定的边界点集和域点集,可以建立无穷多种映射方法,也难以定义"最优"映射方法。那么,如何衡量动网格算法的优劣,从而针对不同的问题,选取合适的算法呢?动网格方法的评价指标,需要分别计算代价和网格质量两个方面。前者是算法的计算代价,可以具体为算法的计算复杂度与存储需求两个方面;后者是算法的产出质量。网格质量的衡量指标与网格形式有关,通常有归一化体积、拉伸度、翘曲、正交等方面的指标。

动网格计算方法可以分为两大类。第一类为物理比拟类。此类方法从"变形"概念的物理内涵,将网格比拟为弹性体,构造出相应的动网格算法,如弹簧法、弹性体法、微分方程法等[4,5]。第二类为代数方法,由动网格映射关系出发,从数学角度构造出相应的算法,如超限插值、径向基函数、四元数等方法。应该注意的是,物理比拟法和代数法之间并不存在明确界限,二者存在相互借鉴、相互渗透的情况。例如,微分方程法中的拉普拉斯方程法和双协调方程法,都有相应的物理背景,但是又不完全受实际物理本构关系的约束;又如四元数方法在这里虽然归为代数方法,但是其构造思路考虑到了网格的平移和旋转,具有相当明确的空间含义,而不是单纯的数学策略。图 6.1 给出了弹簧法、弹性体法、背景网格插值法三种动网格算法示意图[6,7]。其中前两种均为基于物理模型建立的变形方法,而后者基于数学映射关系。

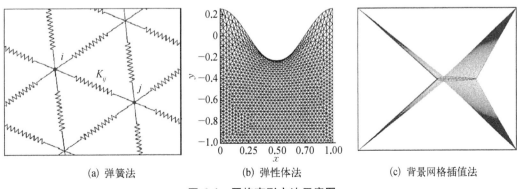

(a) 弹簧法　　　　　　(b) 弹性体法　　　　　　(c) 背景网格插值法

图 6.1 网格变形方法示意图

6.1.2 虚拟结构法

弹簧法构造思想来自对动网格问题对直观的物理比拟。弹簧法假设网格节点由弹簧连接,整个计算域网格是一个达到平衡状态的弹簧系统[4]。如果这个弹簧网络的边界节点发生运动,弹簧网络会自然地做出响应并达到新的平衡,从而方便指示变形后的网格形状。选取恰当的弹簧刚度 k_{ij},如式(6.1),组成弹簧系统的刚度矩阵 K;求解节点静力平衡方程,如式(6.2)获得由于边界变形或运动带来的网格节点位移,从而得到适应计算域变化的计算网格为

$$k_{ij} \propto \frac{1}{\| x_j - x_i \|} \tag{6.1}$$

式中,x_i 和 x_j 和分别为节点 i、j 的位置向量。记 q 为网格节点位移向量,求解平衡方程:

$$Kq = 0 \tag{6.2}$$

即可得到各节点位移量,从而得到变形后的网格节点坐标。

根据弹簧刚度的不同设置方法,弹簧法分为线弹簧法、扭转弹簧法和半扭转弹簧法等[3]。线弹簧法的弹簧刚度仅与网格边长相关,在变形过程中无法对抗网格单元的剪接变形,容易出现网格边相交出现非法网格。扭转弹簧法通过引入与网格中边的夹角相关的扭转弹簧来约束网格的扭转变形。扭转弹簧法可结合共轭梯度法,通过减少求解方程组的时间来提高网格变形效率。半扭转弹簧法不仅考虑了沿网格边的线弹簧,而且考虑了与角度相关的扭转弹簧。扭转弹簧法和半扭转弹簧法的网格变形能力远优于线弹簧法。

弹簧法算法的优点是实现简单、所需存储空间较小、可以灵活控制局部网格变形。在处理小变形问题中得到广泛应用,如机翼的俯仰振动、气弹变形、自由表面问题、多体机翼的小幅相对运动等。弹簧法的主要局限性是网格变形能力较弱,在处理边界大变形问题时容易发生网格相交,从而产生非法网格。弹簧法这一缺点的根本原因是,弹簧静力平衡方程是椭圆形方程,其边界位移向网格内部传递时衰减速度很快,从原理上无法保证弹簧不相交。此外,对于三维网格变形问题,弹簧法不仅需要设定顶点间的变形关系,还需要考虑单元面或者棱边之间的变形关系,复杂性急剧上升,导致二维弹簧法很难推广到三维问题。

弹性体法是弹簧法的一个自然延伸。弹性体法假设计算网格域被弹性介质充满,选取恰当的弹性模量并利用位移边界条件[5]。设由网格构成的虚拟弹性体变形方程如下:

$$\begin{aligned}
&\nabla \cdot \sigma + f = 0 \\
&\sigma = \lambda \text{tr}[\varepsilon(y)]I + 2\mu\varepsilon(y) \\
&\varepsilon(y) = \frac{1}{2}[\nabla y + (\nabla y)^{\text{T}}]
\end{aligned} \tag{6.3}$$

求解式(6.3)就可得到计算网格随边界的运动或变形。式中,σ 为 Cauchy 应力张量;tr( ) 为迹算子;∇为微分算子;y 为位移;$\varepsilon(y)$ 为应变张量;λ 和 μ 是 lame 常量;I 是单位张量;f 为外力。

弹性体法把网格变形当成连续介质力学问题来求解,通过使网格变形能最小来得到

网格变形量。弹性体法是一个基于物理模型的通用网格变形方法,可以用于结构化网格和非结构化流体网格。同时弹性体法考虑了介质的拉压经常前切应变,其网格变形能力优于经典弹簧法,可以应用多体相对运动、机翼折叠等较大变形的网格变形问题。但是由于弹性体法需要在被变形的细密网格上求逆刚度矩阵,通常计算量较大,因此难以在大规模问题中直接应用。

6.1.3 微分方程法

微分方程法可以视为前述弹性体法的一种泛化。网格变形毕竟只是一个数值问题而不是物理问题,因此可以借鉴物理问题的思想却不必拘泥。由弹性体法控制方程式出发,保留其主要特征而忽略不重要的细节。将介质视为不可压缩,即 $\nabla \cdot y = 0$,同时忽略外力力 f,式(6.3)可简化为拉普拉斯方程为

$$\nabla^2 y = 0 \tag{6.4}$$

拉普拉斯方程是一个典型的边值问题。以边界节点位移为边界条件,求解拉普拉斯方程(6.4)即可得到节点位移。拉普拉斯方程相当于单独求解了不同方向的网格变形,是最常用的偏微分方程法,也可视为线弹性体法的特殊情形。与弹簧法相比计算量小,对于刚体位移、转动变形以及整体膨胀等单一变形可以得到较好的结果。

一个容易产生疑惑的问题是,介质不可压缩似乎与网格变形是矛盾的——网格变形中并不要求计算域总体积守恒。在计算域总体积发生变化的情况中,这个体积变化的"净通量"是由边界条件贡献的。也就是说,边界的位移决定了计算域总体积的变化,这是显然合理的。这也说明了,在网格变形过程中,计算域内部没有产生任何额外的体积变化。

对给定边界,拉普拉斯方程只能取 Dirichlet(给定函数值)或 Neumann(给定法向梯度)边界条件之一,不能同时控制边界位置和法向网格间距。二阶偏微分方程求解算法都不可避免地存在这个问题。法向网格间距的连续性直接影响变形后的网格质量。Helenbrook 提出利用双调和算子计算网格变形的方法[7],即同时满足 Dirichlet 边界条件和 Neumann 边界条件的四阶偏微分方程。尽管双调和算子的计算量大于 Laplace 方程,但其网格变形能力优于二阶偏微分方程,如图 6.2 所示。同时,注意到在弹性力中,艾里

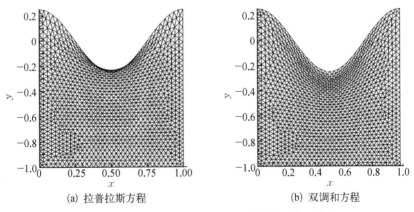

(a) 拉普拉斯方程　　　　(b) 双调和方程

图 6.2　拉普拉斯和双调和方程网格变形效果对比

应力函数(Airy stress function)是满足双调和方程的。在此意义上微分方程法与虚拟结构法殊途同归。

6.1.4　四元数法

旋转四元数是一种三维空间旋转描述方法。对于网格变形问题,网格点的位移可以分为平移和旋转两部分[8]:

$$x_d = \text{rotation of } x_u + t \tag{6.5}$$

式中, $x_u = (x_u, y_u, z_u)^T$ 和 $x_d = (x_d, y_d, z_d)^T$ 分别是变形前后网格点坐标, $t = (t_x, t_y, t_z)^T$ 为平移向量。旋转操作最常见的表述方式是用一个 3×3 阶的矩阵,表达式如下:

$$x_d = R_3 x_u + t \tag{6.6}$$

式中,旋转矩阵 R_3 可以通过欧拉角或转轴与转角方式得到。另外一种表述方式就是用一个与转轴和转角有关的四元数,定义如下:

$$Q = \left[\cos \frac{\theta}{2}, \ u\sin \frac{\theta}{2} \right] \tag{6.7}$$

式中, u 和 θ 为转轴和转角,则变形关系可以写为

$$X_d = QX_uQ^* + T \tag{6.8}$$

式中, $X_u = [0, x_u, y_u, z_u]$; $X_d = [0, x_d, y_d, z_d]$; $T = [0, t_x, t_y, t_z]$,分别为变形前后网格点坐标和平移四元数, Q^* 为 Q 的共轭四元数。此外,还可以将四元数看成是复数在三维空间中的推广,由一个实部和三个虚部构成:

$$Q = q_1 + q_2\text{i} + q_3\text{j} + q_4\text{k} \tag{6.9}$$

式中,i、j、k 是虚数单位,运算方式定义如下:

$$\begin{aligned} &\text{ii} = \text{jj} = \text{kk} = \text{ijk} = -1 \\ &\text{ij} = -\text{ji} = \text{k} \\ &\text{jk} = -\text{kj} = \text{i} \\ &\text{ki} = -\text{ik} = \text{j} \end{aligned} \tag{6.10}$$

四元数的乘法和除法运算都可以通过式(6.10)得到。通过四元数可以把变形过程等距分解为 n 步:

$$X_0 = X_u$$

$$X_{i+1} = Q^{1/n} X_i Q^{1/n*} + T^{1/n}, \ i = 0, 1, \cdots, n-1 \tag{6.11}$$

$$X_d = X_n$$

式中, $Q^{1/n}$ 为转轴不变,转角 n 等分的四元数:

$$Q^{1/n} = \left[\cos\frac{\theta}{2n}, \ u\sin\frac{\theta}{2n} \right] \tag{6.12}$$

将式(6.11)写成向量和矩阵的形式:

$$x_{i+1} = R_{1/n}x_i + t_{1/n}, \ i = 0, 1, \cdots, n-1 \tag{6.13}$$

则可以得到:

$$t_{1/n} = M_{\text{sum}}^{-1}(x_d - Rx_u), \ M_{\text{sum}} = \sum_{i=0}^{n-1} R_{1/n}^i \tag{6.14}$$

分解方法能够大幅改善四元数的坐标相关性,但是会增加计算消耗。对于网格变形问题,首先分解边界(物面、对称面和远场)网格的旋转和平移,得到旋转四元数 Qs_n 和平移向量 Ts_n。然后令物面单元面积 A_n 乘以距离 d_n 三次方的倒数为加权系数,得到空间网格点的旋转四元数和平移向量:

$$Q = \sum_{n=1}^{N} \frac{A_n}{d_n^3} Qs_n \Big/ \sum_{n=1}^{N} \frac{A_n}{d_n^3}, \quad T = \sum_{n=1}^{N} \frac{A_n}{d_n^3} Ts_n \Big/ \sum_{n=1}^{N} \frac{A_n}{d_n^3} \tag{6.15}$$

式(6.15)是旋转四元数网格变形方法中最为耗时的步骤,将 A_n 作为权重系数的分子可以有效地防止网格分布粗密不一的影响,尤其是在机翼后缘附近。而距离 d_n 的三次方作为权重系数的分母则可以快速衰减边界变形对空间网格的影响。

6.1.5　背景网格插值法

背景网格插值法可以理解为一种混合动网格方法,其思想核心是把边界的运动传递给背景网格,然后让基于背景网格的坐标系"牵动"网格点的运动,从而把网格变形问题转化为坐标变换问题。背景网格一般设计得比较稀疏,便于应用各种动网格算法而不必顾忌计算代价。通过坐标变换计算细密网格的运动,可以通过矩阵乘向量实现。这是一个线性复杂度的操作,可以应用于大规模问题。这样,通过将动网格转化为两步比较容易求解的问题,从而解决大规模动网格可实现性和计算效率瓶颈。

要通过坐标变换解决动网格计算复杂性问题,首先需要有一个坐标系。首先以二维问题进行介绍。在二维空间中,三角形是最简单的多边形。在任意三角形的内部,可以建立一个局部面积坐标系。设细密网格点 D 处于背景网格的三角形 ABC 内,则点 D 的变形量 Δ_{xD} 可以由三角形 BCD 的面积 S_1、三角形 ACD 的面积 S_2、三角形 ABD 的面积 S_3 以及 ABC 三点的变形量 Δ_{xA},Δ_{xB} 和 Δ_{xC} 计算得到,具体计算公式如下:

$$\Delta_{xD} = \frac{S_1\Delta_{xA} + S_2\Delta_{xB} + S_3\Delta_{xC}}{S_1 + S_2 + S_3} \tag{6.16}$$

背景网格法的一种极端情况是,直接由边界上的点建立背景网格。这就涉及由离散点集生成网格的问题。在二维平面点集上,Delaunay 算法给出一个三角剖分,使得任意一点都不在任意三角形外接圆的内部。这一性质的效果是,Delaunay 三角剖分在所有可能的三角剖分中,最大化了三角形的最小角,也就是尽可能避免"瘦长"三角形的出现,从而提高计算精度。

在各种各样的混合动网格技术中,Delaunay 图映射算法是应用最广泛的动网格技术之一[9]。借助背景网格,很容易便能求解出计算网格网格点的变形量,简单、快速、适用于任意网格类型。Delaunay 图映射动网格技术分为四个步骤[9]:① 根据计算域生成 Delaunay 图;② 在 Delaunay 图中采用面积/体积法定位计算网格;③ 根据边界的运动或变形挪动 Delaunay 图;④ 根据定位关系以及新的 Delaunay 图重新定位计算网格。

但是当遇到大变形情况时,Delaunay 图映射技术无法保证较高的网格质量。因此将 Delaunay 图映射技术和其他类型动网格技术(如 RBF 动网格技术和弹簧法)结合,可以获得大变形适应性更强、网格质量更好、生成效率更高的混合动网格技术。背景网格插值法实现简单,不需要迭代计算求解大规模方程组,适用于结构化和非结构网格,并且可以推广到三维网格变形中,是目前效率最高的网格变形方法之一。但是,背景网格插值法仅对凸体的网格有效,对于非凸边界变形(如发动机短舱等)曲面变形则难以自动建立 Delaunay 三角剖分。

6.1.6 超限插值法

超限插值(trans finite interpolation,TFI)法,又常翻译为"无限插值法"。超限插值法是指一类插值方法,这类方法得到的插值函数,可以在不可序点集(该点集无法与自然数集建立一一映射,符合通俗意义上的"无限"。关于有限、超限和无限概念的区别,不在本书讨论范围之内,感兴趣的读者可以自行查阅集合论方面的资料)上符合原函数,而不像常规插值方法(如拉格朗日插值,只能保证在有限个基点上符合原函数)那样只能在有限点集上符合原函数,因此称为"超限"插值。

在动网格问题中,超限插值法一般适用于结构网格。超限插值法的实质,是将一个结构网格块顶点的位移先插值到各个棱边,再由棱边插值到棱边所围城的面,再由面插值到网格块中所有的内点。这一方法也可以理解为一种特殊的背景网格思想——这里的背景网格,就是结构网格块本身。

在动网格问题中,具体的超限插值方法的算法步骤如下[10]:把每个变形区域当作一个三维计算空间,坐标系定义为 i、j、k,则定义区域内所有点的混合函数(blending function)如下:

$$r_{i,j,k} = \frac{\sum\limits_{n=2}^{i} \| x_{n,j,k} - x_{n-1,j,k} \|}{\sum\limits_{n=2}^{imax} \| x_{n,j,k} - x_{n-1,j,k} \|} \tag{6.17}$$

$$s_{i,j,k} = \frac{\sum\limits_{n=2}^{j} \| x_{i,n,k} - x_{i,n-1,k} \|}{\sum\limits_{n=2}^{jmax} \| x_{i,n,k} - x_{i,n-1,k} \|} \tag{6.18}$$

$$t_{i,j,k} = \frac{\sum_{n=2}^{k} \parallel x_{i,j,n} - x_{i,j,n-1} \parallel}{\sum_{n=2}^{j\max} \parallel x_{i,j,n} - x_{i,j,n-1} \parallel} \tag{6.19}$$

通过式(6.17)~式(6.19)可知,混合函数 r、s、t 的范围都在 0~1。首先可以通过已知单元六个顶点变形情况得到各个边线上的变形量,以 $i = 1 \sim i\max, j = 1, k = 1$ 为例,有

$$\Delta x_{i,1,1} = (1 - r_{i,1,1})\Delta x_{1,1,1} + r_{i,1,1}\Delta x_{i\max,1,1} \tag{6.20}$$

同理可得其余边线上的网格变形量,然后通过插值得到面上的网格变形量,以 $i = 1 \sim i\max, j = 1 \sim j\max, k = 1$ 为例,有

$$f_{i,j,1} = (1 - r_{i,j,1})\Delta x_{1,j,1} + r_{i,j,1}\Delta x_{i\max,j,1} \tag{6.21}$$

$$g_{i,j,1} = (1 - s_{i,j,1})(\Delta x_{i,1,1} - f_{i,1,1}) + s_{i,j,1}(\Delta x_{i,j\max,1} - f_{i,j\max,1}) \tag{6.22}$$

$$\Delta x_{i,j,1} = f_{i,j,1} + g_{i,j,1} \tag{6.23}$$

当确定了所有面的网格变形量之后,就可以通过插值得到单元内部的网格点变形如下:

$$f_{i,j,k} = (1 - r_{i,j,k})\Delta x_{1,j,k} + r_{i,j,k}\Delta x_{i\max,j,k} \tag{6.24}$$

$$g_{i,j,k} = (1 - s_{i,j,k})(\Delta x_{i,1,k} - f_{i,1,k}) + s_{i,j,k}(\Delta x_{i,j\max,k} - f_{i,j\max,k}) \tag{6.25}$$

$$h_{i,j,k} = (1 - t_{i,j,k})(\Delta x_{i,j,1} - f_{i,j,1} - g_{i,j,1}) + t_{i,j,k}(\Delta x_{i,j,k\max} - f_{i,j,k\max} - g_{i,j,k\max}) \tag{6.26}$$

$$\Delta x_{i,j,k} = f_{i,j,k} + g_{i,j,k} + h_{i,j,k} \tag{6.27}$$

这样就可以得到整个单元中所有网格点变形信息。由以上步骤可见,无限插值方法仅需在三个方向进行线性插值处理,具有很高的效率,特别适合于多块结构化网格。

6.2　径向基函数类动网格技术

6.2.1　径向基函数

径向基函数(radial basis function,RBF)泛指一类取值仅依赖于距离的实值函数。即对于定点 c,对于任意一点 x,有函数 ϕ 满足

$$\phi(x:c) = \phi(\parallel x - c \parallel) \tag{6.28}$$

这个以 c 为参数的关于 x 的函数 ϕ 即成为径向基函数。其中 $\parallel \cdot \parallel$ 为距离函数,一般取欧几里得空间的 2-范数。当然,也可以定义其他类型的距离函数。注意,此处对函数 ϕ 的性质和形式没有做出任何要求,理论上它可以是任意实函数。

为了将固体边界的变形扩散到流体计算网格上,将取值点取为流体网格中的某个节

点 x_i，而将参考点取为固体表面上的某个节点 X_j。RBF 的函数值 η 可以表示为

$$\eta = \eta(\parallel x_i - X_i \parallel) \tag{6.29}$$

引入 RBF 的参考长度 ζ_ϕ，将距离参考点的长度无量纲化作为 RBF 的自变量，即 $\zeta = \parallel x_i - X_i \parallel / \zeta_\phi$。

RBF 分为 3 类：全局型、局部型、紧致型。全局型 RBF 的函数值在整个计算区域非 0，在参考点上最小随着取值点到参考点的距离增加，逐渐增加。局部型 RBF 的函数值在整个计算区域非 0，在参考点上最大，随着取值点到参考点的距离增加，逐渐衰减。紧致型 RBF 的函数值在参考长度 ζ_ϕ 内非 0，在参考长度 ζ_ϕ 外为 0，在参考点上最大，随着取值点到参考点的距离增加，逐渐衰减。在实际应用中，径向基函数 $\phi(\parallel \cdot \parallel)$ 可以大致分为衰减函数（Wendland 函数、高斯函数等）和增长函数（平板样条函数等），其中衰减函数更为当地化，且在处理力插值问题中物理意义更清晰。表 6.1 给出了几种常用的 RBF。

表 6.1　常用径向基函数

分　类	名　　称	表　达　式
全局	薄板样条	$\zeta^2 \ln \zeta$
	体积样条	ζ
	Hardy 多重二次曲面	$(C_0^2 + \zeta^2)^2$
局部	Gauss	$\exp(-\zeta^2)$
	Hardy 反多重二次曲面	$(C_0^2 + \zeta^2)^{-1/2}$
紧致	Wendland C0	$\begin{cases} (1-\zeta)^2, & \zeta \leq 1 \\ 0, & \zeta > 1 \end{cases}$
	Wendland C2	$\begin{cases} (1-\zeta)^4(4\zeta+1), & \zeta \leq 1 \\ 0, & \zeta > 1 \end{cases}$
	Wendland C4	$\begin{cases} (1-\zeta)^6(35\zeta^2+18\zeta+3), & \zeta \leq 1 \\ 0, & \zeta > 1 \end{cases}$
	Wendland C6	$\begin{cases} (1-\zeta)^8(32\zeta^3+25\zeta^2+8\zeta+1), & \zeta \leq 1 \\ 0, & \zeta > 1 \end{cases}$

图 6.3 显示了 4 种 Wendland 紧致 RBF，其 C4 的函数值除以 3 正规化。从 C1 到 C4 RBF 的衰减随着距离的增加而减小，C1 RBF 在 0 点的导数为 $2(\zeta - 1) < 0$，其他 RBF 在 0 点的导数为 0。因在 0 点附近的导数小于 0，导致采用 C1 RBF 差值边界附近网格的变形较大，对边界的跟踪性差，由此可能使得流场物面附近的边界层网格变形过大，可能导致网格质量下降严重，并可能引起网格单元出现负体积。C3 和 C4 虽然在 0 点附近的导数为 0，但是随着距离的增大，衰减速度大于 C2 RBF，在远场较长的一段范围上接近 0，这使得这一段范围上的点虽然参与计算带来了计算量但是对于网格变形贡献较小，造成了浪费。因此，选定 Wendland C2 RBF 进行插值：

$$\eta(\zeta) = \begin{cases} (1-\zeta)^4(4\zeta+1), & \zeta \leq 1 \\ 0, & \zeta > 1 \end{cases} \tag{6.30}$$

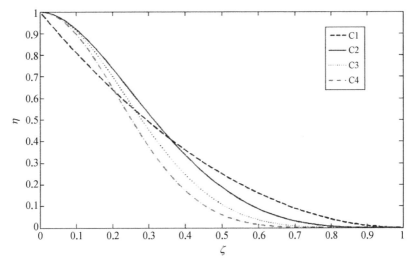

图 6.3　4 种 Wendland 紧致 RBF

此函数能够得到较光滑的解,计算量增加较少,在适当地选取参考长度后,能够保证远场边界的变化为 0。

6.2.2　采用 RBF 方法计算网格变形

RBF 插值的目的是根据固体边界点的位移确定流动区域中网格节点的位移[1,2]。设在所有网格点上有节点位移函数 ΔD,此函数为节点位置 x 的函数。采用 RBF 插值法,将节点位移函数表示为 N 个参考点上的 Wendland C2 RBF 线性组合,得到位移的 RBF 插值展开式为

$$\Delta D(x) = \sum_{i=1}^{N} \alpha_i \eta(\parallel x - X_i \parallel / \zeta_\phi) \tag{6.31}$$

式中,α_i 为 RBF 插值系数,其每一个方向与一个位移方向相对应。将参考点取为边界上节点的点集 X_i,对应的位移为 ΔX_j,如图 6.4 所示。根据节点位移函数 ΔD 由 RBF 表示的

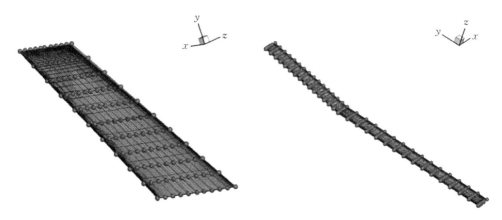

图 6.4　边界上节点分布示意图

展开式(6.31),其在边界点上应该等于给定位移,则位移的表达式为

$$\Delta D(X_j) = \Delta X_j = \sum_{i=1}^{N} \alpha_i \eta(\parallel X_j - X_i \parallel / \zeta_\phi) \tag{6.32}$$

根据该式,可以由已知变形 ΔX_j 与参考点位置 X_i 求出插值系数向量 $\alpha_{\mathrm{RBF}} = (\alpha_1, \alpha_2, \cdots, \alpha_N)^{\mathrm{T}}$。其对应的线性方程组为

$$H\alpha_{\mathrm{RBF}} = \Delta X_{BC} \tag{6.33}$$

式中,系数矩阵 H 中的元素 η_{ij} 为 RBF 的函数值,即 $\eta_{ij} = \eta(\parallel X_j - X_i \parallel / \zeta_f)$;右端项为边界节点上的已知位移组成的向量,即 $\Delta X_{BC} = (\Delta X_1, \Delta X_2, \cdots, \Delta X_N)^{\mathrm{T}}$。通过该线性方程组得到 RBF 的插值系数,代入到式(6.32)中可以外插得到计算区域中其他节点的位移。

通过 RBF 插值得到的网格点位移受到参考长度的影响。当参考长度 ζ_ϕ 增加时,网格位移随着边界距离增加而衰减变慢。边界附近的网格对于固体边界的跟随性越好,固体边界附近的边界层网格质量越好,越不易出现负体积。但随着 ζ_ϕ 的增加,矩阵 H 的对角线元素与非对角线元素差别减小,从而增加矩阵的刚度,增加了求解过程的计算量。

RBF 插值矩阵在参考长度 ζ_ϕ 较大时对于系数向量 α_{RBF} 起到平均的作用,α_{RBF} 中各个元素之间的差别大于右端项之间的差别。在已知右端项求解 α_{RBF} 的过程中,RBF 插值矩阵的作用相反,其扩大了右端项之间的差别使得 α_{RBF} 各个元素之间的差别变大。为了分析 RBF 插值矩阵的作用,以 3 个点上进行 RBF 插值的问题为例。这 3 个点位于相同平面上,相互之间距离相等,构成等边三角形。这 3 个点构成的矩阵对角线元素为 1,非对角线元素为 $1-\delta$。右端项为 $(\Delta X_1, \Delta X_2, \Delta X_3)^{\mathrm{T}}$,即

$$\begin{pmatrix} 1 & 1-\delta & 1-\delta \\ 1-\delta & 1 & 1-\delta \\ 1-\delta & 1-\delta & 1 \end{pmatrix} \begin{pmatrix} \alpha_1 \\ \alpha_2 \\ \alpha_3 \end{pmatrix} = \begin{pmatrix} \Delta X_1 \\ \Delta X_2 \\ \Delta X_3 \end{pmatrix} \tag{6.34}$$

方程的解为

$$\begin{pmatrix} \alpha_1 \\ \alpha_2 \\ \alpha_3 \end{pmatrix} = \begin{pmatrix} \dfrac{1}{\delta}(\Delta X_1 - \Delta \bar{X}) + \Delta \bar{X} \\ \dfrac{1}{\delta}(\Delta X_2 - \Delta \bar{X}) + \Delta \bar{X} \\ \dfrac{1}{\delta}(\Delta X_3 - \Delta \bar{X}) + \Delta \bar{X} \end{pmatrix} \tag{6.35}$$

式中,$\Delta X = (\Delta X_1 + \Delta X_2 + \Delta X_3)/3$ 为右端项的平均值。通过式(6.35)得到的 RBF 插值系数在平均值附近波动,且波动的振幅与 ζ_ϕ 成反比。为了保持网格质量而增加 ζ_ϕ 时,得到的系数矩阵刚度增大,计算量也增大。代数多重网格方法可以用于加速求解刚度较大的线性代数问题,但其主要用于求解 Laplace 算子离散后形成的对角线元素与非对角线元素符号相反的问题,在求解中,波动为逐渐平滑的过程,这与 RBF 系数矩阵放大波动的特点

相反。因此,使用多重网格方法加速计算无法达到预期效果。

6.2.3 RBF动网格加速方法

1. RBF加速策略

对于动网格问题,已知边界上 N 个点的 c_i 的位移 δ_i,构造一个 N 个径向基函数的线性组合,来得到覆盖整个空间域的位移函数:

$$\Phi(x) = \sum_{i=1}^{N} \omega_i \phi_i \qquad (6.36)$$

至此,只需确定权重系数 ω_i 即可得到 $\Phi(x)$。显然,权重系数 ω_i 应满在所有边界点 c_i 上的位移满足已知位移 δ_i,即

$$\Phi(c_i) = \delta_i, \ i = 1, \ 2, \ 3, \ \cdots, \ N \qquad (6.37)$$

式(6.37)为关于权重系数 ω_i 的 N 元一次方程组,联立求解可得所有的权重系数 ω_i。一般情况下,式(6.37)的系数矩阵为 $N \times N$ 满阵,求解这样的线性方程组,存储复杂度与 N^2 成正比,计算复杂度与 N^3 成正比。因此,常规径向基函数法很难适用于大规模问题。针对这一困难,人们通常通过两个思路来修改径向基函数法。

第一种思路是限制基函数的作用范围。即令

$$\phi(\|x - c\|) = 0, \ \|x - c\| > r_0 \qquad (6.38)$$

式中,r_0 称为函数 ϕ 的支撑半径。当 ϕ 取 0 时式(6.38)的系数矩阵对应元素为 0。r_0 取值越小,系数矩阵越稀疏,可以为降低存储和计算代价提供一定可能性,但实际作用往往有限,原因是稀疏化后的系数矩阵结构一般规律不明确,难以发展适用性强的算法。但是,r_0 决定了对应基点 c 的位移的影响范围,r_0 过小将使边界变形无法正常传递到计算域内部。r_0 的选取是问题依赖的,并且具有很强的经验性。

第二种思路是剔除部分边界点,降低问题规模。在有些问题中,由于网格加密导致边界点增多,在这种情况下,相邻点的位移是非常接近的,没有必要全部计算,可以通过每隔 n 点取一点的方法应用径向基函数法。显然,这种策略的代价是,如此构造的径向基函数无法保证在那些被跳过的点上复现给定的网格变形,从而给流固场的数值求解及其数据交换带来误差。

由于径向基函数法的上述缺点,实际流固耦合问题很少以径向基函数法直接求解动网格问题,而是将其与其他方法相结合,构造混合方法。在混合方法中,径向基函数法通常扮演顶层框架算法的角色,而将局部网格变形的计算交给其他效率更高的动网格算法。

径向基函数插值法采用变形基函数使边界变形在计算网格中均匀分布,不用考虑网格点之间的连接关系。其求解过程分为基函数系数求解步和节点位移求解步。固体变形采用模态方法计算时,对于给定模态,可以将 RBF 插值方法分开计算。在计算开始之前根据各个模态的变形先计算好加权系数,并存储。在计算过程中根据时间推进得到的模

态坐标进行节点位移步计算,可以得到相应的固体边界变形。RBF 的主要计算量集中在计算基函数系数时,这样计算可以节省计算量。

2. 基于贪心法的 RBF 加速算法

RBF 插值式(6.33)中插值系数 α_{RBF} 的计算量与边界上网格数的立方成正比。计算量会随着边界上网格数的增加而急剧增加。通过引入贪心算法可以显著加速求解 α_{RBF} 时的收敛速度。贪心算法首先由 Rendall 和 Allen[1] 首先提出,主要思想为:从边界上所有的 N 个点中选出有 M 个点的子集,根据子集中的点及其位移对流动区域中的网格点的位移进行插值,还根据子集中的点对边界上其他不属于子集的点的位移进行插值;如果插值误差在给定的误差范围内则子集中点的数目达到要求,否则继续增加子集中点的数目;每次增加子集中点的数目时,选取插值后误差最大的点加入子集中。Rendall 和 Allen[1] 提出的贪心算法没有改变计算量与选取点数的立方成正比的关系。若初始选取的 M 个点没有达到控制误差的目的,则每增加 1 倍点的数目,计算量就会增加 8 倍。王刚等[2] 改进了贪心算法的过程,针对选取的 M 个点不能够使得误差小于给定范围的情形,将误差作为右端项再进行一次贪心算法求解,两次的解相加,得到最终的解。采用改进的贪心算法每增加 1 倍点的数目,计算量只增加 2 倍。设初始系数为 α_{RBF}^{0},α_{RBF}^{0} 引起的残差为 R^{M_0},则有

$$H\alpha_{RBF}^{M_0} = R^{M_0} \tag{6.39}$$

式中,$R^{M_0} = \Delta X_{BC} - H\alpha_{RBF}^{0}$。采用 Rendall 等的贪心算法进行一次计算,得到子集中 M 个点及其对应的方程的近似解 $\alpha_{RBF}^{M_0}$,向量 $\alpha_{RBF}^{M_0}$ 在选取的点上具有值,在未选取的点上值为 0,即

$$\alpha_{RBF}^{M_0} = (0, \cdots, \alpha_{m_1}, \cdots, \alpha_{m_2}, \cdots, \alpha_{m_3}, \cdots, 0)^{T} \tag{6.40}$$

将残差的近似解 $\alpha_{RBF}^{M_0}$ 与初始的近似解相加,得到第 1 步的近似解:

$$\alpha_{RBF}^{1} = \alpha_{RBF}^{0} + \alpha_{RBF}^{M_0} \tag{6.41}$$

将上述计算过程推广到任意步上,已知第 n 步的近似解 α_{RBF}^{n},构造方程的右端项为残差 $R^{M_n} = \Delta X_{BC} - H\alpha_{RBF}^{n}$,得到如下方程:

$$H\alpha_{RBF}^{M_n} = R^{M_n} \tag{6.42}$$

采用 Rendall 等的贪心算法进行近似求解,得到子集中 M 个点及其对该方程的近似解 $\alpha_{RBF}^{M_n}$,将残差的近似解 $\alpha_{RBF}^{M_n}$ 与初始的近似解相加,得到第 $n+1$ 步的近似解:

$$\alpha_{RBF}^{n+1} = \alpha_{RBF}^{n} + \alpha_{RBF}^{M_n} \tag{6.43}$$

采用改进的贪心算法对图 6.5 所示的梯形薄翼进行变形插值的计算验证。薄翼的最

前端设为坐标 0 点,变形人为设定。因为气动弹性变形过程中,薄翼的主要变形形式为弯扭组合,所以设翼型的弯曲变形为抛物线形式,在翼型的根部为 0,翼梢最大,扭转变形也在根部为 0,翼梢最大。

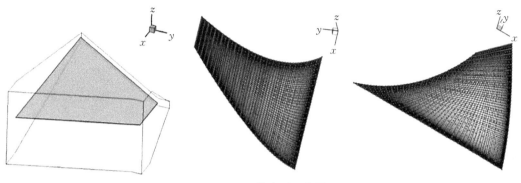

图 6.5　网格变形示意图

图 6.6 为迭代求解过程中得到的收敛曲线,在第 14 步达到收敛要求。薄翼离散后有 2 882 个节点,计算过程中每次贪心算法选出 200 个点,最终选出 1 400 个点,约占所有点数的 50%。由于每次选取误差最大的点时可能有重复点出现,所以总点数小于每次选出的点数乘以次数。

采用 RBF 插值法可以使薄翼翼梢截面的转角为 85°而不出现负体积,在 55°时,保持较好的网格质量(图 6.7)。弯曲变形翼梢的最大位移为 3 倍展长,不出现负体积(图 6.8)。通过梯形薄翼的算例验证了

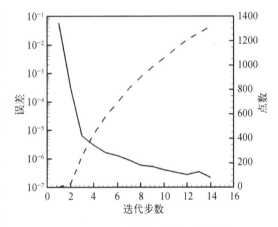

图 6.6　插值计算过程中的残插收敛曲线及选取点数

RBF 插值法计算边界变形扩散的可靠性,改进的贪心算法对 RBF 动网格插值算法加速效果显著。

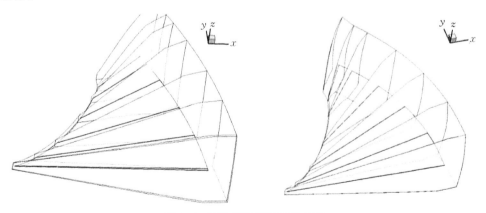

图 6.7　网格跟随翼面扭转变形

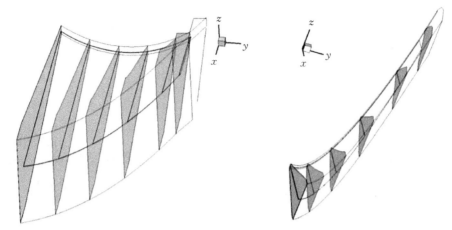

图 6.8 网格跟随翼面弯曲变形

6.3 动网格生成实例

6.3.1 二维动网格生成

NACA64A010 翼型共有 12 个网格块,边界网格点数 $N_{fs}=1\,868$,空间网格点数为 $N_{fv}=89\,352$,图 6.9 为原始网格[11]。图 6.10 为 NACA64A010 绕 $x/c=0.4$ 点顺时针旋转 90°的网格。其中 skip 为 RBF 控制点在两个方向的间隔点数,混合方法在所有块内部的维度为 4×4 的局部单元内采用 TFI 方法。混合方法网格线出现明显的拐折,质量较单纯的 RBF 方法有所下降。图 6.11 给出了多种动网格插值算法比较。当旋转角小于 25°时,所有方法都能够使网格保持很高的正交性和很低的歪斜率。当旋转角超过 25°时,四元数方法及四元数+TFI 方法的网格质量开始明显下降,而 RBF 方法及 RBF+TFI 方法的网格质量直至 50°时才开始显著下降,下降速率高于四元数方法。当旋转角在 140°左右时,RBF 方法

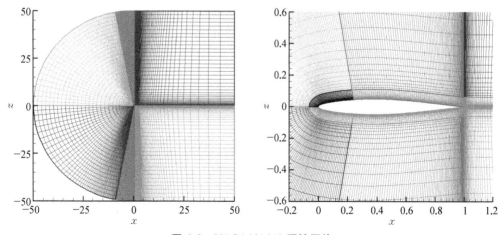

图 6.9 NACA64A010 原始网格

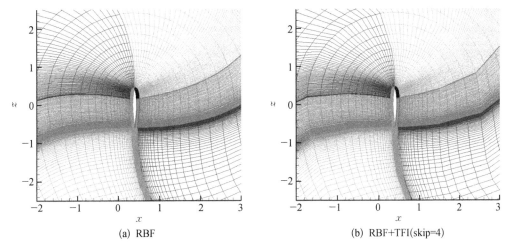

(a) RBF

(b) RBF+TFI(skip=4)

图 6.10　NACA64A010 翼型顺时针旋转 90°的变形结果对比

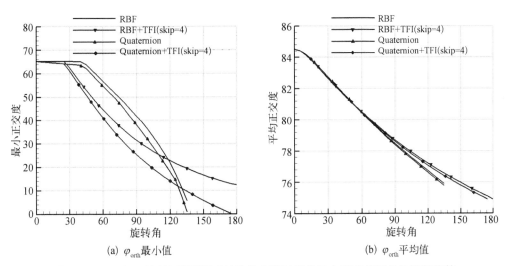

(a) φ_{orth} 最小值

(b) φ_{orth} 平均值

图 6.11　NACA64A010 翼型顺时针旋转变形时网格正交性随旋转角的变化趋势

和 RBF+TFI 方法出现负体积单元,直至 180°四元数方法仍能够使网格单元不出现扭转。四元数+TFI 方法直至 180°才会出现负体积单元。

　　NACA64A010 翼型网格变形时间和加速比见表 6.2,由表 6.2 可见,混合方法在不明显降低网格变形能力的前提下带来 20 倍左右的加速比,具有较高的鲁棒性和效率。对 NACA64A010 进行变形测试,分别采用 RBF+TFI 和四元数+TFI 方法进行网格变形,结果如图 6.12 所示。结果表明四元数+TFI 方法得到的网格质量高于 RBF+TFI 方法。网格正交性 ϕ_{orth} 的变化趋势见图 6.13。

表 6.2   NACA64A010 翼型顺时针旋转算例变形时间和混合方法的加速比

	RBF	RBF+TFI(skip = 4)	Quaternion	Quaternion+TFI(skip = 4)
变形时间/s	6.00	0.25	17.25	0.953
加速比		24 : 1		18.1 : 1

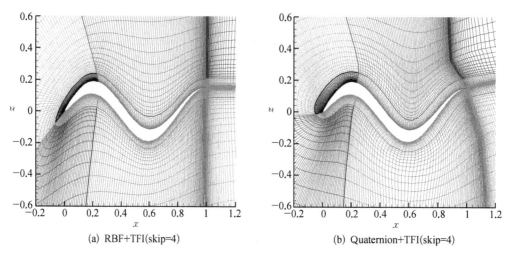

(a) RBF+TFI(skip=4)   (b) Quaternion+TFI(skip=4)

图 6.12   NACA64A010 翼型 z 向正弦变形 $\gamma=0.2$ 时不同方法的变形结果对比

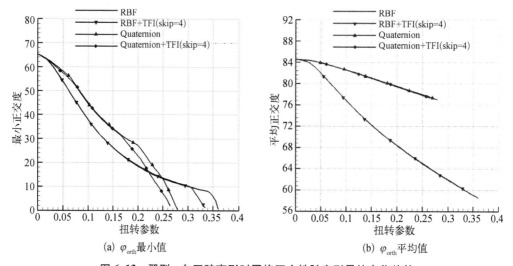

(a) φ_{orth} 最小值   (b) φ_{orth} 平均值

图 6.13   翼型 z 向正弦变形时网格正交性随变形量的变化趋势

6.3.2   三维动网格生成

以 HIRENASD 翼身组合体机翼上弯和扭转变形为例验证三维问题中动网格变形效率和能力[11]。图 6.14 为 HIRENASD 原始网格拓扑和翼梢处的空间网格细节。该构型共有 146 个网格块,边界网格点数 $N_{fs}=56\,121$,空间网格点数为 $N_{fv}=3\,795\,522$。采用四元数+TFI 方法和 RBF+TFI 方法重构弯曲和扭转变形后网格分别如图 6.15 和图 6.16 所示。

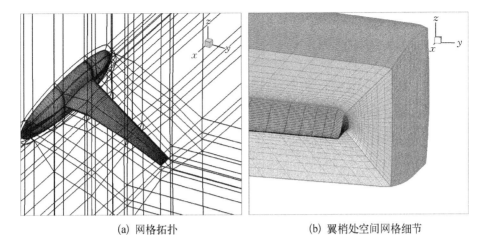

(a) 网格拓扑　　　　　　　　　　　(b) 翼梢处空间网格细节

图 6.14　HIRENASD 翼身组合体原始网格

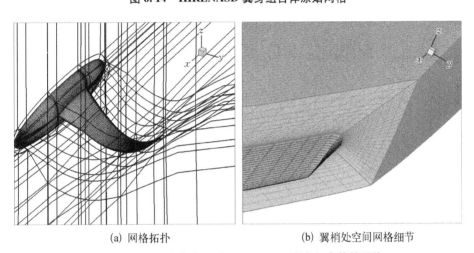

(a) 网格拓扑　　　　　　　　　　　(b) 翼梢处空间网格细节

图 6.15　机翼弯曲变形后 HIRENASD 翼身组合体的网格

（$\gamma=0.5$，意味着翼梢处网格变形为展长的 0.25）

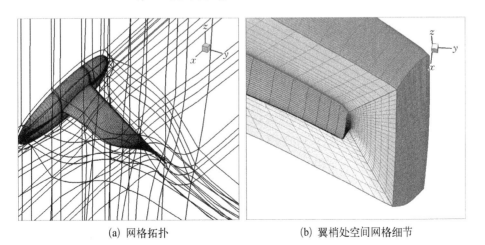

(a) 网格拓扑　　　　　　　　　　　(b) 翼梢处空间网格细节

图 6.16　机翼扭转变形后 HIRENASD 翼身组合体的网格

（$\gamma=45$，表示翼梢剖面的扭转角为 45°，机翼内侧剖面的扭转角逐渐减小，至翼身处为 0°）

显而易见,弯曲变形导致网格正交性明显下降。图 6.17 和图 6.18 给出了机翼弯曲变形和扭转变形对网格正交性的影响。机翼弯曲变形对网格正交性 ϕ_{orth} 的影响明显大于扭转变形。同时也可以看到四元数+TFI 方法的鲁棒性稍弱于 RBF+TFI 方法,但在网格正交性(尤其是平均值)方面,四元数+TFI 方法则表现出明显优势。

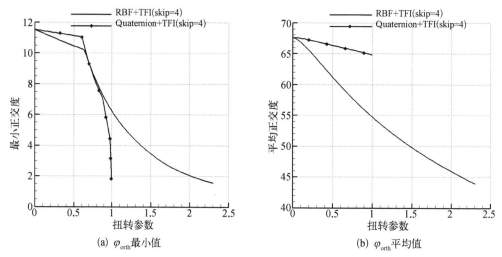

(a) φ_{orth} 最小值   (b) φ_{orth} 平均值

图 6.17　HIRENASD 机翼弯曲变形时网格正交性随弯曲变形参数 γ 的变化趋势

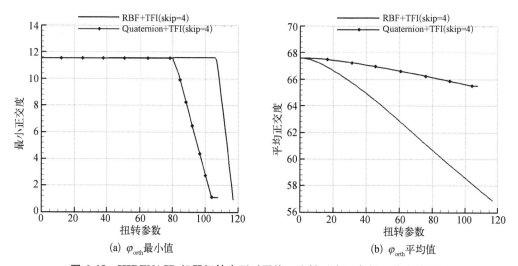

(a) φ_{orth} 最小值   (b) φ_{orth} 平均值

图 6.18　HIRENASD 机翼扭转变形时网格正交性随变形参数 γ 的变化趋势

对于此算例,两个混合网格变形方法的时间消耗基本相当。当 skip = 4 时单线程运行在 15 s 左右。在气弹分析时可以采用并行加速方法,以 RBF+TFI 方法为例,除了 a_x、a_y、a_z 的计算需要在主节点进行操作以外,其余步骤均可在各个计算节点并行处理,因此网格变形效率能够进一步提高。

【小结】

动网格是流固耦合计算的关键技术之一,是制约流固耦合计算效率和精度的重要环节之一。正交性、鲁棒性和计算效率是评价动网格算法主要指标。本章介绍了物理比拟类和代数类两大类动网格插值策略，并重点介绍了基于径向基函数的混合动网格技术。RBF 类动网格方法以其通用性和鲁棒性成为当前最受欢迎的动网格技术之一。

【数字资源】

流固耦合上机实验教程。

参 考 文 献

［1］ Rendall T C S, Allen C B. Efficient mesh motion using radial basis functions with data reduction algorithms［J］. Journal of Computational Physics, 2009, 228: 6231 – 6249.

［2］ 王刚, 雷博琪, 叶正寅. 一种基于径向基函数的非结构混合网格变形技术［J］. 西北工业大学学报. 2011, 29(5): 783 – 788.

［3］ 周璇, 李水乡, 孙树立, 等. 非结构网格变形方法研究进展［J］. 力学进展, 2011, 41(5): 547 – 561.

［4］ Blom F J. Considerations on the spring analogy［J］. International Journal for Numerical Methods in Fluids, 2000, 32(6): 647 – 668.

［5］ Bar-Yoseph P Z, Mereu S, Chippada S, et al. Automatic monitoring of element shape quality in 2D and 3D computational mesh dynamics［J］. Computational Mechanics, 2001, 27(5): 378 – 395.

［6］ 周璇, 李水乡, 陈斌. 非结构动网格生成的弹簧-插值联合方法［J］. 航空学报, 2010, 31(7): 1389 – 1395.

［7］ Helenbrook B T. Mesh deformation using the biharmonic operator［J］. International Journal of Numerical Methods in Engineering, 2003, 56(7): 1007 – 1021.

［8］ Samareh J A. Application of quarternions for mesh deformation［R］. NASA Report TM – 2002 – 21646. 2002.

［9］ Liu X Q, Qin N, Xia H. Fast dynamic grid deformation based on delaunay graph mapping［J］. Journal of Computational Physics, 2006, 211(2): 405 – 423.

［10］ Gaitonde A L, Fiddes S P. A moving mesh system for the calculation of unsteady flows［R］. AIAA – 1993 – 0641.

［11］ 刘南. 非线性颤振高效分析方法研究［D］. 西安: 西北工业大学, 2016.

第7章
流固耦合系统降阶模型技术

学习要点
- 掌握系统辨识和特征分解两类线性降阶模型构造方法
- 熟悉降阶模型的在流固耦合工程问题中的应用流程
- 了解非线性系统模型降阶技术数学理论与发展趋势

采用 CFD/CSD 耦合技术在时域内模拟流固耦合系统,可以得到耦合系统时域响应以及结构应力、应变的时域历程,能够反映非定常气动力的非线性行为。但是高精度仿真程度是以消耗大量计算资源为前提的,计算硬件条件和大量的计算时间耗费阻碍了 CFD/CSD 耦合技术流固耦合力学领域的应用范围。因此,人们希望建立一种低维度数学模型,使其有较高计算效率的同时也能保证较高的仿真精度,能够捕捉流固耦合系统主要关心的动力学行为。在这种需求推动下,基于 CFD 技术的降阶模型(reduced order model,ROM)技术得到了气动弹性研究人员的广泛关注。气动弹性降阶技术被誉为计算气动弹性力学领域继 CFD/CSD 耦合数值模拟技术之后的又一个重要进展。目前流固耦合模型降阶技术研究工作主要是围绕着弱非线性系统开展的,建立的非定常气动力模型多以线性模的形式给出。非线性系统模型降阶技术目前仍然是国际学术前沿和工程难题。

模型降阶的基本原理是:在一定精度范围内,将高阶系统映射到低阶系统,形成降阶模型。CFD 系统的阶数一般在 10^4 以上,控制领域常用的降阶方法如平衡截断法(balanced truncation)、奇异值摄动等很难直接应用于 CFD 系统的降阶。气动弹性领域降阶方法主要包括大类: ① 基于系统辨识的建模方法,如 Volterra 级数、ARMA 模型等;② 基于特征模态分解的建模方法,如本征正交分解(proper orthogonal decomposition,POD)、动态模态分解(dynamic model decomposition,DMD)等。本章主要介绍基于 Volterra 级数、本征正交分解和平衡截断法等降阶模型构造方法及其典型应用,并简要介绍非线性模型降阶构造方法作为拓展内容。

7.1 基于 Volterra 级数的流固合降阶模型

基于系统辨识的降阶模型构造方法是利用系统的输入和输出关系建立系统的传递函

数和状态空间模型逼近全阶系统,采用该方法进行非定常气动力建模,不需要深入理解系统本质,而仅着眼于系统的输入输出,输入非侵入式建模方法,不需要对求解器代码进行修改,相对容易实现。在气动弹性领域得到广泛使用的系统辨识方法包括以 Silva 和 Raveh 为代表的 Volterra 级数法[1]和以 Cupta 和 Cowan 为代表的 ARMA 方法[2,3]。ARMA 模型系统的输出表示成差分方程的形式,通过最小二乘格式来辨识差分方程的系数,该方法能够得到鲁棒性较好的线性时不变系统。Volterra 级数将非线性系统的输出表示成任意输入多重卷积的形式,通过系统的输入和输出数据可以确定级数的系数,从而可以得到任意输入下的系统输出,并且能够直接生成状态空间方程模型。本节介绍基于 Volterra 级数的气动弹性降阶模型构造方法。关于 ARMA 算法可参见第 6 章,关于气动弹性 ARMA 模型构造方法及应用请读者参考文献[2]~[3]。

7.1.1　Volterra 级数理论与构造方法

1. Volterra 级数

意大利数学家 Volterra 在 1880 年提出,任意一个离散系统其输入 $u(n)$ 与输出 $y(n)$ 可表示为如下无穷卷积形式:

$$
\begin{aligned}
y(n) = h_0 &+ \sum_{k=0}^{n} h_1(n-k) u(k) \\
&+ \sum_{k_1=0}^{n} \sum_{k_2=0}^{n} h_2(n-k_1, n-k_2) u(k_1) u(k_2) + \cdots \\
&+ \sum_{k_1=0}^{n} \sum_{k_2=0}^{n} \cdots \sum_{k_m=0}^{n} h_m(n-k_1, n-k_2, \cdots, n-k_m) u(k_1) u(k_2) \cdots u(k_m) + \cdots
\end{aligned}
$$

$$(7.1)$$

式中,n 为离散时间序列,$h_m(n-k_1, n-k_2, \cdots, n-k_m)$ 为系统的 Volterra m 阶核,是系统在 m 维单位脉冲作用下的响应。式(7.1)称为离散形式的 Volterra 级数。

由线性系统理论可知,离散线性系统的任意输入的输出可以表示为系统脉冲响应的一重卷积形式,即

$$
y(n) = g_0 + \sum_{k=0}^{n} g(n-k) u(k) \tag{7.2}
$$

式中,$g(n-k)$ 为系统的脉冲响应序列。比较式(7.1)和式(7.2)可以看出,如果只保留 Volterra 一阶核,则 Volterra 级数退化为经典的线性卷积形式。

作为对 Taylor 级数的推广而提出的 Volterra 级数是一种泛函级数。1912 年,Volterra 将这种泛函级数用于研究某些积分方程和积分-微分方程的解。直到 1942 年,控制论的奠基人 N. Wiene 才首次将 Volterra 泛函级数用于非线性系统分析。20 世纪 70 年代后,Volterra 泛函级数开始受到人们的普遍重视。随着计算机技术的发展,Volterra 泛函级数越来越显现出其应用价值与巨大潜力。Voltterra 级数模型给出了一种通用系统辨识方案,即如果辨识得到系统的 n 阶 Voltterra 核,就能得到任意输入的系统响应。Volterra 级数核具有鲜明的物理意义,对工程技术领域非常切合实际,它不仅提供了一套新的理论,

而且为解决非线性实际问题提供了强有力的方法和工具。

2. Volterra 核函数辨识

Volterra 核函数的辨识是构建 Volterra 模型的关键。人们已经发展了脉冲响应法、阶跃响应法、白噪声响应法、频域响应法以及基于正交函数展开的小波分析法等来辨识 Volterra 核函数。这里仅介绍脉冲响应法和阶跃响应法两种辨识方法。

1）脉冲响应辨识法

对于零输入响应为零的离散线性系统可表示为 Volterra 一阶核形式，即

$$y(n) = \sum_{k=0}^{n} h_1(n-k)u(k) \tag{7.3}$$

定义脉冲输入为

$$\delta(n) = \begin{cases} 1.0 & n=0 \\ 0.0 & n \neq 0 \end{cases} \tag{7.4}$$

则在脉冲信号(7.5)的作用下，线性系统的响应为

$$y(n) = h_1(n) \tag{7.5}$$

这表明线性系统的 Volterra 一阶核就是系统的脉冲响应。定义数值脉冲信号为

$$\delta(n) = \begin{cases} \xi_0 & n=0 \\ 0.0 & n \neq 0 \end{cases} \tag{7.6}$$

将式(7.6)代入式(7.3)，有

$$y(n) = h_1(n)/\xi_0 \tag{7.7}$$

在小扰动条件下，CFD 求解的非定常气动力呈弱非线性，将其展开成二阶核形式为

$$y(n) = h_0 + \sum_{k=0}^{n} h_1(n-k)u(k) + \sum_{k_1=0}^{n}\sum_{k_2=0}^{n} h_2(n-k_1, n-k_2)u(k_1)u(k_2) \tag{7.8}$$

将式(7.6)定义的脉冲信号作用于式(7.8)可得

$$y(n) = \xi_0 h_1(n) + \xi_0^2 h_2(n,n) \tag{7.9}$$

则近似一阶核可表示为

$$\tilde{h}_1(n) = h_1(n) + \xi_0 h_2(n,n) \tag{7.10}$$

采用脉冲响应法辨识得到的近似一阶核包含了二阶核的对角分量，可体现一定的非线性行为。在 20 世纪 90 年代，美国 NASA 的 W. A. Silva 首先利用脉冲响应辨识非定常气动力，并成功用于颤振预测，极大地推动了非定常气动力降阶模型技术的发展。

2）阶跃响应辨识法

脉冲输入幅值不同时，辨识结果有时会存在较大差异，辨识数值稳定性不够好。针对

该问题,D. E. Raveh 提出了基于阶跃响应的 Volterra 核辨识方法[4]。定义离散系统的阶跃响应为

$$\sigma(n) = \begin{cases} \xi_0 & n \geqslant 0 \\ 0 & n = 0 \end{cases} \tag{7.11}$$

将式(7.11)代入式(7.8)得

$$s(n) = \xi_0 \sum_{k=0}^{n} h_1(n-k) + \xi_0^2 \sum_{k_1=0}^{n} \sum_{k_2=0}^{n} h_2(n-k_1, n-k_2) \tag{7.12}$$

近似一阶核可以表示为

$$\tilde{h}_1(n) = \begin{cases} s(0)/\xi_0 & n = 0 \\ [s(i) - s(i-1)]/\xi_0 & n \geqslant 1 \end{cases} \tag{7.13}$$

将式(7.12)代入式(7.13)得

$$\tilde{h}_1(n) = \begin{cases} h_1(n) + \xi_0 h_2(n, n) & n = 0 \\ h_1(n) + \xi_0 \left[h_2(n, n) + 2 \sum_{k=1}^{n} h_2(n, n-k) \right] & n \geqslant 0 \end{cases} \tag{7.14}$$

比较式(7.10)和式(7.14),由阶跃响应辨识得到的近似 Volterra 一阶核包含了一部分 Volterra 二阶核对角分量和非对角分量。阶跃响应辨识的近似 Volterra 一阶核能体现更多的非线性行为,且具有更佳的数值稳定性。

7.1.2　气动弹性降阶模型构造

1. 非定常气动力降阶模型构造

通过近似 Volterra 一阶核的卷积积分叠加得到任意输入下的系统时域响应,但却无法直接利用级数模型对系统进行稳定性分析、特征值分析以及伺服系统控制律设计。因此,根据辨识得到的近似 Volterra 一阶核,构造系统最小实现的状态空间方程显得尤为重要。有了系统状态空间方程模型,就可以直接通过系统矩阵的特征值来判断稳定性和进行控制器设计。系统特征实现算法(eigensystem realization algorithm,ERA)提供了通过系统脉冲响应构造系统最小实现的途径。特征系统实现算法具有非常好的识别能力和鲁棒性,并可以处理多输入多输出问题。

ERA 算法首先利用系统的脉冲响应构造 Hankel 矩阵,再对 Hankel 矩阵的奇异值进行分解(singular value decomposition,SVD),便可得到系统的最小实现。将 Volterra 级数近似一阶核作为系统近似脉冲响应构造的 Hankel 矩阵可表示为

$$H(k-1) = \begin{bmatrix} \bar{h}(k) & \bar{h}(k+1) & \bar{h}(k+2) & \cdots & \bar{h}(k+\beta-1) \\ \bar{h}(k+1) & \bar{h}(k+2) & \bar{h}(k+3) & \cdots & \bar{h}(k+\beta) \\ \bar{h}(k+2) & \bar{h}(k+3) & \bar{h}(k+4) & \cdots & \bar{h}(k+\beta+1) \\ \vdots & \vdots & \vdots & \ddots & \vdots \\ \bar{h}(k+\alpha-1) & \bar{h}(k+\alpha) & \bar{h}(k+\alpha+1) & \cdots & \bar{h}(k+\alpha+\beta+1) \end{bmatrix} \tag{7.15}$$

其中，$\bar{h}$ 矩阵维数为 $M \times L$，表示 L 个输入 M 个输出，即输出以列存储。可知 Hankel 矩阵的维数为 $M\alpha \times L\beta$。对 $H(0)$ 矩阵作 SVD 分解得

$$H(0) = U\Sigma V^{\mathrm{T}} \tag{7.16}$$

由 ERA 算法给出的系统最小实现为

$$\begin{cases} A_A = \Sigma^{-1/2}U^{\mathrm{T}}H(1)V\Sigma^{-1/2} \\ B_A = \Sigma^{1/2}V^{\mathrm{T}}E_L \\ C_A = E_M^{\mathrm{T}}U\Sigma^{1/2} \\ D_A = \bar{h}(0) \end{cases} \tag{7.17}$$

式中，

$$\begin{aligned} E_M^{\mathrm{T}} &= \begin{bmatrix} I_M & 0_M & \cdots & 0_M \end{bmatrix} & \alpha M \times M \\ E_L^{\mathrm{T}} &= \begin{bmatrix} I_L & 0_L & \cdots & 0_L \end{bmatrix} & \beta L \times L \end{aligned} \tag{7.18}$$

至此，基于 Volterra 级数的非定常气动力降阶模型的状态空间方程为

$$\begin{aligned} x_A(n+1) &= A_A x(n) + B_A \xi(n) \\ F_A(n) &= C_A x(n) + D_A \xi(n) \end{aligned} \tag{7.19}$$

式中，ξ 为广义位移输入；F_A 为广义力输出；所形成系统的阶数为 $\beta \cdot L$ 阶。状态空间模型最终阶数由 Hankel 矩阵阶数确定。

2. 气动弹性降阶模型构造

构造了气动弹性系统的非定常气动力降阶模型后，就可以耦合模态空间的结构动力方程建立气动弹性系统降阶模型了。结构动力学系统可用如下状态空间方程表示：

$$\begin{aligned} \dot{x}_S(t) &= A_S x_S(t) + q B_S F_A(t) \\ \xi(t) &= C_S x_S(t) \end{aligned} \tag{7.20}$$

式中，q 为来流动压；$x_S(t) = \begin{bmatrix} \xi(t) \dot{\xi}(t) \end{bmatrix}^{\mathrm{T}}$，$\xi(t)$ 为结构广义位移。由于非定常气动力状态空间方程是在 CFD/CSD 耦合求解器在时间离散步上采样构建的，与其耦合的结构动力学方程也需要变换到离散时间域上，才能将流体系统和结构系统的时间尺度统一。

对结构动力学方程(7.20)离散化可得

$$\begin{aligned} x_S(n+1) &= \bar{A}_S x_S(n) + q \bar{B}_S F_A(n) \\ \xi(n) &= \bar{C}_S x_S(n) \end{aligned} \tag{7.21}$$

式中，$\bar{A}_S = \Phi(\Delta T)$；$\bar{B}_S = \int_0^{\Delta T} \Phi(\tau) B_S(\tau) \mathrm{d}\tau$；$\bar{C}_S = C_S$；$\Phi(t) = \exp(A_S t)$ 为状态转移矩阵；ΔT 为离散时间步长。联立式(7.19)和式(7.21)就得到气动弹性系统的状态空间方程为

$$\begin{bmatrix} x_S(n+1) \\ x_A(n+1) \end{bmatrix} = \begin{bmatrix} \bar{A}_S + q\bar{B}_S D_A \bar{C}_S & q\bar{B}_S C_A \\ B_A \bar{C}_S & A_A \end{bmatrix} \begin{bmatrix} x_S(n) \\ x_A(n) \end{bmatrix}$$

$$\xi(n) = \begin{bmatrix} \bar{C}_S & 0 \end{bmatrix} \begin{bmatrix} x_S(n) \\ x_A(n) \end{bmatrix}$$

(7.22)

采用阶跃响应构造基于 Volterra 级数的气动弹性降阶模型流程图,见图 7.1。首先,对于给定的流马赫数,构造每一阶模态运动跃输入信号进行非定常 CFD 计算,获得各阶广义模态气动力时间域响应;其次,辨识出 Volterra 近似一阶核,采用 ERA 算法获得非定常气动力状态空间模型;然后,将非定常气动力状态空间方程耦合结构动力学方程构造气动弹性系统状态方程;最后,通过调整动压 q 分析系统矩阵的特征值或是通过系统响应来分析气动弹性系统的稳定性,从而可以得到求颤振速度。

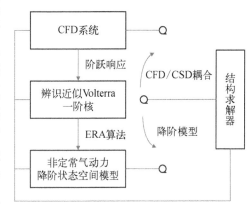

图 7.1 气动弹性降阶模型构造流程图

7.1.3 Volterra 降阶模型案例分析

以第 5 章采用 CFD/CSD 耦合技术分析过的 AGARD 445.6 模型为例,对本节介绍的算法进行演示。首先,在 $Ma_\infty = 0.960$、$\alpha = 0°$ 状态下建立 AGARD445.6 机翼的模态坐标下的非定常气动力降低模型。采用 LU - SGS 隐式时间推进 CFD/CSD 耦合求解器。给每一阶模态施加阶跃响应幅值 $\xi_0 = 0.0001$,时间步长取为 $\Delta t = 5.0 \times 10^{-5}$ s,获得非定常气动力在阶跃输入下的时间响应序列,其中记忆长度 $n = 1000$。所辨识的 Volterra 近似一阶核如图 7.2 所示。图中 Aij 表示第 i 阶模态激励得到的第 j 阶模态广义气动力(general aerodynamic force, GAF)输出。从中可以看到,任一阶模态扰动输入都会在其他模态上产生扰动气动力输出,说明该机翼模型各个模态之间存在气动耦合现象。

获得 Volterra 近似一阶核后,取 $\alpha = 800$,$\beta = 60$ 构造 Hankel 矩阵,然后再利用 ERA 算法辨识出具有 240 阶的定常气动力降阶模型。该模型相对于本算例几十万阶的全阶 CFD 数值模型,降低了至少 3 个数量级。为了评估所构造气动降阶模型的精度,在一阶振型上施加正弦激励 $\xi = 0.001 \times \sin(2\pi \times 50.0 \times t)$。图 7.3 给出了 240 阶降阶模型和全阶 CFD 模型预测的正弦激励响应,可见两者十分吻合。图 7.4 ~ 图 7.5 是由气动弹性降阶模型得到的不同无量纲速度下的第 1、2 阶模态广义位移响应和 CFD/CSD 耦合计算在两种不同动压条件结果对比。图 7.6 给出了 CFD/CSD 耦合技术和 ROM 得到的颤振边界比较。可见基于 Volterra 级数的气动弹性降阶模型能够反映 AGARD 445.6 机翼颤振动态行为,而相比于采用全阶 CFD/CSD 耦合分析,几百阶降阶模型的计算效率提高了 2~3 个数量级。

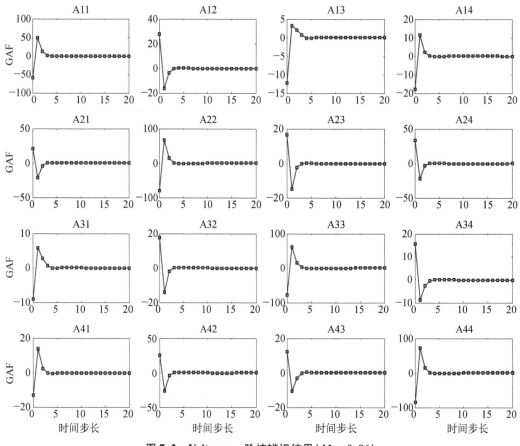

图 7.2 Volterra 一阶核辨识结果($Ma=0.96$)

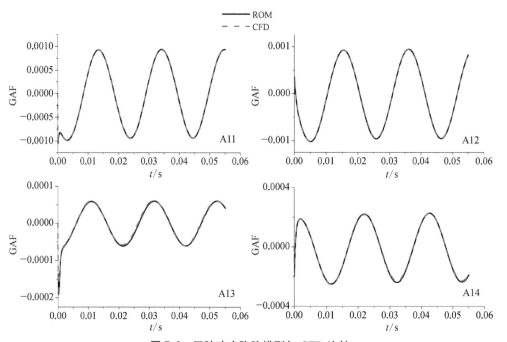

图 7.3 正弦响应降阶模型与 CFD 比较

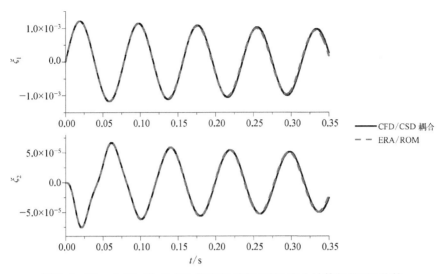

图 7.4 $M_\infty = 0.96$, $V = 0.321$ 状态下 CFD/CSD 耦合计算与 ROM 比较

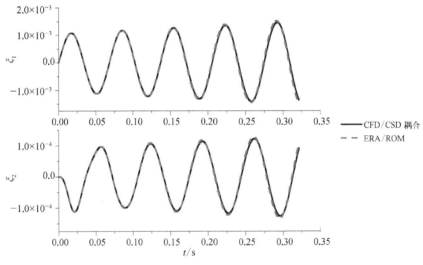

图 7.5 $Ma_\infty = 0.96$, $V = 0.262$ 状态下 CFD/CSD 耦合计算与 ROM 比较

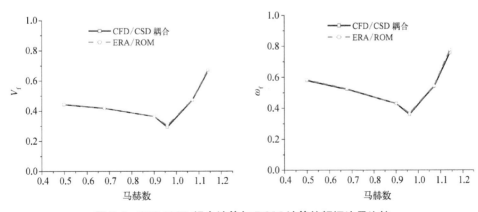

图 7.6 CFD/CSD 耦合计算与 ROM 计算的颤振边界比较

7.2 基于本征正交分解的流固耦合降阶模型

基于系统辨识的降阶模型是一种黑箱建模方法,仅反映非定常气动力的输入输出特性,无法反映流场内部信息,因此难以用于强非线性流动、高精度流动控制或气动外形反设计等应用场景。基于流场特征模态的降阶模型就是用一组低维流场变量的特征模态来描述总的流场运动,再将整个 CFD 模型通过 Galerkin 方法或 Krylov 方法投影到特征模态空间。采用基于模态分解的降阶方法,需要建立 CFD 系统的全阶模型并进行相关变换,需要理解 CFD 系统本质,构造算法比较复杂。但是通过流场模态可以叠加得到任意时刻的流场解向量,这是系统辨识方法难以实现的。相比于系统辨识黑箱方法具备较多可调参数,基于控制方程的特征模态分解方法具备严格数学理论基础,具有更强的非线性描述能力。本节主要介绍本征正交分解(POD)降阶模型构造方法[5,6]。

7.2.1 本征正交分解算法

POD 方法是目前应用比较广泛的降阶方法之一,其原理是寻找系统动力学特性的最优特征模态。POD 方法要利用 n 维空间 $\Omega \in R^{n \times n}$ 中的一组数据集合 $\{x^k\}$, $k = 1 \cdots m$,(称之为快照,snapshot)来寻找一个 m($m \ll n$)维正交子空间 $\Psi \in R^{n \times n}$,使得 $\{x^k\}$ 到 Ψ 的映射误差最小,即

$$G = \min_{\Phi} \sum_{k=1}^{m} \| x^k \Phi \Phi^H x^k \| = \sum_{k=1}^{m} \| x^k \Psi \Psi^H x^k \|, \quad \Phi^H \Phi = I \tag{7.23}$$

式中,Φ 为任意选择的子空间,需满足 $\Phi^T \Phi = I$。该方程最小值问题可转化为如下最大值问题:

$$H = \max_{\Phi} \sum_{k=1}^{m} \frac{\langle (x^k, \Phi)^2 \rangle}{\| \Phi \|^2} = \sum_{k=1}^{m} \frac{\langle (x^k, \Psi)^2 \rangle}{\| \Psi \|^2}, \quad \Phi^H \Phi = I \tag{7.24}$$

式中,$(\cdot, \cdot)$ 表示内积;$\langle \cdot \rangle$ 为平均操作符。如果快照是由非定常流动数值计算得到,而非定常流动通常是在定常流动解上的扰动量,在进行非定常流动建模时该操作可以从式(7.24)中去掉。

带约束优化问题(7.24)可以通过变分法得到如下拉格朗日方程:

$$J(\Phi) = \sum_{k=1}^{m} (x^k, \Phi)^2 - \lambda (\| \Phi \| - 1) \tag{7.25}$$

式中,λ 为拉格朗日乘子。将方程(7.25)两边对 Φ 求偏导数并令其为0,则有

$$\frac{\mathrm{d}}{\mathrm{d}\Phi} J(\Phi) = 2XX^H \Phi - 2\lambda \Phi = 0 \tag{7.26}$$

进一步整理(7.26)可得

$$(XX^H - \lambda I)\Phi = 0 \tag{7.27}$$

式中,矩阵 $X = \{x^1, \cdots, x^m\}$ 是快照点的集合,称为快照矩阵。这样通过变分法就将求取

最优子空间问题或(7.23)转化为方程(7.27)的实对称矩特征值问题。Φ 是由 POD 基(特征向量)张成的最优子空间，$R = XX^H$ 称为 POD 核，其维数是 $n \times n$。

对于动辄上百万自由度的非定常流动全阶 CFD 数值模拟来说，直接求解这样一个大型矩阵的特征值和特征向量在计算上会遇到许多困难且耗时巨大。考虑到矩阵 R 的秩 $rank(R) = m$，首先求取 $R = X^H \cdot X$ 的特征值、特征向量，即

$$X^H X \Psi = \Psi \Lambda \tag{7.28}$$

然后得到

$$\Phi = X \Psi \Lambda^{-\frac{1}{2}} \tag{7.29}$$

就将式(7.27)描述的 $n \times n$ 维特征值问题，转化为了 $m \times m$ 维特征值问题。其中，$\Psi = (\Psi_1, \Psi_2, \cdots, \Psi_m)$；$\Lambda = (\lambda_1, \lambda_2, \cdots, \lambda_m)$ 且 $\lambda_1 > \lambda_2 > \cdots > \lambda_m$。$\Psi_i$ 是系统的 POD 基模态，λ_i 表征第 i 阶 POD 基向量 Ψ_i 对快照矩阵的贡献。它的值越大表明 Ψ_i 的贡献越大，所包含的能量越多。POD 基模态数量的选择需根据前 r 阶 POD 基所代表的总能量决定。前 r 阶 POD 基模态总能量表示为

$$\eta(r) = \frac{\sum_{i=1}^{r} \lambda_i}{\sum_{i=1}^{m} \lambda_i} \tag{7.30}$$

这样根据特征值的大小，对低能量模态截断，就形成了低阶的最优子空间，从而可构造低阶非定常气动力模型。选择 r 使得 $\eta(r)$ 大于某一比例（如 99.99%）所代表的阶数。取前 r 个特征值和它对应的特征矩阵 Ψ_r 来代替 Ψ，就可把满阶向量 $x^{n \times 1}$ 映射到 $\Psi_r = (\Psi_1, \Psi_2, \cdots, \Psi_r)$ 上，从而使模型阶数从 n 维降到 r 维，即

$$x^{n \times 1} = \Psi_r \xi^{r \times 1} \tag{7.31}$$

式中，$\zeta^{r \times 1}$ 为维数为 r 的 POD 子空间广义坐标。

POD 降阶算法步骤总结如下：

(1) 给系统脉冲信号，得到 m 个 n 维系统快照矢量，组成 $n \times m$ 快照矩阵 $X = \{x^1, \cdots, x^m\}$；

(2) 计算快照，构造 POD 核 $R = X^H X \in R^{m \times m}$（H 矩阵的 Hermitian 对称空间）；

(3) 对 R 进行奇异值分解(SVD)，$R = V \Lambda V^T$；

(4) 计算 $\Psi = XV\Lambda \in R^{n \times \text{snap}}$；

(5) 截取 Ψ 前 r 阶向量 $\Psi_r = (\Psi_1, \Psi_2, \cdots, \Psi_r)$，形成降阶子空间；

(6) 将全阶系统映射到子空间 Ψ_r 中，得到降阶系统。

7.2.2　气动弹性 POD 降阶模型构造方法

1. CFD 系统全阶状态空间模型

POD 构造算法关键步骤方程(7.24)中需要对样本进行平均操作，实际上就是首先要

对系统响应时间序列进行求均值操作。而通常非定常非线性 N - S 方程是在定常流动解的基础上再进行时间推进求解。将非线性流体动力学方程在当地 CFD 流场下对流场变量和结构变量泰勒展开,就相当于对非定常流动参数响应进行了时间平均操作。CFD 系统可表示为

$$(Aw)_t + F(w, u, v) = 0 \qquad (7.32)$$

式中,A 为网格单元体积;w 为流体守恒变量;F 为无黏通量;u、v 分别代表结构位移(模态坐标下即为广义模态位移)、速度向量。对式(7.32)在定常流场解上进行 Taylor 展开并保留一阶项,可得

$$(Aw)_t = \left[A(u_0)w_0\right]_t + \left(\frac{\partial A}{\partial u}w_0\right)\hat{v} + A_0\hat{w}_t \qquad (7.33)$$

$$F(w, u, v) = F(w_0, u_0, v_0) + \frac{\partial F}{\partial w}(w_0, u_0, v_0)\hat{w} + \frac{\partial F}{\partial u}(w_0, u_0, v_0)\hat{u}$$
$$+ \frac{\partial F}{\partial v}(w_0, u_0, v_0)\hat{v} \qquad (7.34)$$

将式(7.33)和式(7.34)代入式(7.32)得

$$A_0\hat{w}_t + H\hat{w}\lim_{x \to \infty} + (E + C)\hat{v} + G\hat{u} = 0 \qquad (7.35)$$

式中,

$$H = \frac{\partial F}{\partial w}(w_0, u_0, v_0), \ G = \frac{\partial F}{\partial u}(w_0, u_0, v_0), \ C = \frac{\partial F}{\partial v}(w_0, u_0, v_0), \ E = \frac{\partial A}{\partial u}w_0$$
$$(7.36)$$

下标0代表定常状态下流动参数及结构响应参数(或网格运动参数)。式(7.35)可写成线性时不变系统的状态空间形式如下:

$$\begin{aligned}
&\dot{w} = Aw + By \\
&F = Pw \\
&A = A_0^{1}H, \ B = A_0^{1}(G, E + C), \ y = \left[u, v\right]^T
\end{aligned} \qquad (7.37)$$

式中,P 为流体网格单元上气动载荷 f^{ext}(在模态坐标下,f^{ext} 既为广义气动力)对流体守恒变量导数,满足下述方程:

$$\frac{1}{2}\rho_\infty V_\infty^2 P = \frac{\partial f^{\text{ext}}}{\partial w} \qquad (7.38)$$

系统快照方程(7.33)的阶数分别为 $J = 4 \times n$ 和 $J = 5 \times n$。对一般的 CFD 系统,其自由度 J 在 10^4 以上。对 CFD 这样的大型系统求偏导数是一个非常繁杂的工作,尤其是矩

阵 H,它是一个 $J \times J$ 的大型矩阵。幸运的是,该矩阵具有很强的稀疏性,采用专门的稀疏矩阵存储和求解算法可提高球技效率。

POD 快照方程(7.33)可在时域和频域求解。在时域内受稳定性条件限制通常采用隐式方法求解,也可采用稀疏矩阵 LU 分解方法求解。若采用中心差分格式,方程(7.33)的一种双时间推进格式为

$$\begin{cases} \mathrm{Res} = -\dfrac{w^{n+1} - w^{n}}{\Delta t} + Aw^{n} + By^{n} \\ \dfrac{w^{m+1} - w^{n}}{\Delta \tau} = \mathrm{Res} \end{cases} \tag{7.39}$$

式中,Δt 为物理时间步长;$\Delta \tau$ 为伪时间步长。通常 $\Delta \tau$ 的选取是采用定常状态下流体系统的当地时间步长。

在构造气动弹性降阶模型之前,首先必须验证全阶模型的可靠性。仍然以 AGARD 445.6 机翼流体系统为例。算例气动网格数为 $60 \times 42 \times 19$,每个网格点上有 5 个流场变量,从而形成了 $60 \times 42 \times 19 \times 5 = 239\,400$ 阶的全阶 CFD 数值模型。在 $Ma_{\infty} = 0.678$、$\alpha = 0°$ 状态下,施加一阶模态正弦激励 $\xi = 0.001 \times \sin(2\pi \times 50.0 \times t)$。图 7.7 给出了全阶线化模型式(7.39)与采用 CFD 直接计算得到的 AGARD 445.6 机翼前四阶广义力时间历程。图中,Aij 表示第 i 阶模态激励产生的第 j 阶模态广义气动力。从图中可以看出全阶线性化模型与 CFD 直接仿真十分吻合。

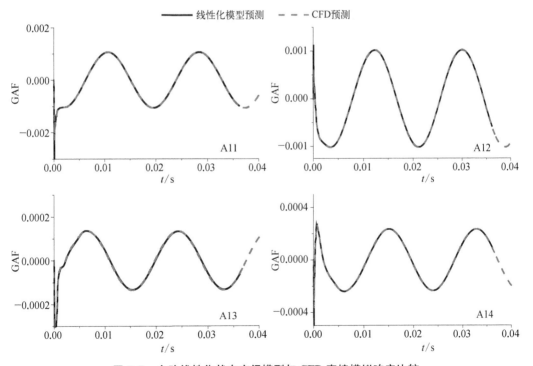

图 7.7 全阶线性化状态空间模型与 CFD 直接模拟响应比较

2. 气动弹性系统 POD 降阶模型

气动弹性系统由流体动力系统和结构系统两部分组成。假定流体动力系统用有限体积法离散,结构动力系统用有限元方法离散。流体和结构的控制方程如下所示:

$$\begin{cases} \left[A(u)w\right]_{,t} + F(w, u, v) = 0 \\ Mv_{,t} + f^{int}(u, v) = f^{ext}(u, w) \end{cases} \tag{7.40}$$

式中,u 和 v 分别表示结构的位移和速度矢量;A 为流体网格单元的体积矩阵;w 是流体的守恒型变量;F 是非线性的数值通量函数;M 是质量矩阵;f^{int} 表示结构内力;f^{ext} 是作用于结构上的气动载荷;t 表示变量对时间的偏导数。

方程组(7.40)中第一个方程和第二个方程分别为标准流体和结构系统。在不考虑结构非线性时,可以采用模态叠加法对结构动力学方程进行降阶。此时结构变量 u 和 v 就变为结构的广义位移和广义速度。在这种情况下,仅需对高阶流体力学方程采用 POD 进行降阶。将线性化流体力学全阶方程(7.37)和模态空间的结构动力学方程联立,就得到了线性化全阶气动弹性方程如下:

$$\begin{bmatrix} \dot{w} \\ \dot{v} \\ \dot{u} \end{bmatrix} = \begin{bmatrix} -A_0^{-1} & -A_0^{-1}(E+C) & -A_0^{-1}G \\ \frac{1}{2}\rho_\infty V_\infty^2 \bar{M}^{-1}P & -\bar{M}^{-1}\bar{C} & -\bar{M}^{-1}\bar{K}_S \\ 0 & I & 0 \end{bmatrix} \begin{bmatrix} w \\ v \\ u \end{bmatrix} \tag{7.41}$$

式中,$\frac{1}{2}\rho_\infty V_\infty^2 P = \frac{\partial f^{ext}}{\partial w}$;$\bar{K}_S = \bar{K}\frac{\partial f^{ext}}{\partial u}(u_0, w_0)$。若结构模态取 s 阶,那么线化气动弹性系统的自由度总共为 $J = 5 \times n + 2 \times s$(三维情况,二维情况为 $4 \times n + 2 \times s$)。

采上一小节描述的算法求得 r $(r \ll n)$ 维正交子空间 ψ_r 作为流场的 POD 基模态。那么将线性化全阶 CFD 方程(7.37)投影到 ψ_r 上,即引入变换 $w = \psi_r w_r$,便得到流体系统的降阶模型为

$$\begin{cases} \dot{w}_r = \psi_r^T A \psi_r w_r + \psi_r^T By \\ F = P\psi_r w_r \end{cases} \tag{7.42}$$

再将式(7.42)代入方程(7.41)中就得到气动弹性系统的 POD 降阶模型:

$$\begin{bmatrix} \dot{w}_r \\ \dot{v} \\ \dot{u} \end{bmatrix} = \begin{bmatrix} -\psi_r^T A_0^{-1} & -\psi_r^T A_0^{-1}(E+C) & -\psi_r^T A_0^{-1}G \\ \frac{1}{2}\rho_\infty V_\infty^2 \bar{M}^{-1}P\psi_r & -\bar{M}^{-1}\bar{C} & -\bar{M}^{-1}\bar{K}_S \\ 0 & I & 0 \end{bmatrix} \begin{bmatrix} w_r \\ v \\ u \end{bmatrix} \tag{7.43}$$

气动弹性降阶系统式(7.43)的阶数为 $2s + r$(通常为数阶到几百阶),要远小于全阶气动弹性系统式(7.41)的阶数 $J = 5 \times n + 2 \times s$。气动弹性系统的 POD 降阶模型

(7.43)是一个线性时不变系统状态空间方程。因此可以采用各种线性时不变系统理论与方法来分析气动弹性系统稳定性和响应。例如,可以通过求解式(7.43)的特征值来分析其稳定性,也可以通过时域推进来观察其响应。特别适合于需要大量计算的气动弹性稳定性及动响应分析任务,比直接采用 CFD/CSD 耦合计算进行颤振特性分析效率要高得多。

3. POD 快照矩阵构造方法

如何从快照方程(7.37)求得 $X = \{x^1, \cdots, x^m\}$ 构造 POD 核 $R = X^H(X \in R^{m \times m})$ 是建立气动弹性 POD 降阶模型关键步骤。给快照方程(7.37)输入一个激励序列就可以得到系统的响应序列形,从而构成快照矩阵。POD 算法本身并没有对激励做出任何限定,但是对于具体问题而言选取什么样的激励与快照求解精度和效率仍然有较大关系,并且不同的快照对 POD 基性能也有影响。快照方程可以在频域求解,也可以在时域进行求解。

在频域求解快照矩阵时,首先给流场运动边界指定一个谐振荡输入 $u = u_0 e^{i\omega t}$,ω_k 代表一系列离散圆频率。将谐振输入代入全阶线化快照方程(7.33),可得系统输出响应向量为

$$w(\omega) = \begin{bmatrix} i\omega I & A \end{bmatrix}^{-1} \begin{bmatrix} i\omega(E + C) + G \end{bmatrix} u_0 \tag{7.44}$$

给定一系列频率 ω_1,ω_2,$\cdots \omega_m$,按这些频率激励每一阶模态,选取频率间隔为 $\Delta\omega$,计算式(7.44)在这些指定频率下的响应 w_k。在实际气动弹性应用中,可充分利用结构输入作为激励,且该激励的频谱最好能够覆盖所关心的特征频率范围。由于系统正、负频率响应互为共轭,因此只计算正频率对应的响应即可。将响应实部和虚部都作为系统的频域快照,即 $X = \begin{bmatrix} \text{Re}(w_k) & \text{Im}(w_k) \end{bmatrix}$。该快照矩阵的维数为 $2s \times m$,从而得到 POD 核函数 $R = X^H X \in R^{m \times m}$。

在频域内获取快照,是在指定频域带宽内激励系统,因此频域降阶模型的阶数往往低于时域降阶模型。但是在实际计算中发现,频域快照构造的 POD 降阶模型鲁棒性稍差。奇异值虽然下降很快,但是低能模态会产生所谓"蝴蝶效应",即低能模态的引入会使系统响应发散,而且这种效应呈不连续分布。因此在时域内构造快照矩阵也应用得较多,即给定各阶结构模态的脉冲信号输入,在时域推进全阶线性快照方程获取时间步长相关快照序列。

在 CFD 求解器中难以直接给定理想脉冲信号输入。通常可对每一阶模态位移和速度采用 Dirac 三角脉冲函数进行激励。若结构模态为 s 阶,则每一个激励得到的快照向量为 m 个,那么快照矩阵的维数为 $2s \times m$。仍以 AGARD 445.6 机翼为例,气动网格数为 $60 \times 42 \times 19$,$Ma_\infty = 0.678$。选取物理时间步长 $\Delta t = 5.0 \times 10^{-5}$ s,每阶结构模态获取快照个数为 200,则快照矩阵的维数为 239 400×1 600,形成的 POD 核维数为 1 600×1 600。

7.2.3 降阶模型精度的影响因素

基于 CFD 的 POD 降阶方法需将控制方程在定常流场中泰勒展开,该方法能保留

流场中激波强度和位置等非线性特性,反映了流体的内部本征特性。定常流场的计算精度理论上将于 ROM 的精度直接有关。同时 POD 方法是通过样本数据驱动构建,因此数据样本产生的时间步长、响应时间等参数将对 POD 基底的准确性产生直接影响,进而影响到 ROM 的精度。通过频域方法产生的 POD 样本数据所构建 ROM 很难包含完整流场非线性特性,而时域 POD/ROM 具有更强的鲁棒性,能够捕捉更多的流场信息。因此本小节对气动弹性时域 POD/ROM 建模方法精度影响因素进行分析[6],仍以 AGARD 445.6 机翼为例进行阐述。流体网格 20 万,对应全阶系统自由度约为 100 万。

1. 定常流场收敛性的影响

计算工况为 $Ma = 0.901$、$\alpha = 0°$、$\rho = 0.0995 \ \mathrm{kg/m^3}$。首先在不同定常流场解下构造全阶线性化快照方程(7.37),然后给予第一阶广义模态强制位移,运动 $\xi_1 = 0.001\sin(2 \cdot \pi \cdot 55.3t)$。图 7.7 给出了在不同迭代步数下定常流场解(反映了解的收敛特性)建立的全阶线化快照方程预测的非定常模态气动力。可以看到,在开始几个周期两个模型的阶段响应非常接近且都很光滑。但随着计算周期增加,建立在定常迭代计算 5 000 步流场下的快照方程出现了数值发散,如图 7.8(a)所示。而建立在收敛性更好的迭代 10 000 步定常流场下的快照方程,则能很好地保持数值稳定性。快照样本通常要取几个周期数据,因此定常流场解的收敛性,对线性结果(尤其跨、超声速)影响很大。定常解流场收敛性不够将可能导致全阶线性化快照方程建模失败。

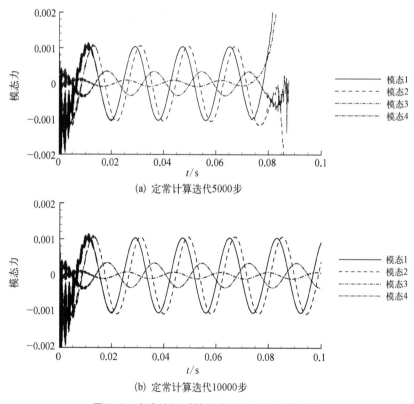

(a) 定常计算迭代5000步

(b) 定常计算迭代10000步

图 7.8 定常流场对快照方程预测结果的影响

2. 时间步长的影响

图 7.9 比较了求解快照方程(7.33)时不同时间推进步长的响应预测结果。图 7.9 (a)显示在时间步长较大($\Delta t = 1 \times 10^{-4}$ s)时,广义模态力响应在开始阶段出现了较大数值振荡。随着时间增加响应曲线会逐渐光滑。而图 7.9(b)采用较小时间步长($\Delta t = 1 \times 10^{-5}$ s)计算的广义模态力响应,可以看出响应结果始终很光滑,消除了初始阶段数值振荡。可见时间步长越小,越可以有效地抑制数值振荡现象,维持数值稳定性。但是时间步长越小求解时间耗费也越大,需要综合平衡选取合适的时间步长。为了验证全阶线性快照方程构建的正确性,需将快照方程预测结果与非定常 CFD 预测结果进行比较。如图 7.10 所示,时间步长都取为 $\Delta t = 1 \times 10^{-5}$ s 时,两种不同模型预测的前两阶广义模态力基本一致。

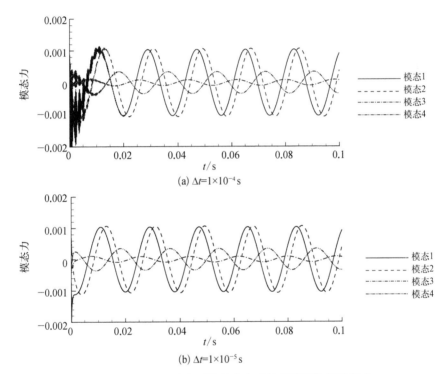

(a) $\Delta t = 1 \times 10^{-4}$ s

(b) $\Delta t = 1 \times 10^{-5}$ s

图 7.9　不同时间步长对线性化全阶快照模型结果的影响

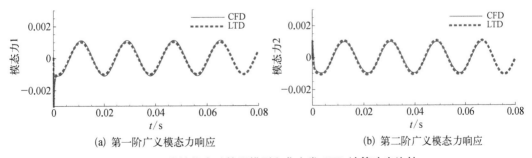

(a) 第一阶广义模态力响应　　　　　　(b) 第二阶广义模态力响应

图 7.10　线性化全阶快照模型和非定常 CFD 计算响应比较

3. 样本数据数量的影响

POD 降阶方法需选择一组试验数据样本集构造快照矩阵。对于小变形流固耦合问题快照样本可由线性化全阶时不变系统模型 LTD 方程(7.33)获取。通过对 LTD 快照方程(7.33)施加模态位移脉冲激励,采集该激励下不同时刻的响应数据(通量 w 的变化)。通过 POD 算法得到 POD 基转换矩阵,进而再将高维度全阶 LTD 模型转换成低维度 ROM 模型。设 m 为样本数据点个数,只要保证总体快照样本采集时间($T = \Delta t^* \times m$)一致,时间步长选取在合理范围内(要保证快照求解有足够精度)对 ROM 结果影响不大。图 7.11 为不同的样本采集间隔($\Delta t^* = 1 \times 10^{-4}$s 和 $\Delta t^* = 5 \times 10^{-5}$s)对气动弹性降阶模型精度的影响,所构造的 ROM 阶数均为 500。频域 POD/ROM 建模也同样存在此类现象[7]。

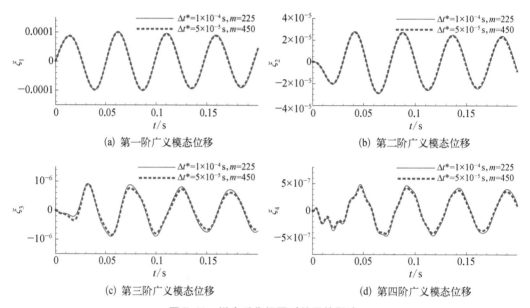

(a) 第一阶广义模态位移　　　　　(b) 第二阶广义模态位移

(c) 第三阶广义模态位移　　　　　(d) 第四阶广义模态位移

图 7.11　样本采集间隔对结果的影响

4. 模型阶数的影响

POD 计算的奇异值百分比按从大到小依次排列,如图 7.12 所示。奇异值值越大所包含系统能量越多。而高阶奇异值较小,所包含的能量基本可以忽略。图 7.13 为不同阶数 ROM 在马赫数为 0.678,来流速度为 240 m/s 状态下 AGARD 445.6 机翼前四阶模态的广义位移响应。可以看出 300 阶 ROM 与 500 阶 ROM 结果随着时间推进出现了明显差异且越来越大。而 580 阶与 500 阶 ROM 结果几乎没有差别,响应趋势保持一致。所以 ROM 阶数越高 ROM 的精度也越高,最低阶数值有一个最小值,但超过一定阶数后,ROM 精度基本保持不变。

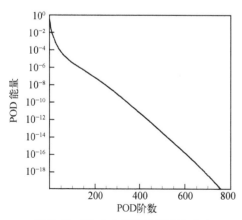

图 7.12　Hankel 奇异值百分比分布

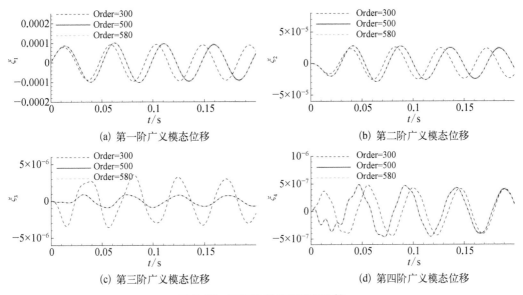

图 7.13　不同阶数结果预测比较

7.3　类平衡截断气动弹性降阶模型

7.3.1　平衡截断法

B. C. Moore 提出的平衡截断法(balanced truncation method,BT)是控制系统建模领域最重要的模型降阶技术之一[8]。平衡截断法的主要思想是重新度量系统的可控、可观性,将系统划分为强子系统和弱子系统。弱子系统是最不可控和最不可观子系统,被认为对系统传递函数矩阵影响不大。剔除弱子系统从而得到降阶模型,其输入输出特性与满阶模型相差不大,从而使得平衡截断降阶方法一般总能获得渐进稳定、可控、可观的低阶模型。

设线性时不变系统为

$$\begin{aligned} \dot{x} &= Ax + Bu \\ y &= Cx + Du \end{aligned} \tag{7.45}$$

则系统的可控、可观矩阵 W_C、W_O 为

$$\begin{cases} W_C = \dfrac{1}{2\pi} \int_{-\infty}^{+\infty} (j\omega I - A)^{-1} BB^{\mathrm{T}} (-j\omega I - A^{\mathrm{T}})^{-1} \mathrm{d}\omega \\ W_O = \dfrac{1}{2\pi} \int_{-\infty}^{+\infty} (j\omega I - A^{\mathrm{T}})^{-1} C^{\mathrm{T}} C (-j\omega I - A)^{-1} \mathrm{d}\omega \end{cases} \tag{7.46}$$

$$\begin{cases} W_C = \int_0^{\infty} \mathrm{e}^{At} BB^{\mathrm{T}} \mathrm{e}^{A^{\mathrm{T}}t} \mathrm{d}t \\ W_O = \int_0^{\infty} \mathrm{e}^{A^{\mathrm{T}}t} C^{\mathrm{T}} C \mathrm{e}^{At} \mathrm{d}t \end{cases}$$

设系统(7.45)为可控、可观的,则 Gramian 矩阵 W_C、W_O 为非奇异。可以通过求解 Lyapunov 方程得到系统的 Gramian 矩阵,即

$$\begin{cases} AW_C + W_C A^{\mathrm{T}} + BB^{\mathrm{T}} = 0 \\ A^{\mathrm{T}}W_O + W_O A + C^{\mathrm{T}}C = 0 \end{cases} \tag{7.47}$$

系统的内平衡实现,需要构造变换矩阵 T,令 $X = T \cdot \hat{X}$,则系统(7.46)可变为

$$\begin{aligned} \dot{\hat{X}} &= \hat{A} \cdot \hat{X} + \hat{B}U \\ Y &= \hat{C} \cdot \hat{X} + \hat{D}U \end{aligned} \tag{7.48}$$

式中,$\hat{A} = T^{-1}AT$;$\hat{B} = T^{-1}B$;$\hat{C} = CT$;$\hat{D} = D$。

变换矩阵构造 T 的构造算法如下:

(1) 首先通过求解式(7.47)得到系统的可控、可观 Gramian 矩阵 W_C、W_O。

(2) 对 Gramian 矩阵进行 Cholesky 分解,即 $W_C = XX^{\mathrm{T}}$,$W_O = ZZ^{\mathrm{T}}$。

(3) 对 $W_{CO} = Z^{\mathrm{T}}X$ 进行奇异值分解,有 $Z^{\mathrm{T}}X = U\Sigma V^{\mathrm{T}}$。

(4) 根据 Hankel 奇异值,对特征向量适当截断得到变换矩阵 $T_r = XU_r\Sigma_r^{-1/2}$。

则平衡截断法形成的状态空间降阶模型为

$$\begin{aligned} \dot{\hat{X}} &= \hat{A}_r \cdot \hat{X} + \hat{B}_r U \\ Y &= \hat{C}_r \cdot \hat{X} + \hat{D}_r U \end{aligned} \tag{7.49}$$

式中,$\hat{A} = T_r^{-1}AT_r$;$\hat{B} = T_r^{-1}B$;$\hat{C} = CT_r$;$\hat{D} = D$。

平衡截断法可以很容易得到降阶系统与原始系统之间的误差关系。其优点是可以保持系统的可控性和可观性,同时也能保持原始系统的稳定性。但其缺点就是计算量比较大,因为在降阶过程中需要对矩阵奇异值分解,尤其对大型系统计算更为复杂。下面介绍一种工程上比较实用的使用平衡截断法构造低阶气动弹性模型的方法[9]。首先对流固耦合系统构造 POD 降阶模型。POD/ROM 一般为几百阶的线性时不变状态空间方程,因此可直接利用平衡阶段法对 POD/ROM 再进一步降阶。一般而言可以获得几阶到十阶的平衡截断降阶模型(称之为 POD – BT/ROM),特别适合于控制系统设计与优化。

7.3.2　Gramian 矩阵近似求解算法

采用平衡截断法进行降阶模型构造时,需要求解系统的精确可观、可控 Gramian 矩阵。目前 Gramian 矩阵精确求解方法有子空间迭代法、最小二乘逼近以及 Krylov 子空间方法等。对高阶系统降阶时,Gramian 矩阵计算量会呈现级数增长。特别是对于流体系统这类动辄百万千万阶自由度的超大规模数值离散系统,Gramian 矩阵精确求解会陷入维数灾难。因此对于超大规模系统采用平衡截断法降阶,需要发展 Gramian 矩阵近似求解方法。这里将在平衡截断方法框架上改进而来的各种模型降阶技术称为类平衡截断法。本节介绍一种 Gramian 矩阵的快照(snapshot)逼近方法,并结合平衡截断理论而发展起来的快照平衡截断(snapshot balance truncation, S – BT)模型降阶技术。因其利用 POD 快照核

函数矩阵,也称之为平衡特征正交分析方法(balance proper orthogonal decomposition, BPOD)[10]。

首先介绍频域逼近方法。对系统(7.45)输入一谐振荡信号 $u = e^{j\omega}$,则输出状态向量形式为 $Xe^{j\omega}$,可表示为

$$j\omega \cdot Xe^{j\omega} = A \cdot Xe^{j\omega} + B \cdot e^{j\omega} \tag{7.50}$$

整理式(7.20)得到系统输出状态向量为 $X = (j\omega - A)^{-1}B$。将 X 视为快照向量,在离散圆频率序列 $\omega \in [\omega_1, \omega_2\cdots, \omega_k]$ 内激励系统形成快照向量,则有

$$XX^T = \sum_{k=1}^{n} (j\omega_k - A)^{-1}BB^T(-j\omega_k - A^T)^{-1} \tag{7.51}$$

比较式(7.51)和式(7.46),可以发现式(7.51)和系统(7.45)中 Gramian 矩阵 W_C 形式十分类似。因此可以采用式(7.51)来近似逼近能控 Gramian 矩阵 W_C。所以只要获得系统的频域快照就可以近似求得系统的 Gramian 可控矩阵。

定义系统(7.45)的对偶系统为

$$\begin{aligned} \dot{z} &= A^T z + C^T u \\ y &= B^T z \end{aligned} \tag{7.52}$$

采用同样方法获取对偶系统的频域快照,再构造如下矩阵:

$$ZZ^T = \sum_{k=1}^{n} (j\omega_k I - A^T)^{-1}C^T C(-j\omega_k I - A)^{-1} \tag{7.53}$$

比较式(7.53)和式(7.46),可以看出式(7.44)是系统(7.46)Gramian 矩阵 W_O。因此只要获得对偶系统的频域快照就可以近似求得系统的可观矩阵 W_O。

下面在介绍时域内逼近算法。设系统(7.45)输入矩阵 B 有 P 个列向量,记为 b_1, b_2, $\cdots$, b_p,则输入为 $u = [u_1, u_2, \cdots, u_p]^T$。给定每个输入分量单位脉冲激励 $u_i(t) = \delta(t)$,则式(7.45)的响应为 $x_i(t) = e^{At}b_i$。定义输出状态向量为 $X = [x_1(t), x_2(t), \cdots, x_p(t)]$,则系统可控 Gramian 矩阵可以表示为

$$W_C = \int_0^{\infty} [x_1(t)x_1(t)^T + \cdots + x_p(t)x_p(t)^T]dt \tag{7.54}$$

将其积分可得

$$W_C = XX^T, \quad X = [\bar{x}(t_1)\sqrt{\delta_1} \quad \bar{x}(t_2)\sqrt{\delta_2} \quad \cdots \quad \bar{x}(t_m)\sqrt{\delta_m}] \tag{7.55}$$

由式(7.55)可知,系统时域快照矩阵正好是系统可控矩阵的近似。同理可知对偶系统的时域快照矩阵是系统可观矩阵的近似。

综上所述,可采用原系统和对偶系统的时域或频域快照近似系统的可控、可观 Gramian 矩阵。基于 S-BT 策略构造非定常气动力降阶模型的步骤如下。

(1)建立非定常气动力全阶线性时不变状态空间模型 L。该步骤与 POD 方法第一步一致。

（2）在时域/频域内获取线性系统快照 X，构造近似 Gramian 可控矩阵：$W_C = XX^T$。

（3）时域/频域内获取对偶系统快照 Z，构造近似 Gramian 可控矩阵：$W_O = ZZ^T$。

（4）最后由平衡截断理论获得变换矩阵 T，进而构造近似平衡截断降阶模型。

与系统辨识方法降阶策略不一样，S-BT 和 POD 方法都是基于系统"模态"的模型降阶技术。S-BT 方法综合考虑了系统的输入、输出，利用 POD 快照求出 POD 正交基保留了系统的最可观模态，即对输出影响最大的状态。这正是传统 POD 方法所未曾考虑到的，所以由 S-BT 得到的降阶模型相比传统 POD 模型而言更可靠和更鲁棒。但是 S-BT 方法在获取原线性系统快照的同时，还要获取对偶系统快照，其计算时间花费要稍多于 POD 方法。但实际算例测试表明对于百万量级中等规模数值系统而言，时间消耗差别并不明显。

7.3.3 基于 S-BT 技术的混合型气动弹性降阶模型

无论 S-BT 方法还是 POD 方法都需要建立系统的全阶线性化时不变状态空间模型。特别是流体系统由于网格数量大其全阶模型阶数很高，对大型稀疏矩阵存储和求逆问题显得尤为突出。如果能找到一种方法不用构造全阶线性时不变系统而又能逼近其响应，则可以极大降低平衡截断法的使用门槛。Volterra 级数模型可以作为全阶线性时不变系统的近似逼近模型来计算系统时域快照。这是一种将系统辨识和模态分解相结合的混合型降阶模型构造策略。

基于 Volterra 级数的 S-BT 模型降阶方法的基本原理是：通过辨识系统的 Volterra 近似一阶核，采用特征系统实现算法构造一个高保真非定常气动力状态空间模型，基于该模型再采用 S-BT 级数进行降阶。这种混合降阶模型构造方法流程图如图 7.14 所示。算法具体步骤如下：

（1）利用非定常 CFD 求解器获得 CFD 系统阶跃响应，辨识 Volterra 近似一阶核；

（2）通过 ERA 算法得到系统的最小实现；

（3）在时域内获取原系统、对偶系统快照矩阵，实现可控、可观 Gramian 矩阵近似；

（4）采用平衡截断降阶方法实现降阶。

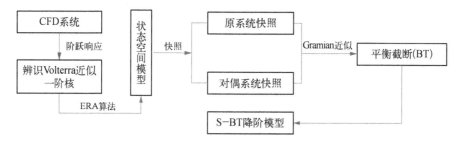

图 7.14　Volterra-S-BT 模型降阶技术流程

在 $Ma_\infty = 0.901$，$\alpha = 0°$ 状态下，采用 Volterra 级数建立了 AGARD 445.6 机翼的 240 阶非定常气动力 Volterra 降阶模型。对其施加一阶振型正弦激励 $\xi = 0.001 \times \sin(2\pi \times 50.0 \times t)$，图 7.15 为 240 阶 ROM 与 CFD 的计算结果比较。可以看出 240 阶

ROM 结果与 CFD 直接仿真结果基本一致,可以作为 CFD 系统的一个高保真模型(high fidelity model)。基于该状态空间模型,提取了原系统和对偶系统的快照矩阵。具体做法是给定 1 阶结构模态广义位移脉冲输入,输入幅值 $\xi = 0.000\,1$,时域推进获取了 200 个快照向量,则形成的核矩阵 $W_{CO} = Z^{\mathrm{T}}X$ 阶数为 200×200。

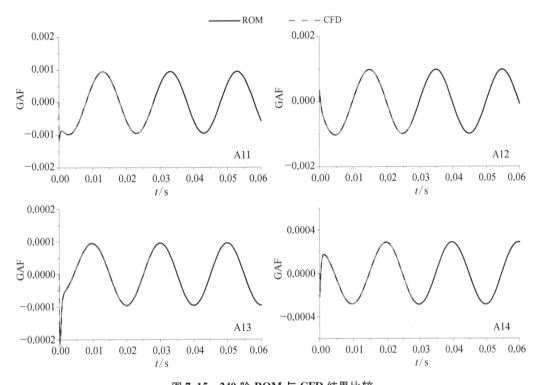

图 7.15　240 阶 ROM 与 CFD 结果比较

　　图 7.16 为 200 阶模态的奇异值分布,可以看出系统的奇异值下降很快。根据截断低能量要求模态保留前 40 阶模态。图 7.17 为基于 S－BT 方法的 40 阶 ROM 与高保真模型的比较。40 阶 S－BT ROM 可以准确逼近 240 阶的高保真模型,即全阶 CFD 系统的一个高保真度降阶模型。可见,采用基于 Volterra 级数的 S－BT 模型降阶技术,不需要对 CFD 系统线化,特别是通过原系统和对偶系统快照矩阵近似 Gram 矩阵,提高了平衡截断(BT)方法在高阶模型降阶中应用可行性。该方法的思路与 POD－BT/ROM 的混合降阶思路类似。在工程上应用时,还有一种更简单的操作方法,就是省去快照构造中间环节,直接用平衡阶段法对 240 阶 Volterra/ROM 直接降阶。

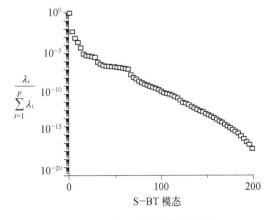

图 7.16　前 200 阶奇异值曲线

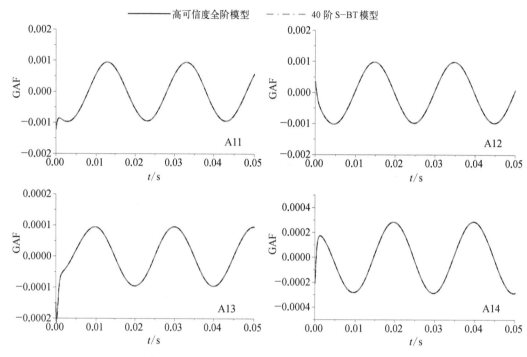

图 7.17　40 阶 S–BT ROM 与高保真模型比较

7.4　非线性流固耦合降阶模型构造技术

　　目前工程上获得广泛应用的流固耦合降阶模型技术主要都是在线性范围内发展起来的。这主要是因为气动弹性工程里面最重要的颤振问题,很多情况下都可以用弱非线性动力学模型来描述。但随着先进气动技术和先进结构技术的发展,越来越多的气动弹性问题开始表现出强非线性,比如极限环问题、大幅度涡激振动、柔性仿生结构流固耦合问题等。当动态线性化模型不足以描述非线性流固耦合动力学模型的非线性动力学行为时,针对此类强非线性流固耦合系统构造降阶模型时就需要采用非线性模型降阶技术。Dowell 和 K. H. Hall 最早采用 HB(harmonic balance)方法开展非线性气动弹性模型降阶技术的初步研究以来[11],非线性降阶模型技术仍然是当前计算流固耦合力学的国际学术前沿。本节将简要介绍三种非线性降阶模型构造方法和思路。

7.4.1　高阶非线性 Volterra 级数降阶模型

1. 二阶 Volterra 核辨识

　　非线性系统统辨识理论与方法可以描述非线性系统的输入输出特性的。例如,任意非线性系统的输入输出关系都可以表示为 Volterra 级数的无穷卷积形式,如式(7.1)所示。一般来说,绝大多数气动弹性系统都可以表示为二重卷积形式,即

$$y(n) = h_0 + \sum_{k=0}^{n} h_1(n-k)u(k) + \sum_{k_1=0}^{n}\sum_{k_2=0}^{n} h_2(n-k_1,\ n-k_2)u(k_1)u(k_2) \quad (7.56)$$

在本章第一节介绍的经典气动弹性 Volterra 降阶模型仅仅采用了近似一阶核,并没有真正辨识二阶及以上 Volterra 核。当需要提升 Volterra 级数模型非线性描述能力时,一种很直接的思路就是在辨识模型中增加二阶及以上核辨识。高阶 Volterra 核辨识是非常烦琐的,特别是针对大规模三维流体数值模型来说更是如此。脉冲响应法直接来源与 Volterra 核函数的数学定义,是辨识 Volterra 核最直接最严格的数学方法。

辨识一阶核时,定义如式(7.6)所示的脉冲响应,并定义 y_1 为 $\delta(n)$ 作用输出,y_2 为 $2\delta(n)$ 作用输出,则 Volterra 一阶核精确解为

$$h_1(n) = \frac{(4y_1 - y_2)}{2\xi_0} \quad (7.57)$$

Volterra 二阶核的辨识需要通过双脉冲响应来求解。定义双脉冲响应为

$$\bar{\delta}(n) = \bar{\delta}(n-k_1) + \bar{\delta}(n-k_2) \quad (7.58)$$

将式(7.58)代入式(7.56)可得

$$\begin{aligned} y_1(n) &= \xi_0 h(n-k_1) + \xi_0^2 h_2(n-k_1,\ n-k_1) + \xi_0 h_1(n-k_2) \\ &\quad + \xi_0^2 h_2(n-k_2,\ n-k_2) + 2\xi_0^2 h_2(n-k_1,\ n-k_2) \\ &= y_0(n-k_1) + y_0(n-k_2) + 2\xi_0^2 h_2(n-k_1,\ n-k_2) \end{aligned} \quad (7.59)$$

整理可得二阶 Volterra 核为

$$h_2(n-k_1,\ n-k_2) = \frac{1}{2\xi_0^2}\left[y_1(n) - y_0(n-k_1) - y_0(n-k_2) \right] \quad (7.60)$$

如果固定第一脉冲位置为时间零点,移动第二脉冲也可辨识得到二阶核分量

$$h_2(n,\ n-k_2) = \frac{1}{2\xi_0^2}\left[y_1(n) - y_0(n) - y_0(n-k_2) \right] \quad (7.61)$$

因此通过辨识二阶核或者高阶核来逼近非线性系统在数学理论上具有一定工程可行性。

下面以一单输入输出二阶非线性系统为例,对上述辨识方法进行分析。设该二阶系统为

$$\dot{y} + \alpha y + \varepsilon y^2 = u(t) \quad (7.62)$$

算例一。取 $\alpha=1.0$, $\varepsilon=0.0001$,时间步长 $\Delta t = 0.01$ s,记忆长度 $n=1000$,如图 7.18 和图 7.19 所示,可以看出一阶核下降很快,系统真实阶跃响应和一阶核叠加响应几乎重合,说明系统非线性很弱。图 7.20 是二阶核的第 1、100、200 阶分量,可以看出二阶核为一可忽略的小量,再次说明系统非线性很弱。由二阶核空间分布图 7.21 可以看出,二阶在整个双时间序列 (n, k_2) 平面内取值很小。

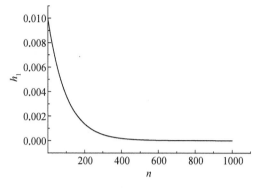

图 7.18　一阶核随时间序列变化

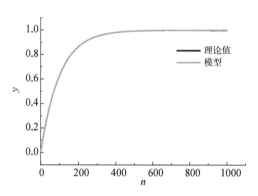

图 7.19　真实阶跃响应、叠加阶跃响应比较

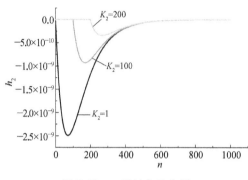

图 7.20　二阶核各阶分量

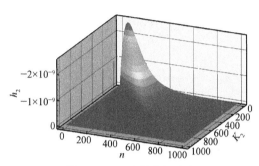

图 7.21　二阶核空间分布

　　算例二。取 $\alpha = 0.1$，$\varepsilon = 0.001$，时间步长 $\Delta t = 0.01$ s，记忆长度 $n = 5\,000$。如图 7.22 所示，一阶核下降趋势相比算例一缓慢了很多。从图 7.23 可以看出，一阶核叠加响应不能高精度的逼近系统真实响应，说明系统的非线性变强。从图 7.24 二阶核分量来看，二阶核的第 1 分量的最大值（绝对值）为算例一的 100 倍左右，是不可忽略的量，进一步说明了系统非线性加强。由图 7.25 可以看出，二阶核的空间分布形式与算例一相似。

　　由记忆长度可知，形成的二阶核矩阵为 5 000×5 000，特别是随着记忆长度的增长，将遭遇所谓"维数"灾难，即待辨识参数的数量随着核阶次的增加而呈指数增加，当引入级

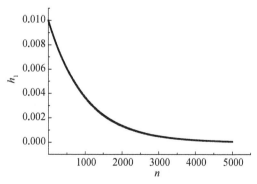

图 7.22　一阶核随时间序列变化

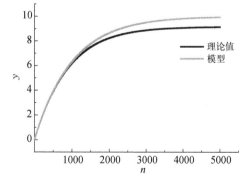

图 7.23　真实响应、叠加响应比较

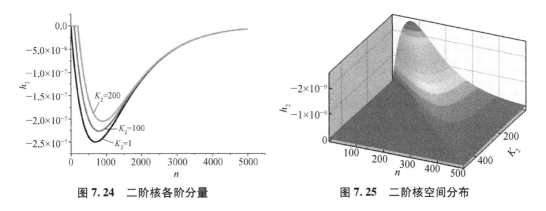

图 7.24　二阶核各阶分量　　　　　　　图 7.25　二阶核空间分布

数中高阶核时会引发由于求解高维病态方程组导致的所谓维数灾难问题。这也导致通过辨识三阶及以上更高阶核来建立强非线性降阶模型在规模较大的工程问题上仍还不太现实。为了改善脉冲法核辨识维数灾难问题,针对二阶和三阶 Volterra 核也提出了正交多项式逼近[12]、多小波分析[13,14]等一些有潜力的非线性高阶核辨识方法。

　　2. 二阶 Volterra 核函数与双线性模型

　　若非线性系统关于状态和控制分别是但不同时是线性的,则称之为双线性系统。双线性模型是一类非常重要的非线性系统模型,其系统结构简单,便于数学处理,从理论上可以证明它能逼近任意非线性系统[15]。这类系统的独特之处在于其虽是非线性系统,却有着最简单、最接近于线性系统的结构,比传统线性逼近要高得多。尤其是由于双线性系统所具有的特殊的变结构特性,在系统的可控性、最优化及建模等方面具有明显的优越性。

　　双线性系统有着广阔的工程背景,可以描述生物、生态、社会经济和工业生产过程中的许多对象。例如,直流电动机转速与可调节电流之间满足双线性关系,连续搅拌釜式反应器、固定床反应器、液压系统、燃气炉、热交换系统等生产过程都可以应用双线性系统模型来很好地描述。流固耦合系统边界上气动载荷与边界运动是相互耦合互相为输入的,这种耦合效应也可能用双线性模型来逼近。

　　双线性系统的一般表达式为

$$\begin{cases} \dot{X} = A(t)X + N(t)XU + B(t)U \\ Y = C(t)X \end{cases} \tag{7.63}$$

式中,$N(t)XU$ 称为双线性项。双线性系统也正是因此而得名。从式(7.63)可以看出,系统关于输入变量 U 和状态变量 X 分别是线性的。但是由于双线性项 $N(t)XU$ 的存在,与纯粹的线性状态空间模型相比较,系统整体上是一种非线性模型。

　　双线性离散时不变状态方程为

$$\begin{cases} X(k+1) = AX(k) + NX(k)U(k) + BU(k) \\ Y = CX(k) \end{cases} \tag{7.64}$$

　　双线性系统可以逼近任意非线性系统。利用双线性离散系统来逼近 Volterra 级数,可

以获得前两阶 Volterra 核 h_1 和 h_2 为[16]

$$\begin{cases} h_{1,\,\mathrm{reg}}(\tau_1) = C^{\mathrm{T}} A^{\tau_1} B \\ h_{2,\,\mathrm{reg}}(\tau_1,\,\tau_2) = C^{\mathrm{T}} A^{\tau_2-1} N A^{\tau_1} C \end{cases} \tag{7.65}$$

式(7.65)建立了 Volterra 核函数和双线性模型和的关系,给出了从双线性模型构造 Volterra 级数模型的一种途径。但从系统分析与控制应用角度来看,也需要将非线性 Volterra 级数模型转换为双线性模型,从而可以有效利用双线性模型比较系统成熟的理论和方法体系。从 Volterra 核直接建立双线性模型目前已经获得了一些同线性系统理论相对应的理论结果。例如,将线性系统中的实现论推广到双线性系统可得到具有理论意义的完全形式理论结果。但是理论推导证明所采用的算法实现过程非常复杂而且计算量特别大,实现起来会有不小挑战。考虑到非线性非定常气动力计算产生大量高维据量,下面给出两种适用于非定常气动力建模的两种策略。

1)基于 Volterra 核的直接建模方法

从式(7.35)可以看到,双线性系统的一阶核(线性部分)的表达式是唯一的,且只与系数矩阵 A、B 和 C 有关,而同双线性系数矩阵 N 无关。系统二阶以上的核(非线性部分)同状态模型的各系数矩阵 A、B、C 和 N 都有关。因此可以利用一阶核辨识出 A、B 和 C 矩阵,再通过二阶核辨识出 N 矩阵,就可以得到非线性系统的双线性模型。基于该策略的建模算法流程如下:

(1)用脉冲响应法辨识或其他方法(如多小波算法)辨识出 Volterra 一阶核、二阶核;

(2)采用 SVD 分解得到 A、B、C;

(3)将 Volterra 二阶核及 A、B、C 代入式(7.35)迭代求解代数方程组获得 N。

2)混合系统辨识建模方法

Volterra 级数能描述任意非线性系统的输入输出响应,而双线性系统也能逼近任意非线性系统。因此可先对非线性流动系统建立二阶 Volterra 级数模型代替原系统,然后再用双线性系统参数辨识方法来构建双线性模型。该混合建模策略流程图如下:

(1)用脉冲响应法或其他方法(如多小波算法)辨识出 Volterra 一阶核、二阶核;

(2)用白噪声或块状脉冲信号作为输入作用于 Volterra 级数模型,获得该模型输出响应;

(3)指定双线性模型阶数,利用双线性系统的参数辨识方法(如最小二乘法、非线性最小二乘法或块状脉冲响应正交函数法)建立 Volterra 级数系统对应的双线性模型;

(4)模型验证与确认。通过将双线性模型同非定常 CFD 计算响应比较,调整模型阶数并返回第三步最终获得满足于此精度的双线性模型。

3. Volterra 核反求法

尽管目前关于非线性高阶 Volterra 核辨识方法及在非线性气动力建模中的应用仍在发展,但高阶 Volterra 级数模型却很难转化为类似状态空间方程这样方便系统稳定性分析和控制设计的状态空间模型,直接和结构系统耦合构建流固耦合系统降阶模型也不是很方便。一阶 Volterra 级数模型可以直接通过 ERA 算法得到最小实现。尽管二阶 Volterra 级数模型可以转化成双线性状态模型,但使用仍然远不如线性时不变模型方便[17]。

传统阶跃响应辨识法得到的近似一阶核包含了一部分二阶核,能描述一定非线性行为。考虑到高阶 Volterra 核辨识存在维数灾难,如果能辨识得包含更多二阶核的近似一阶核,在工程上对一大类非线性动力学系统建模与控制也是很有意义的。下面介绍作者根据该思路速提出的一种 Volterra 核反求算法。

将系统响应展开成一阶核,有

$$y(n) = \sum_{k=0}^{n} h_1(n-k)u(k) \tag{7.66}$$

写成矩阵形式为

$$Y = HU \tag{7.67}$$

式中,Y 为输出向量;U 为输入向量;H 为近似一阶核。表达式如下:

$$Y = \begin{bmatrix} y_1(1) \\ y_1(2) \\ \vdots \\ y_1(n) \end{bmatrix}, H = \begin{bmatrix} h_1(1) & 0 & \cdots & 0 \\ h_1(2) & h_1(1) & \cdots & 0 \\ \vdots & \vdots & \ddots & \vdots \\ h_1(n) & h_1(n-1) & \cdots & h_1(1) \end{bmatrix}, U = \begin{bmatrix} u(1) \\ u(2) \\ \vdots \\ u(n) \end{bmatrix} \tag{7.68}$$

这样通过系统的输入、输出响应就可以求解线性方程组式(7.64),反求得到近似一阶核。仍以式(7.62)非线性系统为例,取 $\alpha = 0.1$,$\varepsilon = 0.001$,时间步长 $\Delta t = 0.01$ s,记忆长度 $n = 5\,000$。图 7.26 是通过系统的单位阶跃响应反求得到近似一阶核和精确一阶核的比较。将阶跃响应幅值变为 1.2、1.5、2.0 倍,比较两者一阶核构造的 Volterra 级数模型预测精度。图 7.27~图 7.29 给出了精确一阶核、反求近似一阶核的叠加响应与真实响应的比较。可以看出反求近似一阶核叠加响应比精确一阶核叠加响应更接近系统理论响应,反求近似一阶核体现了一定非线性行为。特别是在反求响应(反求近似一阶核施加在系统上的响应)与输入响应幅值接近时,叠加响应更准确。

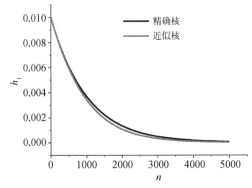

图 7.26　精确一阶核与近似一阶核比较图

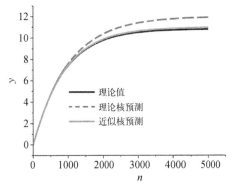

图 7.27　幅值为 1.2 的阶跃响应比较

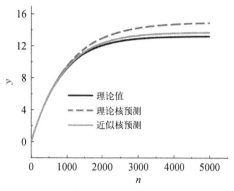 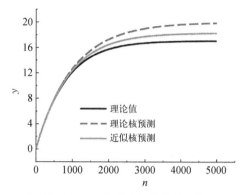

图 7.28　幅值为 1.5 的阶跃响应比较　　　　图 7.29　幅值为 2.0 的阶跃响应比较

7.4.2　高阶谐波平衡非线性降阶模型

谐波平衡(harmonic balance,HB)方法是一种能够捕捉系统更多的非线性信息的当地动力学线性化方法。Thomas 等[11]对流动控制方程的动力学线性化方法进行修正,通过保留了高阶的非线性项使得快照对流动参数在一定范围内具有鲁棒性,将基于欧拉方程的 HB 求解器和线性结构模型耦合发展了一种非线性 HB/ROM,成功预测了NACA64A01A 翼型气弹系统的极限环问题。随后研究了考虑黏性作用构建的 HB/POD模型预测 NLR7301 翼型在跨声速流动中的 LCO 现象,进一步发展了基于非线性频域 HB求解器构建能预测 F－16 机翼 LCO 的降阶模型。

为了更精确模拟气动强非线性和提高 ROM 稳定性,HB/ROM 向着高阶化方向发展。高阶谐波平衡方法(high-order harmonic balance,HOHB)是能有效模拟强非线性动力学特性的一种当地线性化方法,可直接模拟出系统周期性非线性振荡现象,而无须耗费巨大的非定常迭代。其核心思想是对系统状态变量采用傅里叶级数展开,将非定常系统变换为一系列与时频导数算子相关的定常问题求解。

考虑一自由非线性动力学系统[18]:

$$\dot{x} = f(x, t, w) \tag{7.69}$$

式中,$x(t)$ 是 $m \times 1$ 阶系统状态向量;t 是时间;w 是 $p \times 1$ 阶系统参数;f 是 $m \times 1$ 阶非线性函数。HOHB 方法的目标是利用傅里叶级数逼近系统的强迫或自激振荡周期响应。将系统响应表示为傅里叶级数:

$$x = X_0 + \sum_{i=1}^{N} \left[X_{k1}\sin(k\omega t) + X_{k2}\cos(k\omega t) \right] \tag{7.70}$$

式中,ω 是系统响应基频;X_0、X_{k1}、X_{k2} 为待求系数;N 是傅里叶级数的阶数。若 $N = 1$ 则是传统一阶 HB 方法;$N > 1$ 则是高阶 HB 方法。将式(7.70)代入式(7.69)并作整理可得

$$\sum_{i=1}^{N} \left[k\omega X_{k1}\sin(k\omega t) - k\omega X_{k2}\cos(k\omega t) \right] = F_0 + \sum_{i=1}^{N} \left[k\omega F_{k1}\sin(k\omega t) + k\omega F_{k2}\cos(k\omega t) \right]$$

$$\tag{7.71}$$

式中,F_0、F_{k1}、F_{k2} 是 ω、w、X_0、X_{k1}、X_{k2} 的函数,其值在 $2N+1$ 个频率点可直接求解,即

$$
\begin{cases}
F_0 = \dfrac{1}{2N+1}\sum_{r=0}^{2N}f(x_r), & F_{k1} = \dfrac{2}{2N+1}\sum_{r=0}^{2N}f(x_r)\sin(k\omega t_r) \\
F_{k1} = \dfrac{2}{2N+1}\sum_{r=0}^{2N}f(x_r)\cos(k\omega t_r) \\
t_r = 0,\ 2\pi/\omega(2N+1),\ \cdots,\ 4\pi N/\omega(2N+1)
\end{cases}
\tag{7.72}
$$

为了使等式(7.72)恒成立,可得如下 $m(2N+1)$ 个非线性代数方程:

$$
F_0 = 0,\ k\omega X_{k2} + F_{k1} = 0;\ -k\omega X_{k1} + F_{k2} = 0,\ k = 1, 2, \cdots, N \tag{7.73}
$$

改写为

$$
g(X_0, X_{k1}, X_{k2}, \omega, w) = 0 \tag{7.74}
$$

方程(7.74)的解向量为 $a = X_0, X_{k1}, X_{k2}, \omega$,可通过 Newton-Raphson 或其改进算法可迭代求解。将不同频率下的 a 带入式(7.70)即可获得非线性系统的响应或构造降阶模型所需的系统快照。

利用上述 HOHB 方法求出系统响应获得系统快照后,就可以采用 POD 方法构造非线性系统降阶模型了。HOHB/ROM 模拟极限环和激波振荡等强周期性非线性气动弹性问题的有效性已经得到充分验证,并被 Overflow 2、PUMA 和 ELSA 等著名工业级 CFD 程序非线性 ROM 求解器采用。

7.4.3 基于泰勒展开的非线性特征分解降阶模型

从非线性系统建模方法的数学理论来看,目前广泛流行的 POD/ROM 是一种整体动力学线性化模型,描述大扰动情况下的非定常流场效果并不好。例如,POD/ROM 就难以捕捉激波振荡诱导的非线性极限环。这是因为动力线性化 POD 降阶模型方法采用泰勒级数一阶展开,属于全局动力学线性化处理方法,本质上是一种线性模型,适合于系统扰动离平衡状态不远的情况。对于极限环等周期振荡扰动相对较大的非线性动力学行为,需要发展能捕捉更多非线性信息的非线性 POD 降阶模型方法。

1. 动力学非线性动力学流动快照方程

流固耦合系统由流体动力系统和结构系统两部分组成。为了后续公式推导描述方便,将流固耦合系统方程(7.70)再次写成如下流体控制方程(7.75)和结构控制方程(7.76):

$$
\frac{\mathrm{d}A(u, \dot{u})w}{\mathrm{d}t} + R(w, u, \dot{u}) = 0 \tag{7.75}
$$

$$
Mv_{,t} + f^{\text{int}}(u, v) = f^{\text{ext}}(u, w) \tag{7.76}
$$

式中,u 和 $\dot{u}$ 分别表示结构的位移和速度矢量;A 为流体网格单元的体积矩阵;w 是流场变量 $[\rho, \rho u, \rho v, \rho w, \rho E]$;$R$ 控制体数值通量;u 网格位移;$\dot{u}$ 是网格速度;M 是质量矩

阵；f^{int} 表示结构内力；f^{ext} 是作用于结构上的气动载荷。

在某参考状态下，可以计算得到稳态解（w_0，u_0，$\dot{u}_0$），此时存在

$$\frac{\mathrm{d}A(u_0,\dot{u}_0)w_0}{\mathrm{d}t} = R(w_0,u_0,\dot{u}_0) = 0 \tag{7.77}$$

假设（δw，δu，$\delta\dot{u}$）是在稳态解附近（w_0，u_0，$\dot{u}_0$）的扰动，并考虑

$$R(w,u,\dot{u}) = 0,\ \dot{w}_0 = 0,\ u_0 = 0,\ \dot{u}_0 = 0,\ \ddot{u}_0 = 0 \tag{7.78}$$

把方程(7.75)在稳态解附近用泰勒公式展开。该式左端第一项展开为

$$A(u,\dot{u})\dot{w} + w\frac{\partial A}{\partial u}\cdot\dot{u} + w\frac{\partial A}{\partial\dot{u}}\cdot\ddot{u} = A(u,\dot{u})\dot{w} + E\cdot\dot{u} + D\cdot\ddot{u} \tag{7.79}$$

由于有限体积法中采用的 GCL(geometry conservation law)算法通常都是二阶精度的，因此可忽略网格位移的二阶效应也就是网格加速度效应，即式(7.79)中最后一项可略去。对式(7.79)中各项进行泰勒展开，并略去三阶及以上小量可得[19]

$$A(u,\dot{u})\dot{w} = A(u_0+\delta u,\dot{u}_0+\delta\dot{u})(\dot{w}_0+\delta\dot{w}) = A(u_0+\delta u,\dot{u}_0+\delta\dot{u})\delta\dot{w}$$

$$= \left[A(u_0,0) + \left(\frac{\partial A}{\partial u}\right)_0\delta u + \left(\frac{\partial A}{\partial\dot{u}}\right)_0\delta\dot{u}\right]\delta\dot{w} \tag{7.80}$$

$$E\dot{u} = E_0\cdot\dot{u}_0 + E_0\cdot\delta\dot{u} + \left(\frac{\partial E}{\partial w}\delta w + \frac{\partial E}{\partial u}\delta u + \frac{\partial E}{\partial\dot{u}}\delta\dot{u}\right)_0\cdot\dot{u}_0 + \left(\frac{\partial E}{\partial w}\delta w + \frac{\partial E}{\partial u}\delta u + \frac{\partial E}{\partial\dot{u}}\delta\dot{u}\right)_0\delta\dot{u}$$

$$= E_0\cdot\delta\dot{u} + \left(\frac{\partial A}{\partial u}\delta w + w\frac{\partial^2 A}{\partial u^2}\delta^2 u + w\frac{\partial^2 A}{\partial u\partial\dot{u}}\delta\dot{u}\delta u\right)_0\delta\dot{u} = w_0\frac{\partial A}{\partial u}(u_0)\cdot\delta\dot{u} + \left(\frac{\partial A}{\partial u}\right)_0\delta w\delta\dot{u} \tag{7.81}$$

将式(7.79)中左端第二项泰勒展开并略去三阶及以上小量为

$$R(w,u,\dot{u}) = R(w_0,u_0,\dot{u}_0) + \left(\frac{\partial R}{\partial w}\right)_0\delta w + \left(\frac{\partial R}{\partial u}\right)_0\delta u + \left(\frac{\partial R}{\partial\dot{u}}\right)_0\delta\dot{u}$$

$$+ \frac{1}{2!}\left(\frac{\partial}{\partial w}\delta w + \frac{\partial}{\partial u}\delta u + \frac{\partial}{\partial\dot{u}}\delta\dot{u}\right)_0^2 R(w,u,\dot{u})$$

$$= \frac{1}{2}\left(\frac{\partial^2 R}{\partial^2 w}\right)_0\delta^2 w + \left[\left(\frac{\partial R}{\partial w}\right)_0 + \left(\frac{\partial^2 R}{\partial w\partial u}\right)_0\delta u + \left(\frac{\partial^2 R}{\partial w\partial\dot{u}}\right)_0\delta\dot{u}\right]\delta w$$

$$+ \frac{1}{2}\left(\frac{\partial^2 R}{\partial^2 u}\right)_0\delta^2 u + \frac{1}{2}\left(\frac{\partial^2 R}{\partial^2 w}\right)_0\delta^2\dot{u}$$

$$+ \left(\frac{\partial^2 R}{\partial u\partial\dot{u}}\right)_0\delta u\delta\dot{u} + \left(\frac{\partial R}{\partial u}\right)_0\delta u + \left(\frac{\partial R}{\partial\dot{u}}\right)_0\delta\dot{u} \tag{7.82}$$

将式(7.81)和式(7.82)代入式(7.75)，采用有限体积离散后的非定常流动控制方程按 w 整理后的二阶泰勒展开为

$$\left[A(u_0,\,0) + \left(\frac{A}{u}\right)_0 \delta u + \left(\frac{A}{\dot{u}}\right)_0 \delta \dot{u}\right]\delta \dot{w} + \frac{1}{2}\left(\frac{\partial^2 R}{\partial^2 w}\right)_0 \delta^2 w$$

$$+ \left[\left(\frac{\partial R}{\partial w}\right)_0 + \left(\frac{\partial A}{\partial u}\right)_0 \delta \dot{u} + \left(\frac{\partial^2 R}{\partial w \partial u}\right)_0 \delta u + \left(\frac{\partial^2 R}{\partial w \partial \dot{u}}\right)_0 \delta \dot{u}\right]\delta w$$

$$+ \frac{1}{2}\left(\frac{\partial^2 R}{\partial^2 u}\right)_0 \delta^2 u + \frac{1}{2}\left(\frac{\partial^2 R}{\partial^2 \dot{u}}\right)_0 \delta^2 \dot{u} + \left(\frac{\partial^2 R}{\partial u \partial \dot{u}}\right)_0 \delta u \delta \dot{u}$$

$$+ \left(\frac{\partial R}{\partial u}\right)_0 \delta u + \left[w_0 \frac{\partial A}{\partial u}(u_0) + \left(\frac{\partial R}{\partial \dot{u}}\right)_0\right]\delta \dot{u} = 0 \tag{7.83}$$

考虑到有限体积法采用的空间离散格式一般不超过三阶精度,通量项对网格位移和网格速度的一阶偏导数通常远大于二阶偏导数,无量纲 δu、$\delta \dot{u}$ 均小于 1,二阶项 $\left(\frac{\partial^2 R}{\partial^2 u}\right)_0 \delta^2 u$、$\left(\frac{\partial^2 R}{\partial^2 \dot{u}}\right)_0 \delta^2 \dot{u}$、$\left(\frac{\partial^2 R}{\partial u \partial \dot{u}}\right)_0 \delta u \delta \dot{u}$ 要比 δu、$\delta \dot{u}$ 的一阶项要小得多,因此忽略这些二阶项的影响。最终可得非线性离散全阶 NS 方程的二阶泰勒展开可简化为

$$A_1 \delta \dot{w} + B_1 \delta^2 w + H_1 \delta w + G_1 \delta u + (C_1 + E_1) \delta \dot{u} = 0 \tag{7.84}$$

式中,

$$A_1 = A(u_0,\,0) + \left(\frac{\partial A}{\partial u}\right)_0 \delta u + \left(\frac{\partial A}{\partial \dot{u}}\right)_0 \delta \dot{u} \tag{7.85}$$

$$B_1 = \frac{1}{2}\left(\frac{\partial^2 R}{\partial^2 w}\right)_0,\quad H_1 = \left(\frac{\partial R}{\partial w}\right)_0 + \left(\frac{\partial A}{\partial u}\right)_0 \delta \dot{u} + \left(\frac{\partial^2 R}{\partial w \partial u}\right)_0 \delta u + \left(\frac{\partial^2 R}{\partial w \partial \dot{u}}\right)_0 \delta \dot{u} \tag{7.86}$$

$$G_1 = \frac{\partial R}{\partial u}(w_0,\,u_0,\,\dot{u}_0),\quad C_1 = \frac{\partial R}{\partial \dot{u}}(w_0,\,u_0,\,\dot{u}_0),\quad E_1 = w_0 \frac{\partial A}{\partial u}(u_0) \tag{7.87}$$

方程(7.84)是未知量为 δw,输入量为 δu、$\delta \dot{u}$ 的一阶非线性常微分方程。给定输入,即可采用牛顿-拉夫逊迭代算法即可以求解 δw,从而获得 POD 算法所需流场变量快照矩阵。构造非线性快照方程(7.84)的关键是求解定常流场解附近的各种灵敏度矩阵 A_1、B_1、H_1、G_1、C_1、E_1。可以采用差分法手动求解或自动微分工具自动化求解。

2. 非线性 POD 降阶模型

设由式(7.84)求得的流动系统快照响应为 W。在时间域求得的 W 为实矩阵,则所构造的 POD 核为 $R = WW^{\mathrm{T}}$。采用本章第二节描述的 POD 基构造方法,求得一个 r ($r \ll n$) 维正交子空间 Ψ_r 作为流场的 POD 基模态。设 $\delta w = \Psi_r \delta w_r$,代入式(7.75)和式(7.76)就可得流固耦合系统的非线性 POD 降阶模型 (nonlinear proper orthogonal decomposition,NPOD) 为

$$\begin{cases} A_1 \psi_r \delta \dot{w}_r + B_1 \psi_r^2 \delta^2 w + H_1 \psi_r \delta w_r + G_1 \delta u + (C_1 + E_1) \delta \dot{u} = 0 \\ M\ddot{u} + C\dot{u} + K_s u - q_\infty P \psi_r \delta w_r = 0 \end{cases} \tag{7.88}$$

流固耦合降阶段系统(7.88)的阶数为 $2s + r$,远小于原始系统的阶数。

如果只保留泰勒级数一阶项,则式(7.84)退化位动力学线性化快照方程(7.35)。同时非线性 POD 降阶模型也会退化为标准 POD 降阶模型式(7.43)。这说明标准 POD/ROM 逼近的是定常流动解上的一阶泰勒展开,而非线性 NPOD/ROM 则是定常流场解上的二阶泰勒展开。正是二阶非线性项赋予了 NPOD/ROM 更强的非线性特性描述能力。

下面以 NLR 7301 翼型俯仰沉浮气动弹性模型的极限环预测任务来对 NPOD/ROM 性能进行测试。来流马赫数为 0.76,缩减速度为 0.375,初始沉浮位移和初始迎角均为 0,所采用的气动网格数量为 400×100。图 7.30(a)和图 7.30(b)为该翼型不同幅度运动输入下非线性 CFD 求解器、动力学线化快照方程和非线性动力快照方程给出的升力系数响应。由图 7.30(a)可见,在翼型小幅度运动情况下三种模型输出非常接近。而在较大幅度运动下非线性 POD 快照方程仍然和 CFD 求解器的响应非常接近,而动力学线性化全阶快照方程则产生了明显偏差。

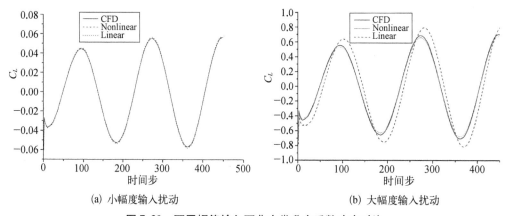

(a) 小幅度输入扰动　　　　　　(b) 大幅度输入扰动

图 7.30　不同幅值输入下非定常升力系数响应对比

以 Dirac 三角脉冲信号作为输入,以 $5×10^{-5}$ s 的时间步长分别求解线性快照方程和非线性快照方程,分别构造马赫数为 0.75 时 80 阶 POD/ROM 和 NPOD/ROM。图 7.31 和图 7.32 分别给出了在缩减速度 $V^*=0.376$ 下, NLR 7301 翼型俯仰和沉浮运动进入极限环的响应历程。标准 POD/ROM 尽管能成功捕捉 NLR 7301 翼型颤振特性,但是未能够成功因此该状态下的非线性极限环运动。而 NPOD/ROM 却成功捕捉到了极限环运动。需要

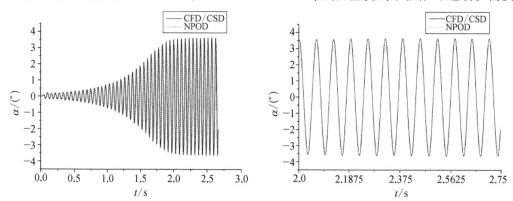

图 7.31　NLR 7301 翼型俯仰运动极限环预测结果比较

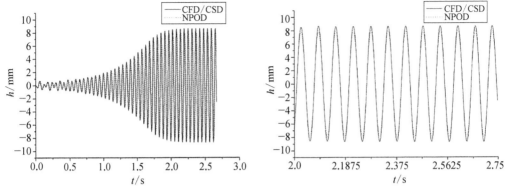

图 7.32　NLR 7301 翼型沉浮运动极限环预测结果比较

指出的是,采用 CFD/CSD 耦合求解器给出图中完整极限环响应过程需要数小时,而采用 NPOD/ROM 降阶模型仅仅需要数十秒。

　　这里所介绍的保留前二阶泰勒展开项的 NPOD/ROM 也已经用于三维机翼极限环预测[19]。NPOD/ROM 构造思路与 HOHB/ROM 在本质上存在类似的地方。HOHB 也是通过将更多非线性谐波项加入全阶快照方程,只不过 HOHB 对周期性问题计算效率更高。如何在可接受的计算耗费情况下,构造包含更多非线性项的流动快照方程仍然是特征分解类非线性降阶模型的重要发展方向。K. J. Badcock 发展了针对超大规模 CFD 数值模型的系统雅克比矩阵分块分解算法,从而使得包含更高阶非线性项对流体力学方程进行特征模态分解来构造非线性降阶模型变得可能[20]。目前保留全阶非线性流体离散控制方程前 5 阶泰勒展开项的非线性降阶模型构造也取得了成功[21]。

7.5　数据驱动的非线性气动力降阶模型

　　随着 ROM 技术研究和应用的深入发展,各种数据驱动的代理模型技术也开始用于非定常流场降阶模型构建。相对追求较为严格数学理论证明的传统系统辨识建模方法,数据驱动的机器学习算法在非线性系统建模方面更加灵活。流固耦合系统是天然的大数据制造者。随着大数据和人工智能时代的到来,包括深度学习计算在内的各种数据驱动的机器学习方法为非线性气动力和非线性流固耦合系统构建降阶模型提供了新机遇。本节将介绍几种数据驱动的非定常气动力建模方法。

7.5.1　非线性气动力的人工神经网络模型

　　在很多非线性气动弹性工程问题中,人们往往关心气动弹性系统的输入输出关系。这就意味着各种建立输入输出关系的非线性辨识方法包括最新发展起来数据驱动的建模技术可以在非线性气动弹性建模中发挥重要作用。与特征模态分解类的状态空间投影非线性降阶模型方向相比,以神经网络模型为代表的机器学习类方法在非线性建模效率更高且更容易实现,往往也能获得不错的效果。特别是最近以深度学习为代表的新一代数据驱动的人工智能技术,为发展具有更强泛化能力的非线性系统建模提供了新的机遇。

单层神经网络是深度神经网络模型的基础,在非定常气动力建模用已经有了很多成功的应用。这节将针对气动非线性诱导的极限环响应预测这一典型非线性气动弹性为例,介绍基于递归神经网络的非线性气动力降阶模型建模方法[22]。

1. 循环人工神经网络

循环人工神经网络(recurrent artificial neural network,RANN)在神经网络结构上表现为后面的神经网络的隐藏层的输入是前面的神经网络的隐藏层的输出。RANN 在时间维度的展开,代表信息在时间维度从前往后的传递和积累。RANN 特别适合于非定常气动力建模,因为非定常效应的存在使得当前流动状态依赖于过去流场状态。这里介绍基于径向基函数 RBF 的循环工神经网络。因为基于径向基函数 RBF 的人工神经网络(artificial neural network,ANN)能够逼近任意强非线性函数。

人工神经网络通常包括输入层、隐含层和输出层。图 7.33 是一种典型的三层 RBF

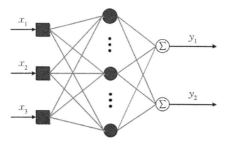

图 7.33　三层人工神经网络结构图

神经网络结构,包括含义三个输入节点的输入层 1 个,两个节点的输出层 1 个,以及一个单层隐含层。当隐含层数多余一个以上时该神经网络成为深度神经网络(deep neural network,DNN)。基于深度神经网络的非线性动力学系统建模技术目前才刚刚兴起,正在飞速发展当中。这里仅介绍经典单层神经网络,它也是大数据驱动的深度神经网络建模方法的基础。

隐含层中每个节点的输入输出函数为一中心对称无偏高斯函数 ϕ:

$$\phi(x) = e^{\frac{-\|x-\mu\|^2}{\delta^2}} \tag{7.89}$$

式中,δ 是宽度参数;μ 是中心值。这样神经网络的输出由隐含层节点通过加权得到:

$$\hat{y}(x) = \sum_{i=1}^{n} \omega_i \phi(\|x - \mu_i\|) \tag{7.90}$$

式中,n 是隐含层神经元的个数;ω_i 是第 i 个隐含层神经元加权函数。输出则是多个非线性映射的线性叠加。

该神经网络模型(7.71)中的三类参数 μ、ω 和 δ 通过对输入输出数据样本集合的训练或学习来确定。常用的人工神经网络训练算法有梯度下降算法、遗传算法和蚁群算法等。这里介绍一种叫作 K‑means clustering method 的训练算法。该方法的特点是神经元的中心向量及宽度参数确定以后,就可以采用最小二乘算法直接得到各神经元阶段的加权参数 ω。

采用平方欧几里得距离来度量 RBF 神经元中心值 μ_i,一旦获得 μ_i 后,该神经元宽度为

$$\delta_k = \frac{d_{\max}}{\sqrt{(2k)}} \tag{7.91}$$

式中，δ_k 是第 k 个 RBF 神经网络；d_{max} 是 RBF 神经元最大欧几里得距离。通过求解一个 RBF 神经网络模型预测值与实际值之间的误差的最小二乘问题，就可以得到加权参数向量 ω。为了描述方便，以下述单输入层神经网络模型为例：

$$\begin{cases} \hat{y} = \phi \cdot \omega \\ e = y - \hat{y} \end{cases} \tag{7.92}$$

式中，

$$\phi = \begin{bmatrix} \phi(x_1, u_1, \delta_1) & \phi(x_1, u_2, \delta_2) & \cdots & \phi(x_1, u_n, \delta_n) \\ \phi(x_2, u_1, \delta_1) & \phi(x_2, u_2, \delta_2) & \cdots & \phi(x_2, u_n, \delta_n) \\ \vdots & \vdots & \ddots & \vdots \\ \phi(x_n, u_1, \delta_1) & \phi(x_n, u_2, \delta_2) & \cdots & \phi(x_n, u_n, \delta_n) \end{bmatrix} \tag{7.93}$$

平方残差项定义为

$$e^T e = (y - \phi \cdot \omega)^T (y - \phi \cdot \omega) \tag{7.94}$$

对残差项求加权向量 ω 的偏导数并令其为零，有

$$\frac{\partial(e^T e)}{\partial \omega} = 2\phi^T(y - \phi \cdot \omega) = 2(\phi^T y - \phi^T \phi \cdot \omega) \tag{7.95}$$

于是可以求得加权向量 ω 为

$$\omega = (\phi^T \phi)^{-1} \phi^T y \tag{7.96}$$

循环人工神经网络中的"循环"含义表示输出有延迟并作为当前时刻神经网络的输出。因此循环人工 RBF 神经网络输入输出表达式表示为

$$\hat{y}(t) = \text{RBF}[u(t), u(t - \Delta t), \cdots, u(t - n\Delta t), \hat{y}(t - \Delta t), \hat{y}(t - 2\Delta t), \cdots, \hat{y}(t - m\Delta t)] \tag{7.97}$$

式中，u 为输入；$\hat{y}$ 是输出；n 是输入时延量；m 是输出时延量。式(7.98)即为 $n = 2$ 和 $m = 2$ 输入矩阵：

$$\text{input} = \begin{bmatrix} u(0) & 0 & 0 & 0 \\ u(1) & u(0) & \hat{y}(0) & 0 \\ u(2) & u(1) & \hat{y}(1) & \hat{y}(0) \\ u(3) & u(2) & \hat{y}(2) & \hat{y}(1) \\ \vdots & \vdots & \vdots & \vdots \\ u(k) & u(k-1) & \hat{y}(k-1) & \hat{y}(k-2) \end{bmatrix} \tag{7.98}$$

式(7.98)所对应的循环人工神经网络模型结构如图 7.34 所示。

整个循环人工神经网络训练过程总结如下：

（1）采用 K－means clustering method 获得 RBF 神经元的中心值 μ；

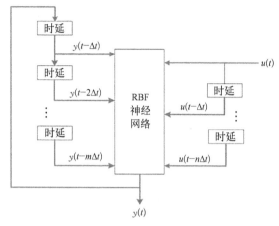

图 7.34 循环人工神经网络结构图($n=2$, $m=2$)

（2）通过式（7.91）求得 RBF 神经元的宽度 d_{max}；

（3）利用式（7.92）～式（7.96）求解神经元加权函数向量 ω。

2. 非线性气动弹神经网络降阶模型

对气动弹性问题构建循环人工神经网络降阶模型是比较简单直接的。首先构造非定常气动力的神经网络模型，然后再将气动模型与结构运动方程耦合，即可获得气动弹性系统的人工神经网络降阶段模型。将结构响应作为运动边界输入 u，输出为非定常气动载荷，采用非定常 CFD 求解器来构造循环人工神经网络的训练样本。需要特别注意的是，训练样本要专门设计选择能够反映极限环运动。然后在采用 CFD/CSD 耦合求解来预测非线性极限环作为测试集。循环 RBF 人工神经网络降阶模型已经成功用于翼型、三维机翼模型和复杂翼身组合体的颤振和极限环预测[22]。

下面以二自由度气动弹性系统为例介绍降阶模型构造过程。二维无量纲气动弹性方程为

$$M\dot{x} + Kx = f \tag{7.99}$$

式中，

$$M = \begin{bmatrix} 1 & x_\alpha \\ x_\alpha & r_\alpha^2 \end{bmatrix}, \quad K = \begin{bmatrix} \left(\dfrac{\omega_h}{\omega_\alpha}\right) & 0 \\ 0 & r_\alpha^2 \end{bmatrix}, \quad x = \begin{bmatrix} \dfrac{h}{b} & \alpha \end{bmatrix}, \quad f = \dfrac{V_f^2}{\pi} \begin{bmatrix} -c_1 \\ c_m \end{bmatrix} \tag{7.100}$$

来流马赫数为 0.8，迎角为零。采用基于无黏欧拉方程和 CFD/CSD 耦合求解器模拟极限环运动，物理时间步长为 0.002 s。训练样本按照如下减缩速度来定义，其中 U_∞ 为自由来流速度；b 为半弦长；ω 为结构运动频率；μ_m 为质量比。样本模拟总时间为 6 s，所以训练样本数据点个数为 $6/0.002 = 3\,000$ 个。神经网络模型采用 40 个神经元，输入输出延迟时间均选为 2 s。最终所构造的训练

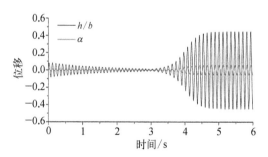

图 7.35 训练样本输入信号

样本输入形式如图 7.35 所示。图 7.36 为神经网络模型和非定常耦合求解器预测的极限环响应历程对比，二者基本一致，表明循环人工神经网络模型能够较为准确预测非线性极限环。

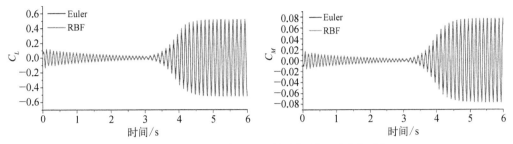

图 7.36　RBF 网络模型和欧拉求解器预测响应对比

$$V_f = U_\infty / b\omega_\alpha \sqrt{\mu_m} = \begin{cases} 0.60, & t \leqslant 3s \\ 0.80, & t > 3s \end{cases} \qquad (7.101)$$

为了进一步验证所构造的神经网络气动弹性模型泛化能力,对比了神经网络模型和全阶模型在减缩速度 0.7 下的极限环响应。如图 7.37 所示,该减缩速度下二者响应仍然非常吻合。尽管在几个周期后二者响应幅值开始有细微偏差,但是在之后周期中都稳定保持在一个常数范围,说明所构造的循环 RBF 人工神经网络气动弹性降阶模型,能够以较高精度预测训练样本马赫数点上的非线性极限环运动,体现了较强的非线性描述能力。

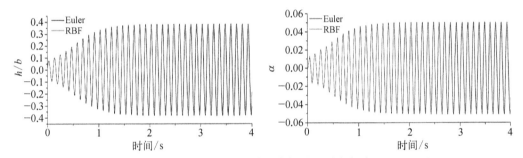

图 7.37　RBF 神经网络模型和欧拉求解器预测响应对比($V_f = 0.7$)

图 7.38 给出了不同减缩速度下两种模型预测的极限环幅度和频率的对比。可见在较宽减缩速度范围内,两种模型预测的结果吻合很好。图中实现曲线表示的 RBF 模型由15 个减缩速度状态点组成。计算该条极限环赋值变化曲线总共花费计算时间不到 2 min,

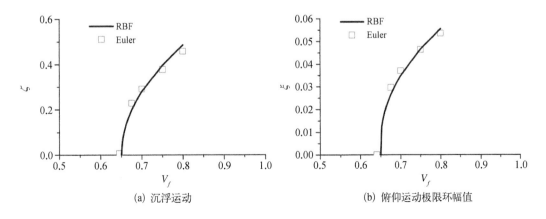

(a) 沉浮运动　　　　　　　　　　　　(b) 俯仰运动极限环幅值

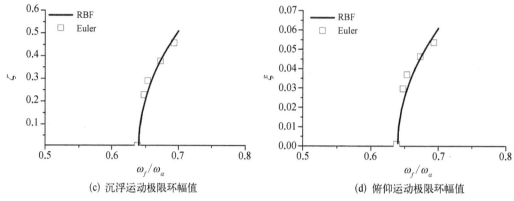

(c) 沉浮运动极限环幅值　　　　　　(d) 俯仰运动极限环幅值

图 7.38　不同模型预测的极限环幅频曲线对比

即一个状态点不到 10 s。而在同一台计算机上，采用 CFD/CSD 耦合求解器对单个减缩速度状态就需要将近半个小时。对于极限环预测问题，神经网络降阶模型同全阶数值求解器相比，计算效率提升了将近 200 倍。

7.5.2　非线性气动力支持向量机降阶模型

1. 支持向量机算法简介

支持向量机是在统计学习数学理论基础发展起来的一种可解释性强的小样本机器学习算法。它能找到能找出对任务至关重要的关键样本(称为支持向量)。采用各种非线性核技术可以处理非线性分类/回归任务。特别是支持向量机的最终决策函数只由少数支持向量所确定，计算复杂性取决于支持向量的数目而不是样本空间的维数，在某种意义上避免了"维数灾难"。支持向量机主要用于求解分类和回归两大类问题。支持向量机包括 C – SVM、v – SVM、Fuzzy SVM 和 LS – SVM 等多种形式。

支持向量回归机(support vector regression，SVR)的任务是对于给定数据集，寻求一决策函数 $f(x)$，使得对数据集的映射结果都落在一个预先指定的误差带内。通过非线性核函数将非线性系统观测数据映射到高维特征空间，然后便可将非线性系统线性投影到高维特征空间。给定某系统的一组输入输出观测数据 $\{(x_1, y_1), \cdots, (x_l, y_l)\} \subset R^d \times R$，采用 ε –不敏感性损失函数的 C – SVR 的优化方程可以表述为

$$\min_{w, b, \xi, \xi^*} \frac{1}{2} \| w \|^2 + C \sum_{i=1}^{l} (\xi_i + \xi_i^*)$$

$$\text{subject to} \begin{cases} y_i - \langle w, \Phi(x_i) \rangle - b \leqslant \varepsilon + \xi_i \\ \langle w, \Phi(x_i) \rangle + b - y_i \leqslant \varepsilon + \xi_i^* \\ \xi_i, \xi_i^* \geqslant 0, \qquad i = 1, 2, \cdots, l \end{cases} \tag{7.102}$$

式中，w 是权重向量，ξ_i、ξ_i^* 为松弛变量。ε 为预先选择的正实数，定义了误差 ε –带的大小。式(7.102)的第一项可使函数更平坦来提高泛化能力，而第二项则为减小误差。可调常数 C 对两者做出效应做折中。

定义 ε –不敏感性损失函数为

$$L[y_i, f(x_i)] = \begin{cases} 0, & |y_i - f(x_i)| \leq \varepsilon \\ |y_i - f(x_i)| - \varepsilon, & \text{其他} \end{cases} \tag{7.103}$$

引入拉格朗日乘子 α_i、α_i^*，将约束条件代入目标函数式(7.103)，可得

$$\begin{aligned} L(w, b, \alpha) = & \frac{1}{2} \|w\|^2 + C \sum_{i=1}^{l} (\xi_i + \xi_i^*) - \sum_{i=1}^{l} (\eta_i \xi_i + \eta_i^* \xi_i^*) \\ & - \sum_{i=1}^{l} \alpha_i (\varepsilon + \xi_i - y_i + \langle w, \Phi(x_i) \rangle + b) \\ & - \sum_{i=1}^{l} \alpha_i^* (\varepsilon + \xi_i^* + y_i - \langle w, \Phi(x_i) \rangle - b) \end{aligned} \tag{7.104}$$

将 $L(w, b, \alpha)$ 对 (w, b, ξ_i, ξ_i^*) 求导，整理得如下对偶优化问题：

$$\min_{\alpha, \alpha^*} \frac{1}{2} \sum_{i,j=1}^{l} (a_i^* - \alpha_i)(a_j^* - \alpha_j) \langle \Phi(x_i), \Phi(x_j) \rangle + \varepsilon \sum_{i=1}^{l} (a_i^* + \alpha_i) - \sum_{i=1}^{l} y_i (a_i^* - \alpha_i)$$

$$\text{s.t.} \sum_{i=1}^{l} (a_i^* - \alpha_i) = 0, \ 0 \leq \alpha_i, \ a_i^* \leq C, \ i = 1, 2, \cdots, l$$

$$\tag{7.105}$$

式(7.105)是一个典型的二次规划问题针对所有样本数据求出 α 和 α^* 的值后，就可以获得决策函数如下：

$$f(x) = \sum_{i=1}^{l} (\alpha_i - a_i^*) K(x_i, x) + b \tag{7.106}$$

式(7.106)中非零值 α 和 α^* 对应的样本称为支持向量。从算法实现角度来看，支持向量机的训练过程等价于求解一个线性有约束二次规划问题，可以采用各种优化算法求解[23]。

选择位于开区间 $(0, C)$ 中的 a_j 或 a_k^*，其中 b 可以通过下面两个公式之一确定：

$$b = y_j - \sum_{i=1}^{l} (a_i^* - a_i) K(x_i, x_j) + \varepsilon \tag{7.107}$$

$$b = y_k - \sum_{i=1}^{l} (a_i^* - a_i) K(x_i, x_k) + \varepsilon \tag{7.108}$$

核函数 $K(x_i, x) = \langle \Phi(x_i), \Phi(x_j) \rangle$ 是仅仅依赖于观测样本数据 x_i 和 x_j 的内积。高维空间内积运算是可以用原空间中函数的点积实现，这样就不一定需要知道变换函数 Φ 的显示形式。而任何满足 Mercer 条件的函数都可以用作核函数。常用的支持向量机核函数包括多项式核函数(7.111)、高斯核函数(7.110)和径向基核函数(7.121)等。

$$K(x_i, x_j) = [(x_i \cdot x_j) + 1]^q \tag{7.109}$$

$$K(x_i, x_j) = \exp\left(-\frac{\|x_i - x_j\|^2}{2\sigma^2} \right) \tag{7.110}$$

$$K(x_i, x_j) = \tanh[v(x_i, x_j) + c] \tag{7.111}$$

2. 支持向量机模型构造方法

对于流固耦合系统的流体子系统,输入为边界运动也即结构位移 u 和加速度 v,输出为非定常气动力 f。白噪声输入观测样本数据 (u, v, f) 由 CFD/CSD 耦合程序计算。例如,对于一个二自由度的沉浮俯仰气动弹性系统,沉浮俯仰 $(\bar{h}, \alpha)$、升力系数 C_L、力矩系数 C_L 可以组成支持向量机的训练样本。考虑到非定常流动可能存在的时间延迟效应等,最终训练样本可以选择为 $x_i = \{[(u_i, v_i), (u_{i-1}, v_{i-1}), \cdots, (u_{i-r}, v_{i-r})], f_{i-1}, \cdots, f_{i-s}\}$, r 和 s 是时延系数。采用 ε-路径优化算法求解 SVR 的最优化问题。非定常气动力支持向量机模型建模流程图见图 7.39。

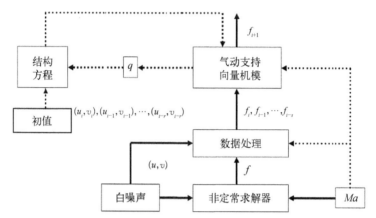

图 7.39　非定常气动力支持向量机模型建模流程图

算法具体步骤如下:

(1) 对每个结构模态输入白噪声激励 u_i,由非定常 CFD 求解器获得非定常气动力响应 f_i;

(2) 选择时延参数 r 和 s,构造训练样本集 $x_i = \{[(u_i, v_i), (u_{i-1}, v_{i-1}), \cdots, (u_{i-r}, v_{i-r})], f_{i-1}, \cdots, f_{i-s}\}$;

(3) 采用优化算法求得支持向量机的决策函数,构造非定常气动力 SVM/ROM;

(4) 采用测试集样本数据 (x_i, f_i) 验证所构建的 SVM/ROM 精度,不满足要求则返回第 2 步;

(5) 将通过测试集验证 SVM/ROM 与结构动力学模型耦合,建立流固耦合降阶模型。

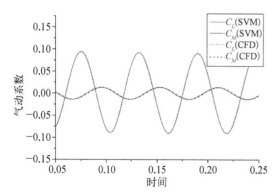

图 7.40　CFD 与 SVM/ROM 响应对比

设二自由度 NACA 64A010 翼型俯仰沉浮气动弹性模型参数 $x_\alpha = 1.8$, $r_\alpha^2 = 3.48$, $a = -2.0$, $\mu = 60.0$, $\omega_h/\omega_\alpha = 1$,来流马赫数为 0.825。采用幅值为 0.01 和 0.2 的白噪声信号作为俯仰运动和沉浮运动白噪声输入,获得非定常气动载荷系数 C_L 和 C_M。选择 $r=3$, $s=4$ 构造训练样本集获得 SVM/ROM。图 7.40 给出了非定常 CFD 求解器和 SVM/ROM 降阶模型所预测的非定常气动力系数对比图,可见 SVM/ROM 能够准确预测指定正弦运动响应。图 7.41 给出了降阶模型和全阶 CFD/CSD 耦合计算所预测的极限环发展历程图,表明所建立的 SVM/ROM 能够预测极限环这种典型的非线性响应。

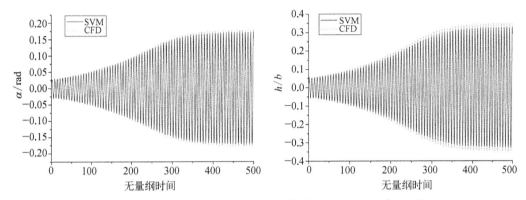

图 7.41　CFD 与 SVM/ROM 响应对比($Ma=0.825$,$V^*=0.8$)

为了进一步验证 SVM/ROM 构造方法的有效性,建立了马赫数为 0.8、减缩速度 V^* 为 1.2、1.5、1.8、2.0 情况下的四个 SVM/ROM 模型。如图 7.42 所示,四个降阶模型预测都成功捕捉到了极限环运动,与 CFD/CSD 耦合求解器的预测结构也很接近。需要指出的是,直接用全阶 CFD/CSD 耦合求解器给出图 7.42 的极限环发展历程需要至少 10 个小时,而 SVM/ROM 则只需要几分钟。

需要指出的是,经典特征分解降阶模型和系统辨识降阶模型对流动参数变化非常敏感。为了提升非线性气动力降阶模型的鲁棒

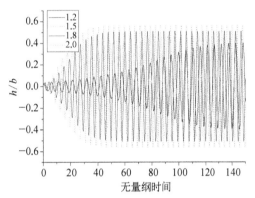

图 7.42　不同减缩速度下沉浮运动极限环响应时间曲线($Ma=0.80$,$V^*=1.2$、1.5、1.8、2.0)

性和泛化能力,在构造支持向量机模型的时候可以把更多变量加入训练样本,从而使得支持向量机模型对来流马赫数变化具有一定泛化能力。

7.6　降阶模型的典型应用

7.6.1　气动伺服弹性建模与主动控制

气动弹性主动控制就是借助气动控制面来主动改变整个机翼的形态和气动力分布,使飞行器的飞行性能得到提高。将非定常气动力降阶技术应用到气动伺服弹性控制系统,可以高效地实现控制系统的设计和优化。本节主要介绍利用 ROM 进行控制系统的设计实现颤振主动控制律的设计方法。

1. 基于降阶模型的气动伺服弹性方程

气动弹性主动控制系统由气动子系统、结构子系统和控制子系统构成,是一个典型的

气动-结构-控制耦合系统。带控制面的结构子系统的状态空间的形式：

$$\dot{x}_S(t) = A_S x_S(t) + q B_S F_A(t) + B_c \beta_c$$
$$\xi(t) = C_S x_S(t) + q D_S F_A(t) \tag{7.112}$$

式中，$x_S(t) = \begin{bmatrix} \xi(t) & \dot{\xi}(t) \end{bmatrix}^T$，$F_A$ 为对应结构自由度的广义气动力。将其转化成离散模型如下：

$$x_S(n+1) = \bar{A}_S x_S(n) + q \bar{B}_S F_A(n) + \bar{B}_c \beta_c$$
$$\xi(n) = \bar{C}_S x_S(n) \tag{7.113}$$

非定常气动力子系统的状态空间方程可以通过 ERA 算法或是 POD 降阶模型得到。这里以 ERA 算法构造的 Volterra 级数降阶模型式（7.19）为例，联立式（7.19）和式（7.21），就可以得到开环气动伺服弹性状态空间模型为

$$\begin{bmatrix} x_S(n+1) \\ x_A(n+1) \end{bmatrix} = \begin{bmatrix} \bar{A}_S + q\bar{B}_S D_A \bar{C}_S & q\bar{B}_S \bar{C}_A \\ B_A \bar{C}_S & A_A \end{bmatrix} \begin{bmatrix} x_S(n) \\ x_A(n) \end{bmatrix} + \begin{bmatrix} \bar{B}_c \\ 0 \end{bmatrix} \beta_c$$

$$y(n) = \begin{bmatrix} \zeta(n) & \dot{\zeta}(n) \end{bmatrix} = \begin{bmatrix} I & 0 \end{bmatrix} \begin{bmatrix} x_S(n) \\ x_A(n) \end{bmatrix} \tag{7.114}$$

通过气动伺服弹性开环状态空间模型利用各种线性系统理论就可以分析该气动弹性系统的稳定性，也可以用于气动弹性系统主动控制律设计。

2. 气动弹性主动控制律设计方法

气动弹性主动控制问题就是设计合适的气动舵面反馈控制律，使得气动弹性系统响应满足设定的性能指标。线性系统控制律设计有很多种方法，这里采用二次型最优控制设计方法（LQR）设计主动控制律。设目标函数为对象状态和控制输入的二次型函数，主动控制律的设计就是选择控制输入 $u(t)$，使得下列二次型目标函数式（7.115）极小化：

$$J = \frac{1}{2} \int_0^\infty \left[x^T(t) Q x(t) + u^T(t) R u(t) \right] \mathrm{d}t \tag{7.115}$$

采用最优状态反馈控制策略，设最优控制矩阵为 K，则一种最简单的状态反馈比例控制律形式为

$$u(t) = -Kx(t) \tag{7.116}$$

将式（7.116）代入式（7.115）得以下 Riccati 方程：

$$K = R^{-1} B P \tag{7.117}$$

通过求解 Riccati 方程即可得到最优反馈矩阵 K。当然也可以采用输出反馈控制、鲁棒控制等更高级控制律设计方法来进行主动控制律的设计。

采用二次型最优控制设计方法设计控制律，要求系统状态完全可观，需要设计相应的状态观测器与之匹配。通过 LQR 方法虽然得到了输入量与状态量之间的关系，但有些状态量比如气动状态量并不能直接通过传感器观测得到。这就需要用一个估计的状态向量

$\hat{x}$ 来代替实际状态量 x,也就是需要设计状态观测器。设系统可观测,观测器的输入为 u 和可测量 y,输出为 $\hat{y}$,则其动态方程为

$$\begin{cases} \dot{\hat{x}} = (A - MC)\hat{x} + Bu + My \\ \hat{y} = C\hat{x} \end{cases} \tag{7.118}$$

式中,$\hat{x}$ 为状态估计向量;$\hat{y}$ 为观测器输出;M 为输出误差反馈矩阵。状态观测器设计需要确定矩阵 M 使 $\hat{x} - x$ 尽快逼近于零。矩阵 M 可以通过极点配置的方法来得到,也可以通过 LQR 方法求(7.112)式被控对象对偶系统的最优状态反馈矩阵转置阵得到。

3. BACT 模型主动颤振抑制

标准主动控制机翼(benchmark active controls technology,BACT)由 NASA Langley 研究中心设计并有较完备的风洞实验数据[24]。试验时将机翼固定在一个俯仰-沉浮系统(pitch and plunge apparatus,PAPA)上。PAPA 系统的最高固有频率为 5.24 Hz,比机翼的一阶弹性模态 51.5 Hz 要小很多,因此可以不考虑机翼的弹性变形,将它视为一个具有二维运动特性的三维模型。无控时机翼运动方程如下:

$$\begin{bmatrix} m & S_{h\alpha} \\ S_{h\alpha} & I_{\alpha} \end{bmatrix} \begin{bmatrix} \ddot{h} \\ \ddot{\alpha} \end{bmatrix} + \begin{bmatrix} 2\zeta_h\sqrt{mK_h} & \\ & 2\zeta_{\alpha}\sqrt{I_{\alpha}K_{\alpha}} \end{bmatrix} \begin{bmatrix} \dot{h} \\ \dot{\alpha} \end{bmatrix} + \begin{bmatrix} K_h & \\ & K_{\alpha} \end{bmatrix} \begin{bmatrix} h \\ \alpha \end{bmatrix} = \begin{bmatrix} -qsC_L \\ qscC_M \end{bmatrix}$$

$$\tag{7.119}$$

式中,ζ_h、ζ_{α} 分别为沉浮和俯仰运动的阻尼系数;q 为动压;s 为机翼面积;c 为机翼根弦长。在机翼后缘有一个控制面,它在控制系统的作用下发生偏转。设舵机环节传递函数为

$$\frac{\beta(s)}{\beta_C(s)} = \frac{k_0\omega_0^2}{s^2 + 2\zeta\omega_0 s + \omega_0^2} \tag{7.120}$$

式中,β 是控制面偏转角;β_C 是控制面偏转角指令;k_0 为比例系数;ω_0 为固有频率;ζ 为舵机阻尼比。那么结构-控制耦合系统的运动微分方程为

$$M_S\ddot{\xi} + C_S\dot{\xi} + K_S\xi = \begin{bmatrix} -qsC_L \\ qscC_M \\ 0 \end{bmatrix} + \begin{bmatrix} 0 \\ 0 \\ k_0\omega_0^2 \end{bmatrix} \beta_C \tag{7.121}$$

式中,$\xi = \begin{bmatrix} h & \alpha & \beta \end{bmatrix}^{\mathrm{T}}$,$M_S = \begin{bmatrix} m & S_{h\alpha} & S_{h\beta} \\ S_{h\alpha} & I_{\alpha} & S_{\alpha\beta} \\ 0 & 0 & 1 \end{bmatrix}$,$C_S = \begin{bmatrix} 2\xi_h\sqrt{mK_h} & & \\ & 2\xi_{\alpha}\sqrt{I_{\alpha}K_{\alpha}} & \\ & & 2\xi\omega_0 \end{bmatrix}$,

$K_S = \begin{bmatrix} K_h & & \\ & K_{\alpha} & \\ & & \omega_0^2 \end{bmatrix}$。可将其整理成结构-舵面系统状态空间方程(7.111)的形式。BACT 机翼主要结构参数如表 7.1 所示。

表 7.1　BACT 机翼的主要结构参数[24]

机翼弦长 = 0.406 4 m	$S_{h\beta}$ = 0.012 8 kg·m
机翼面积 = 0.330 3 m²	$S_{\alpha\beta}$ = 0.002 13 kg·m²
m = 88.7 kg	ζ_h = 0.001 4
K_h = 39 208 N/m	ζ_α = 0.001
I_α = 3.796 kg·m²	ζ = 0.56
K_α = 4 068(N·m)/rad	k_0 = 1.02
$S_{h\alpha}$ = 0.180 2 kg·m	ω_0 = 165.3 rad/s

图 7.43 是 BACT 基于表面气动网格,采用非定常欧拉求解器建立 Volterra 级数降阶模型。当然采用其他类型降阶方法构造状态空间方程后续流程也基本一致。图 7.44 是 BACT 伺服控制系统控制简图。

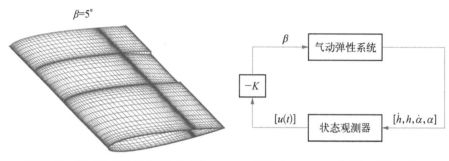

图 7.43　BACT 气动模型(舵偏 5°)　　　图 7.44　BACT 伺服系统控制简图

首先分析在 Ma_∞ = 0.82, α = 0° 状态下 BACT 开环气动弹性特性。通过 Volterra 级数降阶方法建立 24 阶开环气动弹性系统状态方程。其中非定常气动力降阶模型为 20 阶,结构状态为 4 阶。对降阶气动弹性系统采用根轨迹法进行稳定性分析。图 7.45 是降阶系统与 CFD 直接仿真得到的沉浮、俯仰模态响应曲线,出于对计算时间的考虑,CFD 直接仿真计算步数少于降阶模型。二者响应非常吻合,说明所建立的气动弹性降阶模型能够反映其主要系统动力学特征。如图 7.46 为 BACT 系统在该状态下降阶模型特征根随无

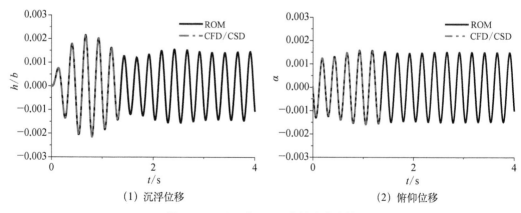

(1) 沉浮位移　　　　　　　　　　　　　　(2) 俯仰位移

图 7.45　ROM 与 CFD 直接响应比较

量纲速度变化的轨迹。沉浮模态特征根实部一直为负,俯仰模态在无量纲速度为 $V_f =$ 0.662 时,根轨迹穿越实轴,系统不稳定。此时的速度即为基于降阶系统分析得到的颤振速度,颤振频率为 $f = 3.98\ \mathrm{Hz}$。 CFD 直接仿真得到的无量纲颤振速度为 $V_f = 0.670$,颤振频率为 $f = 4.0\ \mathrm{Hz}$。该马赫数下试验值为 $V_f = 0.62$, $f = 4.07\ \mathrm{Hz}$。

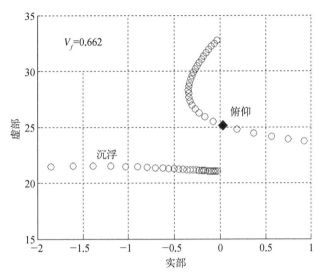

图 7.46　BACT 开环根轨迹

在开环分析的基础上,引入舵偏反馈控制律,则会形成 36 阶闭环气动弹性系统。其中非定常气动力降阶模型为 30 阶。图 7.47 给出了 36 阶气动伺服弹性系统的奇异值曲线。颤振响应抑制效果往往与舵偏相矛盾,即快速的抑制需要较大的舵偏。而从飞行动力学角度来看,舵面偏转过大可能对飞行姿态控制造成较大影响,因此必须保证主动控制舵偏不宜过大。图 7.48 和图 7.49 接入反馈控制器后 BACT 机翼的沉浮、俯仰以及舵偏响应曲线。BACT 模型没有给出详细的控制参数试验数据,这里只给出了基于 ROM 仿真得到的气动伺服弹性响应曲线。图 7.50 是闭环根轨迹图,闭环颤振速度 $V_f = 0.726\ 0$,与开环比较颤振速度提高了 17.1%。

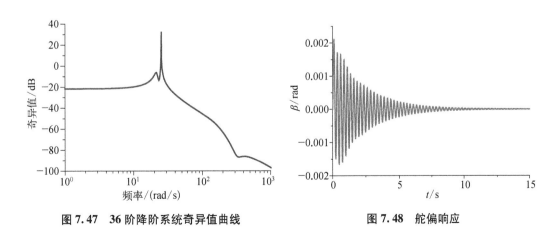

图 7.47　36 阶降阶系统奇异值曲线　　　　　**图 7.48　舵偏响应**

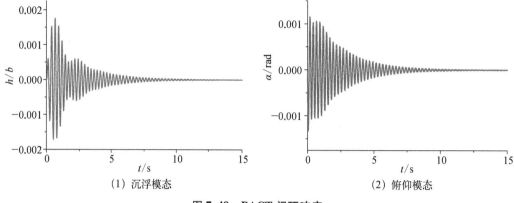

（1）沉浮模态　　　　　　　　　（2）俯仰模态

图 7.49　BACT 闭环响应

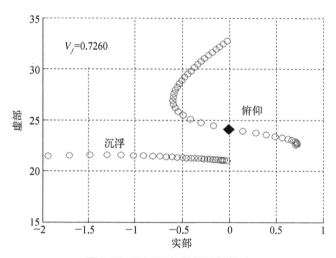

图 7.50　BACT 机翼闭环根轨迹

7.6.2　阵风响应预测

在飞行器飞行过程中,遭遇到阵风或大气湍流等非稳定气流影响时,将导致飞行器结构剧烈振动,影响旅客舒适度甚至导致结构破坏。在跨声速阶段,基于 CFD 方法结合网格速度法(field velocity method,FVM)可以准确有效地捕捉跨声速非线性阵风响应。但由于 CFD 模型为高维非线性数值模型,很难直接用于系统分析及控制律设计。如何建立基于 CFD 的高精度非线性阵风减缓主动控制模型,在理论研究和工程设计中都具有十分重要的意义。而 ROM 方法是解决这一问题的有效途径之一。

1. POD 降阶模型的阵风输入项建模

非定常气动力降阶模型中的阵风输入项为 $g(\tau) = [\alpha(\tau)/\omega, \dot{\alpha}(\tau)]^{\mathrm{T}}$,与通常阵风函数有较大差异。阵风是空间和时间的函数,即不同时刻阵风在空间中的位置不断变化,且不同空间位置的阵风分布也不一样。如何在气动弹性状态空间方程中考虑阵风因素是将降阶模型技术用于阵风响应预测的关键。这里介绍一种新近发展起来的基于理论分析模型与 ROM 结合来处理阵风项的有效方法[25]。

对于阶跃阵风响应,定义以下函数:

$$\alpha_{SE}(\tau) = \hat{w}_{g0} \cdot c \cdot (1 - e^{-\beta\tau}), \ 0 < \tau < \frac{L_g}{U_\infty \lambda^{-1}} \tag{7.122}$$

式中,c 和 β 为两个未知系数,需根据 CFD 计算结果识别得到。c 的作用是对降阶结果幅值的修正,值在 1 附近,定义为

$$c = \frac{C_L(\tau_f)}{C_L^{ROM}(\tau_f, \ \beta = 0, \ c = 1)} \tag{7.123}$$

式中,$C_L(\tau_f)$ 是 CFD 计算静止锐边阵风的升力响应渐近值,$\tau_f = N\Delta\tau$;$C_L^{ROM}(\tau_f, \ \beta = 0, \ c = 1)$ 是输入函数取 $\alpha_{SE}(\tau)(\beta = 0, \ c = 1)$ 时降阶系统的响应渐近值。另一个参数 β 通可过求解以下最优问题得到:

$$f = \min_\beta \sum_{i=0}^{N} \left[C_{Li} - C_{Li}^{ROM}(\beta) \right]^2 \tag{7.124}$$

式中,$C_{Li}^{ROM}(\beta)$ 为不同 β 情况下降阶计算得到的升力响应数据。

锐边阵风响应的数学模型是处理任意形式阵风的基础。锐边阵风响应得到后,则任意形式阵风都可以对锐边阵风的 Duhamel 积分得到。因此对于任意形式的阵风输入 $\hat{w}_g$,通过 Duhamel 积分得到阵风输入函数为以下形式:

$$\alpha(\tau) = \int_0^\tau \frac{d\hat{w}_g(t)}{dt} \alpha_{SE}(\tau - t) dt \tag{7.125}$$

2. NACA0012 翼型阵风响应降阶分析

选取 NACA0012 翼型作为数值验证模型。气动网格翼型表面节点数为 330,整个流场网格总数为 14 820。为了建立基于 CFD 的 ROM,首先将 Euler 方程在非线性定常流场中线性化,得到线性时不变全阶模型 LTD;然后产生 POD 样本数据,样本产生的无量纲时间步长为 5×10^{-3}。给结构广义模态位移和广义模态速度脉冲激励来产生样本数据,总共产生 800 组 POD 样本数据。根据样本数据,采用 POD 算法产生最优 POD 基,将 LTD 投影到该基底上得到 ROM。再联立结构动力学方程构成气动弹性 ROM,最后识别出方程(7.109)中的最优参数。

所建立的阵风 POD/ROM 的维数为 54,其中流体自由度为 50,结构自由度为 4。相比于原始 CFD 的自由度 55 110,ROM 的自由度明显减小。根据强度为 $\hat{w}_{g0} = 0.034\ 9$ 的静止锐边阵风 CFD 仿真结果,不同马赫数下识别的式(7.106)中参数总结在表 7.2 中。对于不同的 CFD 求解器,这些参数略有不同。分析的马赫数包括 0.3、0.5、0.7 和 0.8,包含了不可压流动、可压流动及跨声速流动。参数 c 在 1 附近,主要是修正阵风载荷的幅值,与马赫数相关性比较小。而参数 β 则与马赫数关系密切,马赫数越大参数 β 越大,反映其动力学变化越剧烈。

表 7.2　阵风输入项参数

Ma	c	β
0.3	0.957 4	0.44
0.5	0.961 3	0.75
0.7	0.997 9	1.02
0.8	1.033 5	0.92

图 5.16 比较了马赫数为 0.3、0.5 和 0.8 的状态下,锐边运动阵风迎角瞬态变化情况下的 CFD 和 LTD 结果。FOM 代表 CFD 计算的结果。图 7.51(a)中 CFD 计算的响应和 LTD 的响应随着时间的增长吻合较好。验证了所建立的线性化模型的正确性。为了验证降阶的正确性,图 7.51(b)代表 LTD 和 ROM 结果的比较,可以看出 ROM 和 LTD 的结果非常一致。根据图 7.51(a)、7.51(b)中的分析,验证了所建立阵风 ROM 对于迎角突变情况下响应计算的正确性。

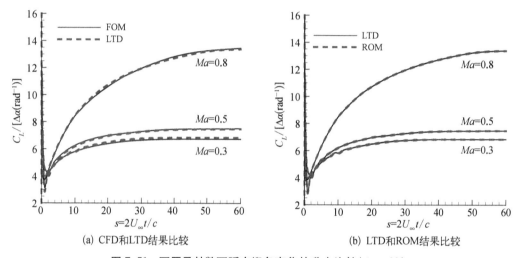

(a) CFD和LTD结果比较　　　　　　　　(b) LTD和ROM结果比较

图 7.51　不同马赫数下瞬态迎角变化的升力比较($\Delta\alpha = 2°$)

图 7.52(a)比较了不同进程比 λ 情况下的 CFD 和 ROM 对于锐边阵风响应。可以看出随着 λ 增大,在开始短时间内,升力振荡越来越明显。这是由于阵风穿过相邻网格之间的速度为 $\lambda^{-1}U_\infty$,导致阵风运动相邻两个网格之间的实际物理时间变长。图 7.52(b)~(c)具有类似现象,随着马赫数增加,振荡变得不明显。这是由于速度 U_∞ 定义为 $U_\infty = Ma \cdot a$,随着马赫数增加,穿越相邻网格之间的物理时间变短。数值模拟中的现象与文献理论分析结果一致。可以看出 ROM 与 CFD 结果吻合较好,随着进程比的减小,不同方法之间的差异随之减小。验证了阵风 ROM 对于运动锐边阵风的正确性。

为了比较阵风 ROM 相比于 CFD 的计算效率,ROM 和 CFD 数值计算的工况参数设置一样,包括时间步长和总的计算物理时间。如图 7.52 中所示,锐边阵风响应采用全阶非定常 CFD 求解器需要 310 s,在同样 PC 机上采用 ROM 计算该工况的 CPU 时间仅约 1 s。ROM 效率约是 CFD 的 300 倍。该方法已经用于二维、三维刚性和弹性模型各类形式的阵

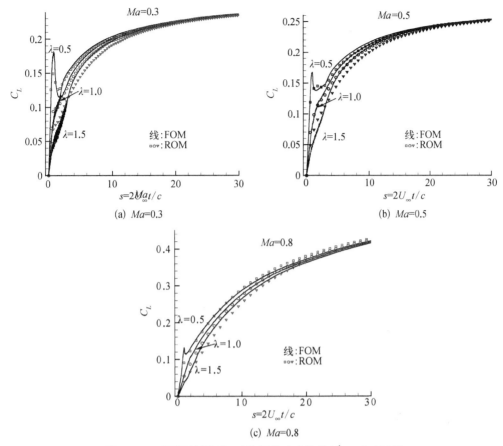

图 7.52　不同马赫数下运动阵风的响应比较($\hat{w}_{g0} = 0.034\,9$)

风响应快速预测与控制[26]。

7.6.3　基于降阶模型的流场重构

　　基于系统辨识方法构造的非定常气动力降阶模型难以直接给出非定常流场,而基于特征模态分解的降阶模型可以重构非定常流场,可以用于流动主动控制等应用。我们知道,在最小二乘意义下,由 POD 快照构成的子空间可以高精度逼近全阶空间。这样就可以通过流场模态提取,截断低能量模态,对流场解空间的降阶,从而实现由少量数据重构流场空间。

　　1. 基于 POD 的流场重构算法

　　令 $\tilde{g}$ 为重构流场向量,则其可表示为 p 个 POD 基的线性叠加,表示为

$$\tilde{g} = \sum_{i=1}^{p} B_i \Phi_i \tag{7.126}$$

令 g 为已知流场向量,它可以是仅包含物面气动参数分布的数据列表,则它和设计向量的误差 E 可表示为

$$E = \| g - \tilde{g} \|_n^2 \tag{7.127}$$

将式(7.126)代入到式(7.127),则有

$$E = \parallel g - \sum_{i=1}^{p} B_i \Phi_i \parallel_n^2 \qquad (7.128)$$

为使误差 E 有最小值,对 E 中 B_i 求偏导数并令其为 0,得

$$\frac{\partial E}{\partial B_i} = 0 \qquad (7.129)$$

整理得

$$M \cdot B = F \qquad (7.130)$$

式中, $M = (\Phi_i, \Phi_i)_n$, $F = (g, \Phi_i)_n$, B 为 B_i 构成的解向量则通过求线性方程组 (7.128)就可以得到最优 POD 基系数,进而得到重构的流场。

2. 流场重构算例

1)亚声速流场重构

以 RAE - 2822 翼型为例,生成 O 型网格其数量为 121×33。以迎角间隔 $\Delta \alpha = 0.1°$,计算了 $Ma_\infty = 0.5, \alpha \in [-1.25°, 1.25°]$ 范围的 26 个流场压力分布(快照)构成快照矩阵。则每个流场压力数据列表为 $121 \times 33 = 3\,993$ 个。则快照矩阵的维数为 $3\,993 \times 26$,形成的 POD 核的维数为 26×26。对 POD 核进行 SVD 分解,提取 POD 基。图 7.53 为各阶 POD 基对应奇异值的分布。其中纵坐标代表了各阶 POD 基占系统总能量的比重。从图中可以看出,奇异值下降很快,前 3 阶 POD 基占系统总能量的 99.99%。图 7.54 给出了前两阶 POD 模态压力分布。

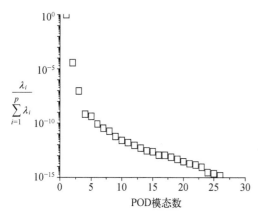

图 7.53 奇异值的分布

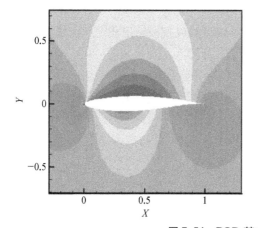
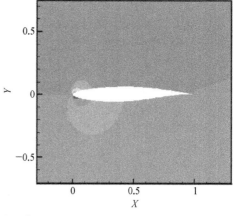

图 7.54 POD 基对应的压力分布

以迎角 $\alpha = 1.2°$ 为设计状态,这个迎角所对应的压力分布不在快照(样本)中,以这个状态下的物面压力分布为已知参数,则压力数据列表为 121 个,占整个压力数据 3 993 中

的 3.03%,96.07% 的数据是需要重构的,采用重构算法,求解最优 POD 基系数,图 7.55 为 3 阶 POD 基重构的流场与 CFD 结果的比较。可以看出 3 阶 POD 基的线性叠加就可以得到 $\alpha = 1.2°$ 下的压力场分布,证明了 POD 方法重构流场算法的可靠性。

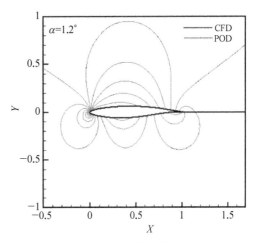

图 7.55　3 阶 POD 基重构 $\alpha = 1.2°$

为了验证算法的外插重构,以迎角 $\alpha = 1.5°$,$\alpha = 2.0°$ 为例,图 7.56 和图 7.57 给出了 8 阶 POD 基叠加的压力分布与精确值的比较。可以看出尽管这两个设计状态不在快照中,该算法也较好地重构了流场压力分布。但是对于迎角 $\alpha = 2.5°$ 来流状态,不管怎么增加 POD 基个数,都不能得到满意的结果。因为这个状态流场与构造快照的状态 $\alpha = 1.2°$ 差别较大,最后 POD 基已经无法重构这个流动状态。可见,在采用 POD 进行流场重构时,重构状态不能偏离快照状态太大。这仍需要进一步发展泛化能力更强的流场重构方法。

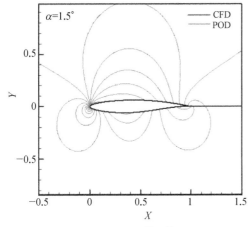

图 7.56　38 阶 POD 基重构 $\alpha = 1.5°$

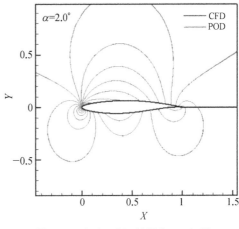

图 7.57　8 阶 POD 基重构 $\alpha = 2.0°$

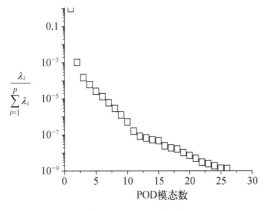

图 7.58　奇异值分布

2) 跨声速流场重构

以 NACA 0012 翼型为例,仍然采用 O 型网格,网格数为 121×33。以迎角间隔 $\Delta \alpha = 0.1°$,计算了 $Ma_\infty = 0.8$,$\alpha \in [-1.25°, 1.25°]$ 范围的 26 个流场压力快照。如图 7.58 所示各阶 POD 基对应的奇异值,看出前 6 阶 POD 基占系统总能量的 99.87%。因此流场重构取前 6 阶 POD 基模态。图 7.59 给出了前 6 阶 POD 模态压力分布。图 7.60 是 $\alpha = 1.2°$,POD 降阶模型重构流场与 CFD 计算压力分布比较。从图中可以清楚看出，仅仅 6 阶 POD 基叠加就能精确再现 121×33 阶 CFD 全阶模型预测的激波。

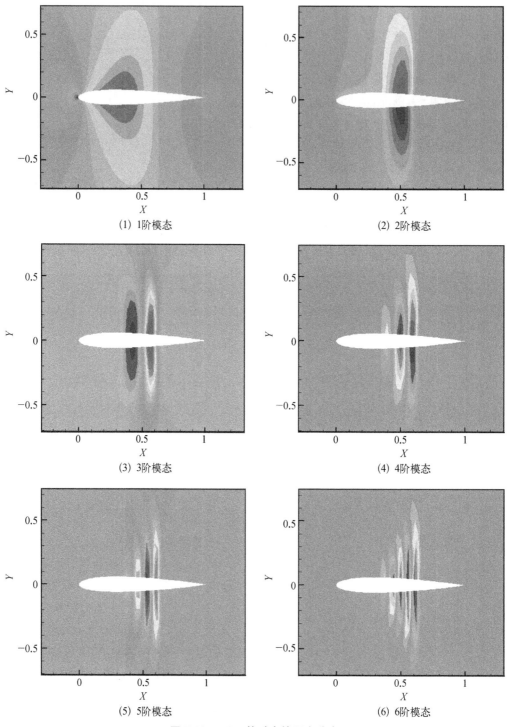

(1) 1阶模态　　　　　　　　　　　　　　(2) 2阶模态

(3) 3阶模态　　　　　　　　　　　　　　(4) 4阶模态

(5) 5阶模态　　　　　　　　　　　　　　(6) 6阶模态

图 7.59　POD 基对应的压力分布

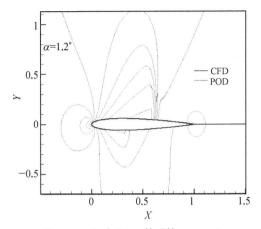

图 7.60　6 阶 POD 基重构 $\alpha = 1.2°$

【小结】

本章系统介绍了非线性流固耦合系统降阶模型构造方法,包括线性降阶模型和非线性降阶模型。具体包括基于系统辨识的 Volterra 级数模型、特征正交分解(POD)模型、数据驱动的神经网络模型和支持向量机模型。建立了基于状态空间的非定常气动力降阶模型,耦合结构方程建立了降阶的气动弹性系统和气动伺服弹性系统,开展了颤振边界提取、颤振主动抑制研究。结合平衡截断(BT)方法,提出了快照平衡截断法(S‐BT)。在保留平衡截断方法输入、输出平衡特性的前提下,大幅度提高了计算效率。最后讲述了降阶模型在气动弹性主动控制律设计、阵风响应快速预测和流动高效重构等典型应用。本章所介绍的方法为飞行器气动弹性实时仿真、数值风洞虚拟飞行试验、飞行器气动特性优化设计和流动控制提供了理论和算法基础。

参 考 文 献

[1] Silva W A. Identification of nonlinear aeroelastic systems based on the Volterra theory: Progress and opportunities[J]. Journal of Nonlinear Dynamics, 2005, 39: 26 – 62.

[2] Gupta K K, Voelker L S. CFD – based aeroelastic analysis of the X – 43 hypersonic flflight vehicle [R]. AIAA – 2001 – 712.

[3] Cowan T J, Arena Jr A S, Gupta K K. Development of a discrete-time aerodynamic model for CFD – based aeroelastic analysis[R]. AIAA – 1999 – 0765.

[4] Raveh D E. Identifification of computational-fluid-dynamic based unsteady aerodynamic models for aeroelastic analysis[J]. Journal of Aircraft, 2004, 41(3): 620 – 632.

[5] 姚伟刚,徐敏,叶茂.基于特征正交分解的非定常气动力建模技术[J].力学学报,2010,42(4): 637 – 644.

[6] 周强.非线性气动弹性系统降阶模型及其应用[D].西安:西安交通大学,2017.

[7] Lieu T. Adaptation of reduced order models for applications in aeroelasticity[D]. Colorado: University of Colorado, 2004.

[8] Moore B C. Principle component analysis in linear systems: Controllability, observability, and model reduction[J]. IEEE Transactions on Automatic Control, 1981, 26(1): 17 – 31.

[9] 陈刚,李跃明,闫桂荣. 基于降阶模型的气动弹性主动控制律设计[J]. 航空学报,2010,31(1): 12 – 18.

[10] Willcox K, Peraire J. Balanced model reduction via the proper orthogonal decomposition[J]. AIAA Journal, 2002, 40(11): 2323 – 2330.

[11] Thomas J P, Dowell E H, Hall K C. Nonlinear inviscid aerodynamic effects on transonic divergence, flutter and limit cycle oscillations[J]. AIAA Journal, 2002, 40(4): 638 – 646.

[12] 王云海,韩景龙,张兵,等. 空气动力二阶核函数辨识方法[J]. 航空学报,2014,35(11): 2949 – 2957.

[13] Prarzenica R J., Kurdila A J J. Multi-wavelet constructions and Volterra kernel identification[J]. Nonlinear Dynamics, 2006, 43(3): 277 – 310.

[14] 陈森林,高正红,饶丹. 基于多小波的 Volterra 级数非定常气动力建模方法[J]. 航空学报,2018, 39(1): 12379.

[15] Elliott D L. Bilinear control systems: Matrices in action[M]. Dordrecht: Springer, 2009.

[16] 杨叔子,吴雅. 时间序列分析的工程应用[M]. 武汉: 华中理工大学出版社,1992.

[17] 陈刚. 非定常气动力降阶模型及其应用研究[D]. 西安: 西北工业大学,2004.

[18] Dimitriadis G. Continuation of higher-order harmonic balance solutions for nonlinear aeroelastic systems [J]. Journal of Aircraft, 2008, 45(2): 523 – 537.

[19] Chen Gang, Li Yue-ming, Yan Gui-rong. A nonlinear POD reduced order model for limit cycle oscillation prediction[J]. Science in China G, 2010, 53(6): 1325 – 1332.

[20] Badcock K J, Timme S, Marques S, et al. Transonic aeroelastic simulation for instability searches and uncertainty analysis[J]. Progress in Aerospace Sciences, 2011, 47(5), 392 – 423.

[21] Guanqun Gai, Sebastian Timme. Nonlinear reduced-order modelling for limit-cycle oscillation analysis [J]. Nonlinear Dynamics, 2016, 84: 991 – 1009.

[22] Weigang Y, Meng – Sing Liou. Reduced-order modeling for flutter/LCO using recurrent artificial neural network[C]. Indianapolis: 12th AIAA Aviation Technology, Integration, and Operations (ATIO) Conference and 14th AIAA/ISSM, 2012.

[23] Wang G, Yeung D Y, Lochovsky F H. A new solution path algorithm in support vector regression [J]. IEEE Trans Neural Networks, 2008, 19(10): 1753 – 1767.

[24] NASA Langley Research Center. NACA 0012 benchmark model experimental flutter results with unsteady pressure distributions[R]. AIAA – 1992 – 2396.

[25] Zhou Q, Li D F, Chen G, et al. Reduced order unsteady aerodynamic model of a rigid aerofoil in gust encounters[J]. Aerospace Science and Technology, 2017, 63: 203 – 213.

[26] Chen G, Zhou Q, Da Ronch A, et al. Computational fluid dynamics-based aero-servo-elastic analysis for gust load alleviation[J]. Journal of Aircraft, 2018, 55(4): 1619 – 1628.

第8章
不可压流动-柔性结构耦合数值模拟方法

学习要点

- 掌握：不可压缩浸没边界法算法
- 熟悉：基于格子玻尔兹曼(Boltzmann)-浸没边界法构造方法
- 了解：几何非线性结构有限元建模方法

不可压流动下柔性结构流固耦合现象在自然界中广泛存在[1]，如鱼类和鲸类在水中的游动[2]、鸟类和昆虫在空中的飞行[3,4]，风中旗帜飘动和树叶摇摆等。这些游动和飞行生物的躯体、鳍和翅等都具有柔性，在其拍动过程中受到周围流体作用会产生变形。人体心脏、血管、气管、细胞等各种软组织系统也是一种典型的柔性结构流固耦合系统。在工程领域中，柔性结构的流固耦合现象同样存在。例如，为了在机翼连续变形的同时保证气动外形的完整，变形或仿生飞行器机翼表面通常采用柔性蒙皮[5,6]；扑翼飞行器在扑动过程中为了减轻结构质量，提升气动效率，通常采用超薄机翼[7,8]。

上述流固耦合现象中柔性结构的变形是流体动力、弹性力和惯性力综合作用的结果。在不同的环境中其结构特性甚至会发生改变。这一过程涉及材料本构关系与性能参数、结构动力学以及非定常流体力学等诸多方面，是一个复杂非线性流固耦合过程。另外，这些现象背后所蕴含的非定常空气动力学、涡控制等相关流动机理的发掘和应用，有助于人们进一步发展非定常空气动力学和涡动力学理论。贴体网格系统下的流固耦合计算方法在求解柔性结构大变形流固耦合问题时，易遇到动网格发散问题。本章介绍适用于不可压流中柔性结构的浸没边界流固耦合数值模拟技术。

8.1 不可压缩流体-柔性结构流固耦合数值方法概述

柔性结构大变形运动十分复杂，特别是运动边界难以捕捉。对于像鱼在水中的游动、旗帜在风中的飘动等这类复杂大变形运动边界问题的流固耦合数值模拟，是一个富有挑战性的问题。对动边界流动问题的求解一般包括两类方法：贴体网格方法[9]（boundary-conforming method)和非贴体网格方法[10](non-boundary-conforming method)。两种方法的计算域示意图见图 8.1。

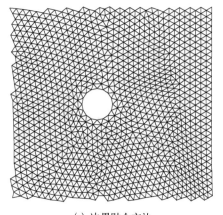

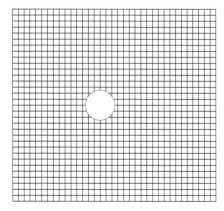

(a) 边界贴合方法　　　　　　　　　　　　　　(b) 非边界贴合方法

图 8.1　边界贴合方法和非边界贴合方法示意图

在贴体网格方法中,任意拉格朗日欧拉法(arbitrary Lagrangian Eulerian method)是最典型的方法[11,12]。该方法对流动控制方程的处理通常有两种:一种是利用非结构网格求解的有限体积法,另一种是利用结构网格求解的有限差分法或有限体积法。当物体在流场中运动时,上述两种方法均在物体边界处采用贴体网格,因此能够很好地模拟物体边界的附面层特性,尤其适合模拟高雷诺数流体的流动。然而,由于贴体网格方法要求网格必须始终紧贴物体表面,因此当流动涉及多个大变形运动物体时,该方法的应用会受到一些限制。对于有限差分法而言,由于其需要使用高精度变换矩阵对网格坐标进行变换,随着计算问题复杂程度的不断提高,生成理想的结构网格会变得更加困难,进而导致生成一个高质量正交性好的矩阵需要耗费大量的时间。就目前的情况来看,虽然非结构网格在求解流场中复杂几何体运动方面具有一定优势,但其模拟结果的准确性会随物体结构复杂程度的提高而降低[13]。另外,当流场中物体具有很大变形时,在应用贴体网格进行数值模拟时通常需要在每个时间迭代步中都对贴体网格运动和变形进行处理。对于三维复杂结构动边界流动问题来说,这种网格运动处理过程会变得非常烦琐,从而导致计算成本大大增加,降低了计算效率。

近几年来,人们注意到非贴体网格方法在处理复杂流场和大变形结构运动边界的流动问题中具有很多优势。非贴体网格方法不要求网格与物体边界直接贴合,而是通过对物体边界周围流场变量的恰当处理来实现相应的边界条件。这种方法通常采用一种相当简单的结构网格——笛卡儿网格,网格生成的工作量和难度将会大大降低。另外,当流场中物体运动时,该方法无须在每个时间步中对流场网格进行处理,可以直接在固定的直角网格上求解流动控制方程,大大提高了计算效率。研究表明,在处理复杂流场大变形结构运动边界的流动问题时,非贴体网格法比贴体网格方法更加简单高效[14]。

作为最简单和最早发展起来的一种非贴体网格数值模拟方法,以笛卡儿网格为基础的浸没边界法[15](immersed boundary method,IBM,也常称为浸入边界法)受到人们越来越多的关注。IBM 最早是在 1972 年由 Peskin 等[15,16]提出并用于模拟心脏内的血液流动。在这种方法中,流场由一系列固定的笛卡儿网格点即欧拉点表示,而浸入物体的边界则由一系列随物体边界变化的拉格朗日点表示。其基本思想是:假设物体边界是可变形且具有很高的弹性系数,当物体边界发生变形或运动时,物体边界就会像弹簧一样产生一个回复力使其能保持原来的形状或回到原来的位置,同时作用在边界上回复力也会分布到物体边界周围的网格点上,随后在整个流场求解含有额外作用力的流体控制方程(包括浸入边界内部和外部的流场)。在 Peskin 最初提出的 IBM 中,物体边界上的回复力通过求解结构近似本构方程得到。这些本构方程与浸入物体边界的类型有关。当浸入物体的边界为弹性边界时,用户可以自己定义一个等效弹性系数,边界回复力即可通过近似胡克定律(Hook's Law)计算得到。不过这种算法对等效弹性系数的选取非常敏感,如果选取不当会对计算效率和精度有相当大的影响,并且由于该算法天生具有对刚性结构的数值不稳定性,这种方法并不能计算刚性结构的流固耦合问题。

　　自 Peskin 提出浸没边界法思想以后,人们持续对其进行了各种各样的改进。Lai 和 Peskin[17]提出了一种具有二阶精度的浸入边界法,并用成功模拟了圆柱绕流问题。其中流体和固体之间的耦合通过选择合适的 Dirac Delta 函数来实现。与标准一阶精度模型相比,该二阶精度模型的数值黏性显著降低。但其使用的 Dirac Delta 函数的插值精度,该方法在动边界上预测精度并没有达到真正的二阶。Goldstein 等[18]通过研究物体边界的反馈力,提出了一种虚拟边界法(virtual boundary method),并用它分别模拟了层流流动和湍流流动。不同于 Peskin 在物体边界处使用胡克定律计算回复力,这种方法直接通过物体边界处流体和固体之间的速度差来计算回复力。但是在这种方法中有两个计算参数需要通过用户自己定义,这就使得该方法应用起来存在很大的不确定性。Ye 等[19]结合单元网格合并技术和有限体积法,提出了笛卡儿网格方法(Cartesian grid method),并用其模拟了二维非定常不可压流动。在这种方法中,由于物体边界周围的笛卡儿网格被切掉了一部分,网格形状变得不规则,需要通过复杂的插值函数来计算流体通量,大大影响了该方法的计算效率。此外,Silva 等[20]提出了一种物理虚拟模型(physical virtual model)并用其模拟了管道流和圆柱绕流,这种方法和 Peskin 提出的浸入边界法很相似,不同点在于该方法是通过在物体边界点处应用动量定理来计算回复力。由于在计算过程涉及复杂的导函数近似以及速度和压力的插值,该方法应用范围受到很大限制。

　　在以上提到的各类浸入边界法中,流场均是通过求解不可压 Navier-Stokes(N-S)方程得到的。目前计算流体力学领域已发展了多种 N-S 方程的求解方法,如有限差分法、有限元法和有限体积法等。但这些方法一般都要求解压力泊松方程,需要耗费大量的计算资源,特别是对于需要子迭代的流固耦合问题,计算效率比较低。近年来,格子 Boltzmann 方法[21](lattice boltzmann method,LBM)作为一种替代传统 N-S 求解器的新方法得到了普遍关注。LBM 基于气体动理论,采用介于流体微观分子动力学模型和宏观连续模型之间的介观模型,通过密度分布函数研究流体粒子动力学。其利用流体粒子的迁移和碰撞两个基本过程,根据动量守恒及质量守恒定律,对流体粒子密度分布函数进行积分,得到流场速度、密度和压强等宏观量。与当前主流 NS 方程求解器相比,LBM 方法具备多种优势,如简单易实施、物理背景清晰、天生优良的并行特征等[22]。近 10 年来,LBM

方法在微尺度流体、多相流、多孔介质内流动与换热、化学反应流等传统方法研究受限的复杂流体物理领域取得了突破性进展。

同 IBM 类似,LBM 也是在笛卡儿网格下对流场进行求解。将 IBM 作为一种复杂边界处理格式加入 LBM 中,融合这两种方法的优势发展一类通用新型流固耦合数值模拟方法成为可能。目前已有不少学者致力于该方面的研究。Feng 和 Michaelides[23,24]第一次将 IBM 和 LBM 两种方法结合起来,提出浸入边界-格子 Boltzmann 方法(IB-LBM),并成功用其模拟了二维和三维的流体粒子运动。Niu 等[25]提出了一种基于动量交换的 IB-LBM 方法,相比于 Feng 和 Michaelides 的方法,Niu 的方法对回复力的计算更加简单和方便。Shu 等[26]提出了一种基于速度修正的隐式 IB-LBM 方法,浸入物体边界上的回复力源项并不预先计算求得,而是通过强制物体边界满足无滑移边界条件,在物体边界处进行速度修正求得。同时浸入物体的升力和阻力也可通过该修正速度计算得到。这种方法保证了无滑移边界条件在物体边界上的精确满足,相比传统 IB-LBM,计算精度得到了提高。随后,Wu 和 Shu[27]进一步这种方法扩展到非均匀笛卡儿网格中,并模拟了三维不可压缩流场中移动刚性物体的绕流情况。为避免速度梯度在物体边界的不连续,Suzuki 和 Inamuro[28]通过将固体域中的速度场光滑扩展到流体域中,提出了一种二阶浸入边界法,成功模拟了两个同轴圆柱的绕流问题。Peng 等[29]提出了一种分块 IB-LBM 方法模拟了圆柱绕流和翼型绕流,其并行程度和计算效率有了很大提高。Inamuro 等[30]用 IB-LBM 模拟了二维扑翼运动,而 Dash[31]则首次将 IB-LBM 用于模拟狭隘通道中粒子沉降的问题,并得到了理想的结果。

需要指出的是,浸入边界法仅仅是处理流体和结构之间边界耦合的一种方法。如需要求解结构在流场中的变形,还需要引入计算结构力学(computational structural dynamics, CSD)求解器来获得结构的动力学响应。对于结构求解而言,常用的方法包括边界元法、有限差分法(finite difference method,FDM)和有限元法(finite element method,FEM)。其中有限差分法要求对物体划分结构网格,适用于求解几何外形比较简单的物体,比如柔性丝线和柔性板在流体中的摆动和变形问题。Zhu 和 Peskin[32]以及 Favier 和 Revell[33]分别采用内置边界法和 IB-LBM 法模拟了丝线在二维流场中的摆动,并分析了丝线质量和丝线刚度对摆动模态的影响,发现随两者间距变化的两根丝线会出现同相或反相拍动。Argentina 和 Mahadevan[34]理论分析了三维流场中旗帜拍动的稳定性问题。随后,Connell 和 Yue[35]以及 Alben 和 Shelley[36]分别采用增大板的质量比和减小板的弯曲刚度的方法研究了板向混沌摆动模态的转变,并给出了区分不同运动状态临界参数的定量结果。Huang 和 Sung[37]应用三维柔性板模型研究了雷诺数、展弦比、质量比以及重力对板在流场中摆动过程的动力学特性的影响。

在上述研究中柔性丝线的求解往往是建立在不可伸长理论下的。这就导致研究者会简化甚至忽略结构质量、厚度、外形或密度对其摆动行为的影响,导致结构变形预测失真。此外,随着物体几何外形复杂程度的提高,尤其对三维物体来说,结构网格的划分难度大大提高,从而导致建模效率和通用性显著降低。而有限元法因其对结构网格的依赖性不高,适用于求解几何外形复杂的结构,且擅长处理几何或材料非线性问题,因此将有限元求解器和 IB-LBM 求解器耦合成为当柔性结构大变形非线性流固耦合问题的重要趋势。

Kollmannsberger 等[38]将格子 Boltzmann 法和有限元法结合起来模拟瞬态双向流固耦合问题,并研究了这两种方法的精度和效率。Rosis 等[39]采用浸入边界法和有限元法研究了二维对称扑动翼在有粘流中的流固耦合问题。浸入边界法采用 Ota 等[40]提出的 Inamuro's 隐式速度校正法,二维扑动翼则由两节点线弹性梁单元来模拟。Gong 等将浸入边界法、格子 Boltzmann 法和非线性有限元法结合起来,提出了一种适用于求解复杂外形柔性结构的流固耦合方法 IB – LB – FEM,并用其研究了二维流场中并联和串联的两圆柱丝线柔性体之间的相互影响[41,42]。

8.2　格子 Boltzmann 方法

8.2.1　格子 Boltzmann 方程

格子 Boltzmann 方法(LBM)是近年来兴起并正在蓬勃发展的新型流体数值模拟方法。其诞生至今在理论和应用研究方面都取得了突破性进展[43],成为当前计算流体力学领域迅速发展的一种方法。格子 Boltzmann 方法基于分子动力学模型而不是经典 NS 方程。它通过各种松弛模型将复杂的粒子碰撞过程转化为简单的松弛过程,可以看作是连续 Boltzmann 方程的离散格式和完全离散并行化的局部动力学模型。

格子 Boltzmann 方法的微观粒子背景使得它具有许多独特的优点:① 演化过程非常清晰,编程简单;② 属于显式时间推进方法,计算都是局部性的,具有优异的并行性,其计算效率高于一般的数值方法;③ 可以方便地处理流体与固体边界之间、不同流体组分(或相态)之间以及流体界面之间的复杂相互作用。正是这些独特优点使得格子 Boltzmann 方法在数学、力学、物理和化学等领域问题的数值模拟中受到广泛关注。同时格子 Boltzmann 方法也是研究具有复杂固定边界和动边界流体力学问题的一种有效手段,近年来被广泛应用于多种生物流体力学问题研究[44]。

对低速不可压黏性流而言,格子 Boltzmann 方法所采用的控制方程为 Boltzmann 方程,其表达形式为

$$\frac{\partial f}{\partial t} + e \cdot \nabla_x f + F \cdot \nabla_e f = \Omega_f \tag{8.1}$$

式中,f 为 t 时刻空间坐标为 x 速度为 e 的流体粒子的密度分布函数,F 为流体系统受到的外力项,Ω_f 为控制方程的碰撞项,里面包含了对分布函数 f 的非线性项。

对于碰撞项 Ω_f 的处理一般采用两种常用模型,即单松弛模型(LBGK)和多松弛模型(MRT)。对于 LBGK 模型,在该模型中碰撞项的表达形式为

$$\Omega_f = \frac{1}{\tau}(f^{(eq)} - f) \tag{8.2}$$

式中,τ 为单松弛时间,它与流体的运动黏性系数 υ 相关,$f^{(eq)}$ 为平衡状态下的分布函数。对 Boltzmann 方程(8.1)进行时间和空间离散化后,就得到了离散形式的格子 Boltzmann 方程,其表达形式为

$$f_\alpha(x + e_i\delta t,\ t + \delta t) - f_\alpha(x,\ t) = -\frac{\Delta t}{\tau}\left[f_\alpha(x,\ t) - f_\alpha^{(eq)}(x,\ t)\right] + \delta t F_\alpha \qquad (8.3)$$

式中,下标 α 代表离散速度的不同方向。

由上述离散 Boltzmann 方程可知,LBM 算法可分为两个阶段:首先是粒子的碰撞阶段,该阶段对应于方程的右端项,表明流体粒子在格子节点上与其他粒子发生碰撞;其次是粒子的迁移阶段,该阶段对应于方程的左端项,表明流体粒子从一个格子节点运动到对应的相邻格子节点。

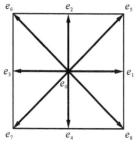

图 8.2　格子 Boltzmann 方法中 D2Q9 模型的离散速度

8.2.2　格子 Boltzmann 模型

一个完整的格子 Boltzmann 模型通常由三部分组成:格子,即离散速度模型;平衡态分布函数以及分布函数的演化方程。构造格子 Boltzmann 模型的关键是选择合适的平衡态分布函数,而平衡态分布函数的具体形式又与离散速度模型的构造有关。对于二维模型,经常采用 D2Q9 模型,它表示在二维空间中每个格子节点有 9 个不同方向的离散速度,如图 8.2 所示。

这 9 种离散速度可表示为

$$e_\alpha = \begin{cases} (0,\ 0) & \alpha = 0 \\ c\left(\cos\left[(\alpha-1)\dfrac{\pi}{2}\right],\ \sin\left[(\alpha-1)\dfrac{\pi}{2}\right]\right) & \alpha = 1,\ 2,\ 3,\ 4 \\ \sqrt{2}c\left(\cos\left[(2\alpha-1)\dfrac{\pi}{4}\right],\ \sin\left[(2\alpha-1)\dfrac{\pi}{4}\right]\right) & \alpha = 5,\ 6,\ 7,\ 8 \end{cases} \qquad (8.4)$$

式中,$c = \delta x/\delta t = 1$ 表示格子速度,δx 和 δt 分别为格子步长和时间步长,通常 x 和 y 方向的格子步长相同,即 $\delta x = \delta y$。

由 Maxwell 分布可得该 D2Q9 模型的平衡态分布函数为

$$f_\alpha^{(eq)} = \rho w_\alpha\left[1 + \frac{e_\alpha \cdot u}{c_s^2} + \frac{1}{2c_s^4}Q_\alpha : uu\right] = \rho w_\alpha\left[1 + \frac{e_\alpha \cdot u}{c_s^2} + \frac{(e_\alpha \cdot u)^2}{2c_s^4} - \frac{u^2}{2c_s^2}\right]$$

$$(8.5)$$

式中,$Q_\alpha = e_\alpha e_\alpha - c_s^2 I$;$c_s = c/\sqrt{3}$ 为格子声速;w_α 为权重系数,其中 $w_0 = 4/9$,$w_1 = w_2 = w_3 = w_4 = 1/9$,$w_5 = w_6 = w_7 = w_8 = 1/36$。

与二维格子 Boltzmann 方法不同,三维格子 Boltzmann 方法所使用的格子为三维立方体格子块,对应的格子模型为 D3Q19 模型。它表示在三维立方体格子块中,每个格子节点上有 19 个不同方向上的离散速度。这些离散速度方向如图 8.3 所示。

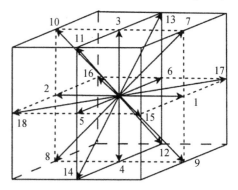

图 8.3　D3Q19 模型示意图

这 19 个离散速度对应的具体表达式为

$$e_\alpha = \begin{cases} (0,\ 0,\ 0) & \alpha = 0 \\ (\pm c,\ 0,\ 0),\ (0,\ \pm c,\ 0),\ (0,\ 0,\ \pm c) & \alpha = 1,\ 2,\ \cdots,\ 6 \\ (\pm c,\ \pm c,\ 0),\ (\pm c,\ 0,\ \pm c),\ (0,\ \pm c,\ \pm c) & \alpha = 7,\ 8,\ \cdots,\ 18 \end{cases} \quad (8.6)$$

与二维格子 Boltzmann 方法中的 D2Q9 模型类似,式(8.6)中,c 表示格子速度,它是格子步长 δx 和时间步长 δt 的比值;在 D3Q19 模型中,x、y 和 z 三个方向的格子步长相同,即 $\delta x = \delta y = \delta z$。

D3Q19 模型中的平衡态分布函数表达式与 D2Q9 模型相同,与离散速度相对应的权重系数 w_α 其值分别是:$w_0 = 1/3$;$w_1 = w_2 = \cdots = w_6 = 1/18$;$w_7 = w_8 = \cdots = w_{18} = 1/36$,其他参数的定义与 D2Q9 模型完全一致。

需要注意的是,在格子 Boltzmann 方法中,流体宏观速度 u 的马赫数必须小于 1,这对应于 Navier－Stokes 方程中的 CFL 数。此时单松弛时间 τ 与流体运动黏性系数 υ 之间的关系式为

$$\upsilon = \left(\tau - \frac{1}{2} \right) c_s^2 \delta t \quad (8.7)$$

对于流体系统外力项 F 的处理有多种模型[44],这里采用 Guo 等[45]提出的外力项模型。该模型同时考虑到了额外作用力对流体动量 ρu 和动量通量 ρuu 的贡献,其表达式可写为

$$F_\alpha = \left(1 - \frac{1}{2\tau} \right) w_\alpha \left[\frac{e_\alpha - u}{c_s^2} + \frac{e_\alpha \cdot u}{c_s^4} e_\alpha \right] \cdot f \quad (8.8)$$

式中,f 为作用在流体上的力密度(体力)。

通过对不含外力项的格子 Boltzmann 方程进行 Chapman－Enskog 展开可得到同样满足 Navier－Stokes 方程的流体宏观密度和速度,其表达式为

$$\rho = \sum_\alpha f_\alpha \quad (8.9)$$

$$\rho u = \sum_\alpha e_\alpha f_\alpha + \frac{1}{2} f \delta t \quad (8.10)$$

由公式(8.10)可知,流体的速度可分为两部分,其中一部分与粒子的分布函数 f_α 有关,另一部分与作用在流体上的力密度(体力)有关。如果将公式(8.10)分为如下所示的中间速度 u^* 和校正速度 δu,则有

$$\rho u^* = \sum_\alpha e_\alpha f_\alpha \quad (8.11)$$

$$\rho \delta u = \frac{1}{2} f \delta t \quad (8.12)$$

那么公式(8.10)就可写为

$$u = u^* + \delta u \qquad (8.13)$$

式(8.13)是将格子 Boltzmann 方法与浸入边界法相结合的关键。

8.3 浸入边界法

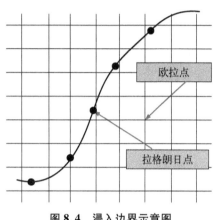

图 8.4 浸入边界示意图

为了模拟血液在可收缩心脏中的流动,Peskin[16]在 1972 年提出了浸入边界法。其基本思想是:结构边界通过分布力的作用来对流场产生影响。浸入边界法通常采用两套相互独立的网格,如图 8.4 所示。在流场中采用的是均匀笛卡儿网格,并且流场的网格点是固定的,称为欧拉点,相应的流体状态用欧拉变量去描述。浸入在流体中的结构边界则用一系列离散的点来标识。当浸入边界发生变形或者运动时,这些离散点可以随着边界任意移动,称为拉格朗日点。相应的结构运动状态采用拉格朗日变量描述,而流场与结构之间的数据交换则使用光滑的 Delta 近似函数来实现。

8.3.1 基于速度修正的格子 Boltzmann -浸入边界法

浸入边界法的关键是对力源项的计算,一般来说有两类方法,第一种为惩罚力法,第二种为直接力法。惩罚力法的力源项通常满足某种特定的力学关系式(如胡克定律),主要用于处理弹性边界问题。直接力法则从动量方程出发去求解浸入边界上的力源。相比于惩罚力法,直接力法在计算效率和精度上都有所提高,但是其计算过程更加复杂。需要指出的是在上述两种方法中,由于物体边界作用力通常是提前计算的,因而会导致无滑移边界条件不能完全满足。所以上述方法的计算结果中会出现流线穿透这一非物理数值现象,这将导致物体内部流场的质量不守恒,从而影响最终计算精度。

基于速度修正的浸没边界方法能够较好克服上述非物理数值问题。速度修正这一概念是首先由 Shu 提出[26],Wu 等[27,46]在此基础上进一步提出了一种隐式的基于速度修正的格子 Boltzmann -浸没边界方法(IB - LBM)。这种方法在通过公式(8.12)计算校正速度 δu 时,并不像传统方法那样提前计算力密度 f,而是假设力密度 f 是未知的,而是通过由周围流体速度 u 插值得到的结构边界点上的速度满足无滑移边界条件求得。下面对其具体求解过程进行简要的介绍。

如图 8.5 所示,流场中欧拉点上的速度修正项

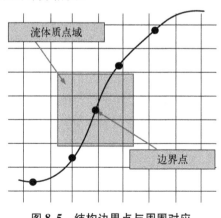

图 8.5 结构边界点与周围对应流体节点分布图

δu 是由结构边界点(拉格朗日点)上的速度修正项通过分布得到的。在浸没边界方法中,结构的边界由一系列的拉格朗日点表示。这些拉格朗日点的位置用 $X_B(s_l,\ t)$,$l=1$, $2,\ \cdots,\ m$ 表示。其中 m 代表拉格朗日点的个数。如果在每个拉格朗日点都假设一个未知的速度修正项 δu_B^l,那么欧拉点上的速度修正项 δu 就可以通过下列 Dirac delta 插值函数得到:

$$\delta u(x,\ t)=\int_{\Gamma}\delta u_B(X_B,\ t)\delta[x-X_B(s,\ t)]\mathrm{d}s \tag{8.14}$$

在实际应用过程中,式(8.14)中 $\delta[x-X_B(s,\ t)]$ 是通过一个连续的分布函数 D_{ij} 近似得到的,即

$$\delta(r)=\begin{cases}\dfrac{1}{4}[1+\cos(\pi\mid r\mid/2)] & \mid r\mid\leqslant 2 \\ 0 & \mid r\mid>2\end{cases} \tag{8.15}$$

$$\delta_{ij}(r)=\delta(x_{ij}-X_B^l)\delta(y_{ij}-Y_B^l) \tag{8.16}$$

式中,r 代表流场计算域 Ω 内的欧拉点 x 与物体边界 Γ 上的拉格朗日点 $X_B(s,\ t)$ 之间的距离。

根据公式(8.16),公式(8.14)可写为如下形式:

$$\delta u(x_{ij},\ t)=\sum_l\delta u_B^l(X_B^l,\ t)D_{ij}(x_{ij}-X_B^l)\Delta s_l \quad l=1,\ 2,\ \cdots,\ m \tag{8.17}$$

式中,Δs_l 为结构边界单元的弧长。

此时欧拉点上的流场速度可通过如下公式进行修正:

$$u(x_{ij},\ t)=u^*(x_{ij},\ t)+\delta u(x_{ij},\ t) \tag{8.18}$$

为了满足无滑移边界条件,由周围欧拉点上流体速度通过 Dirac delta 函数插值得到的边界点上的速度必须等于物体在相同位置上的壁面速度 $U_B^l(X_B^l,\ t)$,其数学表达如下:

$$U_B^l(X_B^l,\ t)=\sum_{i,j}u(x_{ij},\ t)D_{ij}(x_{ij}-X_B^l)\Delta x\Delta y \tag{8.19}$$

如果浸入物体是刚性的或其边界速度已经人为给定,那么它的壁面速度 $U_B^l(X_B^l,\ t)$ 就是已知量,可直接代入式(8.19)进行计算;如果浸入物体是柔性的,那么它的壁面速度就是未知量,需要引入结构动力学进行求解。关于结构求解方法将在 8.5 节具体介绍。

将公式(8.18)代入公式(8.19)中,可以得到如下方程:

$$\begin{aligned}U_B^l(X_B^l,\ t)=&\sum_{i,j}u^*(x_{ij},\ t)D_{ij}(x_{ij}-X_B^l)\Delta x\Delta y\\&+\sum_{i,j}\sum_l\delta u_B^l(X_B^l,\ t)D_{ij}(x_{ij}-X_B^l)\Delta s_l D_{ij}(x_{ij}-X_B^l)\Delta x\Delta y\end{aligned} \tag{8.20}$$

上述方程可进一步写成下面矩阵形式:

$$AU = B \tag{8.21}$$

式中，$U = \{\delta u_B^1, \delta u_B^2, \cdots, \delta u_B^m\}$，$B = \{\Delta u_1, \Delta u_2, \cdots, \Delta u_m\}^{\mathrm{T}}$，其中，

$$\Delta u_l = U_B^l(X_B^l, t) - \sum_{i,j} u^*(x_{ij}, t) D_{ij}(x_{ij} - X_B^l) \Delta x \Delta y \quad (l = 1, 2, \cdots, m) \tag{8.22}$$

需要注意的是，矩阵 A 中的元素只与拉格朗日点以及它们周围对应的欧拉点位置有关。如果浸入物体是刚性的且其边界速度为 0，拉格朗日点周围对应的欧拉点没有发生变化，矩阵 A 就是固定不变的，不需要在每个时间步都进行求解。另外，矩阵 A 是一个稀疏矩阵，通过对所有拉格朗日点进行合理的编号，可令其转换为一个带状矩阵，它的逆矩阵可通过 LU 分解求得，这将大大提高计算效率。

求解矩阵方程(8.21)，就可得到所有拉格朗日点所对应的速度修正项，则欧拉点上的速度修正项就可通过公式(8.17)求得，进一步可通过公式(8.18)得到经过修正后流体欧拉点的速度。最后，根据求得的流体速度修正项 δu，欧拉点上对应的力密度就可通过以下公式求出：

$$f = 2\rho \delta u/\delta t \tag{8.23}$$

而流体的宏观密度 ρ 仍可通过公式(8.9)求得。

8.3.2　圆柱扰流算例

为了验证格子 Boltzmann 方法-浸没边界方法的计算精度，证明该方法在浸入物体边界不存在流线穿透现象，本节选用二维静态圆柱绕流作为验证算例。静态圆柱绕流是一个较为经典的流体力学问题，流体绕过圆柱体时，过流断面收缩，且由于黏性力的存在，流速逐渐增加，压强逐渐减小，就会在柱体周围有附面层的分离的现象，从而形成圆柱绕流。另外，静态圆柱绕流问题已经被人们广泛地研究过，不管在理论、实验还是数值计算方面，都有大量的数据可供参考。

在当前的算例中，圆柱的直径为 D，整个流场计算域的尺寸为 $X \times Y = 40D \times 40D$，圆柱圆心的坐标为 $(x, y) = (16D, 20D)$，如图 8.6 所示。

对于静态圆柱绕流问题，流场的雷诺数定义为

$$Re = \frac{U_\infty D}{\nu} \tag{8.24}$$

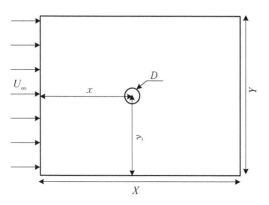

图 8.6　静态圆柱绕流流场示意图

式中，U_∞ 为自由来流速度；ν 为流体的运动黏性系数。

在格子 Boltzmann 方法中流场的无量纲来流速度为 $U_\infty = 0.1$，来流密度为 $\rho = 1.0$，整个流场计算域内的网格尺寸为：$\Delta x = \Delta y = 0.02D$，圆柱的边界被 120 个拉格朗日点均匀划分。取流场雷诺数 Re 为 40，研究流场的分布情况并计算圆柱的阻力系数。

根据基于速度修正的浸没边界方法,圆柱的升力 F_L 和阻力 F_D 可直接通过欧拉点上的力密度 f 求得,其具体表达式为

$$F_L = -\int_\Phi f_y dv \tag{8.25}$$

$$F_D = -\int_\Phi f_x dv \tag{8.26}$$

式中,f_x 和 f_y 分别代表欧拉点上的力密度 f 的 x 分量和 y 分量;Φ 代表整个流场计算域。求得圆柱的升力和阻力后,相应的升力系数和阻力系数定义如下:

$$C_L = \frac{F_L}{1/2\rho U_\infty^2 D} \tag{8.27}$$

$$C_D = \frac{F_D}{1/2\rho U_\infty^2 D} \tag{8.28}$$

图 8.7 给出了雷诺数为 40 的情况下数值模拟达到收敛时流场的流线图。从图中可以看出,在圆柱内的流体始终被封闭在圆柱边界内部,没有穿过圆柱的表面流向外部,这表明圆柱内外的流体并没有发生质量交换。另外在低雷诺数下,圆柱绕流的流动是对称且稳定的分离流动,在圆柱体的后面形成了一对稳定对称的涡,随着雷诺数的升高,这对涡的长度会被拉长。

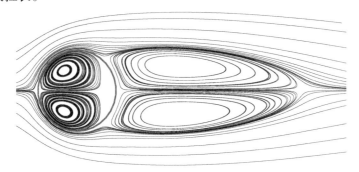

图 8.7　雷诺数为 40 情况下圆柱绕流的流线图

表 8.1 将圆柱尾涡的无量纲长度 L/D 和圆柱的阻力系数 C_D 同其他文献的结果进行了对比,从该表中可以看出,当前算例的计算结果与其他文献的结果十分接近,其中圆柱尾涡无量纲长度 L 与其他文献结果之间的最大误差为 4.0%,而圆柱阻力系数 C_D 的最大误差为 2.2%,这表明格子 Boltzmann 方法-浸没边界方法的数值模拟结果达到计算精度要求。

表 8.1　雷诺数为 40 情况下圆柱尾涡无量纲长度 L/D 和阻力系数 C_D 结果对比

算　例	参考文献	L/D	C_D
$Re=40$	当前结果	4.66	1.531
	Wu 和 Shu[46]	4.62	1.565
	Dennis 和 Chang[47]	4.69	1.522
	Fornberg[48]	4.48	1.498

8.4 分块网格技术及其应用

在 8.3 节圆柱绕流算例中,使用的格子 Boltzmann 方法为标准格子 Boltzmann 方法。其空间网格通常与分布函数运动的格子相同,即网格长度等于格子步长。这种情况下整个流场域内的网格是均匀的,要想提高计算精度,必须对网格进行全局加密。这就大大增加了计算网格数量,降低了计算效率。为了解决这一问题,Feng 和 Michaelides[23] 在 2004 年提出在标准格子 Boltzmann 方法下采用非均匀网格。但这种方法难以将浸没边界方法作为边界处理格式引入到格子 Boltzmann 方法中,无法模拟高雷诺数下的流体流动。随后 Filippova 和 Hänel[49] 提出了分块格子 Boltzmann 法(multi-block lattice Boltzmann method,MBLBM)。该方法在标准格子 Boltzmann 方法的基础上,将流场计算域划分为若干区域,在变量空间梯度大的区域如物体壁面附近采用密网格,而在远场边界处采用粗网格。本节对分块网格技术的相关内容进行简要介绍。

8.4.1 分块格子 Boltzmann 法

为了叙述方便,本节仅选取两层网格为例进行介绍。如图 8.8 所示,第一层为粗网格,另一层为细网格,且粗网格与细网格之间有一个粗网格宽度的重叠区域。在网格交界处,粗网格内部节点细网格边界节点记为 $x_{c \to f}$;细网格内部节点粗网格边界节点记为 $x_{f \to c}$。令 δx_c 和 δx_f 分别表示粗网格和细网格的空间离散尺寸,则它们之间的关系为:$\delta x_f = \delta x_c / 2$。

确定粗细两种网格的空间尺度后,还需要确定其时间尺度。在格子 Boltzmann 方法中通常有两种尺度关系:一种为扩散尺度关系;另一种为对流尺度关系。在扩散尺度关系中,时间尺度和空间尺度的平方成正比的,即 $\delta t \sim \delta x^2$。而在对流尺度关系中,时间尺度和空间尺度成正比的,即 $\delta t \sim \delta x$。这两种尺度关系各有优点和缺点。扩散尺度关系在模拟不可压流动中移除了压缩性误差项,而对流尺度关系则有更高的数值计算效率。本节选取对流尺度关系,在粗网格和细网格中时间离散尺度与空间离散尺度的比值是个定值,即

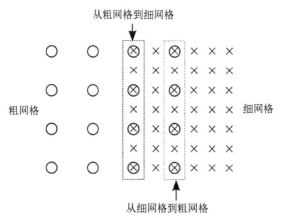

从粗网格到细网格

粗网格   细网格

从细网格到粗网格

图 8.8 格子 Boltzmann 方法中分块网格结构示意图

$$\delta t_f / \delta x_f = \delta t_c / \delta x_c = \text{const} \tag{8.29}$$

从式(8.29)可以看出,细网格中的时间迭代次数是粗网格的两倍,也就是说粗网格中流场迭代一次,细网格中必须迭代两次。另外,由于流场的宏观物理量如速度、密度和压强等在粗细两种网格中必须是连续的,使得在这两种网格中流体的黏性系数也会存在

比例关系。令粗网格和细网格中的雷诺数为

$$Re_n = U_n L_n / \upsilon_n \qquad (8.30)$$

式中，n 代表粗网格或者细网格；U_n、L_n 和 υ_n 分别表示对应网格单位下的特征速度、特征长度以及流体黏性系数。

如果令 U 和 L 分别代表物理单位下的特征速度和特征长度，则有

$$U_n = U \delta t_n / \delta x_n, \ L_n = L / \delta x_n \qquad (8.31)$$

令粗细两种网格中流场的雷诺数相同，即

$$Re_c = Re_f \Leftrightarrow \frac{UL\delta t_c}{\delta x_c^2 \upsilon_c} = \frac{UL\delta t_f}{\delta x_f^2 \upsilon_f} \qquad (8.32)$$

通过式(8.32)可得到粗细两种网格中流体黏性系数之间的关系为

$$\upsilon_f = \frac{\delta x_c}{\delta x_f} \upsilon_c \qquad (8.33)$$

粗细两种网格之间松弛频率之间的关系为

$$\omega_f = \frac{1}{\tau_f} = \frac{2\delta x_f \omega_c}{\delta x_f \omega_c + 2\delta x_c - \delta x_c \omega_c} = \frac{2\omega_c}{4 - \omega_c} \qquad (8.34)$$

由式(8.9)和式(8.10)可知，为了保证粗细网格之间宏观物理量的连续性，必须保证两者密度分布函数的精度及连续性。而每个网格点的密度分布函数，可以表示为其平衡态的分布函数加上其非平衡态的分布函数，即

$$f_{\alpha, n} = f_{\alpha, n}^{eq}(\rho_n, \ u_n) + f_{\alpha, n}^{neq}(\nabla u) \qquad (8.35)$$

由于平衡态分布函数与流体的速度和密度有关，非平衡态分布函数与流体的速度梯度有关，而流体的速度和密度在粗细两种网格中保持连续，因此平衡态分布函数在粗细两种网格中保持一致，即 $f_{\alpha, f}^{eq} = f_{\alpha, c}^{eq}$。而非平衡态分布函数则存在一定的比例关系。如果令

$$f_{\alpha, f}^{neq} = \beta f_{\alpha, c}^{neq} \qquad (8.36)$$

则有

$$\frac{1}{\omega_f} Q_\alpha : S_f = \alpha \frac{1}{\omega_c} Q_\alpha : S_c \qquad (8.37)$$

式中，S_f 和 S_c 分别为细网格和粗网格格子单位下的应力张量。

设物理单位下流体的应力张量为 S，则有

$$\frac{1}{\delta t_f \omega_f} Q_\alpha : S = \alpha \frac{1}{\delta t_c \omega_c} Q_\alpha : S \qquad (8.38)$$

则

$$\beta = \frac{\delta t_c}{\delta t_f} \frac{\omega_c}{\omega_f} \qquad (8.39)$$

因此,

$$f_{\alpha,c}^{neq} = \frac{\delta t_f \omega_f}{\delta t_c \omega_c} f_{\alpha,f}^{neq} = \frac{2\omega_f}{\omega_c} f_{\alpha,f}^{neq} \qquad (8.40)$$

将式(8.40)代入到式(8.35)中可得

$$f_{\alpha,f}(x_{c\to f}) = f_\alpha^{eq}[\rho(x_{c\to f}), u(x_{c\to f})] + \frac{\omega_c}{2\omega_f} f_{\alpha,c}^{neq}(x_{c\to f}) \qquad (8.41)$$

$$f_{\alpha,c}(x_{f\to c}) = f_\alpha^{eq}[\rho(x_{f\to c}), u(x_{f\to c})] + \frac{2\omega_f}{\omega_c} f_{\alpha,f}^{neq}(x_{f\to c}) \qquad (8.42)$$

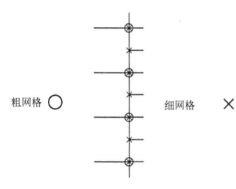

粗网格 ○   细网格 ×

图 8.9 粗细网格交界面示意图

其中,式(8.41)表示在网格交界处,流体宏观变量(密度 ρ 和速度 u)从粗网格内部节点传递到细网格边界节点。式(8.42)表示在网格交界处,流体宏观变量从细网格内部节点传递到粗网格边界节点。由图8.9可得,当数据从细网格向粗网格传递时,直接将细网格节点上的值赋给对应粗网格节点即可。而当数据从粗网格向细网格传递时,则需要进行插值操作,一般是对细网格节点相邻的两个粗网格节点上的数据进行中心插值。这样式(8.41)和式(8.42)就构成了粗细网格之间的数据传递关系。

根据上面介绍总结分块网格计算的整个流程。假设当前系统所处的时刻为 t,所有网格节点上的信息都已知,则一个完整的时间迭代步包含一次粗网格迭代和两次细网格迭代。具体细节如下。

(1)进行粗网格上粒子的碰撞和迁移操作。此时系统的时间来到 $t + \delta t_c$,在节点 $x_{f\to c}$ 上,由细网格内部节点迁移过来的分布函数是未知的。

(2)进行细网格上粒子的碰撞和迁移操作。此时系统的时间来到 $t + \delta t_c/2$,并且在节点 $x_{c\to f}$ 上,由粗网格内部节点迁移过来的分布函数是未知的。接下来进行两次插值,一次时间插值一次空间插值。首先将粗网格中节点 $x_{c\to f}$ 上流体宏观变量 ρ_c 和 u_c 在时间 $t + \delta t_c/2$ 处进行插值,得到 $\rho_c(t + \delta t_c/2)$ 和 $u_c(t + \delta t_c/2)$,接着将得到的宏观变量在空间上进行插值,得到细网格中节点 $x_{c\to f}$ 上的宏观变量 $\rho_f(t + \delta t_c/2)$ 和 $u_f(t + \delta t_c/2)$。则细网格中节点 $x_{c\to f}$ 上的分布函数可通过式(8.43)求得,此时所有细网格节点上的分布函数都已知。

（3）对细网格进行第二次碰撞和迁移操作。此时系统的时间来到 $t + \delta t_c$。利用步骤（1）中粗网格中节点 $x_{c \to f}$ 上的宏观变量，不需要进行时间插值，只需进行空间插值，就可得到细网格节点上宏观变量 $\rho_f(t + \delta t_c)$ 和 $u_f(t + \delta t_c)$。细网格中节点 $x_{c \to f}$ 上的分布函数可通过公式（8.41）求得，此时所有细网格节点上的分布函数都已知。

（4）粗网格边界节点 $x_{f \to c}$ 上的分布函数可通过公式（8.42）求得。t 时刻的迭代到此结束，系统时间更新为 $t + \delta t_c$。

（5）重复步骤（1）~（4），直到迭代收敛。

8.4.2　多区分块网格算法验证

8.3 节中我们选取了静态圆柱绕流算例验证了格子 Boltzmann 方法-浸没边界方法的数值模拟精度。在该算例中整个流场的网格都是均匀的。流场计算域的尺寸为 $40D \times 40D$，网格宽度为 $\Delta x = \Delta y = 0.02D$，流场中的全部网格数量为 4×10^6。这些网格在计算过程中会占用大量内存，导致计算效率降低计算时间增加。为了验证分块网格技术在保证计算精度的前提下可以提高计算效率，本节将 8.3 节中静态圆柱绕流算例设为对照算例，采用分块网格技术重新计算并将结果进行对比。

本节主要对采用两种分块策略的算例进行对比，分别记为算例 1 和算例 2。如图 8.10（a）所示，算例 1 将流场划分成两个区域，其中圆柱体周围 $1.2D \times 1.2D$ 范围的流场区域为区域 1，其他流场区域为区域 2。在区域 1 中网格的尺寸与对照算例保持一致，即 $\Delta x_1 = \Delta y_1 = 0.02D$。区域 2 中的网格尺寸为区域 1 的两倍，即 $\Delta x_2 = \Delta y_2 = 0.04D$。其他计算条件均与对照算例保持一致。算例 2 将流场区域划分成三部分，其中圆柱体周围 $1.2D \times 1.2D$ 范围的区域为区域 1，网格尺寸为 $\Delta x_1 = \Delta y_1 = 0.02D$。圆柱体周围 $3.5D \times 1.8D$ 范围的区域为区域 2，区域 2 中的网格尺寸为区域 1 的两倍，即 $\Delta x_2 = \Delta y_2 = 0.04D$。其他区域为区域 3，区域 3 中的网格尺寸为区域 2 的两倍，即：$\Delta x_3 = \Delta y_3 = 0.08D$，而其他计算条件均与对照算例保持一致。

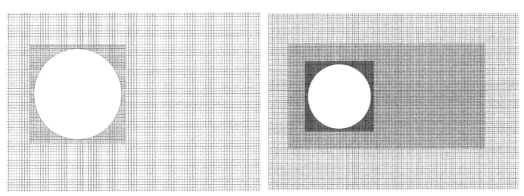

(a) 算例1流场网格分块示意图　　　　　　(b) 算例2流场网格分块示意图

图 8.10　流场网格分块示意图

图 8.11（a）和图 8.11（b）分别给出了数值模拟达到收敛时算例 1 和算例 2 中流场的流线图。从图中可以看出，两个算例中流线在流场区域交界面处是连续的，这表明在不同

区域之间流场的宏观速度是连续的。其次,在取不同网格尺寸的情况下,算例 1 和算例 2 中的涡结构几乎没有差别,这表明两个算例的网格分辨率对流场涡结构的影响很小。

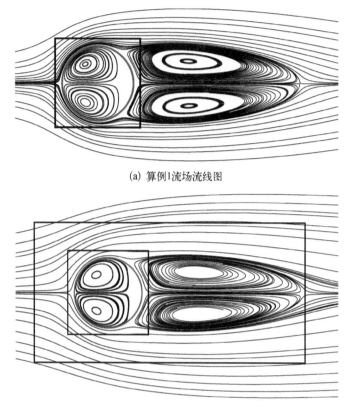

(a) 算例1流场流线图

(b) 算例2流场流线图

图 8.11　雷诺数为 40 时圆柱绕流分块网格流线示意图

　　表 8.2 给出了算例 1 和算例 2 同对照算例及其他文献结果对比。圆柱尾涡的无量纲长度 L/D 和圆柱的阻力系数 C_D。在表中可以看出,算例 1 和算例 2 中圆柱尾涡的无量纲长度 L/D 和圆柱的阻力系数 C_D 几乎与对照算例的结果相同,并且两者结果均处在其他文献结果中间。需要注意的是,算例 1 中整个流场区域网格总数量约为 1×10^6,是对照算例网格数量的 25%;算例 2 中整个流场区域网格总数量约为 2.6×10^5,是对照算例网格数量的 6.5%。如果使用单个 CPU 进行计算,在对照算例中,迭代一个时间步的运算时间约为 5 s,而在算例 1 和算例 2 中,迭代一个时间步的运算时间分别为 3 s 和 1 s,计算时间大大减少。这说明分块网格技术在保证计算精度前提下,可以大大提高计算效率。同时在采用相同网格数量前提下可以提高格子法模拟的雷诺数。

表 8.2　雷诺数为 40 情况下圆柱尾涡无量纲长度 L/D 和阻力系数 C_D 结果对比

参　考　结　果	L/D	C_D
算例 1	4.65	1.529
算例 2	4.64	1.529

参　考　结　果	L/D	C_D
对照算例	4.66	1.531
Wu 和 Shu[46]	4.62	1.565
Dennis 和 Chang[47]	4.69	1.522
Fornberg[48]	4.48	1.498

8.5　结构几何非线性有限元法

对于柔性结构而言,其在流场中的运动具有大位移小应变的特征,往往需要考虑结构几何非线性的影响。在几何非线性有限元方法中,结构动力学方程可写成如下形式:

$$M\ddot{X}(t) + C\dot{X}(t) + F_{int}(X) - F_{ext}(t) = 0 \tag{8.43}$$

式中,X、$\dot{X}$ 和 $\ddot{X}$ 分别代表结构边界点(即拉格朗日点)的位移、速度和加速度;M 和 C 分别为结构的质量矩阵和阻尼矩阵;F_{int} 为结构的内力矩阵,代表由于结构变形而产生的内部力,它是结构位移 X 的非线性函数;F_{ext} 为结构的载荷矩阵,代表结构所受的外力,如流体对结构的力和结构所受的重力,它只与时间 t 有关,其表达式可写为

$$F_{ext}(t) = \{F_B(s_1, t), F_B(s_2, t), \cdots, F_B(s_m, t)\}^{\mathrm{T}} \tag{8.44}$$

现在讨论如何求解载荷矩阵 F_{ext} 中的每一个元素。如图 8.12 所示,对于拉格朗日点 X_B^l 而言,我们将其对应的控制体(即受它影响的流场区域)记为 Ω_l。在该流场区域内欧拉点上的力密度 f 可分为两部分,其中只受拉格朗日点 X_B^l 影响那部分 f 记为 f_1^l,由黑色短箭头表示;受其他拉格朗日点影响另一部分 f 为 f_2^l,由虚短箭头表示。如果将力密度 f_1^l 集中到拉格朗日点 X_B^l 上,将得到一个合力 F_R^l 和一个力矩 M_R^l,分别用实长箭头和弯箭头表示。由于力矩 M_R^l 是由浸没边界方法中的 Dirac delta 函数产生的,在真实物理流动中并不存

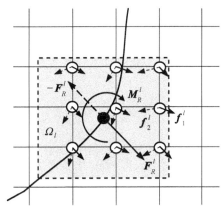

图 8.12　力密度分布和结构所受载荷示意图

在,可以直接将其忽略,此时 F_R^l 就代表拉格朗日点 X_B^l 对流体的作用合力。

由牛顿第三定律可得流体作用在拉格朗日点 X_B^l 上的力为 $-F_R^l$,用虚线长箭头表示,此时结构载荷矩阵 F_{ext} 中的元素可写为

$$F_B(s_l, t) = -\int_{\Omega_l} f\mathrm{d}x + F_{oth}(s_l, t) \quad l = 1, 2, \cdots, m \tag{8.45}$$

式中,Ω_l 代表第 l 个拉格朗日点对应的控制体的体积;f 为控制体内只受该拉格朗日点影

响的力密度；$F_{\text{oth}}(s_l, t)$ 代表第 l 个拉格朗日点受到的除流体作用之外的力，如重力、电磁力等。

公式(8.43)可通过 Newmark - Beta 方法进行求解。假设在时间 $(t, t + \Delta t)$ 内，结构节点的加速度呈线性变化，并且结构的节点速度和节点位移的差分格式如下：

$$\ddot{X}_{t+\Delta t} = c_0 (X_{t+\Delta t} - X_t) - c_2 \dot{X}_t - c_3 \ddot{X}_{tt} \tag{8.46}$$

$$\dot{X}_{t+\Delta t} = c_1 (X_{t+\Delta t} - X_t) - c_4 \dot{X}_t - c_5 \ddot{X}_{tt} \tag{8.47}$$

式中，

$$c_0 = \frac{1}{\alpha \Delta t^2} \quad c_2 = \frac{1}{\alpha \Delta t} \quad c_3 = \left(\frac{1}{2\alpha} - 1 \right)$$

$$c_1 = \frac{\beta}{\alpha \Delta t} \quad c_4 = \left(\frac{\beta}{\alpha} - 1 \right) \quad c_5 = \Delta t \left(\frac{\beta}{2\alpha} - 1 \right)$$

α 和 β 是该方法中决定计算精度和计算稳定性的两个参数。当 $\beta \geqslant 0.5$ 且 $\alpha \geqslant 0.25(\beta + 0.5)^2$ 时，Newmark - Beta 方法是无条件稳定的。

为了得到 $t + \Delta t$ 时刻结构的位移、速度和加速度，还需要考虑 $t + \Delta t$ 时刻结构的动力学方程，即

$$M\ddot{X}_{t+\Delta t} + C\dot{X}_{t+\Delta t} + K(X_{t+\Delta t})X_{t+\Delta t} + F_{\text{int}}(X_{t+\Delta t}) - F_{\text{ext}}(t + \Delta t) = 0 \tag{8.48}$$

由式(8.46)和式(8.47)代入上式中，可得

$$\hat{K} X_{t+\Delta t} = \hat{F}_{t+\Delta t} \tag{8.49}$$

式中，$\hat{K}$ 和 $\hat{F}$ 分别为结构的有效刚度矩阵和有效载荷矩阵，其表达式如下：

$$\hat{K} = K + c_0 M + c_1 C \tag{8.50}$$

$$\hat{F}_{t+\Delta t} = F_{\text{ext}, t+\Delta t} - F_{\text{int}, t+\Delta t} - M[c_0 (X_{t+\Delta t} - X_t) - c_2 \dot{X}_t - c_3 \ddot{X}_{tt}] \\ - C[c_1 (X_{t+\Delta t} - X_t) - c_4 \dot{X}_t - c_5 \ddot{X}_{tt}] \tag{8.51}$$

求解公式(8.49)，可以得到在 $t + \Delta t$ 时刻结构的位移 $X_{t+\Delta t}$。在这之前，需要对式(8.51)中的结构内力项 $F_{\text{int}, t+\Delta t}$ 作进一步说明。由于结构的内力矩阵 F_{int} 中包含对结构位移 X 的非线性项，为了求解式(8.49)，就需要用 Newton - Raphson 方法处理公式(8.51)中的非线性项 $F_{\text{int}, t+\Delta t}$。假设该非线性内力项 $F_{\text{int}, t+\Delta t}$ 可表示为

$$F_{\text{int}, t+\Delta t} = F_{\text{int}, t} + \frac{\partial F_{\text{int}}}{\partial X} \Delta X = F_{\text{int}, t} + K_{T, t} \Delta X \tag{8.52}$$

式中，K_T 是结构在全局坐标系下的切线刚度矩阵，可以通过组装单元刚度矩阵得到，即

$$K_T = \sum_e K_T^e = \sum_e [K_E^e + K_G^e] = \sum_e T^{eT} [\bar{K}_E^e + \bar{K}_G^e] T^e \tag{8.53}$$

式中，T^e 是结构局部坐标系与全局坐标系之间的转换矩阵；$\bar{K}_E^e$ 是局部坐标系下结构单元

的弹性刚度矩阵,它对应于结构的弹性变形;$\bar{K}_G^e$ 是局部坐标系下结构单元的几何刚度矩阵,它是结构位移 X 的函数,对应于结构的非弹性变形。$\bar{K}_E^e$ 和 $\bar{K}_G^e$ 的具体形式与结构单元的类型有关,对于几何非线性的梁单元来说,根据 Doyle[50] 的理论,它们的表达式可写为

$$\bar{K}_E^e = \frac{EA}{L}\begin{bmatrix} 1 & 0 & 0 & -1 & 0 & 0 \\ 0 & 0 & 0 & 0 & 0 & 0 \\ 0 & 0 & 0 & 0 & 0 & 0 \\ -1 & 0 & 0 & 1 & 0 & 0 \\ 0 & 0 & 0 & 0 & 0 & 0 \\ 0 & 0 & 0 & 0 & 0 & 0 \end{bmatrix} + \frac{EI}{L^3}\begin{bmatrix} 0 & 0 & 0 & 0 & 0 & 0 \\ 0 & 12 & 6L & 0 & -12 & 6L \\ 0 & 6L & 4L^2 & 0 & -6L & 2L^2 \\ 0 & 0 & 0 & 0 & 0 & 0 \\ 0 & -12 & -6L & 0 & 12 & -6L \\ 0 & 6L & 2L^2 & 0 & -6L & 4L^2 \end{bmatrix} \tag{8.54}$$

$$\bar{K}_G^e = \frac{\bar{F}_x}{L}\begin{bmatrix} 0 & 0 & 0 & 0 & 0 & 0 \\ 0 & 1 & 0 & 0 & -1 & 0 \\ 0 & 0 & 0 & 0 & 0 & 0 \\ 0 & 0 & 0 & 0 & 0 & 0 \\ 0 & -1 & 0 & 0 & 1 & 0 \\ 0 & 0 & 0 & 0 & 0 & 0 \end{bmatrix} - \frac{\bar{F}_y}{L}\begin{bmatrix} 0 & 1 & 0 & 0 & -1 & 0 \\ 1 & 0 & 0 & -1 & 0 & 0 \\ 0 & 0 & 0 & 0 & 0 & 0 \\ 0 & -1 & 0 & 0 & 1 & 0 \\ -1 & 0 & 0 & 1 & 0 & 0 \\ 0 & 0 & 0 & 0 & 0 & 0 \end{bmatrix} \tag{8.55}$$

式中,L、A、E 和 I 分别为梁单元的长度、横截面积、杨氏模量和截面惯性矩;$\bar{F}_x$ 和 $\bar{F}_y$ 分别为局部坐标系下梁单元的正应力和切应力。通过以上分析,式(8.48)的最终表达式可写为

$$\begin{aligned} \left[K_{T,\,t+\Delta t}^i + c_0 M + c_1 C \right] \Delta X^{i+1} = {}& F_{\text{ext},\,t+\Delta t} - F_{\text{int},\,t+\Delta t}^i \\ & - M\left[c_0 (X_{t+\Delta t}^i - X_t) - c_2 \dot{X}_t - c_3 \ddot{X}_{tt} \right] \\ & - C\left[c_1 (X_{t+\Delta t}^i - X_t) - c_4 \dot{X}_t - c_5 \ddot{X}_{tt} \right] \end{aligned} \tag{8.56}$$

由于 K_T、M 和 C 都是对称矩阵,可以使用三角分解法求解上述方程,得到 $t+\Delta t$ 时刻结构的位移 $X_{t+\Delta t}$,将 $X_{t+\Delta t}$ 代入式(8.46)和式(8.47)中,就可以得到 $t+\Delta t$ 时刻结构的加速度 $\ddot{X}_{t+\Delta t}$ 和速度 $\dot{X}_{t+\Delta t}$。

　　将上述有限元方法加入格子 Boltzmann 和浸没边界方法中,就建立了求解柔性结构流固耦合问题的数值模拟方法。其算法流程如图 8.13 所示。

　　从上述算法流程图可以看出,格子 Boltzmann 方法为流场求解器,有限元方法为结构求解器,它们之间的耦合是通过浸没边界方法实现的。该过程具体步骤如下:

　　(1)设置流场初始条件,给定结构材

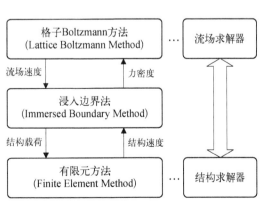

图8.13　柔性结构流固耦合算法流程图

料、外形和位置信息,给定初始状态下结构受到的载荷矩阵 $F_{\mathrm{ext},0}$,根据给定的结构信息,计算结构的质量矩阵 M、阻尼矩阵 C 和初始刚度矩阵 K,计算公式(8.21)中的矩阵 A 以及它的逆矩阵 A^{-1};

(2)使用式(8.3)求得 $t = t_n$ 时刻的密度分布函数(在初始化时令 $F_\alpha = 0$),并根据式(8.9)和式(8.11)计算流体的宏观量;

(3)根据式(8.56)求得结构边界节点的位移 X 和速度 $\dot{X}$,并更新结构边界的位置和刚度矩阵 K;

(4)根据式(8.22)得到矩阵 B 代入式(8.21),再求解式(8.21)得到所有结构边界点上的速度校正项,接着使用式(8.17)得到所有欧拉点的速度校正项;

(5)根据求得的欧拉点速度校正项,使用式(8.18)校正所有欧拉点上的速度,并根据式(8.23)求得各个欧拉点上的力密度;

(6)使用式(8.5)计算平衡态分布函数,并根据式(8.44)和式(8.45)更新结构的载荷矩阵 F_{ext};

(7)重复步骤(1)到步骤(6),直到迭代收敛。

8.6 柔性结构流固耦合数值模拟算例验证

8.6.1 二维圆柱-柔性梁模型流固耦合问题

本节研究一根固支在圆柱后面的柔性梁在不可压缩流动中的拍动现象。如图8.14 所示,圆柱的直径为 D,流场计算域大小为 $X \times Y = 25D \times 4.1D$,圆柱圆心的位置为 $C = (2D, 2D)$。柔性梁的长度为 $L = 3.5D$,厚度为 $H = 0.2D$,其材料属性与上一节算例一致。左端固支在圆柱后面,右端为自由端。流场左侧边界为速度入口,入口速度轮廓曲线为抛物线。速度大小在前 2 s 内逐渐增加,第 2 s 后维持不变,其表达式为

$$u^f(t, 0, y) = \begin{cases} u^f(0, y) \dfrac{1 - \cos(\pi t/2)}{2} & t \leqslant 2.0\,\mathrm{s} \\ u^f(0, y) & t > 2.0\,\mathrm{s} \end{cases} \tag{8.57}$$

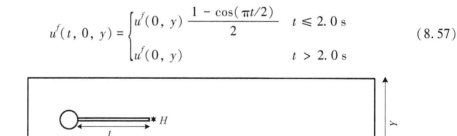

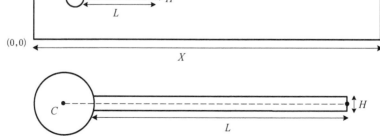

图 8.14　验证算例流场及结构示意图

式中，$u^f(0, y) = 1.5U \dfrac{y(Y - y)}{(Y/2)^2}$。可见入口来流平均速度为 U，最大速度为 $1.5U$。

在当前算例中，圆柱直径为 $D = 0.1$ m，其表面被 50 个拉格朗日点均匀划分。同上一个算例一样，忽略柔性梁的厚度，只在其厚度方向上放置一个拉格朗日点，在其长度方向上放置 45 个拉格朗日点，将其划分为 44 个非线性梁单元。流场的入口平均速度为 $U = 1.0$ m/s，流体的黏性系数和密度分别为 $\nu = 1.0 \times 10^{-3}$ m^2/s 和 $\rho = 1\,000$ kg/m^3。此时来流对应的雷诺数为 $Re = UD/\nu = 100$。

采用分块网格 Boltzmann 方法，将流场区域划分为两部分。如图 8.15 所示，圆柱和柔性梁周围 $5.0D \times 1.5D$ 的区域为区域 1。该区域采用细网格，网格尺寸为 $\Delta x_1 = \Delta y_1 = 0.02D$。其他区域为区域 2，采用粗网格，网格尺寸为 $\Delta x_2 = \Delta y_2 = 0.04D$。取无量纲来流平均速度为 $U_L = 0.1$，流体密度为 $\rho_L = 1.0$。在计算过程中观察柔性梁自由端端点位移随时间变化情况。

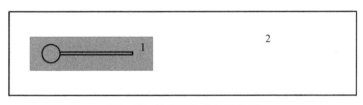

图 8.15　流场网格分块示意图

图 8.16(a) 展示了柔性梁自由端 x 方向和 y 方向位移随时间的变化情况。从图中可以看出，在来流速度逐渐增加的前 2 s，柔性梁自由端 x 方向和 y 方向上的位移都很小，几乎为 0。这意味着在这 2 s 内柔性梁几乎没有产生运动。2 s 以后，柔性梁 y 方向上的位移发生变化并开始振动，并且振动的幅值逐渐增大，而 x 方向的振动则是在第 5 s 开始的。在第 10 s 后，x 方向和 y 方向位移的振动都呈现出周期性，振动幅值也不再发生变化，并且 x 方向位移的振动频率是 y 方向位移的两倍。由图中两条曲线的变化情况可以推断出，柔性梁的变形振动过程其实是一个自激振动的过程。

由于圆柱和柔性梁没有放置在流场的中央，造成其两侧受到的流体作用力不相等，力的不平衡将会导致柔性梁产生变形。在前 2 s，由于来流速度很小，雷诺数很低，流体作用在柔性梁上的力很小，梁产生的变形很小。而在 2 s 之后，流体的来流速度和雷诺数达到最大，同时柔性梁的变形会反过来影响流场的分布。这就进一步加剧了梁上流体作用力的不平衡，导致柔性梁变形逐渐增大。10 s 后，由于流体的来流速度和雷诺数保持不变，流场得到了充分发展，柔性梁的振动也逐渐稳定下来，最终就形成了周期性等幅振动。

图 8.16(b) 展示了某一时刻该流场的涡量云图。从图中可以看出，由于柔性梁的阻挡，圆柱后的一对脱落涡并没有立即相遇，而是各自沿着柔性梁向下游移动，并跟随柔性梁上下运动。这对脱落涡在柔性梁的末端相遇，彼此之间相互吸引，相互干扰，并向下游扩散，最终形成涡街。

图 8.17(a) 展示了柔性梁在一个振动周期内的拍动模态。由图中可以看到，从固支

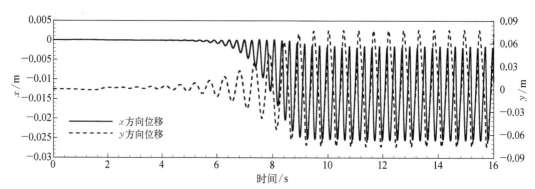

(a) 柔性梁自由端x方向和y方向位移随时间的变化情况

(b) 流场的涡量云图

图 8.16　验证算例结果

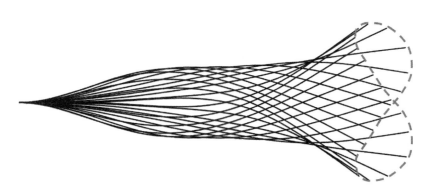

(a) 当前算例中一个周期内柔性梁的拍动模态

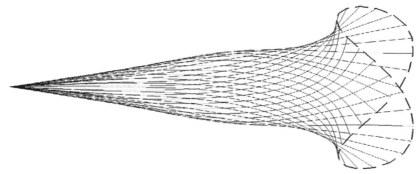

(b) 文献[33]中一个周期内柔性梁的拍动模态

图 8.17　柔性梁在一个周期内的拍动模态

端到自由端,柔性梁的变形逐渐增大,并且这种变形与推进波十分类似。此外,柔性梁的自由端在一个周期内的运动轨迹呈"8"字形,这和文献[33]中的结果十分类似[图 8.17(b)]。尽管在他们算例中只是没有圆柱的一根单纯柔性梁。

图 8.18(a)和(b)分别将当前算例柔性梁自由端 x 方向和 y 方向的位移以及圆柱和柔性梁受到的升力和阻力与标准算例[51]中的结果进行了对比。该标准算例中使用的方法为传统的任意拉格朗日-欧拉方法。从图中可以看出,当前算例结果与标准算例结果十分接近,其中 x 方向位移与 y 方向位移与标准算例之间的最大误差小于 5%,而圆柱和柔性梁升力和阻力与标准算例之间的最大误差则小于 7%。这表明本章所介绍的柔性结构流固耦合算法具有足够的计算精度。

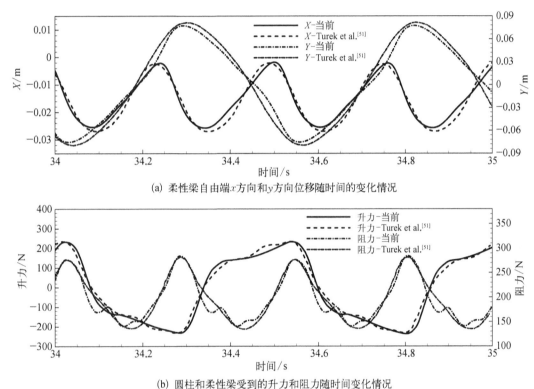

(a) 柔性梁自由端 x 方向和 y 方向位移随时间的变化情况

(b) 圆柱和柔性梁受到的升力和阻力随时间变化情况

图 8.18　当前算例结果与标准算例结果对比

8.6.2　三维柔性板仿生流固耦合问题

对于三维情况,采用柔性板主动运动绕流问题进行验证。鱼类在水中的游动过程可以抽象为正弦波动柔性板运动。研究柔性板在流场中的主动运动现象,对研究鱼类游动,开发高性能低噪声水中航行器具有重要指导作用[52]。如图 8.19 所示,柔性板在初始时刻位于 xy 平面内,其长宽比为 2∶1,在其主动变形过程中,柔性板上的节点沿 z 轴方向进行运动,并且在任一时刻柔性板上节点位移沿其长度方向呈现出一个周期的正弦曲线。

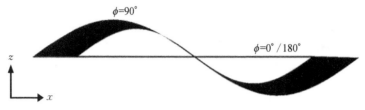

图 8.19　柔性板变形示意图

该正弦曲线的具体数学表达式为

$$z = A\sin\left(\pi\,\frac{x}{L}\right)\sin\big[\,\phi(t)\,\big] \tag{8.58}$$

式中,L 为柔性板的宽度;x 为柔性板上的节点相对其左侧短边的距离;A 为柔性板变形过程中的最大幅值;$\phi(t)$ 为随时间变化的相位角,其表达式为

$$\phi(t) = 2\pi\omega t \tag{8.59}$$

式中,ω 为柔性板的波动频率,在当前算例中其值为 $\omega = 0.2$。

根据式(8.58),柔性板上任一节点的 z 向速度为

$$\dot{z} = 2\pi\omega A\sin\left(\pi\,\frac{x}{L}\right)\cos\big[\,\phi(t)\,\big] \tag{8.60}$$

由式(8.60)可知,柔性板在其变形的极限位置自动满足速度为 0 的条件,符合物理的真实情况。另外在整个变形过程中,柔性板节点的 x 坐标和 y 坐标保持不变。与圆球绕流算例类似,柔性板绕流流场的雷诺数定义如下:

$$Re = \frac{U_{\infty}L}{\nu} \tag{8.61}$$

式中,U_{∞} 为自由来流速度;ν 为流体的黏性系数。

取柔性板绕流流场为一个长方体,其长为 $30L$、宽为 $10L$、高为 $10L$、柔性板的中心位置为 $(5L, 5L, 5L)$。如图 8.20(a)所示,采用分块网格技术将整个流场分成两个区域,其中在柔性板附近 $5L×2L×2L$ 的长方体区域为区域 1,该区域采用细网格,网格尺寸为 $\Delta x_1 = \Delta y_1 = \Delta z_1 = 0.02L$。流场其他区域为区域 2,该区域采用粗网格,网格尺寸为 $\Delta x_2 = \Delta y_2 = \Delta z_2 = 0.04L$。

在格子 Boltzmann 方法中,取流体的密度为 $\rho = 1.0$,自由来流速度为 $U_{\infty} = 0.1$,为提高计算效率,令初始时刻整个流场中流体的速度均等于自由来流速度,并且流场中上下前后四个壁面均采用滑移边界,边界速度等于自由来流速度。对于柔性板,使用四边形网格将其表面进行划分,如图 8.20(b)所示,柔性板表面的网格节点数为 850,同时这些网格节点又是浸没边界方法中的拉格朗日点。取流场雷诺数为 150,柔性板的变形幅值为 $A = L$,对柔性板绕流的流场特性进行研究。

图 8.21 展示了柔性板绕流流场的三维涡结构图。从图中可以看出,当柔性板在流场

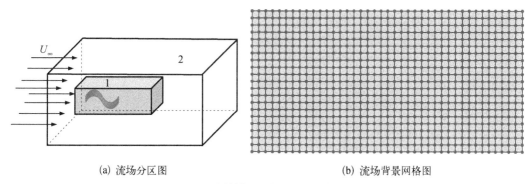

(a) 流场分区图　　　　　　　　　　　(b) 流场背景网格图

图 8.20　柔性板绕流流场和结构示意图

中作周期性变形时,其表面产生的涡会脱离柔性板向下游扩散。与此同时,由于柔性板上下表面的压强不一致,在柔性板两侧会产生类似翼尖涡的涡结构。在柔性板表面脱落涡向下游扩散的过程中,会与柔性板两侧的翼尖涡相互作用,并在尾流中形成涡环结构。由于柔性板在任一时刻都为反对称的两段结构,其尾流中的涡环呈现出相连的双涡环结构,这些双涡环结构可以为柔性板的运动提供推力。

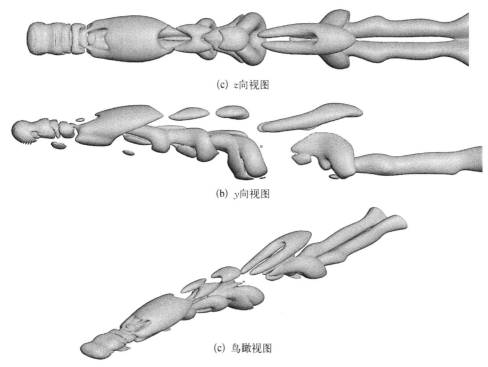

(c) z 向视图

(b) y 向视图

(c) 鸟瞰视图

图 8.21　柔性板主动绕流流场涡结构图

图 8.22 给出了柔性板 x 向力系数 C_x 和 z 向力系数 C_z 随时间的变化情况。从图中可以看出,当流场稳定后,柔性板的 x 向力系数 C_x 和 z 向力系数 C_z 都随时间呈周期性变化,并且 C_x 始终为负。这表明柔性板在流场中主动运动时会产生正的推力,这与前面的结论

一致。另外,由于柔性板在任一时刻均为反对称结构。在一个运动周期内,z 向力系数 C_z 仅变化一次,而 x 向力系数 C_x 要变化两次,因此 C_z 的变化周期是 C_x 的两倍。

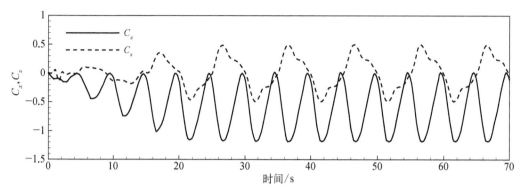

图 8.22　柔性板 x 向力系数和 z 向力系数随时间的变化情况

【小结】

不可压缩流中柔性结构大变形非线性流固耦合问题在生物医学、仿生流动和软体机器人等领域中广泛存在。本章简要介绍了求解流体问题的格子 Boltzmann 方法,详细介绍了基于速度修正的格子 Boltzmann-浸没边界方法、柔性结构非线性有限元建模方法,以及 IBM-LBM-FEM 耦合算法框架。最后给出了本文介绍的耦合算法在两个典型柔性结构流固耦合问题中的应用。

【数字资源】

LUMA 项目(the Lattice-Boltzmann method at the University of Manchester,LUMA)是由曼彻斯特大学开发的一种协同研究环境。作为项目核心的 LUMA 软件则是一款功能强大的流固耦合求解器,其具有湍流模拟、多核并行扩展、丰富的输入/输出和前后处理等功能。该软件的几个主要发行版本均已在国际超级计算设施中得到验证并作为了计算基准。

LUMA 程序获取:https://github.com/ElsevierSoftwareX/SOFTX-D-18-00007。

参 考 文 献

[1] Favie J, Revell A, Pinelli A. Fluid structure interaction of multiple flapping filaments using lattice Boltzmann and immersed boundary methods[J]. Advances in Fluid-Structure Interaction, 2016, 133: 167-178.

[2] Wu T Y. Fish Swimming and bird/insect flight[J]. Annual Review of Fluid Mechanics, 2011, 43: 25-58.

[3] Fish F E, Lauder G V. Passive and active flow control by swimming fishes and mammals[J]. Annual Review of Fluid Mechanics, 2006, 38: 193-224.

[4] Shyy W, Aono H, Chimakurthi S K, et al. Recent progress in flapping wing aerodynamics and

aeroelasticity[J]. Progress in Aerospace Sciences, 2010, 46(7)：284 - 327.

[5] 陈以金.变体飞行器柔性蒙皮及支撑结构性能研究[D].哈尔滨：哈尔滨工业大学.2014.

[6] 张平,周丽,邱涛.一种新的柔性蜂窝结构及其在变体飞机中的应用[J].航空学报,2011,32(1)：156 - 163.

[7] 宋海龙.微型扑翼飞行器传动系统设计及新型扑翼形式概念研究[D].西安：西北工业大学,2005.

[8] 李洋,宋笔锋,王利光,等.微型扑翼飞行器扑动机构相关研究进展[J].航空计算技术,2013,43(3)：1 - 4.

[9] Villamizar V, Rojas O. Time-dependent numerical method with boundary-conforming curvilinear coordinates applied to wave interactions with prototypical antennas[J]. Journal of Computational Physics, 2002, 177(1)：1 - 36.

[10] Balaras E, Gilmanov A, Sotiropoulos F. A non-boundary conforming method for unsteady incompressible flows with moving boundaries[J]. APS Division of Fluid Dynamics Meeting Abstracts, 2002.

[11] Noh W F. CEL：A time dependent two space-dimensional, coupled Eulerian Lagrangian code [J]. Methods of Computational Physics, 1964, 3：117.

[12] Hirt C W, Amsden A A, Cook J L. An arbitrary Lagrangian-Eulerian computing method for all flow speeds[J]. Journal of Computational Physics, 1974, 14(3)：227 - 253.

[13] 刘儒勋,舒其望.计算流体力学的若干新方法[M].北京：科学出版社,2003.

[14] Mittal R, Iaccarino G. Immersed boundary methods[J]. Annual Review of Fluid Mechanics, 2005, 37：239 - 261.

[15] Zhu L, Peskin C S. Simulation of a flapping flexible filament in a flowing soap film by the immersed boundary method[J]. Journal of Computational Physics, 2002, 179(2)：452 - 468.

[16] Peskin C S. Flow patterns around heart valves：A numerical method[J]. Journal of Computational Physics, 1972, 10：252 - 271.

[17] Lai M C, Peskin C S. An immersed boundary method with formal second-order accuracy and reduced numerical viscosity[J]. Journal of Computational Physics, 2000, 160(2)：705 - 719.

[18] Goldstein D, Handler R, Sirovich L. Modeling a no-slip flow boundary with an external force field [J]. Journal of Computational Physics, 1993, 105(2)：354 - 366.

[19] Ye T, Mittal R, Udaykumar H S, et al. An accurate cartesian grid method for viscous incompressible flows with complex immersed boundaries [J]. Journal of Computational Physics, 1999, 156(2)：209 - 240.

[20] Silva A L E, Silveira-Neto A, Damasceno J J R. Numerical simulation of two-dimensional flows over a circular cylinder using the immersed boundary method[J]. Journal of Computational Physics, 2003, 189(2)：351 - 370.

[21] Mohamad A A. Lattice Boltzmann method[M]. London：Springer, 2011.

[22] Lallemand P, Luo L S. Theory of the lattice Boltzmann method：Dispersion, dissipation, isotropy, Galilean Invariance, and stability[J]. Physical Review E, 2000, 61(6)：6546 - 6562.

[23] Feng Z G, Michaelides E E. The immersed boundary-lattice Boltzmann method for solving fluid-particles interaction problems[J]. Journal of Computational Physics, 2004, 195(2)：602 - 628.

[24] Feng Z G, Michaelides E E. Proteus：A direct forcing method in the simulations of particulate flows [J]. Journal of Computational Physics, 2005, 202(1)：20 - 51.

[25] Niu X D, Shu C, Chew Y T, et al. A momentum exchange-based immersed boundary-lattice Boltzmann

method for simulating incompressible viscous flows[J]. Physics Letters A, 2006, 354(3): 173 – 182.

[26] Shu C, Liu N, Chew Y T. A novel immersed boundary velocity correction-lattice Boltzmann method and its application to simulate flow past a circular cylinder[J]. Journal of Computational Physics, 2007, 226(2): 1607 – 1622.

[27] Wu J, Shu C. An improved immersed boundary-lattice Boltzmann method for simulating three-dimensional incompressible flows[J]. Journal of Computational Physics, 2010, 229(13): 5022 – 5042.

[28] Suzuki K, Inamuro T. A higher-order immersed boundary-lattice Boltzmann method using a smooth velocity field near boundaries[J]. Computers & Fluids, 2013, 86(76): 105 – 115.

[29] Peng Z, Ding Y, Pietrzyk K, et al. Propulsion via flexible flapping in granular media[J]. Physical Review E, 2017, 96(1): 012907.

[30] Inamuro T, Kimura Y, Suzuki K. Flight simulations of a two-dimensional flapping wing by the IB – LBM [C]. San Diego: 65th Annual Meeting of the APS Division of Fluid Dynamics, 2012.

[31] Dash S M. Development of a flexible forcing immersed boundary-Lattice Boltzmann method and its applications in thermal and particulate flows[D]. Singapore: National University of Singapore, 2014.

[32] Mcqueen D M, Peskin C S, Zhu L. The immersed boundary method for incompressible fluid-structure interaction[J]. Proceedings of the First MIT Conference on Computational Fluid and Solid Mechanics, 2001, 1: 26 – 30.

[33] Favier J, Revell A, Pinelli A. Fluid structure interaction of multiple flapping filaments using lattice Boltzmann and immersed boundary methods[J]. Advances in Fluid-Structure Interaction, 2016, 133: 167 – 178.

[34] Argentina M, Mahadevan L. Fluid-flow-induced flutter of a flag[J]. Proceedings of the National Academy of Sciences of the United States of America, 2005, 102(6): 1829 – 1834.

[35] Connell B S H, Yue D K P. Flapping dynamics of a flag in a uniform stream[J]. Journal of Fluid Mechanics, 2007, 581(581): 33 – 67.

[36] Alben S, Shelley M J. Flapping states of a flag in an inviscid fluid: Bistability and the transition to chaos [J]. Physical Review Letters, 2008, 100(7): 074301.

[37] Huang W X, Sung H J. An immersed boundary method for fluid-flexible structure interaction[J]. Computer Methods in Applied Mechanics & Engineering, 2009, 198(33 – 36): 2650 – 2661.

[38] Kollmannsberger S, Geller S, Düster A, et al. Fixed-grid fluid-structure interaction in two dimensions based on a partitioned lattice Boltzmann and p – FEM approach[J]. International Journal for Numerical Methods in Engineering, 2009, 79(7): 817 – 845.

[39] Rosis A D, Falcucci G, Ubertini S, et al. Aeroelastic study of flexible flapping wings by a coupled Lattice Boltzmann-finite element approach with immersed boundary method[J]. Journal of Fluids and Structures, 2014, 49(8): 516 – 533.

[40] Ota K, Suzuki K, Inamuro T. Lift generation by a two-dimensional symmetric flapping wing: immersed boundary-Lattice Boltzmann simulations[J]. Fluid Dynamics Research, 2012, 44: 045504.

[41] Lin G C, Zhe F, Gang C. Numerical investigation of nonlinear fluid-structure interaction dynamic behaviors under a general immersed boundary-Lattice Boltzmann-finite element method[J]. International Journal of Modern Physics C, 2018, 29(4): 1850038.

[42] Gong C L, Fang Z, Chen G. A lattice Boltzmann-immersed boundary-finite element method for nonlinear fluid-solid interaction simulation with moving objects[J]. International Journal of Computational

Methods, 2018, 15(7): 1850063.

[43] 胡心膂,郭照立,郑楚光. 格子 Boltzmann 模型的边界条件分析[J]. 水动力学研究与进展,2003, 18(2): 127－134.

[44] 何雅玲,王勇,李庆. 格子 Boltzmann 方法的理论及应用[M]. 北京:科学出版社,2009.

[45] Guo Z, Zheng C, Shi B. Discrete lattice effects on the forcing term in the lattice Boltzmann method [J]. Physical Review E, 2002, 65(4): 046308.

[46] Wu J, Shu C. Simulation of incompressible viscous flows around moving objects by a variant of immersed boundary-lattice Boltzmann method[J]. International Journal for Numerical Methods in Fluids, 2010, 62: 327－354.

[47] Dennis S C R, Chang G. Z. Numerical solutions for steady flow past a circular cylinder at reynolds number up to 100[J]. Journal of Fluid Mechanics, 1970, 42(3): 471－489.

[48] Fornberg B. A numerical study of steady viscous flow past a circular cylinder[J]. Journal of Fluid Mechanics, 1980, 98: 819－855.

[49] Filippova O, Hänel D. Grid refinement for lattice-BGK models[J]. Journal of Computational Physics, 1998, 147(1): 219－228.

[50] Doyle J F. Nonlinear analysis of thin-walled structures: Statics, dynamics and stability[M]. Berlin: Springer Science & Business Media. 2013.

[51] Turek S, Hron J. Proposal for numerical benchmarking of fluid-structure interaction between an elastic object and laminar incompressible flow[J]. Fluid-Structure Interaction, 2006, 53: 371－385.

[52] 苑宗敬,姬兴,陈刚. 波动翼非定常流场 IB－LBM 数值研究[J]. 气体物理,2017,2(1): 39－47.

第9章
可压缩流动-柔性结构流固耦合模拟方法

学习要点
- 掌握：基于有限体积的浸没边界法原理
- 熟悉：可压缩流动-柔性结构流固耦合方法构造流程
- 了解：可压缩浸没边界法进展和发展趋势

浸没边界法正在不断深入发展的一种极具潜力的流固耦合数值模拟方法。上一章介绍了不可压缩流动中柔性结构流固耦合模拟的浸没边界法。本章进一步介绍适用于可压流固耦合模拟的锐利边界浸没边界法、罚浸没边界法、基于有限体积方法的浸没边界法。通过本章学习，读者能深刻理解这三类新型浸没边界法在可压缩流体中对浸入边界的构造方式和构造方程。

9.1 可压缩流动-柔性结构流固耦合问题概述

随着计算机技术和流体动力学方法的发展，自然界中存在的多物理场耦合问题的求解已经不再遥不可及[1]。在流固耦合领域，柔性结构和可压缩流体的相互耦合作用求解正在成为研究的焦点，很多流体动力学问题发生于可压缩流体域中，尤其是在马赫数较高的情况下。目前已发展的数值方法已经可以精确和有效地求解可压缩尤其高马赫数情况下的单一物理问题。然而，当存在柔性或复杂运动边界时，单一的数值方法将变得捉襟见肘[2]，需要寻找一种适合于可压缩流体、高马赫数，甚至于高雷诺数的流固耦合方法来结合求解此类柔性边界和可压缩流体的相互耦合问题。

在流固耦合数值模拟中，柔性结构边界会在流体力的作用下运动，流体网格是否跟随柔性结构变形而运动，目前存在两类数值模拟方法[3]：① 如任意拉格朗日-欧拉法（arbitrary Lagrangian – Eulerian, ALE）[4]、空间变形/时空处理（Deforming – Spatial – Domain/Space – Time Procedure）方法[5]中流体网格会随着柔性结构变形而运动甚至重构，且流体网格可选取曲线型网格或者非结构网格，然而在处理快速大变形柔性结构时，需要适用的网格变形算法对变形结构边界附近网格进行重构处理，这给大变形流固耦合问题带来极大挑战[6],同时增大了计算成本,计算精度难以保证[7];② 浸没边界法方法(immersed boundary method)[7-9]、Cut-cell 方法[10]、Level-set 方法[11]中流体网格是固定不动的,且生成过程简化,无须进行贴体、移动或重构,即可模拟复杂外形以及运动边界,提高了计算效率[7],其中以浸没边界法应用最为广泛。

当柔性边界和可压缩流体相互耦合时,可压缩流动更加复杂,而流固耦合方法亦存在设计局限性,适用于可压缩流、高马赫数和高雷诺数等问题的流固耦合方法还较少。浸没边界法最初即是针对不可压缩流动而设计,由 Peskin[9]首先提出,直接在笛卡儿网格中求解添加力源项的 N-S 方程来处理复杂柔性边界,该力源项在严格限制中常常表现不佳,因此受限于低雷诺数和不可压流。近来发展的浸没边界法已经可以应用于可压缩问题,尤其如罚浸没边界法(penalty immersed boundary method)[12]和锐利边界浸没边界法(sharp interface immersed boundary method)[13]对涉及激波的可压缩流动中的流固耦合研究已经取得了较好的效果[8,14]。然而,浸没边界法在可压缩流动中的应用目前还不像在不可压缩流动中那样成熟,目前还在发展当中。本章主要起抛砖引玉的作用。

9.2　可压缩流动锐利边界浸没边界法

9.2.1　浸没边界法的基本思想

浸没边界法直接利用非共形笛卡儿坐标进行数值模拟,如图9.1所示。笛卡儿体网格可以无视复杂物体外形建立,固体边界切割笛卡儿网格而浸入其中,物体外形用浸入边界 Γ_b 所表示。由于笛卡儿网格并没有与固体边界所共形,所以这个浸入边界将需要修改其附近的方程来加入此边界条件[15]。如何精确修改边界方程是浸没边界法的关键所在,也是浸没边界法区别于其他数值方法的独特之处。

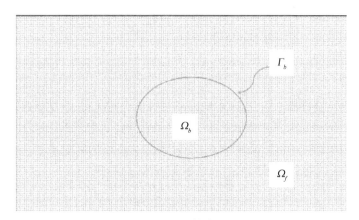

图9.1　非共形笛卡儿网格

物体网格为 Ω_b;浸入边界为 Γ_b;流体网格为 Ω_f

首先考虑不可压缩流体流过某固体区域,正如图9.1所示,其中固体区域为 Ω_b;固体边界为 Γ_b;其周围为流体区域 Ω_f。一般情况下,Ω_f 的控制方程为无量纲不可压 N-S

方程:

$$\frac{\partial U}{\partial t} + (U \cdot \nabla)U + \frac{1}{\rho_0}\nabla P - \nu\nabla^2 U = 0 \qquad (9.1)$$

$$\nabla \cdot U = 0 \qquad (9.2)$$

式中,U 是流体速度;P 是压力;ρ_0 是密度;ν 为运动黏性系数。传统流动数值方法采用共形网格,即固体边界 Γ_b 直接作为控制方程(9.1)和方程(9.2)的边界条件。其中,边界条件 Γ_b 满足:$U = U_r$。而浸没边界法则采用非共形网格,边界条件需要通过对控制方程(9.1)修改来施加边界条件。例如,在控制方程中添加力源项以反映边界的影响。Peskin[9] 提出了浸没边界法来模拟心脏瓣膜中血液与柔性壁面的流固耦合过程。Peskin 就是在固体边界附近的流体节点的运动方程中加载力源项来实现柔性边界和流场的相互作用,则式(9.1)可表示为

$$\frac{\partial U}{\partial t} + (U \cdot \nabla)U + \frac{1}{\rho_0}\nabla P - \nu\nabla^2 U = F \qquad (9.3)$$

式中,F 为柔性边界作用于流体的单位面积的外力(三维中的单位体积),也称为拉格朗日力,其包含作用于流场的动量和压力。方程(9.3)即是第一种加载力函数的方法,该方程作用在整个计算域 $\Omega_f + \Omega_b$,并在笛卡儿网格中进行离散求解。

在最初原始版本的浸没边界法中,由于要处理柔性边界,浸入边界由一系列弹性纤维组成。而这些纤维又通过随当地速度一起运动的无质量的节点来以拉格朗日方式追踪[15]。因此,第 n 个拉格朗日节点的控制方程为

$$\frac{\partial X_n}{\partial t} = u(X_n, t) \qquad (9.4)$$

而动量方程中的力源项 F 来自浸入柔性边界作用在周围流体的力。该力与柔性纤维的应变遵守胡克定律。该作用力可表示如下:

$$F(x, t) = \sum_n F_n(t)\delta(|x - X_n|) \qquad (9.5)$$

式中,δ 为 Dirac delta 函数;X_n 是第 n 个拉格朗日节点的坐标;x 为流体节点的坐标。因为笛卡儿网格是静止的,而柔性纤维的位置会不断更新,其形成的力源则作用在每一个拉格朗日固体节点周围的一系列流体节点,进而施加于该点的动量方程中。但 δ 函数的奇异特性使得力源函数需要用平滑的分布函数来替代,所以式(9.5)可以被重新表示为

$$F(x_{i,j}, t) = \sum_n F_n(t)d(|x_{i,j} - X_n|) \qquad (9.6)$$

式中,d 为光滑分布函数;$x_{i,j}$ 是任意网格点的坐标。d 函数的选择是浸没边界法的关键。目前已经发展了很多类型的 d 分布函数[8, 16, 17],然而 d 函数的设计要保证空间格式的精度。

最初提出的浸没边界法被称为"连续力法"(continuous forcing approach)。这类方法适合于处理浸入柔性边界问题。但是在用于刚性边界时会出现数值刚性问题,所以在处

理刚性边界问题时会遇到挑战[15,18]。另外,正是因为力源函数的应用,使得其作用范围扩到附近的流体节点上,形成扩散边界,导致无法获得精确的实际位置的浸入边界,从而造成求解精度难以提高。并且连续力浸没边界法需要求解整个浸入边界内部的控制方程,当雷诺数增加时,浸入边界内部的网格点比例亦随之增加。这就使得求解固体内部的方程变得繁重无比,所以浸没边界法在模拟高雷诺数问题存在较大困难[15],这也使得浸没边界法一直未能广泛应用于可压缩流体中。

9.2.2　锐利边界浸没边界法的基本思想

一般来讲,浸没边界法主要应用于低雷诺数和中等雷诺数情况,且应用较为广泛。而对于可压缩流体、高雷诺数情况下,由于对边界附近的边界层流动精确求解提出更高要求,从而对浸没边界法在边界附近模拟精度提出了挑战。可压缩流动中的浸入边界方法需要更加关注求解精度,而基于光滑分布函数附加于浸入边界周围的力作用影响则会居于其次[15]。而锐利浸入边界方法(sharp interface immersed boundary method,SIIBM)正是直接考虑边界附近的“锐利性”,以提高边界附近的求解精度。相比于传统的浸入边界方法,在锐利浸入边界方法中,锐利边界作用与周围流场的力由“连续力”变成为“离散力”,并且不再被直接引入到连续 N－S 方程中,而是通过显式或隐式提供给离散的 N－S 方程。正因如此,力源格式严重依赖于空间的离散格式。那么,在可压缩流-流固耦合问题中,求解可压缩 N－S 控制方程中,如何利用锐利浸没边界法处理其边界条件就成为关键问题。

锐利浸没边界法最初的设计目的就是更精确地求解分布在浸入边界内部或者邻近的网格单元即“虚拟单元”(ghost cell)的流体变量,以使虚拟单元周围的浸入边界能满足边界条件。如图 9.2 所示,笛卡儿网格在生成过程中,首先需要确定浸入边界区域。这可以根据射线法[19]判断物体边界内外的网格单元并进行定义,其中内部的网格单元为固体单元(solid cell),固体边界外部的网格单元为流体单元(fluid cell)。接下来是判断虚拟单元。有一个简单的判断依据就是其是否位于流体单元的计算模版(computational stencil)内,如图 9.2 所示。该计算模板需设计合理的尺寸和纵横比使得浸入物体嵌入其中,以获得足够的计算精度和良好的收敛性。在此判断依据下发现,与固体单元相邻的流

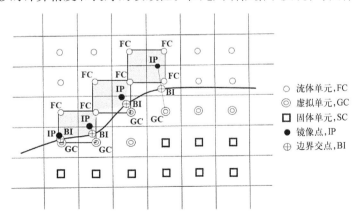

图 9.2　虚拟单元法中浸入边界内部及附近的网格分类及三种虚拟单元示意图

体单元或称"边界单元",可以合理形成一个中心差分格式的计算模板。因此有一个或以上的相邻单元位于流体内部,且位于固体边界内部的单元,即为"虚拟单元"。

如图 9.2 所示,虚拟单元分布在浸入边界内部。下面介绍如何求解每个虚拟单元处的物理量。首先要在浸入边界上确定一个与虚拟单元节点最近的一点,从虚拟单元 GC 中心点,向边界引垂线。垂线与边界的交点即为"边界交点"。为了保证其附近浸入边界能满足边界条件,需要对浸入边界的局部界面进行边界条件重构,这是锐利浸入边界方法的关键所在。

一般来讲,浸没边界法中选择 Dirichlet 边界条件 $\phi_{BI} = \Psi$ 和 Neumann 边界条件 $(n \cdot \nabla\phi)_{BI} = \Phi$ 进行重构,其中 ϕ 是一般性的流动变量。从 GC 中心点引线经边界交点向流体单元内部延伸,建立镜像点(image point)。然后,从镜像点的周围流体节点的流动变量插值求解镜像点的流动变量,然后结合边界条件约束,沿垂线外插求解虚拟单元节点的流动变量。

目前的求解方法包括对称反射边界条件法及修正方法[20,21]、点插值方法[22-24]、多项式插值[13,25]。其中反射边界条件法最为简单,点插值方法计算效率最高,较为常用,然而计算精度限制在二阶精度。如果需要更高精度,则可考虑高阶多项式插值方法。

9.2.3 点插值方法

目前,在锐利浸没边界法中,求解虚拟单元中心点所对应的镜像点的流动变量,可以通过插值方法得到。一般常用的方法对于二维情况采用双线性插值方法,对于三维可使用三线性插值,该插值方法具有较高的计算效率。本节主要介绍二维情况。

在双线性插值方法中,如图 9.2 所示,镜像点的流动变量由其周围四个节点来插值计算,计算公式如下:

$$\phi(x, y) = d_1 + d_2 x + d_3 y + d_4 xy \tag{9.7}$$

式中,d_i, $i = 1, \cdots, 4$ 为未知系数,其由镜像点周围四个节点的变量值确定。由此可知,镜像点的流量变量可通过未知系数和已知的周围点的流量变量求得。这四个未知系数与镜像点在浸入边界附近的位置密切相关,镜像点周围的节点分布多变,其需要通过如下的线性系统来确定:

$$\phi = M \begin{bmatrix} d_1 \\ d_2 \\ d_3 \\ d_4 \end{bmatrix} \tag{9.8}$$

式中,

$$\phi = \begin{bmatrix} \phi_1 \\ \phi_2 \\ \phi_3 \\ \phi_4 \end{bmatrix}, \quad M = \begin{bmatrix} 1 & x_1 & y_1 & x_1 y_1 \\ 1 & x_2 & y_2 & x_2 y_2 \\ 1 & x_3 & y_3 & x_3 y_3 \\ 1 & x_4 & y_4 & x_4 y_4 \end{bmatrix} \tag{9.9}$$

ϕ 是镜像点周围四个节点的流动变量；M 为双线性插值方法的范德蒙矩阵；矩阵中的 (x_i, y_i)，$i = 1, \cdots, 4$ 为这四个节点的坐标位置。因此，未知系数 d_i，$i = 1, \cdots, 4$ 可以由公式(9.8)求得：

$$\begin{bmatrix} d_1 \\ d_2 \\ d_3 \\ d_4 \end{bmatrix} = M^{-1} \begin{bmatrix} \phi_1 \\ \phi_2 \\ \phi_3 \\ \phi_4 \end{bmatrix} \tag{9.10}$$

从公式(9.7)可以得知，镜像点的值可以表示为

$$\phi_{IP} = \begin{bmatrix} 1 & x_{IP} & y_{IP} & x_{IP}y_{IP} \end{bmatrix} \begin{bmatrix} d_1 \\ d_2 \\ d_3 \\ d_4 \end{bmatrix} \tag{9.11}$$

所以有

$$M_{IP} = \begin{bmatrix} 1 & x_{IP} & y_{IP} & x_{IP}y_{IP} \end{bmatrix} = \sum_{i=1}^{4} \beta_i M_i \tag{9.12}$$

M_i 是 M 矩阵的第 i 行元素；β_i 由镜像点和其周围四个节点的坐标值决定：

$$\begin{bmatrix} 1 \\ x_{IP} \\ y_{IP} \\ x_{IP}y_{IP} \end{bmatrix} = \begin{bmatrix} \beta_1 \\ \beta_2 \\ \beta_3 \\ \beta_4 \end{bmatrix} \begin{bmatrix} 1 & 1 & 1 & 1 \\ x_1 & x_2 & x_3 & x_4 \\ y_1 & y_2 & y_3 & y_4 \\ x_1y_1 & x_2y_2 & x_3y_3 & x_4y_4 \end{bmatrix} \tag{9.13}$$

由此可获得 β 的表达式为

$$\beta = M^{-T} M_{IP}^{T} \tag{9.14}$$

则镜像点的值可以表示为

$$\phi_{IP} = \phi^{T} M^{-T} M_{IP}^{T} \tag{9.15}$$

将式(9.14)代入式(9.15)，则镜像点的值可以进一步表示为

$$\phi_{IP} = \sum_{i=1}^{4} \beta_i \phi_i \tag{9.16}$$

所以，$\beta_i = 1, \cdots, 4$ 是仅依赖于坐标的系数，一旦计算网格，浸入边界和镜像点的坐标确定，该系数即可确定。然而，当一个虚拟点位于浸入边界附近，其对应的镜像点可能无法拥有四个周围的流体点，此时，虚拟点本身可能将作为插值格式所需要的点，但是，由于虚拟点是未知的，它需要被满足边界条件的边界交点(BI)所替代(如图 9.2 中间的模块

所示)。

对于 Dirichlet 边界条件,$\phi(x_{BI}, y_{BI}) = \phi_{BI}$,则公式(9.7)可表示为

$$\phi(x_{BI}, y_{BI}) = d_1 + d_2 x_{BI} + d_3 y_{BI} + d_4 x_{BI} y_{BI} = \phi_{BI} \tag{9.17}$$

式中,x_{BI} 和 y_{BI} 是边界交点坐标。对于 Dirichlet 边界条件,公式(9.17)线性系统在此处变为

$$\begin{bmatrix} \phi_1 \\ \phi_2 \\ \phi_3 \\ \phi_{BI} \end{bmatrix} = \begin{bmatrix} 1 & x_1 & y_1 & x_1 y_1 \\ 1 & x_2 & y_2 & x_2 y_2 \\ 1 & x_3 & y_3 & x_3 y_3 \\ 1 & x_{BI} & y_{BI} & x_{BI} y_{BI} \end{bmatrix} \begin{bmatrix} d_1 \\ d_2 \\ d_3 \\ d_4 \end{bmatrix} \tag{9.18}$$

如果此时应用 Neumann 边界条件,$\dfrac{\partial \phi(x_{BI}, y_{BI})}{\partial n} = \zeta$,一个特定的发现梯度值 ζ 将被用来计算镜像点的值,其计算公式如下:

$$\frac{\partial \phi(x_{BI}, y_{BI})}{\partial n} = d_2 n_x + d_3 n_y + d_4 (y_{BI} n_x + x_{BI} n_y) = \zeta \tag{9.19}$$

式中,n_x 和 n_y 是边界的单位法向量的 x 和 y 方向的分量。公式(9.8)的线性系统表示为

$$\begin{bmatrix} \phi_1 \\ \phi_2 \\ \phi_3 \\ \zeta \end{bmatrix} = \begin{bmatrix} 1 & x_1 & y_1 & x_1 y_1 \\ 1 & x_2 & y_2 & x_2 y_2 \\ 1 & x_3 & y_3 & x_3 y_3 \\ 0 & n_x & n_y & y_{BI} n_x + x_{BI} n_y \end{bmatrix} \begin{bmatrix} d_1 \\ d_2 \\ d_3 \\ d_4 \end{bmatrix} \tag{9.20}$$

如图 9.2 左边模块所示,如果有两个虚拟点接近于浸入边界,针对此模块的处理方法即两个虚拟点均采用上述的一个虚拟点的步骤,获得的范德蒙 M 矩阵中将有两行被替代为如式(9.18)或者式(9.20)中的第四行形式。由此插值求得的镜像点仍然具有较好的插值精度[25]。

上述方法计算得到的镜像点后,我们现在可以估计虚拟节点的数值,对于 Dirichlet 边界条件,有

$$\phi_{BI} = \frac{1}{2}(\phi_{IP} + \phi_{GP}) + \vartheta(\Delta l^2) \tag{9.21}$$

式中,Δl 为虚拟点到镜像点的垂直距离。由公式(9.22)即可获得虚拟点的值为

$$\phi_{GP} = \left(2 - \sum_{j \in \Psi} \beta_j\right) \phi_{BI} - \sum_{j \in \Psi} \beta_i \phi_i \tag{9.22}$$

式中,Ψ 是插值模块中边界交点的集合。

对于 Neumann 边界条件,$\dfrac{\partial \phi(x_{BI}, y_{BI})}{\partial n} = \left(\dfrac{\partial \phi}{\partial n}\right)_{BI}$,沿着法向方向应用二阶中心差分

格式,则有

$$\left(\frac{\partial \phi}{\partial n}\right)_{\mathrm{BI}} = \frac{\phi_{\mathrm{IP}} - \phi_{\mathrm{GP}}}{\Delta l} + \vartheta\left(\Delta l^2\right) \tag{9.23}$$

由此计算,得

$$\phi_{\mathrm{GP}} = \left(\sum_{j \in \Psi} \beta_j - \Delta l\right)\left(\frac{\partial \phi}{\partial n}\right)_{\mathrm{BI}} + \sum_{j \in \Psi} \beta_i \phi_i \tag{9.24}$$

9.2.4　加权最小二乘法

浸没边界法的首要问题即计算精度问题。从上节得知,在边界附近构造复杂的计算模块,以获取更准确的锐利边界。然而仅应用多项式插值方法,其计算精度仅为 2 阶。对于可压缩流体问题对计算精度的要求,本节介绍一种耦合方法,将高阶多项插值结合加权最小二乘法[25],虚拟点的值可由边界的交接点应用 3 阶多项式以保证至少 4 阶的计算精度进行流场的重构。本方法中,需要在边界交点 BI 周围的流动变量为

$$\phi(x', y') \approx \sum_{i=0}^{r} \sum_{j=0}^{r} C_{i,j} x'^i y'^j,\ i + j \leqslant r \tag{9.25}$$

式中,r 为多项式的阶数,$x' = x - x_{\mathrm{BI}}$,$y' = y - y_{\mathrm{BI}}$,$C_{i,j}$ 为边界交点与相邻点相关的系数,其可以通过最小化加权最小二乘法误差的方式来求得。假如,取 k 个取值点,其最小二乘法的最小化误差如下:

$$S = \sum_{n=1}^{k} \left[w_n\left(V_n C_{i,j} - \phi_n\right)\right]^2 \tag{9.26}$$

n 表示第 n 个取值点,w_n 为指数权数函数,V_n 表示范德蒙 V 矩阵的第 n 行。且有

$$w_n = \mathrm{e}^{\frac{-d_n^2}{a}},\ a = \sum_{n=1}^{k}\left(x'^2_n + y'^2_n\right),\ d_n = \sqrt{\left(x'^2 + y'^2\right)} \leqslant R \tag{9.27}$$

$$V_n = \{1,\ x'^1 y'^0,\ x'^0 y'^1,\ \cdots,\ x'^{k-1} y'^1,\ x'^0 y'^{k-1},\ \cdots,\ x'^{k-2} y'^{k-1},\ x'^{k-1} y'^{k-2},\ x'^k y'^0,\ x'^0 y'^k\}$$

$$\tag{9.28}$$

式中,d_n 是第 n 个取值点和边界交点的距离;a 是取值点区域所包围的面积,该面积可以根据权重函数的分配进行调节控制。

在二维情况下,对应多项式的 3 阶精度,范德蒙 V 矩阵可以写成下列形式:

$$V_n = \begin{pmatrix} 1 & x'_1 & y'_1 & L & x'^2_1 & y'^2_1 & L & x'^3_1 & y'^3_1 \\ M & M & M & M & M & M & M & M & M \\ 1 & x'_n & y'_n & L & x'^2_n & y'^2_n & L & x'^3_n & y'^3_n \\ M & M & M & M & M & M & M & M & M \\ 1 & x'_k & y'_k & L & x'^2_k & y'^2_k & L & x'^3_k & y'^3_k \end{pmatrix} \tag{9.29}$$

在加权最小二乘法求解过程中,取值点的数量要求大于未知系数的数量,即 $k > f(r)$。如果取值点 k 的数量仅稍大于多项式系数 $f(r)$ 的数值,则范德蒙 V 矩阵的条件数会变得非常巨大。因此,有必要在边界交点为圆心半径为 R 的圆区域(三维时是球状)进行选择最少取值点数量[26,27]。在已有的大量取值点中选择,选择算法会从初始给定取值点开始,这个点往往是与边界交点最近的流体节点。因为,浸入边界方法最终需要求解的是边界交点相对应的虚拟点的数值,范德蒙 V 矩阵的第一行应首先计算虚拟点坐标,即

$$(x_1', y_1') = (x_{GP}', y_{GP}'), \quad x_{GP}' = x_{GP} - x_{BI}, \quad y_{GP}' = y_{GP} - y_{BI} \tag{9.30}$$

其余 $k - 1$ 个取值点在流体网格区域搜索。然而,在加权最小二乘法中,因为需要应用流体区域以外的虚拟点,该方法需要假设控制方程的解可以在流域以外高阶地光滑延展。因此,公式(9.26)中的系数 $C_{i,j}$ 可通过以下公式计算:

$$C_{i,j} = (WV)^+ W\phi \tag{9.31}$$

式中,上标"+"表示伪逆矩阵;ϕ 为变量 $\phi_n(x', y')$;V 为范德蒙矩阵;W 为加权矩阵,W 为

$$W = \begin{pmatrix} w_1 & & & \\ & w_2 & & \\ & & \ddots & \\ & & & w_k \end{pmatrix} \tag{9.32}$$

在公式(9.31)中,(WV) 的伪逆矩阵可以使用奇异值分解方法计算。且对于一个静止物体,只要几何网格、虚拟点和边界交点的坐标确定,(WV) 即可被计算和储存。如果该矩阵乘以加权矩阵 W,可以定义为 $M = (WV)^+ W$。

公式(9.25)是以边界交点进行泰勒展开获得 $\phi(x', y')$,因此,$C_{i,j}$ 可以进行 $\phi(x', y')$ 的线性组合。对于每一个虚拟点相关联的边界交点,其数值和导数可以通过求解加权最小二乘法误差问题求解,即

$$C_{0,0} = \phi(x_{BI}, y_{BI}), \quad C_{1,0} = \frac{\partial \phi}{\partial x}, \quad C_{0,1} = \frac{\partial \phi}{\partial y}, \cdots \tag{9.33}$$

因此,对于 Dirichlet 边界条件,虚拟点的数值的计算式为

$$\phi_{GP} = \frac{\phi_{BI} - \sum_{n=2}^{k} M(1, n)\phi(x_n', y_n')}{M(1, 1)} \tag{9.34}$$

对于 Neumann 边界条件,$\dfrac{\partial \phi(x_{BI}, y_{BI})}{\partial n} = \zeta$,虚拟点的数值计算式为

$$\phi_{GP} = \frac{\zeta - \sum_{n=2}^{k} [n_x M(2, n) + n_y M(3, n)]\phi(x_n', y_n')}{n_x M(2, 1) + n_y M(3, 1)} \tag{9.35}$$

式中,n_x 和 n_y 是边界单位法向量的 x 和 y 方向分量。

加权最小二乘法具有不同形式的,本文仅以公式(9.28)为例进行介绍,且已有证明该方法对于取值点的指数权数是一个稳定的选择[26],且本方法基于固定取值点搜寻最小取值点可以很好地建立良态的范德蒙 V 矩阵。

一方面,虽然加权最小二乘法具有较高精度,但是该方法边界交点关联的虚拟点作为插值公式中的一部分,却位于计算区域的外部,这需要通过精细网格保证虚拟点靠近边界交点,并且为了获得良态加权最小二乘法矩阵,则需要大量的取值点。另一方面,通过镜像点和双插值,可以获得一个二阶精度解。例如,对于无限接近浸入边界的镜像点,一个或者两个虚拟点可能会成为插值函数的一部分,边界节点就需要被替代,这将导致加权系数的缺失。

因此,为了同时利用这两种方法的优势,可以将这两种方法进行耦合,虚拟点的第一层可以通过三阶多项式插值与加权最小二乘法处理,浸入边界附近可以得到更好的计算精度。而对于虚拟点的第二和第三层,可以通过寻找镜像点求解,并使用双插值进行求解。具体的求解方法还可参考文献[26]。

9.3　可压缩流动罚浸没边界法

在诸多涉及复杂外形、超声速的激波间断、非线性大结构变形的问题中,基于贴体网格的传统计算模拟方法往往受制于网格生成和动网格等技术,而罚浸没边界法(penalty immersed boundary method,PIBM)是可以作为处理激波、大变形和多相流的一个选择。该方法最初是用来处理有质量固体的边界的[8,28]。因为原始浸没边界法采用自然固体,并且流体质点的密度与固体的密度相等,这与真实浸入边界重量不相符。对于一个薄的浸入边界,其质量可忽略,且体积占比很小;而对于厚重的浸入边界而言,固体质点的密度又大于周围流体质量的密度,这时需要一个“重”边界[28]。例如,空气的密度很小,而浸入在空气中的柔性边界具有质量,质量边界的惯性影响和重力表现的影响都非常显著。在罚浸没边界法中,固体的密度可被分为两个拉格朗日分量:一为无质量固体分量,其与传统浸没边界法一样,和流体质点进行相互作用;另一个携带质量的固体分量,它与无质量分量通过虚拟弹簧相连。当这种方法采用流固分离求解时,甚至无须任何修正,即可进行可压缩条件的计算模拟[8]。

罚浸入边界方法的核心思想是将浸入边界进行分类,形成两个拉格朗日组分。其一为无质量组分,它以当地流体速度运动,且作用力作用在当地流体,即与流体相互作用;另一个组分拥有质量,与无质量组分通过刚度弹簧相连组成整个浸入边界。它自身并没有弹性,不与流体指点直接作用,但质量组分按照牛顿第二定律运动,其所受的作用力来自所连接弹簧的拉力。如果考虑重力,重力可直接作用于质量组分。因为连接这两个组分的弹簧的弹性,两组分紧紧连在一起。然而,当弹簧的弹性系数增大,两组分会出现一定程度的分离。弹簧的弹性系数与约束优化问题中的罚值参数类似,因此,该方法称为罚浸入边界方法。

在罚浸没边界法中,浸入边界作用于流体的单位体积力可表示为

$$f(x, t) = \int F(r, s, t)\delta[x - X(r, s, t)]\mathrm{d}r\mathrm{d}s \tag{9.36}$$

$$\frac{\partial X(r, s, t)}{\partial t} = u[X(r, s, t), t] = \int u(x, t)\delta[x - X(r, s, t)]\mathrm{d}x \tag{9.37}$$

$$F(r, s, t) = -\frac{\partial E[X(r, s, t), t]}{\partial X} \tag{9.38}$$

式中，x 为固定的笛卡儿坐标系，t 为时间。r 和 s 表示固定的物质点。$X(r, s, t)$ 描述浸入边界的运动，即在任意时间的空间位置。需要注意的是，在本节所指的三维空间，$X(r, s, t)$ 代表一个 2 维表面。$F(r, s, t)$ 为浸入边界作用于流体质点的力密度，其由弹性能求导获得，如式(9.38)所示。该式也被称为浸入边界方程的拉格朗日形式，其求导过程可表示成隐式形式：

$$\mathrm{d}E(t) = \int \frac{\partial E(r, s, t)}{\partial X(r, s, t)} \cdot \mathrm{d}X(r, s, t)\mathrm{d}r\mathrm{d}s \tag{9.39}$$

式中，$\mathrm{d}X(r, s, t)$ 为边界结构的变化量；$\mathrm{d}E(t)$ 为边界弹性能产生的变化量。

在罚浸没边界法中，由于浸入边界被分类为两组分，对于力密度 $F(r, s, t)$ 的贡献有差异。质量边界 $Y(r, s, t)$ 拥有弹性边界的所有质量，质量密度为 $M(r, s)$，不与周围的流体质点相互作用。而无质量组分 $X(r, s, t)$ 与流体质点相互作用，施加弹性力在流体质点。然而，质量和无质量组分都假设表示同一种材料表面。如果一对对应的边界点出现了分离运动，则有一个恢复力会发生在这两个组分之间，使两者紧紧靠近(图9.3)。这个恢复力 F_K 作用于无质量边界组分，表示如下：

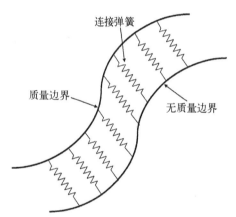

图9.3　质量和无质量边界通过弹簧连接为浸入边界

$$F_K(r, s, t) = K[Y(r, s, t) - X(r, s, t)] \tag{9.40}$$

式中，K 是一个常数，$K \gg \bar{F}/L$，$\bar{F}$ 是特征力密度，L 是特征长度。实际中，一般 K 取值较大，以保证两组分足够靠近。

质量边界 $Y(r, s, t)$ 的运动方程为

$$M(r, s)\frac{\partial^2 Y(r, s, t)}{\partial t^2} = -F_K(r, s, t) \tag{9.41}$$

需要注意的是，作用于质量边界的力只有 $-F_K(r, s, t)$（弹力的反作用力），且不参与与流体质点的相互作用。在弹簧的另一端，无质量边界 $X(r, s, t)$ 作用于周围流体的力包括弹性力 $F_E = -\partial E/\partial X$ 和来自弹簧的拉力 F_K。此时，式(9.38)需要重新表示为

$$F(r, s, t) = F_E(r, s, t) + F_K(r, s, t) \tag{9.42}$$

$$F_E(r, s, t) = -\frac{\partial E[X(r, s, t), t]}{\partial X} \tag{9.43}$$

$$F_K(r, s, t) = K[Y(r, s, t) - X(r, s, t)] \tag{9.44}$$

$$M(r, s)\frac{\partial^2 Y}{\partial t^2} = -F_K(r, s, t) - M(r, s)ge_1 \tag{9.45}$$

式中，g 是重力加速度；e_1 为垂直方向的单位向量（重力的反方向）。式（9.45）为了考虑重力对质量浸入边界的影响，添加了重力项。

需要说明的是，因为黏性流体的应力张量作用于移动的复杂外形的边界非常复杂，本方法中未显式评估流体对于浸入边界的作用力。由牛顿第三定理可知，浸入边界对于流体质点的作用力与流体对浸入边界的作用力是相等且方向相反，所以本方法中只评估浸入边界对于流体的作用力是等价的。由此可见，罚浸入边界方法可以处理具有重量的结构。更重要的是，罚浸没边界法可以直接应用于可压缩流体问题，无须在边界附近的质量守恒处理时做任何修正[28,30]。

9.4　基于有限体积方法的浸没边界法

传统的浸没边界法基于有限差分方法在流动控制方程中增加了力源项[如公式（9.3）]。该力源项在严格限制中常常表现不佳，因此传统浸没边界法受限于低雷诺数和不可压流。近来发展的锐利浸没边界方法和罚浸没边界方法已经可以应用于可压缩问题，然而多应用于二维或者刚性固体边界问题，较少处理可压缩尤其高雷诺数下的柔性边界大变形情况。

本节介绍一种基于有限体积方法的简易浸没边界法[32-34]，该方法容易处理超声速条件下的柔性降落伞问题中的复杂激波流场与非线性柔性变形之间的流固耦合过程。其基本思想类同于锐利浸入边界方法，不在控制方程中引入一个力源项，而是通过流体网格（fluid cell）和虚拟网格（ghost cell）的关系来求得虚拟网格的物理量，且使得虚拟单元周围的浸入边界能满足边界条件。该方法源于对称边界技术（symmetry technique）[21,31]。参考图 9.2，浸入边界内部网格点处的物理量可由其镜像点（IP）如下方程求解：

$$
\begin{aligned}
\rho_{GC} &= \rho_{IP} \\
p_{GC} &= p_{IP} \\
V_{GC} &= V_{IP} - 2(V_{IP} \cdot n)n
\end{aligned}
\tag{9.46}
$$

式中，n 为浸入边界的法线方向，$(V_{IP} \cdot n)n$ 为 V_{IP} 在边界法线方向的分量，$V_{IP} - (V_{IP} \cdot n)n$ 为 V_{IP} 在边界切线方向的分量，要求边界条件满足无穿透边界条件 $V_{wall} \cdot n = 0$ 使得 V_{GC} 的切线方向等于 V_{IP} 边界切线方向的分量，法线分量等于 V_{IP} 边界法线方向的分量。

当要求更高计算精度时可以在保持速度仍使用一般的反射条件时，发展压强和密度关系如下：

$$\rho_{GC} = \rho(x_w) + | x_w - x_{GC} | \frac{\rho(x_w) - \rho(x_w^h)}{h}$$

$$(9.47)$$

$$p_{GC} = p(x_w) + | x_w - x_{GC} | \frac{p(x_w) - p(x_w^h)}{h}$$

式中，$x_w^h = x_w + hn$，h 为网格步长。边界壁面 $p(x_w)$ 和 $p(x_w^h)$ 可以通过线性或双线性插值求得。此方法被称为 Forrer's ghost cell method[35]。该方法可用于切割网格的有限体积格式。

基于有限体积格式的浸没边界方法，不需要定义和处理锐利网格，虚拟网格量的物理量通过在边界附近假想一个沿着法线具有局部对称分布的熵和总焓涡流场来得到，边界附近仍然满足无穿透边界条件 $V_{wall} \cdot n = 0$。另外还要强加沿着物体表面对熵和总焓的法向导数镜像对称条件，且在壁面满足法向动量方程如下：

$$\frac{\partial p}{\partial n} = \frac{\rho(V_t)^2}{R}$$

$$(9.48)$$

式中，R 是边界的局部曲率半径，如果曲率在物体内部中心为正，反之为负。V_t 表示壁面的切向速度分量，无穿透边界条件即法向速度分量为零。当流动为无旋时，上述熵和总焓分布的法向导数为零，此时即使壁面出现涡量时，也能满足 Crocco 定理。该方法现已被拓展到三维空间[36]。这里以二维为例，边界条件可表示为

$$p_{GC} = p_{IP} - \rho_{IP} \frac{\tilde{u}_{IP}^2}{R} \Delta n$$

$$\rho_{GC} = \rho_{IP} \left(\frac{p_{GC}}{p_{IP}} \right)^{\frac{1}{y}}$$

$$(9.49)$$

$$\tilde{u}_{GC}^2 = \tilde{u}_{IP}^2 + \frac{2\gamma}{\gamma - 1} \left(\frac{p_{IP}}{\rho_{IP}} - \frac{p_{GC}}{\rho_{GC}} \right)$$

$$\tilde{u}_{GC} = \tilde{v}_{IP}$$

式中，$\tilde{u}$ 和 $\tilde{v}$ 分别表示速度的切向和法向分量。Δn 表示虚拟网格点和镜像点的距离。如果 R 趋近于无限大时，则该方法与对称反射条件时是一样的。

如果基于 Forrer 提出的浸入边界方法[35]，同时考虑熵的修正，验证是否可以达到熵误差的改善，此时公式(9.49)可以简化为

$$p_{GC} = p(x_w) + | x_w - x_{GC} | \frac{p(x_w) - p(x_w^h)}{h}$$

$$(9.50)$$

$$\rho_{GC} = p_{IP} \left(\frac{p_{GC}}{p_{IP}} \right)^{\frac{1}{y}}$$

这种方法称为熵修正 Forrer 虚拟单元方法[21]。在本方法中速度关系仍然采用直接对称反射条件。

9.5　典型应用案例

目前,浸没边界方法及其发展已经在越来越多的可压缩流动问题如气动弹性、流固声耦合等方向中发挥着重要的作用[8]。本节以激波管中弹性板的振动和超声速柔性降落伞为例展示浸没边界方法在可压缩流场中的应用。

9.5.1　激波管中柔性板振动

激波管中柔性板的振动过程是一个典型的流固耦合过程。如图 9.4 所示,激波管中,宽 1 mm、高 50 mm 的柔性板固定在基座上,柔性板的左侧为来流条件:ρ_1 = 1.654 8 kg/m^3, U_1 = 112.61 m/s, V_1 = 0 m/s, P_1 = 156.18 kPa,激波管中激波右侧的初始条件设定:ρ_2 = 1.2 kg/m^3, U_2 = 0 m/s, V_2 = 0 m/s, P_2 = 100 kPa, γ = 1.4,其他壁面全部为固定壁面。柔性板的密度 ρ_p = 7 600 kg/m^3,弹性模量 E_s = 220 GPa,尝试采用罚浸没边界法模拟该流固耦合过程[8,28]。

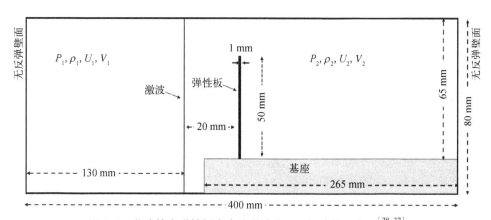

图 9.4　激波管中弹性板在来流激波作用下振动的示意图[28,37]

罚浸没边界法需要将浸入边界进行分类,其一为无质量组分,它以当地流体速度运动,且作用力作用在当地流体;另一个组分拥有质量,与无质量组分通过刚度弹簧相连组成整个浸入边界。按照该思想,首先计算浸入在流场中柔性板的无质量边界,用拉格朗日坐标进行描述,该柔性板固体节点的速度通过插值周围流体节点的速度得

$$U_p(s, t) = \int u_f(x, t)\delta_h[x - X(s, t)]\mathrm{d}x \tag{9.51}$$

式中,s 是弧长坐标;x 是流体节点的坐标;X 是柔性板节点的坐标;u_f 是流体节点的速度,是插值 δ_h 函数。这里将问题简化为二维问题进行计算,有

$$\delta_h(x, y) = h^{-2}\phi\left(\frac{x}{h}\right)\phi\left(\frac{y}{h}\right) \tag{9.52}$$

式中,h 是网格长度,$\phi(r)$ 的定义如下:

$$\phi(r) = \begin{cases} \dfrac{3 - 2\,|\,r\,| + \sqrt{1 + 4\,|\,r\,| - 4\,|\,r\,|^2}}{8}, & 0 \leqslant |\,r\,| > 1 \\[3mm] \dfrac{5 - 2\,|\,r\,| + \sqrt{-7 + 12\,|\,r\,| - 4\,|\,r\,|^2}}{8}, & 1 \leqslant |\,r\,| < 2 \\[3mm] 0, & 1 \leqslant |\,r\,| < 2 \end{cases} \qquad (9.53)$$

计算得到无质量固体节点的速度后,固体节点的位移可通过时间推荐得到。此时,无质量固体作用于流体节点,形成流固耦合过程流体节点上受到的作用力由式(9.36)求得,其中 $F(s,\,t)$ 如式(9.42)表示,这里有

$$F_E(s,\,t) = \frac{\partial}{\partial s}\left[K_s\left(\left| \frac{\partial X}{\partial s} \right| - 1 \right) \frac{\partial X}{\partial s} \right] - \frac{\partial^4 X}{\partial s^4} \qquad (9.54)$$

式中,拉伸刚度 $K_s = 3.14 \times 10^4$。本算例源自文献[28],其中对罚函数浸没边界法耦合五阶 WENO 格式流体和有限元固体求解算法进行了数值模拟研究。

图9.5 所示的是采用罚浸没边界法计算得到的密度纹影图,并与实验进行对比。可

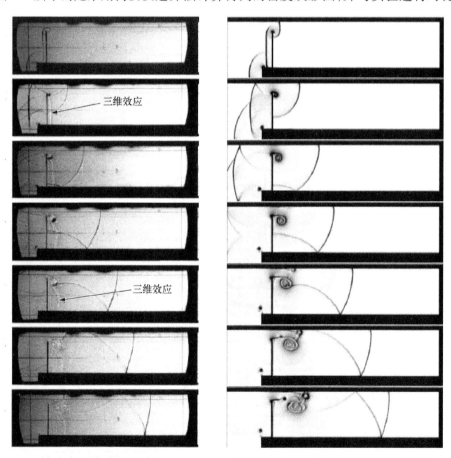

(a) 来自文献[37]的实验结果　　　　(b) 来自文献[28]的罚浸没边界法数值模拟结果

图9.5　激波管柔性板与激波的流固耦合过程

时间间隔为 70 μs

以发现该方法数值模拟结果与实验吻合度较好,激波与柔性板相互作用产生的涡在柔性板尾端的卷起现象得到了较好的捕捉。

9.5.2　火星降落伞流固耦合问题

在火星探测任务中,超声速降落伞作为一种必需的气动减速装置,发挥着极其重要的作用。如图 9.6 所示,降落伞系统一般由太空舱(capsule)与伞衣(canopy)组成。在表 9.1 所示的高马赫数、高雷诺数情况下,太空舱尾流与舱体相连的降落伞周围流场会出现强烈的太空舱湍流尾流与伞前激波的气动干扰并伴有复杂的流场结构。如此复杂的流动现象与降落伞柔性伞衣的非线性变形耦合,显著影响着伞衣的工作性能。为了研究超声速条件下的流固耦合机理,首先以二维降落伞系统为例,其伞衣简化为半圆,太空舱为一个梯形结构,其尺寸如图 9.6 所示。

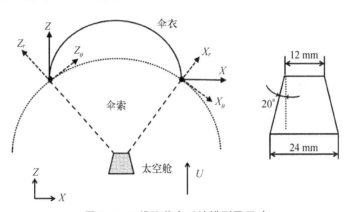

图 9.6　二维降落伞系统模型及尺寸

表 9.1　本研究计算所用的来流条件

马赫数	雷诺数	总压/kPa	动压/kPa	总温/K
2.0	2.04×10^{7}	166	21	298

本节以基于有限体积方法的浸入边界基础来处理降落伞的柔性伞衣变形边界,对表 8.1 来流条件下二维落伞系统的复杂流场结构,并分析与其流场结构相互耦合的柔性伞衣非线性变形规律。假设伞衣厚度可以忽略,浸入边界所在网格即为虚拟网格,建立虚拟网格与相邻流体网格之间的简单关系如图 9.7 所示,对速度求解则可简化为

$$V_{n_{ij}} = (V_i \cdot n_j)n_j \frac{n!}{r!\ (n-r)!}$$
$$V_{t_{ij}} = V_i - (V_i \cdot n_j)n_j \qquad (9.55)$$
$$V_{GC} = V_i - 2(V_i \cdot n_j)n_j$$

当考虑浸入边界的变形运动时,式(9.55)可拓展为

$$V_{GC} = V_i - 2(V_i \cdot n_j)n_j + V_w \qquad (9.56)$$

式中，V_i、V_w 分别代表虚拟网格相邻的流体网格；n_j 为无厚度浸入边界的法线方向；运动浸入边界的速度；V_i 在壁面上可以分解为法线方向和切向方向分量 V_n 和 V_t，方程（9.55）展开以后正如图9.7(b)所示的关系。

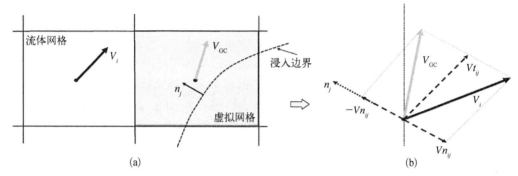

图 9.7　虚拟网格和相邻流体网格的速度之间的关系

本算例在流体计算中采用可压缩 N‐S 方程数值求解降落伞系统周围的超声速流场，控制方程采用有限体积法进行离散。无黏通量选择 SHUS 格式（simple high-resolution upwind scheme，SHUS）[33]。在结构计算中，降落伞模型的结构计算采用了质量‐弹簧‐阻尼（mass-spring-damper，MSD）模型来模拟伞体的结构动力学。在该模型中，伞结构被处理为质点与弹簧和阻尼的联合体，特别在伞的边缘，需要考虑来自伞绳的拉力。其控制方程是基于作用在伞的每个控制点的牛顿第二定律。为了同时计算流体和结构，紧耦合方法被应用到该二维计算中，因为伞体变形和非定常流场的相互影响非常敏感。

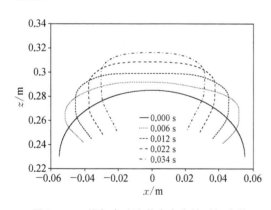

图 9.8　二维超声速降落伞伞衣的时间变化

图 9.8 表示了二维伞衣在超声速条件下的时间变化规律。其中，伞衣两个端部的最初位置设置在 $z = 0.23$ m。从图 9.8 可以看出，伞衣端部在一直收缩，并且沿着 z 方向移动。

图 9.9 为 4 个降落伞系统周围的压力瞬态云图。由于超声速降落伞总是在探测器（前体）的尾流区内工作，超声速降落伞结构周围复杂的流动现象，包括了前体激波、尾流/激波相互作用等复杂流动现象。这与伞衣的非线性变形之间密切相关并相互影响（流固耦合过程）。从图 9.9(a)可以看到伞衣端部分离的涡，使得伞衣内外压差增大，所以伞衣出现膨胀变形。且这些涡流最终一致停留在伞衣顶端，所以伞衣出现向 z 方向移动的行为。另外，由于伞衣端部的激波存在，使得伞衣端部一致处于收缩状态。

以二维模型的尺寸为基准，设计三维降落伞系统，如图 9.10 所示。伞体是一个直径为 D 的半球简化模型。太空舱是一个呈锥形的简化模型，半锥角为 20°，前表面的直径是

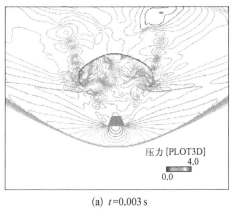

(a) $t = 0.003\,\mathrm{s}$

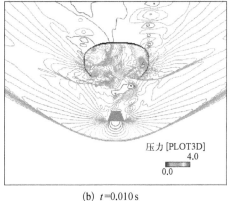

(b) $t = 0.010\,\mathrm{s}$

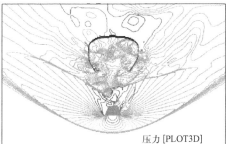

(c) $t = 0.020\,\mathrm{s}$

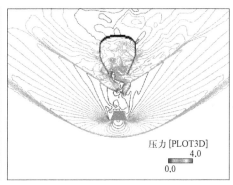

(d) $t = 0.034\,\mathrm{s}$

图 9.9　降落伞系统周围的压力瞬态云图

$d = 24\,\mathrm{mm}$。X 是从太空舱前表面到伞体入口的直线距离。X/d 是降落伞的关键设计参数,拖拽距离参数。本算例中的拖拽距离参数如表 9.2 所示,其数值小于 NASA 的 MSL 降落伞模型试验中的名义值(大约 10)。这是因为在小于 10 的情况下,更加复杂的气动干扰在以前的刚性处理的降落伞模型研究中被观测到。因此发生在更复杂情况下的柔性降落伞的性能表现是值得研究的。

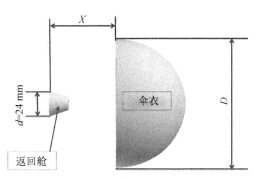

图 9.10　三维降落伞系统模型及尺寸

表 9.2　降落伞系统外形参数

模　型	X/mm	D/mm	X/d	d/D
A	114	110	4.750	0.218
B	171	110	7.125	0.218

图 9.11 三维降落伞系统的周围流场结构。图 9.12 为模型 A 的伞衣随时间的外形变化,可以发现降落伞伞衣经历了严重的收缩,并且持续处于收缩状态。降落伞置于超声速

流场中,模型 A 的瞬时马赫数等值线分布如图 9.11(a)所示模型 A,尾流与伞前激波,太空舱前激波与伞前激波同时发生气动干扰,并且干扰位置始终处于伞的端部及其附近,这样就导致伞外端部压力急剧升高,压迫伞衣一直处于收缩状态。

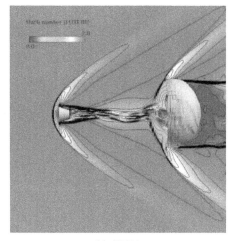 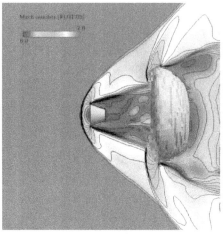

(a) 模型A   (b) 模型B

图 9.11   三维降落伞系统的周围流场结构

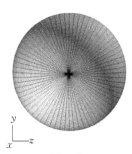 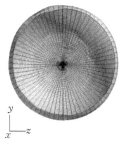 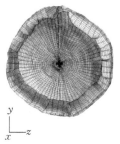 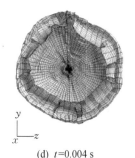

(a) $t=0$ s   (b) $t=0.001$ s   (c) $t=0.003$ s   (d) $t=0.004$ s

图 9.12   超声速降落伞在流固耦合作用下伞衣的时间变化

    图 9.13 为模型 B 的伞衣外形变化,与模型 A 相比,可以观察到伞衣开口呈现出"呼吸现象"(area oscillation)。图 9.11(b)模型 B 周围的流场分布,伞前激波在伞开口的逆流方向与来自太空舱的湍流尾流发生剧烈气动干扰,这是降落伞周围流场不稳定的主要来源。因为拖拽距离参数增大,所以太空舱前激波呈现稳定状态,未与伞前激波发生干扰。从文献[33]和[34]中可以看出模型 B 产生了较高的阻力系数,并出现周期变化,且其所求得阻力系数与马赫数为 2 时的真实降落伞模型的阻力系数较为吻合[34]。

    从以上的结果来看,基于有限体积方法的浸入边界技术可以较为正确地来处理超声速条件下的柔性降落伞织物的流固耦合过程,观测到了与美国 NASA 风洞试验中超声速降落伞的流场结构,且获得了较为正确的阻力系数性能表现。需要说明的是,本实例采用的模型,来流条件和数值方法以及计算结果均是来自文献[33]和[34],关于本算例中的详细描述以及分析,可以参见文献[33]和[34]。

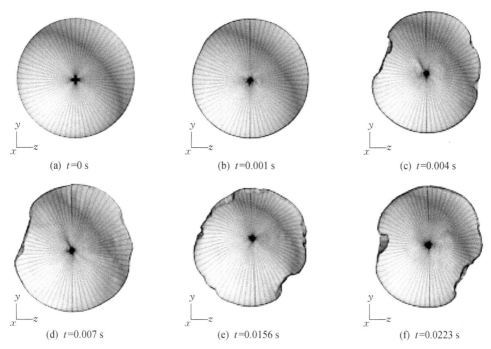

(a) $t=0$ s　　　　　　　　(b) $t=0.001$ s　　　　　　　　(c) $t=0.004$ s

(d) $t=0.007$ s　　　　　　(e) $t=0.0156$ s　　　　　　(f) $t=0.0223$ s

图 9.13　声速降落伞在流固耦合作用下伞衣的时间变化

【小结】

本章针对可压缩流动-柔性流固耦合问题介绍了极具潜力和发展迅速的浸入边界方法,从传统浸入边界方法的基本思想为切入点,对其进行改进发展为适用于可压流固耦合模拟的锐利边界浸没边界法、罚浸没边界法、基于有限体积方法的浸没边界法,读者需要深刻理解这三类方法的核心思想和构成方程,了解其求解方法。这些浸没边界法在可压缩流动中的应用还在继续,本章的内容主要起到抛砖引玉的作用。对此感兴趣的读者,可以进一步自学相关的更深入的知识。

【数字资源】

基于虚拟单元法构造的二维可压缩浸入边界方法的开源代码。

参 考 文 献

[1] Storti M A, Nigro N M, Paz R R, et al. Strong coupling strategy for fluid-structure interaction problems in supersonic regime via fixed point interaction [J]. Journal of Sound and Vibration, 2009, 320: 859 - 977.

[2] Palma P D, Tullio M D, Pascazio G, et al. An immersed-boundary method for compressible viscous flows [J]. Computers & Fluids, 2006, 35: 693 - 702.

[3] Kim W, Choi H. Immersed boundary methods for fluid-structure interaction: A review[J]. International Journal of Heat and Fluid Flow, 2019, 75: 301 - 309.

[4] Hirt C W, Amsden A A, Cook J L. An arbitrary Lagrangian-Eulerian computing method for all flow speeds[J]. Journal of Computational Physics, 1974, 14: 227 - 253.

[5] Tezduyar T E, Behr M, Liou J. A new strategy for finite element computations involving moving boundaries and interfaces-The deforming-patial-domain/space-time procedure: I. The concept and the preliminary numerical tests[J]. Computer Methods in Applied Mechanics and Engineering, 1992, 94: 339 - 351.

[6] Bailoor S, Annangi A, Seo J H, et al. Fluid-structure interaction solver for compressible flows with applications to blast loading on thin elastic structures[J]. Applied Mathematical Modeling, 2017, 52: 470 - 492.

[7] Sotiropoulos F, Yang X. Immersed boundary methods for simulating fluid-structure interaction [J]. Progress in Aerospace Sciences, 2014: 65, 1 - 21.

[8] 王力, 田方宝. 浸入边界法及其在可压缩流动中的应用和进展[J]. 中国科学: 物理学·力学·天文学, 2018, 9(14): 196 - 204.

[9] Peskin C S. Flow patterns around heart valves: A numerical method[J]. Journal of Computational Physics, 1972, 10: 252 - 271.

[10] Udaykumar H, Shyy W, Rao M. ELAFINT-A mixed Eulerian-Lagrangin method fluid flows with complex and moving boundaries [J]. International Journal for Numerical Methods in Fluids, 1996, 22: 691 - 712.

[11] Dunne T. An Eulerian approach to fluid-structure interaction and goal-oriented mesh adaptation[J]. International Journal for Numerical Methods in Fluids, 2006, 51: 1017 - 1039.

[12] Kim Y, Peskin, Penalty C S. Penalty immersed boundary method for an elastic boundary with mass [J]. Physics of Fluids, 2007, 19: 053103.

[13] Ghias R, Mittal R, Dong H. A sharp interface immersed boundary method for compressible viscous flows [J]. Journal of Computational Physics, 2007, 225: 528 - 553.

[14] Wang L, Currao G M D, Han F, et al. An immersed boundary method for fluid-structure interaction with compressible multiphase flows[J]. Journal of Computational Physics, 2017, 346: 131 - 151.

[15] Mittal R, Iaccarino G. Immersed boundary methods[J]. Annual Review of Fluid Mechanics, 2005, 37: 239 - 261.

[16] Byer R P. A computational model of the cochlea using the immersed boundary method[J]. Journal of Computational Physics, 1992, 98: 145 - 162.

[17] Lai M C, Peskin C S. An immersed boundary method with formal second-order accuracy and reduced numerical viscosity[J]. Journal of Computational Physics, 2000, 160: 705 - 719.

[18] 陈晓明, 赵成璧, 林慰. 浸入边界法的发展现状及其应用[J]. 广东造船, 2009, 1: 44 - 47.

[19] Li Z. An overview of the immersed boundary method and its application[J]. Taiwanese Journal of Mathematics, 2003, 7: 1 - 49.

[20] 刘剑明. 可压缩流体计算中的浸入边界方法及其应用[D]. 南京: 南京航空航天大学, 2010.

[21] 李宁宇, 刘崴兴, 苏玉民. 一种改进的浸入边界法及流固耦合求解系统的开发[C]. 北京: 中国力学

大会, 2017.

［22］Forrer H, Berger M. Flow simulations on Cartesian grids involving complex moving geometries// Hyperbolic problems: theory, numerics, applications［J］. International Series of Numerical Mathematics, 1999, 129: 315 − 324.

［23］Dadonc A, Crossman B. Ghost-cell method for inviscid two-dimensional flows on Cartesian grids ［J］. AIAA Journal, 2002, 42: 2499 − 2507.

［24］Dadonc A, Crossman B. Ghost-cell method for inviscid three-dimensional flows on Cartesian Grids ［J］. Computer & Fluids, 2006, 35: 676 − 687.

［25］Khalili M E, Larsson M, Muller B. High-order ghost-point immersed boundary method for viscous compressible flows based on summation-by-parts operators［J］. International Journal for Numerical Methods in Fluids, 2018, 89(7): 1 − 27.

［26］Seo J H, Mittal R A. High-order immersed boundary method for acoustic wave scattering and low − Mach number flow induced sound in complex geometries［J］. Journal of Computational Physics, 2011, 230: 1000 − 1019.

［27］Brehm C, Hader C, Fasel H F. A locally stabilized immersed boundary method for the compressible Navier − Stokes equations［J］. Journal of Computational Physics, 2015, 295: 475 − 504.

［28］Wang L, Currao G, Han F, et al. An immersed boundary method for fluid-structure interaction with compressible multiphase flows［J］. Journal of Computational Physics, 2017, 346: 131 − 151.

［29］Kim Y, Peskin C S. Penally immersed boundary method for an elastic boundary with mass［J］. Physics of Fluids, 2007, 19: 053103.

［30］Huang W X, Tian F B. Recent trends and progresses in the immersed boundary method［J］. Proceedings of the Institute of Mechanical Engineers Part C-Journal of Mechanical Engineering Science, 2019, 1989 − 1996(vols 203 − 210).

［31］Dadone A, Grossman B. Surface boundary conditons for the numerical solution of the Euler equation ［J］. AIAA Journal, 1994, 32: 285 − 293.

［32］Xue X P, Nakamura Y, Mori K, et al. Numerical investigation of effects of angle-of-attack on a parachute-like two-body system［J］. Aerosapce Science and Technology, 2017, 69: 370 − 386.

［33］Xue X P. Numerical simulation on aerodynamics of a supersonic flexible parachute system using a flow and structure coupling method［D］. Nagoya: Nagoya University, 2013.

［34］Xue X P, Nakamura Y. Numerical simulation of a three-dimensional flexible parachute system under supersonic conditions［J］. Transactions JSASS Aerospace Technology, 2013, 11: 99 − 108.

［35］Forrer H, Jeltsch R. A higher-order boundary treatment for Cartesian-grid methods［J］. Journal of Computational Physics, 1998, 140: 259 − 277.

［36］Doadone A, Grossman B. Ghost-cell method for invisid three-dimensional flows on Cartesian grid ［J］. Computer & Fluids, 2007, 36: 1513 − 1528.

［37］Giordano J, Jourdan G, Burtschell Y, et al. Shock wave impacts on deforming panel, an application of fluid-structure interaction［J］. Shock Waves, 2005, 14: 103 − 110.

第 10 章
飞行器流固耦合优化设计方法

学习要点
- 掌握：基于代理模型的气动/结构多学科优化设计方法
- 熟悉：考虑气动弹性影响的气动外形优化设计方法
- 了解：几何外形参数化方法和常见寻优算法

随着设计经验的不断完善，飞行器性能越来越接近极限，传统设计方法已经很难再进一步提高飞行器性能了。对于飞机设计来说，气动与结构的耦合优化设计能够获得比单学科更好的结果，并能带来设计理念的变化。多学科耦合设计成为了当前飞机设计方法的重要趋势。特别是气动与结构的耦合优化设计更是当前国外研究的重点，也获得了工业界广泛关注。所谓气动与结构耦合优化设计是指同时参数化气动外形与结构模型，优化过程中对每一个方案同时评估气动特性与结构特性，以气动与结构的综合性能为目标函数进行优化设计。如果气动与结构特性耦合严重则还要同时考虑气动载荷对结构变形的影响和结构变形对气动特性的影响。多学科设计优化以其优化设计模型比单学科更接近真实的系统，能够充分挖掘系统性能潜力的优势而在近年来获得了国内外的高度重视。

10.1 气动/结构耦合优化设计概述

10.1.1 传统飞行器设计流程

传统飞行器设计流程中气动专业与结构专业工作流程如图 10.1 所示。首先总体气动部门先根据总体设计指标以巡航外形（飞机处于空中定常直线平飞时的外形）为设计对象进行气动外形设计。气动设计完成后将巡航外形和载荷数据交给结构设计部门进行飞机的结构设计，如机翼结构拓扑设计、结构构型与布置、梁缘条截面积、蒙皮厚度等。如果初步方案不能满足总体设计要求，如航程、空机质量等，则重复以上过程，直至满足总体设计要求。接着对满足总体指标要求的总体气动结构方案进行型架外形修正，从而获得飞机最终的型架外形。所谓型架外形指的是飞机不受重力和气动等外载荷时的外形,型架外形在重力、续航载荷和发动机推力的作用下便会成巡航外形[1,2]。

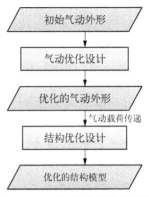

图 10.1　飞机气动与结构设计典型流程图

以上设计过程中气动设计过程与结构设计过程基本上是分开的,是一种典型的串行设计流程。气动外形设计时没有专门考虑气动载荷对结构特性的影响,而结构设计时也通常认为飞机外形是固定的,作用在结构上的气动载荷也是固定的,没有考虑内部结构发生变化后可能产生的生的弹性变形对气动特性和气动载荷的影响。这种气动和结构专业之间的影响通常是在各自专业设计过程完成之后,通过少量迭代或弹性修正完成的。

对于飞机设计来说,气动与结构的耦合优化设计能够获得比单学科更好的结果,并能带来设计理念的变化。例如,气动学科认为亚声速机翼展向环量分布呈椭圆形时最好,但在以航程为设计目标,经过气动与结构的多学科设计优化后,实际最优环量分布如图10.2所示。可见在考虑了结构特性之后,机翼的最佳环量并非气动学科的最优环量分布。

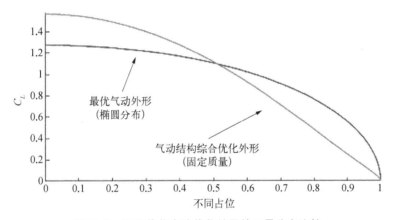

图 10.2　不同优化方法优化结果的环量分布比较

航程的估算公式如下所示:

$$R = \frac{V}{C}\frac{L}{D}\ln\left(\frac{W_1}{W_2}\right) \tag{10.1}$$

式中,W_1 为巡航开始时的全机质量(主要是飞机结构质量、载重、燃油);W_2 为巡航结束时候的全机质量(主要是飞机结构质量加载重);C 为发动机耗油率;V 为巡航速度;L 与 D 分别为巡航速度对应的升力与阻力。由图10.2可见,多学科优化后的飞机由于对翼根弯矩更小,机翼结构质量更低,在 W_1 保持不变的条件下可以装更多的燃油。因此尽管升阻比(L/D)有所下降,但航程 R 会比气动最优外形的对应的航程更大。

目前飞机设计已经发展了很多年,单学科的设计能力已经接近极限。要进一步提高飞机性能,只能从多学科设计入手,在总体设计与详细设计阶段开展气动与结构的多学科优化设计。

10.1.2　气动/结构耦合多学科优化设计

气动外形设计的主要目的是通过改变飞机外形获得改善的气动特性,典型的如减小阻力,使得机翼有足够的升力同时尽可能地降低其阻力,也就是最大化机翼的升阻比。结构设计的主要目的是确定结构布局形式和结构组件尺寸,使得具有足够的结构刚度、强度等要求的同时使得结构重量最小。因此在气动/结构耦合的多学科优化中就要兼顾气动特性和结构重量的要求,使得飞机气动效率与重量之间可以较好折中,最终使得飞机航程最大化。

采用气动/结构全耦合优化设计,即评估飞机的气动与结构特性时同时考虑气动载荷对结构变形的影响和结构变形对气动特性的影响,能够改善和加速飞机总体方案优化。常规方法是通过对型架外形的静气弹进行分析,同时获得飞机的气动与结构特性。优化中以飞机的气动与结构特性来构造多学科的目标函数和约束条件。常见的目标函数有航程、飞机的重量与阻力,约束条件主要是几何约束条件(平面形状与剖面翼型厚度、前后梁高度等)和结构约束条件(机翼的最大应力与应变等)。设计变量一般包括机翼的平面形状、剖面形状、蒙皮厚度、长桁截面积、梁缘条截面积等。大致流程如图10.3所示。图中耦合的气动与结构特性评估方法通常为对型架外形的静气弹分析。值得注意的是,由于机身一般结构变形较小且对气动特性影响不大,因此耦合分析中气动模型可能是全机的,但结构模型通常只针对机翼。

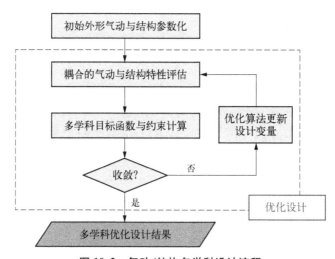

图 10.3　气动/结构多学科设计流程

在飞行器的气动/结构优化设计中,各学科分析方法的精度极大地影响了优化设计效率和设计结果的质量与可信度。早期气动/结构耦合优化设计主要采用计算精度相对低的面元法、速势方程求解方法及一维梁模型等简化方法计算气动和结构特性,比较适合于概念设计阶段。在详细设计阶段,由于要确定最终的方案,需要采用高精度的分析方法进行多学科设计优化,通常气动分析方法为数值求解 NS 方程方法,结构采用有限元模型。随着 CFD 与 CSD 的快速发展,基于 CFD/CSD 耦合的静气动弹性分析已成为国外气动/结构高精度多学科设计优化中主流的分析方法。

由于 CFD/CSD 耦合计算量非常大,如何提高 CFD/CSD 耦合多学科设计优化的效率成为该领域的一个重点发展方向。目前国际上大体上采用三种策略来提高多学科设计优化效率:① 从气动/结构特性评估方法入手,发展紧耦合静气动弹性计算方法,提高目标特性分析的效率;② 从设计方法入手,发展基于各种代理模型的全局优化设计方法提高优化设计效率;③ 开展基于共轭(adjoint,或称伴随)方法的梯度优化设计。

10.2 基于代理模型的气动/结构多学科优化设计

现代工程设计对于模型的精细化程度要求越来越高,如果直接采用高精度的数值模拟如计算流体力学(CFD)等模拟方法,将难以承受巨大的计算成本。而这一问题对于需要反复迭代的优化设计过程来说更为严重。为了提高多学科优化设计效率和全局寻优能力,基于各种代理模型的全局优化设计方法成为一种代表性的气动/结构综合优化方法。代理模型方法最基本的思路是通过构建目标函数的计算量极小的近似模型(即代理模型),替代优化设计中反复调用的计算量极大的目标函数评估方法,从而减少优化问题求解的计算量。

10.2.1 代理模型简介

1. 代理模型建模流程

简单地说,代理模型是一种散乱点数据插值或拟合,即根据已知的一系列无序的数据点,通过特殊的插值、拟合等各种数学方法得到一条通过型值点的曲线(图 10.4)、超维曲面或拟合的曲线及超维曲面。

具体到气动结构多学科优化设计,则是以气动与结构学科的设计变量为自变量(如机翼前缘后掠角、蒙皮厚度等),升力、阻力、力矩、最大应力应变等为因变量,构建多个代理模型。设计变量及对应的因变量点对即为样本。确定代理模型相关参数的过程(类似

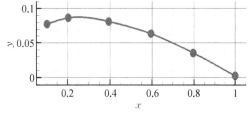

图 10.4 一维问题曲线插值

于确定图 10.4 中的插值函数的系数)即为代理模型的训练,这有一套成熟的训练算法以保证代理模型对样本点的计算效果及一般的非样本点的预测效果均较好。

目前常用的代理模型主要包括:多项式响应面模型(polynomial response surface method,PRSM)、Kriging 模型、支持向量回归模型和人工神经网络(artificial neural network,ANN)、径向基函数(radical basis function,RBF)及其改进方法等。这些方法从其构建的数学方法上可以分为插值型代理模型和回归型代理模型。这里仅简要介绍 Kriging 模型,其他代理模型详细构造算法请参见相关文献。

代理模型构建一般分为以下三步:

（1）在设计空间内选取样本。样本必须最大限度地提供整个设计空间的信息；

（2）采用原始模型对样本进行气动力计算，获得样本的气动力数据；

（3）训练代理模型，并对其预测能力进行检验。

2. Kriging 代理模型

Kriging 模型给定 N 个样本点 $X = [x^{(1)}, x^{(2)}, \cdots, x^{(N)}]^{\mathrm{T}}$，其中 $x^{(i)}$ 是 m 维向量，m 为设计变量的个数，对应的目标函数值为 $Y = [y^{(1)}, y^{(2)}, \cdots, y^{(N)}]^{\mathrm{T}}$。Kriging 模型假设目标函数值与设计变量之间的真实关系可以写为

$$y = f(x) + z(x) \tag{10.2}$$

式中，$f(x)$ 为回归模型，是一个确定性部分，$z(x)$ 为一随机过程，其均值为 0，方差为 σ^2，协方差为

$$\mathrm{cov}[z(x^{(i)}), z(x^{(j)})] = \sigma^2 R(x^{(i)}, x^{(j)}) \tag{10.3}$$

式中，R 是空间两点 $x^{(i)}$ 和 $x^{(j)}$ 的相关函数，它与两点在空间的位置密切相关，表示为

$$R(x^{(i)}, x^{(j)}) = \exp[-d(x^{(i)}, x^{(j)})] \tag{10.4}$$

式中，d 为两点间的距离。为了使得变量各向异性，在 Kriging 模型中，距离函数采用的是加权距离，而不是欧几里得距离，其计算公式如下：

$$d(x_k^{(i)}, x_k^{(j)}) = \sum_{k=1}^{m} \theta_k |x_k^{(i)} - x_k^{(j)}|^2 \tag{10.5}$$

式中，θ_k 为参数矢量 θ 的第 k 个分量。一般可以用一个标量参数 θ 代替矢量 θ，这时 θ 可以通过极大似然估计法得到。

未知点 x_0 处的目标函数 $y(x_0)$ 的预估值 $\hat{y}(x_0)$ 通过如下形式给出：

$$\hat{y}(x_0) = \hat{\beta} + r^{\mathrm{T}}(x_0) R^{-1}(y - I\hat{\beta}) \tag{10.6}$$

式中，I 为单位列向量；$r^{\mathrm{T}}(x_0)$ 是一个 n 维向量，其元素为点 x 与样本点的相关函数，矩阵 R 为

$$R = \begin{bmatrix} R(x^{(1)}, x^{(1)}) & \cdots & R(x^{(1)}, x^{(n)}) \\ \vdots & \ddots & \vdots \\ R(x^{(n)}, x^{(1)}) & \cdots & R(x^{(n)}, x^{(n)}) \end{bmatrix} \tag{10.7}$$

$\hat{\beta}$ 为 β 的预估值 $\hat{\beta} = \dfrac{I^{\mathrm{T}} R^{-1} Y}{I^{\mathrm{T}} R^{-1} I}$；方差的估计值 $\hat{\sigma}^2 = \dfrac{(Y - I\hat{\beta})^{\mathrm{T}} R^{-1}(Y - I\hat{\beta})}{n}$；$\hat{\sigma}$ 为预测标准差。

10.2.2 基于代理模型的机翼多学科优化设计

1. 全局优化流程

建立好设计参数空间目标函数的代理模型以后，就可以将代理模型作为多学科评价

器,结合全局优化算法进行寻优了。典型的基于代理模型的优化设计基本流程如图 10.5 所示。

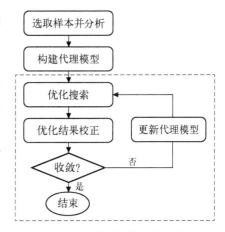

基于代理模型的全局优化步骤如下。

(1) 构建代理模型。选取样本并分析,训练代理模型。并对代理模型的预测能力进行分析,如果不满足预测精度要求,重新构建。

(2) 用遗传算法、蚁群算法等进化类全局优化算法对定义的多学科优化设计问题进行优化搜索。在整个搜索过程中,只使用代理模型进行个体的目标函数分析。优化搜索得到"最优解" x_n。

(3) 校正"最优解"。由于代理模型的预测值与目标函数真实值之间一般会存在一定的误差,优化

图 10.5　代理模型优化设计基本流程

搜索得到的"最优解"并不一定是真正的最优解,因此需要使用原始模型对其进行校正,从而得到"最优解"的真实目标函数 $f_e(x_n)$。

(4) 判断是否收敛。整个优化框架的收敛条件需要满足以下任一条:

① $f_e(x_n) - f_e(x_{n-1}) < \varepsilon_f$ 或 $\| x_n - x_{n-1} \| < \varepsilon_x$,其中 ε_f 和 ε_x 用户定义的小量,n 为当前迭代步数;

② 循环次数达到给定值。

(5) 如果满足以上条件中的任意一条,就认为算法收敛,结束优化,否则转到下一步。

(6) 将"最优解" $[x_n, f_e(x_n)]$ 加入样本集中,更新代理模型,转到步骤(2)。

2. 全局寻优算法

优化算法主要包括梯度优化算法和非梯度优化算法两大类。梯度优化算法是通过来自灵敏度分析的梯度信息来确定最优解。所以梯度优化算法通常会找到最接近初始值的最优解,从而其最优解通常是局部最优解,而不是全局最优解。而像遗传算法(genetic algorithm,GA)和粒子群优化算法(particle swarm optimization,PSO)等非梯度进化算法通过搜索整个优化参数空间来确定最优解。

遗传算法是应用最为广泛的非梯度全局优化算法之一。遗传算法适应性强,鲁棒性好,不要求可微性和连续性,不依赖梯度信息,对设计变量没有要求,可以处理离散和连续变量优化问题。遗传是受到生物进化和遗传过程的启发而提出来的。根据达尔文的进化理论和孟德尔的遗传理论,在一组个体中,通常只有适应环境的个体才能成功地将他们优秀的基因遗传到后代。

遗传算法最早由美国的密歇根大学的 Holland 在 1975 年提出。遗传算法的优化机理是:首先定义一个初始种群,评估种群中每个个体的适应度(fitness),根据优胜劣汰的准则淘汰不适合环境的个体,选择优良个体作为父代;然后父代中的个体通过选择(selection)、交叉(crossover)和变异(mutation)产生进化的新的种群,所有这些操作都是随机的,其中新种群中新个体的生存概率取决于其适应度。最后经过多次迭代,种群的适应度逐渐增强,得到最优解。

所谓适应度是指一个生物能够生存并把它的基因传给下一代的能力,也就是生存概

率;选择是从群体中选择适应度高的个体同时淘汰适应度低的个体;交叉是把两个父代个体中的核心部分的结构替换重组而生成新个体,其作用是提高遗传算法的搜索能力;变异是随机改变父代中个体的某些结构,其主要作用为了维持群体的多样性,而且可以提高局部搜索能力。关于遗传算法详细内容和优化工具可参见有关遗传算法的专题文献。

3. 基于代理模型的机翼多学科优化设计

1)几何外形参数化建模方法

气动外形参数化就是提取描述飞行器的几何外形参数。对于机翼主要是翼型的参数化,常见的翼型参数化方法有多项式型函数和解析函数线性叠加法等。下面介绍一种 Hicks-Henne 函数线性叠加法。翼型形状是由基准翼型、型函数及其对应系数决定的,其表达式可以写为

$$y_{\text{up}} = y_{\text{up}}^0 + \sum_{i=1}^{i=n} c_i f_i(x) \tag{10.8}$$

$$y_{\text{low}} = y_{\text{low}}^0 - \sum_{i=1}^{i=n} c_{i+n} f_i(x) \tag{10.9}$$

式中,$f_i(x)$ 表达式为

$$f_i(x) = \begin{cases} x^{0.5}(1-x)e^{-15x}, & i = 1 \\ \sin^p(\pi x^{e(q)}), & 1 < i < n \\ x^{0.5}(1-x)e^{-10x}, & i = n \end{cases} \tag{10.10}$$

且有

$$e(q) = \lg(0.5)/\lg(q) \tag{10.11}$$

式中,x 表示翼型弦向位置坐标;y_{up}、y_{low} 分别表示翼型上、下表面函数,为 x 对应的扰动后的 y 向坐标;y_{up}^0、y_{low}^0 分别表示基准翼型上、下表面函数;n 表示选取的型函数个数,是由设计要求决定的,$f_i(x)$ 即 Hicks-Henne 型函数,也叫扰动函数;c_i 表示各型函数对应的系数,也是翼型气动外形优化设计过程中的设计变量,控制着翼型设计空间的大小,其取值范围需要在优化前确定;p 控制着扰动函数的扰动范围;q 为 $n-2$ 维的一维数组,决定着 2 到 $n-1$ 个扰动函数峰值所对应位置的坐标。Hicks-Henne 型函数如图 10.6 所示。

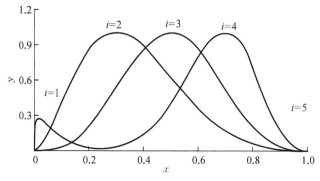

图 10.6 不同 Hicks-Henne 型函数比较

图 10.6 中,从左至右依次为 $i = 1$、2、3、4、5 时型函数的图像。其中 $p = 3$,q 分别取 2、3、4。通过在基准翼型上加上各个 q 点的扰动来实现翼型几何外形的修改。

2) 结构参数化建模

机翼结构参数化则主要是对已经确定了拓扑结构的机翼在结构有限元模型中进行的参数设置。对于常见的蒙皮-桁架机翼模型来说,假定采用板壳单元和梁单元进行有限建模,那么在结构优化中采用的优化参数可以选择蒙皮壳单元厚度、梁缘条和长桁缘条梁单元横截面积。对于梁单元还需要该单元的横截面积、惯性矩和扭转常数。对于如图 10.7 所示的梁单元来说,其各个参数的计算方法如下。

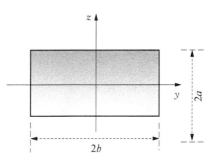

图 10.7　矩形截面的梁单元

横截面积 S 表达式为

$$S = 2a \cdot 2b = 4ab \qquad (10.12)$$

对 Y 轴的惯性矩 I_y 表达式为

$$I_y = \int_S z^2 \mathrm{d}S = \int_{-b}^{b} z^2 (2a\mathrm{d}z) = 2a \int_{-b}^{b} z^2 \mathrm{d}z = \frac{4}{3}ab^3 \qquad (10.13)$$

对 Z 轴的惯性矩 I_z 表达式为

$$I_z = \int_S y^2 \mathrm{d}S = \int_{-a}^{a} y^2 (2b\mathrm{d}y) = 2b \int_{-a}^{a} y^2 \mathrm{d}y = \frac{4}{3}ba^3 \qquad (10.14)$$

扭转常数 I_{xx} 表达式为

$$I_{xx} = ab^3 \left[\frac{16}{3} - 3.36 \frac{b}{a} \left(1 - \frac{b^4}{12a^4} \right) \right],\ a \geqslant b \qquad (10.15)$$

3) 气动/结构优化建模

对某翼身组合体进行考虑静气动弹性影响的气动外形优化设计。设计状态为马赫数 $Ma = 0.785$,升力系数要求 $C_L = 0.55$。采用 NS 方程进行气动特性分析,该翼身组合体的表面气动网格及部分空间如图 10.8 左图所示。流体网格单元数为 180 万,雷诺数 $Re = 2.49 \times 10^7$。结构分析采用有限元方法。结构建模时考虑了组成承力翼盒的主要部件:蒙皮、梁腹板、梁缘条和翼肋,加入了长桁和肋缘条。前后梁分别分布在弦长的 15% 和 65% 处。蒙皮有限元网格、梁腹板和肋板的有限元模型如图 10.8 右图所示,沿展向分为 3 段。材料为铝合金,弹性模量 $E = 70\,\mathrm{GPa}$,泊松比 $\mu = 0.33$,强度极限 $\delta_b = 412\,\mathrm{MPa}$,密度 $\rho = 2.7 \times 10^3\,\mathrm{kg/m^3}$。

组合体机身视为刚体不参与气动外形和结构优化。对机翼一个剖面参数化,剖面位置为图 10.8 中的 B 剖面。A 和 C 剖面则是变形的起始和结束位置。采用 Hicks-Henne 型函数方法对 B 剖面上下表面进行参数化。上下表面各取 8 个设计变量,共计 16 个气动设计变量。机翼采用蒙皮-双梁-肋板结构模型建模。结构设计变量取为各段的蒙皮厚度变量 3 个,长桁截面积变量 3 个,梁缘条截面积变量 3 个,结构设计变量共计 9 个。因此

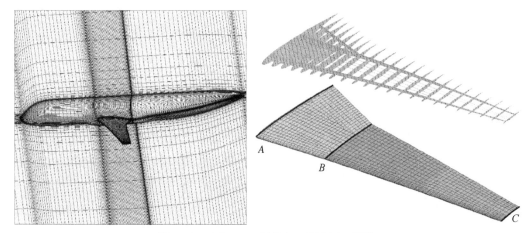

图 10.8　全机 CFD 网格与机翼有限元网格

气动和结构设计变量总数为 25 个。

以阻力和机翼质量最小化为优化目标,固定升力。约束条件为机翼最大应力和最大变形不超过允许值。具体优化模型表达式为

$$
\begin{aligned}
\text{Min} \quad & C_1 D + C_2 W \\
& C_L = 0.55 \\
\text{s. t.} \quad & \delta_{\max} < 2.5 \times 10^8 \text{ Pa} \\
& d_{\max} < 1.00 \text{ m}
\end{aligned}
\tag{10.16}
$$

式中,C_1 和 C_2 为权重系数 ($0 \leqslant C_1$, $C_2 \leqslant 1$),且 $C_1 + C_2 = 1$。W 为机翼结构重量;D 为阻力;$\delta_{\max}$ 为机翼最大应力;$d_{\max}$ 为机翼最大变形;S_{wing} 为全机参考面积;C_L 为升力系数。C_1 和 C_2 的取值取决于设计者对设计目标的权衡,$C_1 = 1$ 时只考虑阻力目标,$C_2 = 1$ 时只考虑机翼结构重量目标。这里取 $C_1 = 0.5$,$C_2 = 0.5$。

4)优化结果分析

采用拉丁超立方方法在气动参数和结构参数空间取 352 个样本点,对其进行 CFD/CSD 耦合静气动弹性计算获得目标函数值。然后用样本建立 Kriging 代理模型,利用图 10.8 的流程进行优化设计。优化前后巡航外形机翼上表面等压云图如图 10.9 所示,优化前后机翼上 Mise 应力分布如图 10.10 所示,气动与结构特性变化比较如表 10.1 所示。

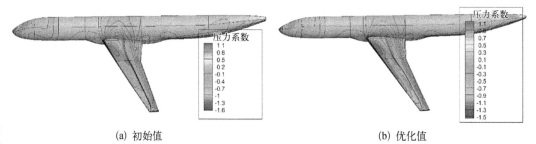

(a) 初始值　　　　　　　　　　　　　　　　　　(b) 优化值

图 10.9　优化前后上表面等压云图比较

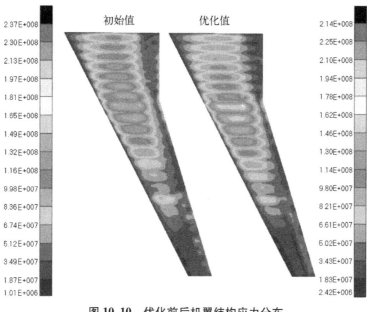

图 **10.10**　优化前后机翼结构应力分布

表 **10**.1　优化前后气动与结构特性比较

	C_D	m/kg	d_{max}/m	δ_{max}/Pa
初始值	0.030 2	2 213	0.94	2.37×10^8
优化值	0.028 7	2 120	0.99	2.14×10^8

　　从上述结果可以看出,优化解较初始值有较大改进,特别是机翼结构质量减小明显,优化取得了良好的结果。优化后机翼表面仍有激波存在,原因是优化剖面仅有一个,且该剖面设计变量个数较少。如增加设计剖面个数和每个剖面的设计变量个数,则机翼表面的激波会进一步减弱。但响应构造代理模型的需要更多样本点。

　　本算例调用气动弹性分析次数共计 400 次。与基于遗传算法直接求解 CFD/CSD 耦合求解器的多学科优化设计相比,计算量可减小数十倍。可见采用代理模型之后,极大降低了目标函数分析的次数,极大地提高了优化效率。即便如此,这种规模的优化设计达到工程上可以接受的时间也需要上百核服务器才能进行,需要消耗的计算资源比较多。这就决定了基于代理模型的气动/结构优化设计方法通常只能针对数十个设计变量进行优化。

10.2.3　基于巡航外形的结构模型反迭代设计方法

1. 结构模型反迭代策略

　　在传统的基于飞行器架外形的多学科优化设计时,对给定的外形进行静气动弹性分析,获得其巡航外形并对其气动特性和应力应变特性进行评估,以此构造多学科目标函数与约束条件,采用合适的优化方法进行全局或梯度优化设计。这类设计方法由于需要进行静气动弹性分析,反复调用 CFD 方法,因此存在计算量太大的问题。下面介绍一种计算量相对较小的气动与结构特性分析方法。

在机翼气动/结构多学科优化设计中,如果我们直接以目标巡航外形为设计对象(这一点与一般的气动外形优化设计相同),而不是从初始型架外形开始,则飞机巡航气动特性可以通过 CFD 方法直接获得,无须迭代。若我们还能够快速获得巡航外形的结构特性,就能达到与静气动弹性分析同样的目的。以上思路要解决的关键问题是飞机的结构特性(应力应变)的快速评估问题。通常型架外形修正方法可获得巡航外形的结构特性及对应型架外形是可以解决上述关键问题的,但是同样存在效率不高的问题。考虑到对给定巡航外形进行型架外形修正时,型架外形在气动载荷作用下最终会变为巡航外形,且该巡航外形及其载荷是可以预先确定的。因此可以在型架外形修正过程中直接以最终巡航外形的气动载荷进行多次迭代而不是调用 CFD 方法计算中间过程的载荷,可以很快得到巡航外形结构特性。

这种以目标巡航外形为设计出发点的考虑气动弹性影响的机翼优化设计方法称为结构模型反迭代(riversal iteration of structure model,RISM)方法,其流程如图 10.11 所示。具体可参见文献[3]。RISM 方法只需要一次目标巡航外形的气动特性分析及在目标巡航外形气动载荷作用下的多次结构特性计算。目前飞机多学科设计优化气动和结构子学科计算量中 CFD 分析占大部分比例,而 CFD/CSD 松耦合静气动弹性分析一般至少需要进行 5 轮次以上的气动/结构迭代分析才能获得收敛解,RISM 方法可将气动与结构特性综合评估计算效率提高 4 倍以上。

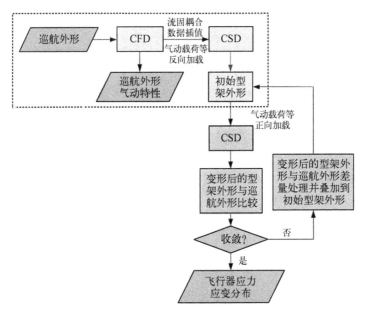

图 10.11　结构模型反迭代设计流程图

2. 基于 RISM 策略的无人机机翼气动/结构综合优化

1)自由变形参数化方法

自由变形参数化方法(free form deform,简称 FFD),是目前气动外形优化设计中应用非常广泛的一种外形参数化方法。其基本思路是对几何空间的变化量进行参数化,而非几何外形本身,因而无须对初始外形进行拟合。
自由变形算法(free-form deformation)原本是 CAD
领域的一种造型方法,目前已发展为气动外形优
化设计中应用非常广泛的参数化方法。其基本原
理是建立一个六面体框架,将待变形的物体(CFD
表面网格点的形式)整体嵌入框架中,如图 10.
12 所示。FFD 变形实现的是一个连续映射 F:
$R^3 \to R^3 \to R^3$,从实际空间 $R(x, y, z)$ 到参数空间
$R(u, v, w)$ 再到变形后的实际空间 $R'(x, y, z)$。

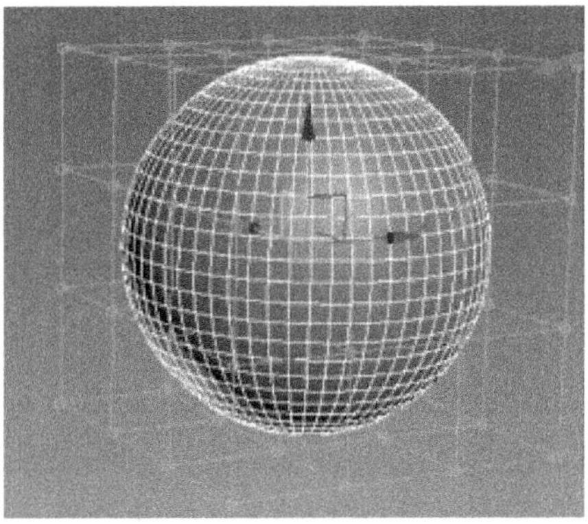

图 10.12　FFD 框架与几何外形

采用 FFD 方法进行几何外形参数化的一般参
数化过程具体步骤如下:

(1) 在待变形的目标几何体周围建立 FFD 控制体,沿控制体的各边定义若干 FFD 控
制点;

(2) 通过求解目标几何体上任意一点在 FFD 控制体中的局部坐标;

(3) 改变 FFD 控制体中控制点的位置,实现 FFD 控制体的变形;

(4) 通过求解目标几何体上每一点的位移,得到新的曲线和曲面。

以基于 Bezier 曲面的 FFD 为例,说明 FFD 外形参数化方法的基本原理。基于 Bezier
曲面的 FFD 方法采用 Bernstein 基函数来定义位移求解模式。首先在待变形几何体周围
建立 FFD 控制体,然后计算待变形的几何外形上每一个点在 FFD 控制体中的局部坐标
(u, v, w),局部坐标 (u, v, w) 的三个分量均位于 $[0.0, 1.0]$ 之间,由式(10.17)
确定。

$$X(u, v, w) = \sum_{i=0}^{l} \sum_{j=0}^{m} \sum_{k=0}^{n} \left[B_l^i(u) B_m^j(v) B_n^k(w) \right] \cdot P_{i,j,k} \qquad (10.17)$$

通过逆向求解式(10.17)可以求出每个需要进行参数化的几何外形上每个点的局部坐标
(u, v, w)。局部坐标对于给定的 FFD 控制点分布只需要计算一次,而不需要在每次几
何变形的过程中重复计算。在 FFD 控制点位置移动之后,FFD 控制体中,任一局部坐标
为 (u, v, w) 的点 $X(u, v, w)$ 的位移 ΔX 由式(10.17)确定:

$$\Delta X(s, t, u) \sum_{i=0}^{l} \sum_{j=0}^{m} \sum_{k=0}^{n} B_l^i(s) B_m^j(t) B_n^k(u) \cdot \Delta P_{i,j,k} \qquad (10.18)$$

式中, $P_{i,j,k}$ 和 $\Delta P_{i,j,k}$ 分别为 FFD 控制体中第 (i, j, k) 个控制点的原始笛卡儿坐标和其
位移量, $B_l^i(u)$ 为第 i 个 l 次 Bernstein 基函数,定义为

$$B_l^i(u) = \frac{(l)!}{(i)!\,(l-i)!} u^i (1-u)^{l-i} \qquad (10.19)$$

变形后几何外形上每一个点的位置 $X'(u, v, w)$ 为

$$X'(u, v, w) = X'(u, v, w) + \Delta X'(u, v, w) = \sum_{i=0}^{l} \sum_{j=0}^{m} \sum_{k=0}^{n} \left[B_l^i(u) B_m^j(v) B_n^k(w) \right] \cdot P'_{i,j,k}$$

$$(10.20)$$

FFD 方法进行翼型几何外形参数化变形过程如图 10.13 所示,首先在初始翼型(虚线表示)周围建立 FFD 控制体(称控制体的顶点为 FFD 控制点,以实点表示)。求解翼型上离散的每个几何点在 FFD 控制体中的局部坐标 (u, v, w)。然后以各个 FFD 控制点的位移为参数,改变 FFD 控制点的位置。例如,在图 10.16 中,拉动 1、2 两个控制点使之位置发生改变。根据变形后的 FFD 控制点位置由式(10.20)计算变形后的翼型几何外形,变形后的翼型如图 10.13 中实线所示。

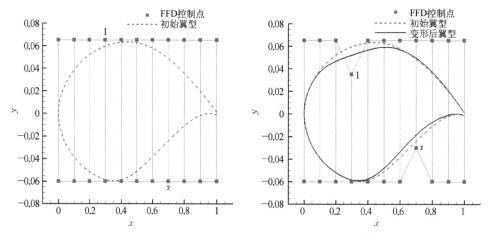

图 10.13　FFD 方法对翼型的参数化过程示意图[4]

2) 优化建模与结果分析

某无人机起飞质量为 1 136 kg;飞行马赫数为 0.6;巡航飞行高度为 20 km;半展长为 8.0 m;展弦比为 17.6;巡航升力系数 0.55。采用双梁结构,前后梁分别位于当地弦长 15%和 65%处,并布置了长桁与肋板。该无人机的 CFD 网格与有限元模型如图 10.14 和图 10.15 所示。该机翼有限元模型沿展向分为 3 段,取每段的蒙皮厚度,前梁和后梁的梁

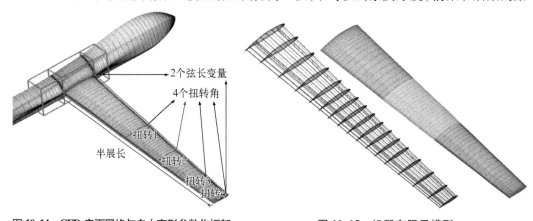

图 10.14　CFD 表面网格与自由变形参数化框架　　　图 10.15　机翼有限元模型

缘条面积为设计变量,共 9 个结构设计变量。对机翼的平面形状和 4 个剖面的扭转角进行优化设计,设计变量共计 16 个,如图 10.14 所示。

巡航升力系数固定为 0.55,约束为 20 km 高度巡航状态与 10 km 高度 2.5 倍过载情况下的 von Mises 应力以及机翼投影面积。优化模型如下:

$$\text{Maximize：} F = \frac{L}{D}\ln\left(\frac{W_1}{W_2}\right) \tag{10.21}$$

$$\text{Subject to：} C_L = 0.55$$
$$6.3\,\text{m}^2 < S_{\text{wing}} < 6.7\,\text{m}^2$$
$$\delta_{\max 1} < 95\,\text{MPa} \tag{10.22}$$
$$\delta_{\max 2} < 225\,\text{MPa}$$

式中,W_1 为巡航开始时的全机质量(主要是飞机结构重量、载重、燃油);W_2 为巡航结束时候的全机质量(主要是飞机结构质量加载重);L 与 D 分别为巡航速度对应的升力与阻力。采用 280 个样本点构造 Kringing 代理模型。在整个优化过程中进行了 15 次 RISM 分析。优化前后数据如表 10.2 所示。

表 10.2　优化前后设计变量目标、约束变化情况

	初始外形	优化外形		初始外形	优化外形
扭转角 1/(°)	0	−0.653	$S_{\text{wing}}/\text{m}^2$	6.576	6.43
扭转角 2/(°)	0	−0.763 4	C_D	0.028 7	0.028 49
扭转角 3/(°)	0	−1.57	$\delta_{\max 1}/\text{MPa}$	93.24	76.42
扭转角 4/(°)	0	−1.59	$\delta_{\max 2}/\text{MPa}$	225.0	183.0
根弦长/m	1.210	1.290	机翼质量/kg	81.6	77.25
翼尖弦长/m	0.556	0.533	F	4.235	4.433
半展长/m	8.0	7.602			

优化前后压力云图和机翼结构应力分布如图 10.16 所示。与初始方案相比,阻力减小了 2.6%;机翼质量减小了 4.35 kg;对应航程增加了 4.67%。

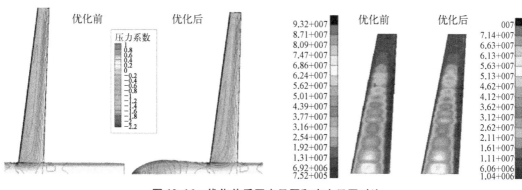

图 10.16　优化前后压力云图和应力云图对比

10.3 基于梯度的气动/结构优化设计方法

10.3.1 基于离散共轭的气动外形优化设计方法

1. 求解梯度的离散共轭法

在 CFD/CSD 耦合优化设计中优化变量很多,计算量过大。目前主要采用基于代理模型的全局优化设计和采用基于梯度信息的局部优化设计两种技术途径。为了应对气动外形精细化设计需要的成百上千个设计变量,基于梯度或称目标函数敏感性导数的优化方法得到了广泛应用。在基于梯度的优化设计方法中,目标函数的梯度计算是关键。共轭梯度模式计算量与设计变量个数无关,仅与目标函数个数成正比而受到广泛关注。共轭梯度求解包括离散共轭梯度计算方法与连续共轭梯度计算方法两种。这里介绍在气动外形优化中应用最广的离散共轭梯度计算方法[2]。

将非线性流动控制方程及其边界条件离散化,得到如下非线性代数方程组:

$$R(Q, X, b) = 0 \tag{10.23}$$

式中,Q 为由所有网格对应的定常流场解构成的向量;X 为由所有网格的坐标构成的向量;b 为设计变量向量。不同的设计变量对应于不同的几何外形及相应的定常流场解向量 Q。设 J 为目标函数,如升阻力等。通过对计算网格上的数值积分,其表达式为

$$J = J[Q(b), X(b), b] \tag{10.24}$$

通过链式法则分别将式(10.23)和式(10.24)对 b 微分,可得

$$R' = \frac{\partial R}{\partial Q}Q' + \frac{\partial R}{\partial X}X' + \frac{\partial R}{\partial b} = 0 \tag{10.25}$$

$$J' = \frac{\partial J}{\partial Q}Q' + \frac{\partial J}{\partial X}X' + \frac{\partial J}{\partial b} \tag{10.26}$$

将式(10.24)作为等式约束条件加入目标函数式(10.23),得到拉格朗日函数:

$$L(b) = F[Q(b), X(b), b] + \lambda^{\mathrm{T}}R[Q(b), X(b), b] \tag{10.27}$$

式中,λ 为任意列向量。

将 $L(b)$ 对 b 微分得

$$J' = L'(b) = \frac{\partial J}{\partial X}X' + \frac{\partial J}{\partial b} + \lambda^{\mathrm{T}}\left(\frac{\partial R}{\partial X}X' + \frac{\partial R}{\partial b}\right) + \left(\frac{\partial J}{\partial Q} + \lambda^{\mathrm{T}}\frac{\partial R}{\partial X}\right)Q' \tag{10.28}$$

共轭方法选取合适的 λ 以消除 Q' 避免计算复杂的 Q' 而直接得到 J',可得

$$\frac{\partial J}{\partial Q} + \lambda^{\mathrm{T}}\frac{\partial R}{\partial Q} = 0 \tag{10.29}$$

这样问题就转化为求解线性方程组:

$$\left(\frac{\partial R}{\partial Q}\right)^{\mathrm{T}}\lambda = -\left(\frac{\partial J}{\partial Q}\right)^{\mathrm{T}} \tag{10.30}$$

方程(10.30)通过加入伪时间项,采用 LU-SGS 方法即可求解。由于共轭方法避免了求解 Q',因而共轭方法的计算量与设计变量的个数无关。由于不同的目标函数对应于不同的 $\left(\frac{\partial J}{\partial Q}\right)^{\mathrm{T}}$,即方程(10.30)的右端项,因而该方法的计算量与目标函数的个数成正比,而与设计变量个数无关。

采用离散共轭方法计算目标函数的梯度,计算时间与一次流场分析时间相当。而且其理论推导较为简单,对目标函数的选取没有限制,对结构和非结构网格可以统一处理。在推导过程中又可借助自动微分工具自动生成大部分代码,能极大地减小编制程序的工作量,不仅适合气动外形精细化设计,也可以推广到气动/结构多学科优化问题。

2. 序列二次规划算法

采用离散共轭方法获得气动优化问题目标函数对设计变量的梯度后,再给点设计变量的一个实例就可以快速利用梯度迅速求出该设计变量点上的目标函数值。而设计变量寻优方向则可以采用梯度算法进行决策,其优化效率要远远高于进化类全阶搜索算法。一般非线性约束最优化问题可以表述为

$$\min_{x \in R^n} f(x) \tag{10.31}$$

$$\mathrm{s.t.}\ g_i(x) = 0,\ i \in E = \{1, 2, \cdots, m\}$$
$$g_i(x) \leqslant 0,\ i \in F = \{m+1, m+2, \cdots, n\}$$

式中,x 是决策变量;$f(x)$ 是目标函数;$g_i(x)$ 是约束条件。目标函数和约束条件都是实值连续函数,且至少有一个是非线性的。约束 $g_i(x) = 0$ 称为等式约束,$g_i(x) \leqslant 0$ 称为不等式约束。二次规划问题是目标函数是二次函数,约束条件为线性函数的非线性规划问题。

序列二次规划算法(sequential quadratic programming, SQP)是通过求解二次规划问题来确定优化参数的搜索方向。在给定了点 (x_k, y_k) 之后,将约束条件线性化,并且对拉格朗日(Lagrange)函数进行二次多项式近似,然后可以得到以下形式的二次规划子问题:

$$\min_{x \in R^n} \frac{1}{2}d^{\mathrm{T}}B_k d + \nabla f(x_k)^{\mathrm{T}}d \tag{10.32}$$

$$\mathrm{s.t.}\ g_i(x_k) + \nabla g_i(x_k)^{\mathrm{T}}d = 0,\ i \in E$$
$$g_i(x_k) + \nabla g_i(x_k)^{\mathrm{T}}d \leqslant 0,\ i \in F$$

式中,B_k 为 $\nabla^2_{xx}(x_k, \lambda_k)$ 的正定逼近;d 为下降的搜索方向。采用牛顿法迭代公式就可以求解式(10.32)所示的优化解。

3. 考虑气动弹性影响的气动外形梯度优化设计

单学科气动外形优化是基于飞行器机体结构为刚体的假设展开的。而飞行器飞行时

在气动载荷下总会发生变形,特别是大展弦比轻质材料机翼结构静气动弹性变化还比较明显。气动弹性变形对机翼气动性能具有重要影响,因此在大展弦比轻质机翼的气动外形优化设计中,有必要考虑到静气动弹性的影响。在刚体飞行器气动外形优化设计流程中加入 CFD/CSD 耦合静气动弹性求解器,就可以得到一种考虑静气动弹性影响的气动外形优化流程[4,5],如图 10.17 所示。

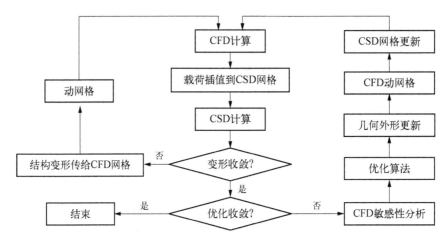

图 10.17　基于 CFD/CSD 耦合的机翼气动外形优化流程图

图 10.18 为一个民用飞机的翼身组合体模型机翼优化剖面位置示意图。在机翼上选取 6 个剖面,每个剖面上下表面各取 10 个设计变量,采用 Hicks-Henne 型函数进行参数化。同时取各剖面扭转角为设计变量,这样气动优化设计变量总计 126 个。

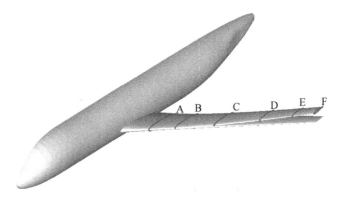

图 10.18　翼身组合体模型机翼优化剖面位置示意图

如果采用基于代理模型的优化方法,则需要选取数千个静气弹分析获得样本,且建立的代理模型预测能力较低,很难保证优化效果。采用本节介绍的梯度优化方法,优化目标取为最大化升阻比,即

$$\mathrm{Max}\left(\frac{C_L}{C_D}\right) \tag{10.33}$$

$$\text{s. t.} \quad g_1(X) = \bar{c}_{1\max} > 0.117$$
$$g_2(X) = \bar{c}_{2\max} > 0.115$$
$$g_3(X) = \bar{c}_{3\max} > 0.107$$
$$g_4(X) = \bar{c}_{4\max} > 0.107 \tag{10.34}$$
$$g_5(X) = \bar{c}_{5\max} > 0.105$$
$$g_6(X) = \bar{c}_{6\max} > 0.105$$
$$g_7(X) = |C_L - C_{L0}| < 0.01$$

式中, C_L 表示升力系数; C_D 表示阻力系数; $\bar{c}_{1\max} - \bar{c}_{6\max}$ 表示选取的机翼 6 个剖面的相对厚度; C_{L0} 为设计的升力系数。

采用离散共轭方法求得目标函数灵敏度导数即梯度后,采用 SQP 优化算法获得最优解。表 10.3 为优化前后气动特性比较,升阻比得到了 4.06% 的提升,同时满足预先给定的约束条件。优化前后压力分别图如图 10.19 所示。优化剖面 A - F 的剖面压力分布比较如图 10.20 所示。可见优化后机翼上表面激波明显减弱,优化取得了明显效果。

表 10.3 优化前后的气动特性比较

变 量 名 称	优 化 前	优 化 后	变化范围
c_1	0.120	0.120	0
c_2	0.118	0.116	-1.7%
c_3	0.111	0.111	0
c_4	0.109	0.107	-1.8%
c_5	0.108	0.106	-1.8%
c_6	0.109	0.106	-2.7%
升力系数 C_L	0.502	0.492	-2%
阻力系数 C_D	0.015 94	0.015 02	-6.12%
升阻比 K	31.49	32.77	4.06%

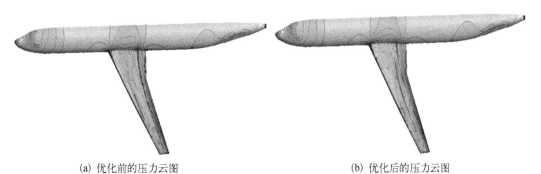

(a) 优化前的压力云图　　　　　　　　(b) 优化后的压力云图

图 10.19 优化前后的压力分布云图

优化前后机翼总 Mises 应力分布如图 10.21 所示。从图中可以看到优化前 Mises 应力最大值为 1.88×10^8 Pa,优化后最大值为 1.80×10^8 Pa。优化后结构最大应力值减小,对

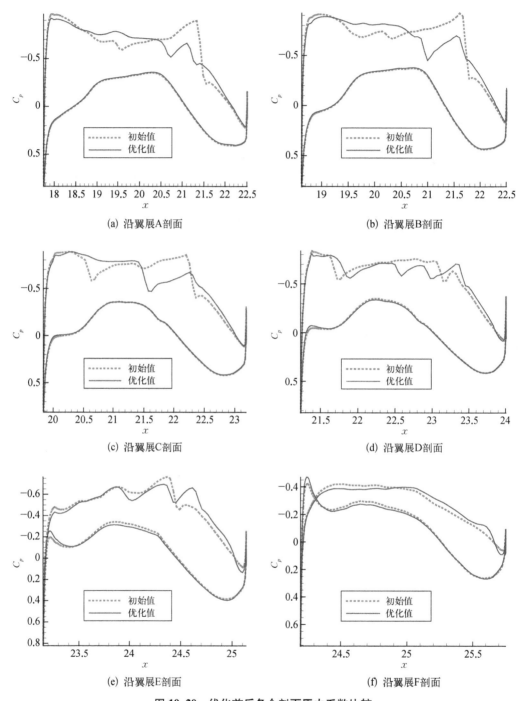

(a) 沿翼展A剖面   (b) 沿翼展B剖面

(c) 沿翼展C剖面   (d) 沿翼展D剖面

(e) 沿翼展E剖面   (f) 沿翼展F剖面

图 10.20　优化前后各个剖面压力系数比较

提升结构抗疲劳能力有利。应力集中区域变大,翼身承载能力也相应加大,结构承载效率有所改善。可见考虑静气动弹性影响的优化方法在气动和结构性能上都获得了一定收益。

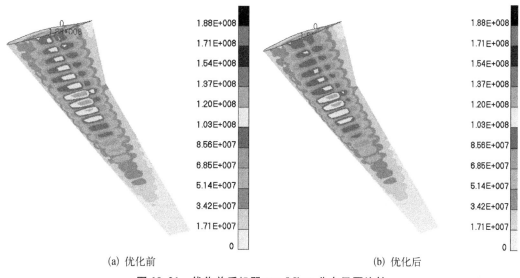

(a) 优化前　　　　　　　　　　　　　　　　(b) 优化后

图 10.21　优化前后机翼 von Mises 分布云图比较

10.3.2　基于梯度算法的气动/结构串行优化设计方法

1. 气动/结构串行优化设计策略与流程

大展弦比机翼结构在气动载荷作用下会产生大的变形,使机翼的设计外形与实际飞行中的外形有较大差异,从而影响飞机的飞行性能。气动弹性变形对机翼气动性能具有重要影响,因此需要在机翼的气动外形优化设计的过程中考虑到静气动弹性的影响。为了体现流场与结构的相互耦合作用,从而得到有实际应用价值的优化解,所以在优化过程中,必须体现流场、结构相互影响这一特点。

飞行器气动-结构多学科设计主要有解耦、半耦合和全耦合三种策略。而基于各种代理模型的全局优化设计方法和基于共轭方法的梯度优化设计是提高优化设计效率和优化质量的两种主要技术途径。上一节针对气动和结构参数全耦合优化策略,介绍了基于代理模型的全局优化设计方法。但是基于代理模型全局优化方法最大的问题是受限于构建代理模型存在维数灾难问题,一般适用于数十个优化设计变量的优化问题,而且其全局寻优效率也相对比较低。因此发展能够有效突破维数灾难使用于数百甚至上千优化设计变量的梯度优化方法也具有重要工程意义。

借鉴 RISM 方法思路,以通过离散伴随梯度气动优化方法得到的最优巡航外形为基准,采用基于梯度的结构尺寸优化方法,对结构在满足一定约束条件下进行减重优化,然后再将结构所承载的最优巡航外形下的气动载荷进行静气弹卸载,得到型架构型及其对应的结构网格,从而将考虑气动弹性影响的结构优化问题转化为保持巡航气动性能基础上的结构尺寸优化问题。采取该优化策略后,在满足气动性能满足要求的情况下也能实现结构减重优化。考虑气动弹性影响的气动/结构串行优化设计方法流程图见图 10.22。

该气动/结构串行优化流程具体步骤如下:

(1) 根据总体技术指标,采用几何参数化方法和基于离散伴随的气动外形优化设计方法获得最优巡航外形;

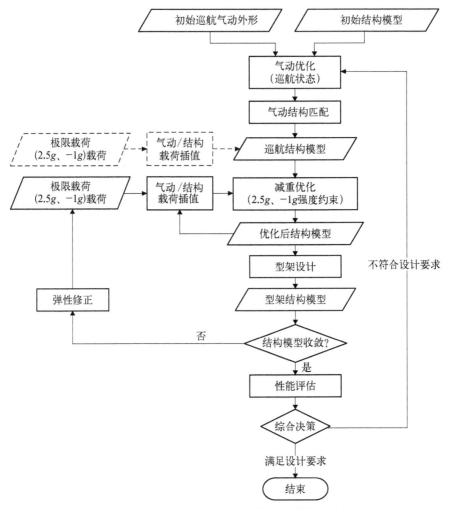

图 10.22　考虑气动弹性影响的气动/结构串行优化设计方法流程图

　　(2) 以最优巡航外形为基准,对巡航状态下的初始结构方案网格进行更新得到与最优巡航外形相匹配的结构网格;

　　(3) 以巡航气动外形在 $2.5g$ 及 $-1g$ 过载工况下的气动载荷为设计载荷,采用基于梯度的结构尺寸优化方法对结构进行减重优化,保证在 $2.5g$ 及 $-1g$ 过载工况下强度满足要求;

　　(4) 将结构所承载的最优巡航外形下的气动载荷进行卸载,得到型架构型;

　　(5) 以目标巡航外形与型架外形静气动弹性变形零差异为约束,将气动/结构综合优化问题转为保持巡航气动性能基础上的结构尺寸优化问题;

　　(6) 采用静气动弹性耦合数值模拟对结构减重优化后的机翼性能进行校核。如果不满足设计要求,则返回第一步继续迭代,直到满足约束或迭代终止条件。

　　2. CRM 民机模型气动/结构综合优化

　　首先对 CRM 翼身组合体-平尾基准构型进行减阻优化设计。设计变量为机翼外形变量(采用控制机翼外形的 FFD 控制点参数化机翼),共设置 570 个气动控制参数。气动优化采用的机翼参数化模型如图 10.23 所示。相对初始巡航构型,在来流马赫数 0.85 和迎角

2.302 0°下进行伴随优化。气动优化后阻力下降 3.43%,升阻比上升 3.55%。图 10.24 为优化前后 CRM 模型压力云图对比,图 10.25 为优化前后不同占位上机翼剖面压力系数对比。

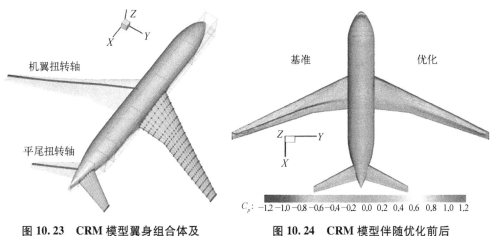

图 10.23　CRM 模型翼身组合体及
机翼 FFD 控制点

图 10.24　CRM 模型伴随优化前后
压力云图对比

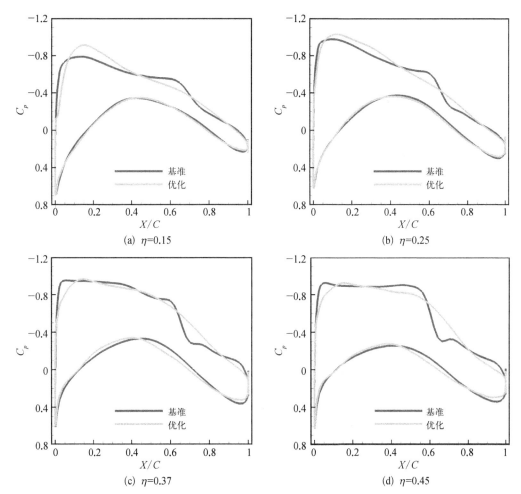

(a) η=0.15

(b) η=0.25

(c) η=0.37

(d) η=0.45

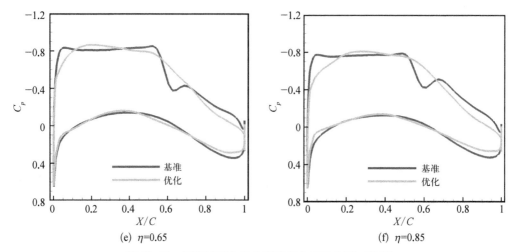

图 10.25　机翼不同占位上翼型压力系数分别对比图

以上述优化后的巡航外形对初始机翼结构进行气动载荷卸载并反设计基准结构模型。CRM 机翼结构在气动外形的基础上,按照民机机翼常用的中前梁、后梁、肋等布置情况进行建模,基准机翼结构布置图见图 10.26。整个模型由板壳单元组成,板壳厚度作为设计变量。选用结构板壳厚度作为设计变量,通过对机翼单元分区,获得 240 个结构有限元设计变量。在保证 2.5g、$-1g$ 载荷工况下强度满足要求的前提下,尽可能地减小模型重量。最终设计结果为:半翼展设计质量为 4.635 吨;应力均小于 420 MPa。将最优巡航状态下气动载荷插值到基准机翼结构,插值后机翼结构载荷分布图见图 10.27。

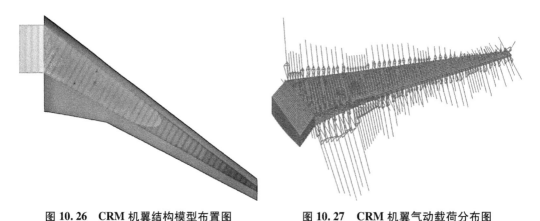

图 10.26　CRM 机翼结构模型布置图　　　　图 10.27　CRM 机翼气动载荷分布图

再采用基于梯度的序列二次规划等方法进行结构减重优化。优化中共迭代 8 步,优化迭代历程如图 10.28 所示。最终实现了结构相对基准结构模型减重 6.64%。结构优化设计后厚度分布如图 10.29 所示。机翼结构在 2.5g 及 $-1g$ 载荷工况下的应力分布分别如图 10.30 和图 10.31 所示。所设计的机翼结构在限制载荷下满足强度要求,材料利用相对充分。

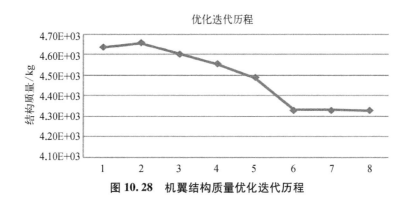

图 10.28　机翼结构质量优化迭代历程

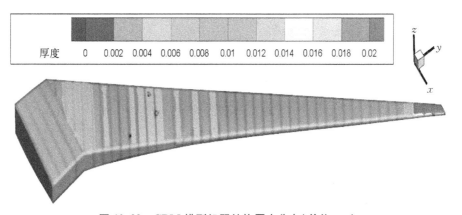

图 10.29　CRM 模型机翼结构厚度分布（单位：m）

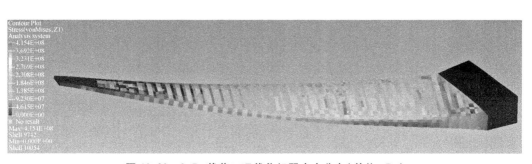

图 10.30　2.5g 载荷工况优化机翼应力分布（单位：Pa）

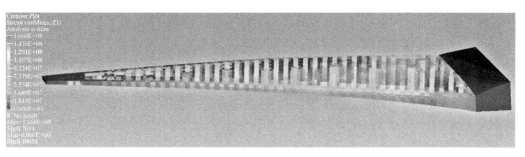

图 10.31　优化后模型-1g 载荷工况应力分布（单位：Pa）

在整个优化流程中,除将 2.5g 及 $-1g$ 过载工况下强度要求作为约束外,还将静气动弹性计算中得到的变形作为约束。这样就保证了所设计的结构模型在静气弹变形后其真实载荷与设计所用载荷相同,通过施加静气动弹性变形约束考虑了气动/结构的耦合效应。最后对优化机翼模型进行 CFD/CSD 耦合静气弹分析,CRM 模型气动性能指标如表 10.4 所示。相对于初始 CRM 气动外形和结构模型,经过气动/结构串行优化后,最终获了在保持升力系数 0.5 不变情况下,实现了升阻比提升 3.43% 且机翼结构减重 6.64% 的效果。

表 10.4 CRM 优化前后气动性能对比

	优 化 前	优 化 后	变化量/%
升力系数	0.5	0.5	—
阻力系数	0.030 488	0.029 441	−3.53
升阻比	16.4	16.983 1	+3.43

10.4 气动/结构耦合离散伴随优化设计方法

10.4.1 气动/结构耦合离散伴随方法

1. 气动/结构耦合离散伴随方程

上一节介绍的气动/结构串行优化方法将流固耦合系统对设计变量的偏导数,通过静气动弹性变形约束将目标函数梯度分解为气动目标函数对气动设计变量的灵敏度,以及结构目标函数对结构设计变量的灵敏度。其理论假设前提是气动目标函数对结构变量的梯度和结构目标函数对气动设计变量梯度相对于各自子学科梯度可以忽略不计。这对于结构变形不是特别大的流固耦合系统是合适的,但是对于轻质结构等变形比较大的情况,目标函数对设计变量灵敏度矩阵中的学科交叉导数不能忽略。因此针对超大展弦比机翼或是超轻柔性结构,有必要发展气动/结构全耦合伴随优化设计方法。

气动/结构耦合离散伴随方程的推导与求解的目的在于计算目标函数 I 对基于型架构型描述的设计变量 x 的导数[6]。可以假设待求目标函数为设计变量 x 以及针对静力学问题的气动/结构耦合系统状态变量 w 和 u 的函数:

$$I = f[x,(w,u)] \tag{10.35}$$

对式(10.35)进行链式求导可以得到目标函数对设计变量的导数为

$$\frac{dI}{dx} = \frac{\partial I}{\partial x} + \begin{bmatrix} \dfrac{\partial I}{\partial w} & \dfrac{\partial I}{\partial u} \end{bmatrix} \begin{bmatrix} \dfrac{dw}{dx} \\ \dfrac{du}{dx} \end{bmatrix} \tag{10.36}$$

式(10.36)中,目标函数对设计变量以及状态变量的偏导数 $\partial I/\partial x$、$\partial I/\partial w$ 和 $\partial I/\partial u$ 很容易

通过自动微分工具甚至解析方法求解得到。但是对于基于高可信度的气动/结构耦合求解方法而言,状态变量对设计变量的全导数求解难度较大,难以高效地直接通过自动微分或者解析方法获得。为此将梯度的求解转化为线性方程组的求解问题。对于气动/结构耦合系统,当耦合分析达到收敛时,耦合系统的残差为零,即

$$\begin{bmatrix} R_{\text{aero}} \\ R_{\text{str}} \end{bmatrix} = 0 \tag{10.37}$$

计算耦合系统的残差对设计变量 x 的全导数:

$$\begin{bmatrix} \dfrac{\mathrm{d}R_{\text{aero}}}{\mathrm{d}x} \\ \dfrac{\mathrm{d}R_{\text{str}}}{\mathrm{d}x} \end{bmatrix} = \begin{bmatrix} \dfrac{\partial R_{\text{aero}}}{\partial x} \\ \dfrac{\partial R_{\text{str}}}{\partial x} \end{bmatrix} + \begin{bmatrix} \dfrac{\partial R_{\text{aero}}}{\partial w} & \dfrac{\partial R_{\text{aero}}}{\partial u} \\ \dfrac{\partial R_{\text{str}}}{\partial w} & \dfrac{\partial R_{\text{str}}}{\partial u} \end{bmatrix} \begin{bmatrix} \dfrac{\mathrm{d}w}{\mathrm{d}x} \\ \dfrac{\mathrm{d}u}{\mathrm{d}x} \end{bmatrix} = 0 \tag{10.38}$$

将式(10.38)代入式(10.36)并整理有

$$\dfrac{\mathrm{d}I}{\mathrm{d}x} = \dfrac{\partial I}{\partial x} - \underbrace{\begin{bmatrix} \dfrac{\partial I}{\partial w} & \dfrac{\partial I}{\partial u} \end{bmatrix} \begin{bmatrix} \dfrac{\partial R_{\text{aero}}}{\partial w} & \dfrac{\partial R_{\text{aero}}}{\partial u} \\ \dfrac{\partial R_{\text{str}}}{\partial w} & \dfrac{\partial R_{\text{str}}}{\partial u} \end{bmatrix}^{-1}}_{\psi^{\text{T}}} \begin{bmatrix} \dfrac{\partial R_{\text{aero}}}{\partial x} \\ \dfrac{\partial R_{\text{str}}}{\partial x} \end{bmatrix} \tag{10.39}$$

设 $\Psi = \begin{bmatrix} \psi_{\text{aero}}^{\text{T}} & \psi_{\text{str}}^{\text{T}} \end{bmatrix}^{\text{T}}$ 为伴随变量,则可构造如下针对静力学问题的气动/结构耦合伴随方程:

$$\begin{bmatrix} \dfrac{\partial R_{\text{aero}}}{\partial w} & \dfrac{\partial R_{\text{aero}}}{\partial u} \\ \dfrac{\partial R_{\text{str}}}{\partial w} & \dfrac{\partial R_{\text{str}}}{\partial u} \end{bmatrix} \begin{bmatrix} \psi_{\text{aero}} \\ \psi_{\text{str}} \end{bmatrix} \begin{bmatrix} \dfrac{\partial I}{\partial w} & \dfrac{\partial I}{\partial u} \end{bmatrix}^{\text{T}} \tag{10.40}$$

式(10.40)左端的矩阵为伴随方程的雅可比矩阵,其中主对角线上的 $\dfrac{\partial R_{\text{aero}}}{\partial w}$ 和 $\dfrac{\partial R_{\text{str}}}{\partial u}$ 分别为单学科的气动和结构对各自状态变量的偏导数,其值仅仅由各学科的控制方程决定。$\dfrac{\partial R_{\text{aero}}}{\partial w}$ 是单学科的气动伴随方程的雅可比矩阵。采用自动微分技术与解析导相结合的方式可以进行导数的求解。关于气动伴随方程详细推导以及求解技术请参见文献[7]。

$\dfrac{\partial R_{\text{str}}}{\partial u}$ 是单学科的结构伴随方程的雅可比矩阵。对于气动/结构耦合的静力学问题,对于采用板壳有限单元建模的各向同性线性结构,其结构控制方程为

$$\dfrac{\partial R_{\text{str}}}{\partial u} = K - \dfrac{\partial F_{\text{str}}}{\partial u} = K - \dfrac{\partial F_{\text{str}}}{\partial F_{\text{aero}}} \dfrac{\partial F_{\text{aero}}}{\partial G^S} \dfrac{\partial G^S}{\partial u} \tag{10.41}$$

式中,线性刚度矩阵的值 K 在进行静气动弹性分析时便已经求得。在不改变机翼形面以及板壳有限单元厚度的条件下,线性刚度矩阵 K 在整个静气动分析流程中都不发生变化,即与结构状态变量 u 无关。因此,在计算偏导数项 $\dfrac{\partial R_{\text{str}}}{\partial u}$ 时无须再重新计算 K。$\dfrac{\partial F_{\text{str}}}{\partial F_{\text{aero}}}$ 和 $\dfrac{\partial G^{S}}{\partial u}$ 均由采用的基于刚性连接的 CFD/CSD 数据插值方法决定,可通过解析导获得

$$\frac{\partial F_{\text{str}}}{\partial F_{\text{aero}}} = T_{\text{AS}}^{\text{T}} \tag{10.42}$$

$$\frac{\partial G^{S}}{\partial u} = T_{\text{AS}} \tag{10.43}$$

雅可比矩阵辅对角线上的 $\dfrac{\partial R_{\text{aero}}}{\partial u}$ 为气动/结构的耦合导数项,根据链式求导法则有

$$\frac{\partial R_{\text{aero}}}{\partial u} = \frac{\partial R_{\text{aero}}}{\partial G^{V}} \frac{\partial G^{V}}{\partial G^{S}} \frac{\partial G^{S}}{\partial u} \tag{10.44}$$

式中,$\dfrac{\partial R_{\text{aero}}}{\partial G^{V}}$ 和 $\dfrac{\partial G_{V}}{\partial G^{S}}$ 分别为气动残差对空间气动网格以及空间气动网格对气动表面网格坐标的偏导数,其中偏导数 $\dfrac{\partial R_{\text{aero}}}{\partial G^{V}}$ 的求解详细过程参见参考文献[4]。$\dfrac{\partial G^{V}}{\partial G^{S}}$ 由采用的 IDW 动网格方法决定。第 j 个空间网格点的变形量对第 i 个物面表面网格变形量的导数借助链式求导法则有

$$\frac{\partial G_{j}^{V}}{\partial G_{k}^{S}} = \partial \left[\frac{\sum_{i=1}^{N} w_{ij} G_{j}^{S}}{\sum_{i=1}^{N} w_{ij}} \right] \bigg/ \partial G_{k}^{S} = \frac{\sum_{i=1}^{N} (\partial w_{ij} G_{i}^{S} / \partial G_{k}^{S})}{\sum_{i=1}^{N} (\partial w_{ij} / \partial G_{k}^{S})} \tag{10.45}$$

式中各偏导数项采用解析方法可以快速求得;偏导数 $\dfrac{\partial G^{S}}{\partial u}$ 由 CFD/CSD 数据插值方法决定。

与 $\dfrac{\partial R_{\text{aero}}}{\partial u}$ 类似,$\dfrac{\partial R_{\text{str}}}{\partial w}$ 也为气动/结构的耦合导数项。同样借助链式求导法则有

$$\frac{\partial R_{\text{str}}}{\partial w} = -\frac{\partial F_{\text{str}}}{\partial w} = -\frac{\partial F_{\text{str}}}{\partial F_{\text{aero}}} \frac{\partial F_{\text{aero}}}{\partial w} \tag{10.46}$$

式中,$\dfrac{\partial F_{\text{str}}}{\partial F_{\text{aero}}}$ 通过对基于刚性链接的 CFD/CSD 数据插值方法进行解析求导得到。

至此,耦合伴随方程式(10.40)的雅可比矩阵的各项已经求得。为了求解伴随方程,

还需求计算目标函数或者约束 I 对气动以及结构状态变量的偏导数 $\dfrac{\partial I}{\partial w}$ 和 $\dfrac{\partial I}{\partial u}$。$\dfrac{\partial I}{\partial w}$ 和 $\dfrac{\partial I}{\partial u}$ 的计算与 I 的具体表达式有关。但是无论 I 是哪种形式,通常 $\dfrac{\partial I}{\partial w}$ 和 $\dfrac{\partial I}{\partial u}$ 的计算比较简单,结合链式求导法则,利用自动微分技术以及解析求导方法可以快速获得。

当完整地计算得到伴随方程(10.40)等式左边以及右边的表达式以后,采用 LBGS 方法(linear block Gauss - Seidel method)进行迭代求解,便可得到伴随变量 $\boldsymbol{\varPsi}^{\mathrm{T}}$ 的值。

2. 目标函数梯度求解

通过求解气动/结构耦合静力学问题的伴随方程(10.40)获得了相应的伴随变量,则目标函数对设计变量的全导数由如下公式决定:

$$\frac{\mathrm{d}I}{\mathrm{d}x} = \frac{\partial I}{\partial x} - \begin{bmatrix} \boldsymbol{\psi}_{\mathrm{aero}}^{\mathrm{T}} & \boldsymbol{\psi}_{\mathrm{str}}^{\mathrm{T}} \end{bmatrix}^{\mathrm{T}} \begin{bmatrix} \dfrac{\partial R_{\mathrm{aero}}}{\partial x} \\ \dfrac{\partial R_{\mathrm{str}}}{\partial x} \end{bmatrix} \tag{10.47}$$

式中,x 为基于型架构型描述的优化问题的设计变量。对于考虑静气动弹性影响的气动/结构耦合优化设计,设计变量 x 包括气动设计变量 x_a、结构设计变量 x_m 和几何设计变量 x_g。其中气动设计变量 x_a 指的是决定气动设计问题状态的变量参数,如马赫数 Ma、攻角 O、飞行高度 H 等。对于基于板壳结构有限元模型的气动/结构耦合的静力学优化设计问题,在结构学科方面,本节仅仅进行板壳有限元厚度的优化设计。因此结构设计变量 x_m 指板壳单元厚度。几何设计变量 x_g 为是用于实现对几何外形进行操作的参数化方法的控制参数。采用基于 B 样条的 FFD 参数化方法,因此几何设计变量既为 FFD 参数化方法控制点的位移增量。

$\dfrac{\partial R_{\mathrm{aero}}}{\partial x}$ 和 $\dfrac{\partial R_{\mathrm{str}}}{\partial x}$ 分别为气动残差和结构残差对设计变量 x 的偏导数。由于气动控制方程仅仅与气动设计变量以及几何设计变量有关,将 $\dfrac{\partial R_{\mathrm{aero}}}{\partial x}$ 展开有

$$\frac{\partial R_{\mathrm{aero}}}{\partial x} = \left[\left(\frac{\partial R_{\mathrm{aero}}}{\partial x_a} \right)^{\mathrm{T}} \left(\frac{\partial R_{\mathrm{aero}}}{\partial x_m} \right)^{\mathrm{T}} \left(\frac{\partial R_{\mathrm{aero}}}{\partial x_g} \right)^{\mathrm{T}} \right]^{\mathrm{T}} = \left[\left(\frac{\partial R_{\mathrm{aero}}}{\partial x_a} \right)^{\mathrm{T}} \quad 0 \quad \left(\frac{\partial R_{\mathrm{aero}}}{\partial x_g} \right)^{\mathrm{T}} \right]^{\mathrm{T}} \tag{10.48}$$

气动残差对气动设计变量的偏导数 $\dfrac{\partial R_{\mathrm{aero}}}{\partial x_a}$ 的计算与单学科纯气动优化问题中是一致的。

针对气动残差对几何设计变量的偏导数 $\dfrac{\partial R_{\mathrm{aero}}}{\partial x_g}$ 的计算,根据链式求导法则有

$$\frac{\partial R_{\mathrm{aero}}}{\partial x_g} = \frac{\partial R_{\mathrm{aero}}}{\partial G^V} \frac{\partial G^V}{\partial G^S} \frac{\partial G^S}{\partial x_g} = \frac{\partial R_{\mathrm{aero}}}{\partial G^V} \frac{\partial G^V}{\partial G^S} \left(\frac{\partial G_J^S}{\partial x_g} + \frac{\partial (T_{\mathrm{AS}} u)}{\partial x_g} \right) \tag{10.49}$$

式中，G_J^S 为型架构型的气动表面网格，针对线性结构，根据采用的流固耦合插值方法可得

$$G^S = G_J^S + T_{AS} u \tag{10.50}$$

同样将 $\dfrac{\partial R_{str}}{\partial x}$ 展开有

$$\frac{\partial R_{str}}{\partial x} = \left[\left(\frac{\partial R_{str}}{\partial x_a} \right)^T \left(\frac{\partial R_{str}}{\partial x_m} \right)^T \left(\frac{\partial R_{str}}{\partial x_g} \right)^T \right]^T \tag{10.51}$$

根据结构控制方程可得

$$\begin{cases} \dfrac{\partial R_{str}}{\partial x_a} = \dfrac{\partial F_{str}}{\partial x_a} = T_{AS}^T \dfrac{\partial F_{aero}}{\partial x_a} \\[2mm] \dfrac{\partial R_{str}}{\partial x_m} = \dfrac{\partial K}{\partial x_m} \\[2mm] \dfrac{\partial R_{str}}{\partial x_g} = \dfrac{\partial K}{\partial x_g} + \dfrac{\partial F_{str}}{\partial x_g} = \dfrac{\partial K}{\partial x_g} + \dfrac{\partial (T_{AS}^T F_{aero})}{\partial x_g} \end{cases} \tag{10.52}$$

式(10.52)各项采用自动微分技术进行求解。$\dfrac{\partial I}{\partial x}$ 为目标函数/约束对设计变量的偏导数，其表达式由 I 的具体函数形式决定，但是不论 I 的形式如何，通常 $\dfrac{\partial I}{\partial x}$ 可以借助自动微分技术或者解析求导的方式求出。

3. 流固耦合离散伴随优化设计流程

当计算得到了优化目标以及约束的值及其对设计变量的梯度之后，结合包括优化算法、FFD 几何外形参数化方法等优化设计技术模块，即可获得如图 10.32 所示的基于梯度的针对静力学问题的气动/结构多学科优化设计流程。图中灰色粗线为数据流，黑色细线为进程流。x_a^0、x_g^0、x_m^0 分别为气动设计变量、几何设计变量和结构设计变量的初始值，x_a^*、x_g^*、x_m^* 分别为经过优化设计之后，整个系统得到的最终的气动、几何和结构设计变量。整个优化过程的具体计算步骤为：

（1）给定设计变量初值 x_a^0、x_g^0、x_m^0，对整个优化设计系统进行初始化；

（2）根据设计变量的值，采用基于 B 样条的 FFD 几何外形参数化方法对气动以及结构模型进行更新，并调用建立的 IDW 动网格技术生成用于静气动弹性分析以及梯度求解的 CFD 网格；

（3）基于步骤（1）中生成的 CFD 网格和结构有限元模型，利用静气动弹性分析模块进行静气动弹性计算分析，获得静平衡构型。其中动网格采用建立的 IDW 动网格技术，气动模型与结构模型之间载荷和变形位移的传递采用基于刚性链接的 CFD/CSD 数据插值方法；

（4）提取系统达到静平衡之后的升力、阻力、结构重量以及冯密塞斯应力（von Mises

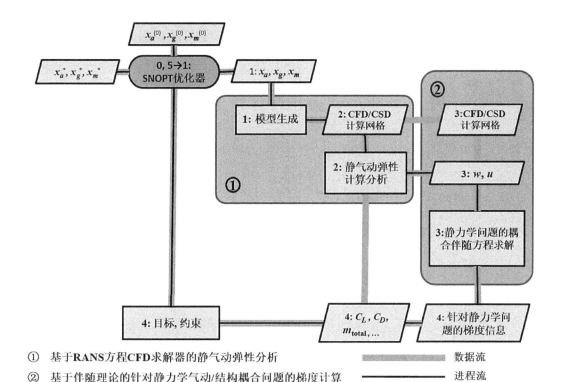

① 基于**RANS**方程CFD求解器的静气动弹性分析　　　　　　　数据流
② 基于伴随理论的针对静力学气动/结构耦合问题的梯度计算　　　进程流

图 10.32　考虑静气动弹性变形影响的基于梯度的气动/结构多学科优化设计系统

stress)等信息(如 C_L、C_D、m_{total} 以及冯密塞斯应力 σ_{vm} 等)作为计算优化设计目标或约束的输入。同时,将计算得到的气动状态变量 w 以及结构状态变量 u 传递给基于伴随方法的梯度求解模块;

(5)求解针对静力学问题的气动/结构耦合伴随方程,获得气动、结构伴随变量,并进一步计算升力、阻力、结构重量以及冯密塞斯应力等对设计变量的梯度;

(6)基于步骤(2)和(3)中得到的结果,计算优化设计问题的目标函数和约束的值以及对设计变量的梯度;将获得的设计目标和约束的值及其对设计变量的梯度输送给SNOPT 优化器,利用 SQP 梯度优化算法进行寻优;

(7)重复步骤(1)~(6),直至 SQP 达到收敛,则退出优化流程,返回设计变量最优值 x_a^*、x_g^*、x_m^*。

10.4.2　HALE 无人机多学科耦合优化设计

1. HALE 无人机几何模型

选取类似"全球鹰"的 HALE 无人机翼身组合体构型作为优化设计对象。HALE 无人机布局形式如图 10.33 所示,机翼平面形状如图 10.34 所示,机翼半展长 18.4 m,展弦比 27,前缘后掠角 6.5°,具体的机翼几何参数见表 10.5。该无人机典型任务剖面给定的巡航高度为 17~20 km,无人机以定马赫数 0.6,采用逐渐爬升的方式进行巡航飞行。在优化设计过程中,为了简化问题,假设无人机的巡航高度不变,巡航升力系数按照具有 50% 的燃油进行核算。最终,用于优化设计的飞行器的巡航状态为: $H = 18.5\,\mathrm{km}$, $Ma = 0.6$, $C_L = 0.8$。图 10.35 为该 HALE 无人机机翼的结构有限元模型。该结构有限元模型针对蒙皮、梁以及翼肋采用壳单元进行建模,前、后梁分别在当地弦长的 22% 和 75% 位置,沿展向等间距分布有 22 个翼肋。机翼结构采用全铝材料 ($\sigma_Y = 324\,\mathrm{MPa}$)。

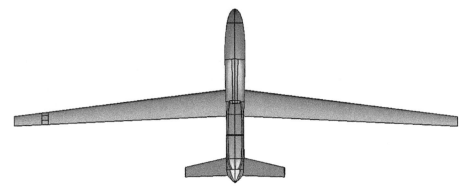

图 10.33　HALE 无人布局俯视图

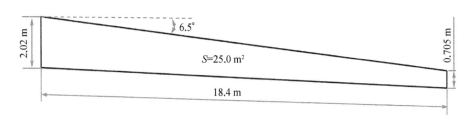

图 10.34　简化 HALE 无人机平面形状参数

表 10.5　HALE 无人机机翼几何参数

参　数	值	单　位
半展长	18.4	m
根弦长	2.02	m
尖弦长	0.705	m
根梢比	2.87	—
MAC	1.47	m
半模面积	25.0	m²
展弦比	27	—

2. HALE 无人机优化数学模型

1) 目标函数与约束条件

介绍两个不同工况下的优化设计算例。第一个优化设计算例是巡航状态下进行以巡航阻力 C_D 最小为目标,机翼厚度以及油箱容积 V_{oil} 为约束的单点气动优化设计。该优化设计算例的作用在于,给定约束条件下,从单学科的气动角度探讨有利于气动减阻的机翼形面、压力分布形态、气动载荷分布、翼型剖面厚度以及翼盒截面积分布的特征,并与多学

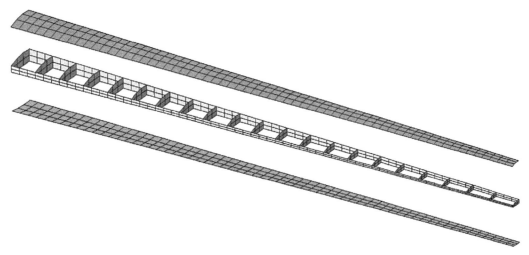

图 10.35　HALE 无人机机翼结构有限元模型

科的优化设计结果进行对比。公式(10.53)为对应的优化设计数学模型。

$$\text{Min } C_D$$
$$\text{s.t.} \quad C_L = 0.8, \text{ when } H = 18.5 \text{ km}, Ma = 0.6$$
$$t_i \geqslant n_1 \cdot t_i^0, i = 1, 2, \cdots, N \tag{10.53}$$
$$V_{\text{oil}} \geqslant n_2 \cdot V_{\text{oil}}^0$$

式中, C_D 为具有 50%可用燃油条件下的飞机巡航阻力。在优化过程中总共施加了 N(文中 $N = 40$)个厚度约束,即要求指定占位处的机翼厚度不小于初始构型的 n_1 倍(文中 $n_1 = 0.9$)。施加厚度约束的位置沿着展向分布在机翼 FFD 控制框的纵向控制剖面内,在弦向均匀分布,文中厚度约束个数为 40。t_i 为优化设计构型的机翼上第 i 个指定位置处的厚度;t_i^0 为初始构型的机翼上第 i 个指定位置处的厚度;V_{oil} 为优化设计构型的油箱容积;V_{oil}^0 为初始构型的油箱容积,因此设计约束为设计构型的油箱容积不小于 n_2 倍(文中 $n_2 = 0.99$)的初始构型的油箱容积。为了简化问题,可假设整个机翼翼盒全部用来装油,因此对于机翼而言油箱容积等价于机翼翼盒容积。

第二个优化设计算例为考虑静气动弹性变形对气动载荷分布形式改变的影响下,进行气动/结构多学科优化设计。该优化设计算例的作用在于,给定约束条件下,从气动、结构耦合的角度探讨有利于气动减阻以及机翼结构减重的机翼形面、压力分布形态、气动载荷分布、结构质量和刚度分布、翼型剖面厚度以及翼盒截面积分布的特征,并与单学科的气动设计结果以及考虑颤振影响的优化设计结果进行对比。该优化设计算例以巡航状态下航程 L 最大为目标,航程 L 计算公式如下:

$$L = \frac{\eta K_{\text{curi}} Ma}{g q_e} \cdot a_{\text{H}} \cdot \ln\left(\frac{W_0}{W_1 + W_{\text{wing}}}\right) \tag{10.54}$$

式中，q_e 为发动机燃油消耗率；K_{curi} 为巡航升阻比；a_H 为当地声速；W_0 为巡航起阶段飞机重量；W_1 为巡航终了阶段的重量减去机翼结构重量之后的剩余重量；W_{wing} 为机翼结构重量，其表达式为

$$W_{wing} = c \cdot W_e \tag{10.55}$$

式中，W_e 为借助有限元模型计算得到的机翼结构重量；c 为放大系数用于近似考虑由于有限元建模的简化而忽略掉的其他部件以及部件之间的链接构件等的重量。在优化过程中假设放大系数 c 保持不变。同时，为了保证飞机的起飞总重在优化过程中不变，将机翼结构重量的减少折算为增加的燃油重量。

将航程最大化作为基于梯度优化算法的气动/结构优化设计问题的优化目标时，这里不直接将航程公式（10.54）作为目标函数，而采用气动设计目标（最小化 C_D）和结构设计目标（最小化 W_e）的权重求和的形式作为优化目标函数：

$$Min \; \alpha_1 \cdot C_D + \alpha_2 \cdot W_e \tag{10.56}$$

式中，C_D 为具有 50% 可用燃油条件下的飞机巡航阻力；α_1、α_2 分别为针对气动设计目标和结构设计目标的权重系数；α_1 和 α_2 的值借助航程公式（10.54）分别对 C_D 和 W_e 求偏导数获得

$$\alpha_1 = \frac{\partial L}{\partial C_D} = -\frac{\eta Ma C_L}{g q_e C_D^2} \cdot a_H \cdot \ln\left(\frac{W_0}{W_1 + c \cdot W_e}\right) \tag{10.57}$$

$$\alpha_2 = \frac{\partial L}{\partial W_e} = -c \cdot \frac{\eta Ma \cdot a_H K_{curi}}{g q_e (W_1 + c \cdot W_e)} \tag{10.58}$$

根据式（10.58）有

$$\frac{\alpha_1}{\alpha_2} = \frac{W_1 + c \cdot W_e}{c \cdot C_D} \cdot \ln\left(\frac{W_0}{W_1 + c \cdot W_e}\right) \tag{10.59}$$

式中，机翼结构重量放大系数 $c = 1.0$，参照"全球鹰"高空长航时无人机的数据取 $W_0 = 11\,180\,kg$，$W_1 + c \cdot W_e = 5\,010\,kg$。巡航升阻比 K_{curi} 和机翼结构重量 W_e 在优化过程中是不断变化的，这意味着数 α_1 和 α_2 的值是随着优化历程也是不断变化的。为了简化问题，此处将权重系数 α_1 和 α_2 设为固定的常数，其取值利用初始构型的巡航升阻比和类"全球鹰"的重量数据进行计算，最终得到权重系数 $\alpha_1 = 134$，$\alpha_2 = 1$。

设计约束除了 N 个指定位置处的机翼厚度不小于 n_1 倍初始机翼对应位置的厚度，保证油箱容积不小于 n_2 倍的初始构型的油箱容积以外，还包括在 2.5g 过载下，结构 von Mises 应力 σ_{vm} 不大于给定的屈服应力 $n_3 \cdot \sigma_{limit}$，其中 n_3 为给定的安全余量。本算例中 n_1 和 n_2 的取值与第一个优化设计算例中的值保持一致，$n_3 = 1.0$。最终，第二个优化设计算例的数学模型为

$$\text{Max } \alpha_1 \cdot C_D + \alpha_2 \cdot W_e$$

$$\text{s. t. } \quad C_L = 0.8, \text{ when } H = 18.5 \text{ km}, Ma = 0.6$$

$$t_i \geqslant n_1 \cdot t_i^0, \ i = 1, 2, \cdots, N \tag{10.60}$$

$$V_{\text{oil}} \geqslant n_2 \cdot V_{\text{oil}}^0$$

$$\sigma_{\text{vm}} \leqslant n_3 \cdot \sigma_{\text{limit}}, \text{ when } 载荷系数 = 2.5$$

2）优化设计变量

气动/结构多学科优化设计的设计变量包括描述气动迎角的气动设计变量,对机翼外形进行扰动变形的几何设计变量以及结构有限单元厚度表征的结构设计变量三类。如表 10.6 所示,整个优化设计问题具有 286 个设计变量,其中气动设计变量 1 个;几何设计变量 180 个;结构设计变量 105 个。

表 10.6　气动/结构多学科耦合优化设计变量的划分

设计变量类型	设计变量描述	设计变量个数
气动设计变量	气动迎角	1
几何设计变量	FFD 控制点	180
结构设计变量	上蒙皮	21
	下蒙皮	21
	前梁	21
	后梁	21
	翼肋	21
合计	—	286

采用基于 B 样条的 FFD 参数化方法对 HALE 无人机的几何外形进行参数化。FFD 控制框的布置如图 10.36 所示。总共布置了 2 个 FFD 控制体,分别对机身和机翼进行参数化,控制体对接处采用点对点的对接形式进行拼接,以保证控制体交界处的几何变形是光滑的。对机翼几何进行参数化的 FFD 控制体的控制点分布为 20×5×2,其中弦向分布

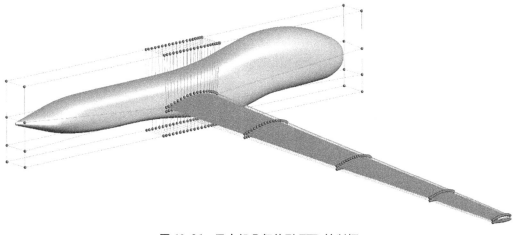

图 10.36　无人机几何外形 FFD 控制框

有 20 个控制点,展向分布有 5 个控制点,垂直于翼面方向分布有 2 个控制点。弦向分布的 20 个 FFD 控制点中,选取中间的 18 个控制点作为设计变量,固定首位两个控制点不变,以保证优化设计过程中机翼前后缘基本不变。展向 5 个以及垂直于翼面方向的 2 个控制点全部选作设计变量。因此,作为几何设计变量的 FFD 控制点的个数为 180 个。

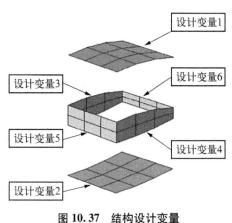

图 10.37 结构设计变量

结构设计变量的划分原则如图 10.37 所示。每个翼盒盒段具有 6 个设计变量,包括上、下蒙皮的厚度,前、后梁腹板厚度以及翼肋厚度。最终,结构设计变量个数为 105,其中上、下蒙皮各 21 个设计变量,前、后梁腹板 21 个设计变量,翼肋 21 个设计变量。且设计壳单元的厚度变化范围为 1~15 mm。最终,以巡航阻力最小为目标的单学科气动优化设计具有 180 个气动设计变量。以巡航状态下航程最大为目标的考虑静气动弹性影响的气动/结构耦合优化设计具有 180 个气动设计变量、105 个结构设计变量。

3) 优化设计结果分析

这里给出 HALE 无人机单学科气动优化结果和考虑静气动弹性变形影响的气动/结构多学科优化设计结果对比。其中,单学科气动优化设计结果用"Aero_opt"表示,优化设计数学模型为公式(10.53),其优化初始构型用"Aero_ori"表示。仅仅考虑静气动弹性变形影响的气动/结构多学科优化设计结果用"AS_opt"表示,优化设计数学模型为公式(10.60),对应优化初始构型用"AS_ori"表示。

图 10.38 和图 10.39 分别为三个不同优化设计问题的优化收敛历史。显然,对于 Aero_opt 设计构型,非线性梯度优化器经过 88 次迭代之后便达到收敛。相比之下,气动/结构多学科优化设计问题收敛较慢。对于 AS_opt 构型,非线性优化器经过 161 次迭代才达到收敛。虽然整个多学科设计问题需要更多迭代步,但是气动优化目标(巡航阻力 C_D)在 75 次迭代之后便几乎不变。收敛历程显示,无论是 Aero_opt 设计构型还

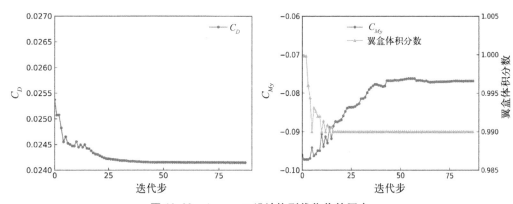

图 10.38 Aero_opt 设计构型优化收敛历史

是 AS_opt 设计构型,翼盒容积约束都达到了设计边界,成为导致设计结果性能无法进一步提升的重要限制条件之一。而气动约束(俯仰力矩约束 C_{My})距离给定的边界都较远。

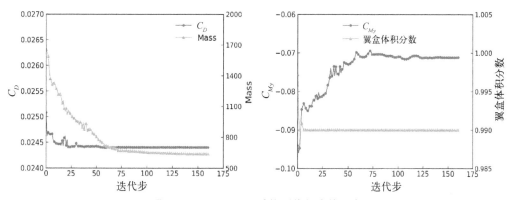

图 10.39 AS_opt 设计构型优化收敛历史

表 10.7 给出了初始构型与优化设计构型在巡航升阻比和机翼结构重量方面的性能对比。结果显示,相比于初始构型 Aero_ori,Aero_opt 构型的巡航升阻比从31.5 增大到 33.2,提升了 5.4%。气动/结构多学科优化设计结果 AS_opt 相比于初始构型 AS_ori 构型,不仅巡航升阻比提高了 4.9%,达到 32.78,同时机翼结构重量得到了大幅度的减小,从 1 670 kg 降低到 628 kg,减小了 62.4%。造成 AS_opt构型结构重量大幅减小的原因有两点。一方面,采用了多学科优化设计方法,使得AS_opt 构型具有较轻的结构重量。另一方面,初始构型 AS_ori 的机翼结构并没有经过初步优化,壳单元的厚度是人为给定的,均设定为 9 mm,厚度偏厚,结构重量较大。

表 10.7 优化设计结果对比

Model	K_{curi}	W_{wing}/kg	C_{My}	V_{oil}/V_{oil}^0
Aero_ori	31.50	—	−0.096 0	1.0
AS_ori	31.25	1 670	−0.092 3	1.0
Aero_opt	33.20	—	−0.076 8	0.99
AS_opt	32.78	628	−0.071 2	0.99

图 10.40 和图 10.41 分别为优化设计结果 Aero_ori 与 Aero_opt 以及 AS_opt 之间的表面压力云图和机翼结构变形对比。从表面压力云图不难发现,Aero_opt 相比于Aero_ori 构型,机翼载荷在弦向方向上明显前移,这是导致优化设计结果的低头力矩明显小于初始构型的直接原因。当考虑静气动弹性变形影响以后,巡航状态 AS_opt构型机翼出现了明显的弯曲变形,翼尖挠度变形量将近 2.1 m,达到半展长的11.4%。

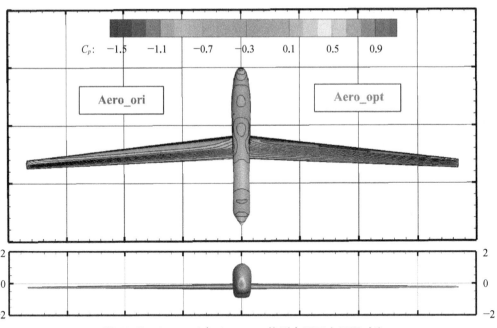

图 10.40 Aero_ori 与 Aero_opt 构型表面压力云图对比

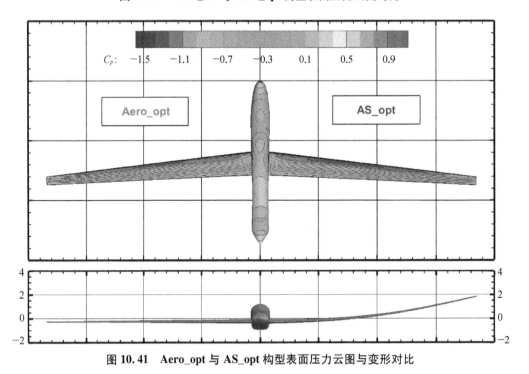

图 10.41 Aero_opt 与 AS_opt 构型表面压力云图与变形对比

【小结】

飞行器流固耦合多学科设计优化由于采用高可信度高精度求解器,需要消耗计算资源急剧提供。巨大计算量成基于 CFD/CSD 耦合求解器在多学科设计优化中大量应用的关键因素。如何提高优化设计效率、提升优化质量和缩短周期成为包括飞行器气动/结构耦合优化在内的所有多学科设计优化面临的共同问题。本章介绍了代理模型、解耦离散伴随和全耦合离散伴随等提升飞行器气动/结构耦合优化效率和优化质量的三种方法，以及多学科优化所涉及的优化模型建模、几何外形参数化和优化流程等关键技术。

【数字资源】

密歇根大学多学科优化设计开源框架：https：//github.com/mdolab/mach-aero。

参 考 文 献

［ 1 ］　Sherif A, Madara O, Richard, et al. Jig-shape static aeroelastic wing design problem：A decoupled approach［J］. Journal of Aircraft, 2002, 39(6)：1061-1066.

［ 2 ］　左英桃,高正红,詹浩,等.基于 N-S 方程和离散共轭方法的气动设计方法研究［J］.空气动力学学报,2009,27(1)：67-72.

［ 3 ］　Zuo Y T, Gao Z H, Chen G. Efficient aero-structural design optimization：Coupling based on reverse iteration of structural model［J］. Science China, 2015, 58(2)：307-315,

［ 4 ］　Zuo Y T, Chen G, Li Y M, et al. Efficient aeroelastic design optimization based on the discrete adjoint method［J］. Transactions of The Japan Society for Aeronautical and Space Sciences, 2014, 57(6)：343-351.

［ 5 ］　路晶晶.基于 CFD/CSD 耦合的机翼多学科优化设计方法研究［D］.西安：西安交通大学,2013.

［ 6 ］　杨体浩.基于梯度的气动/结构多学科方法及应用［D］.西安：西北工业大学,2018.

［ 7 ］　陈颂.基于梯度的气动外形优化设计方法及应用［D］.西安：西北工业大学,2016.

第11章
流固耦合分析应用实例

学习要点
- 掌握：静气动弹性和颤振问题的流固耦合分析
- 熟悉：计算流固耦合方法在工程上的典型应用分析过程

计算流固耦合力学目前已在航空、航天、土木、海洋工程、交通工程等领域获得广泛应用。本章将介绍几个综合利用本书方法进行流固耦合分析与设计的典型应用实例。包括风洞模型静气动弹性分析、全机颤振特性、热流固耦合防热性能评估和导弹气动伺服弹性分析等与工程实际问题紧密相关的应用案例。

11.1 大展弦比翼身组合体静气动弹性分析

HIRENASD 模型为一典型运输机常用的大展弦比机翼外形。其风洞试验由德国亚琛大学在欧洲跨声速风洞设备中完成。图 11.1 为 HIRENASD 风洞试验模型的试验安装模型和详细参数[1]。图 11.2 为 HIRENASD 模型 CFD 物面网格和有限元计算网格。这些网格来自 AePW 官方网站。CFD 网格块数为 319 块，物面由 41 块网格组成。CFD 网格包含

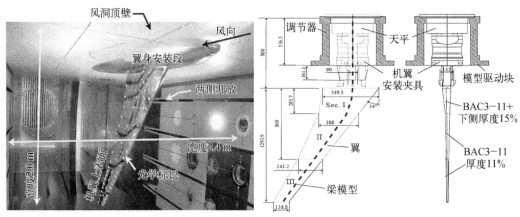

图 11.1 HIRENASD 试验模型和详细参数[1]（单位：mm）

约 316 万个节点,300 万个六面体网格单元。第一层网格高度为 0.004 4 mm,对应的 y^+ 约为 1。力矩参考点为 (0. 252 m, 0. 61 m, 0 m);参考面积为 0. 392 6 m^2;参考弦长为 0.344 5 m。有限元网格及材料、边界、单元属性包含在 Nastran 的输入文件中,约 20 万网格节点。固支约束添加在与天平连接的端面上。材料弹性模量为 $E = 1.813 \times 1\,011$ Pa。

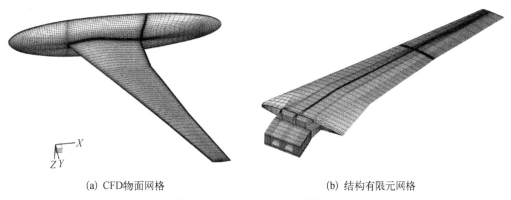

(a) CFD物面网格　　　　　　　　　　　　(b) 结构有限元网格

图 11.2　HIRENASD 数值模型

采用 CFD/CSD 耦合求解器对该模型静气动弹性变形进行计算。分别将 CFD 求解器与线性核非线性静力学 NASTRAN 求解器耦合,来模拟 HIRENASD 风洞模型试验状态下的结构变形。所采用的 CFD 求解器的空间离散格式为二阶 van Leer 格式,时间推进方式为 LU - SGS 隐式方法,湍流模型采用 S - A 模型。该试验状态为: $Ma = 0.8$,基于平均气动弦长的雷诺数 $Re = 1.4 \times 10^7$,模型攻角为 3°,来流动压 q 与弹性模量 E 的比值 $q/E = 4.7 \times 10^{-7}$。

图 11.3 为 CFD 求解器耦合线性有限元求解器求解过程收敛曲线图。在每次耦合计算中流场子迭代设置为 500 次。图 11.3(a) 为耦合计算过程中的流体求解器残差变化和升力系数变化曲线。流体迭代前 500 步为网格未变形下的气动力计算,所以升力系数和

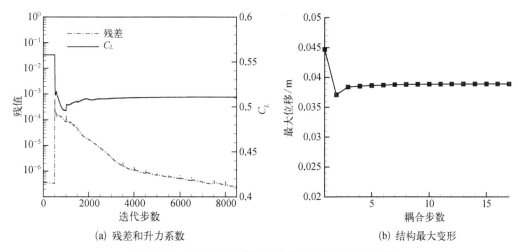

(a) 残差和升力系数　　　　　　　　　　(b) 结构最大变形

图 11.3　流固耦合计算过程中残差和升力系数变化

残差保持不变。流体计算迭代 500 步后,启动耦合开始计算结构变形。通过插值得到结构变形后的流体网格,重新计算新的气动力。结构变形后导致气动力下降,而气动力的减小反过来影响结构变形量。图 11.3(b) 为耦合迭代过程中结构最大位移的变化曲线。可见在第一次耦合迭代中,结构变形急剧增加;第二次以后结构的变形减小;结构变形反过来又显著影响到气动力。如此循环迭代下去,最终可以得到一个静平衡状态,从而可以结束耦合计算。当结构位移收敛以后,可以发现流场残差收敛到 10^{-6} 量级以下,升力系数和结构最大位移都保持不变,表面静气动弹性耦合计算达到了稳定值。

耦合计算收敛后,从结构模型中将机翼前缘和后缘变形提取出来,与公开风洞试验结果进行比较。该模型主要目的是研究弹性机翼在跨声速高雷诺数下的气弹响应,在所进行的整个试验状态下并未发生大变形,所以线性和非线性静力学求解的结果基本一致。从图 11.4 可以看出,线性和非线性计算得到的机翼变形与试验测量结果十分吻合。线性和非线性计算的最大位移分别是 0.038 92 m 和 0.038 84 m,二者计算的变形基本没有差别。和试验有部分差异的一部分原因是结构变形标记点不能严格标记在前后缘位置,而是与前后缘有一定距离,所以试验中光学测量的机翼前后缘变形并不是严格几何意义上的前后缘。数值模拟提取出来的结果是严格几何意义上的前后缘,因此导致数值模拟与试验结果存在一部分差异。此外风洞试验和数值模拟均发现结构发生了向前扭转变形(即前缘向下,后缘向上的扭转变形),从而导致整个数值模拟结果曲线包络了风洞试验点结果。

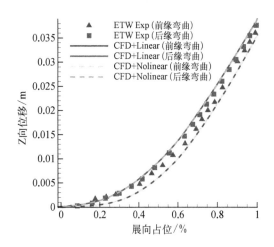

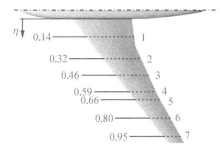

图 11.4　CFD 耦合线性和非线性静力学计算的　　　图 11.5　试验压力测量的截面分布
结构变形和试验比较

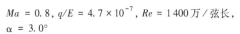

$Ma = 0.8$, $q/E = 4.7 \times 10^{-7}$, $Re = 1400$ 万 / 弦长,
$\alpha = 3.0°$

图 11.5 为风洞试验测量的截面分布。图 11.6(a)~(c) 给出了耦合计算获得的机翼表面压力系数和试验测量值对比。试验状态分别为:(a) $Ma = 0.7$, $Re = 7.0 \times 10^{6}$,模型攻角为 1.50°,来流动压为 $q/E = 2.2 \times 10^{-7}$;(b) $Ma = 0.8$, $Re = 7.0 \times 10^{6}$,模型攻角为 1.50°,来流动压为 $q/E = 2.2 \times 10^{-7}$;(c) $Ma = 0.8$, $Re = 23.5 \times 10^{6}$,模型攻角为 −1.34°,来流动压为 $q/E = 4.8 \times 10^{-7}$。可以看出机翼不同展长位置,数值计算的表面压力与试验

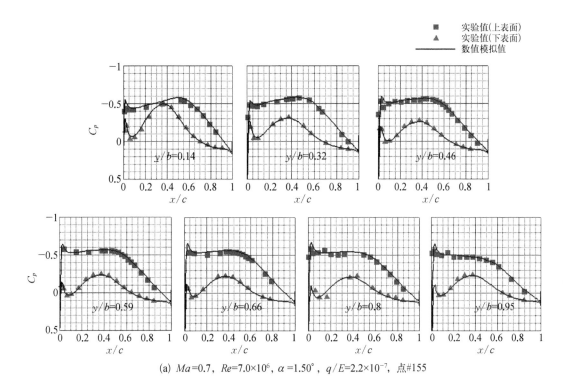

(a) Ma=0.7，Re=7.0×10^6，α=1.50°，q/E=2.2×10^{-7}，点#155

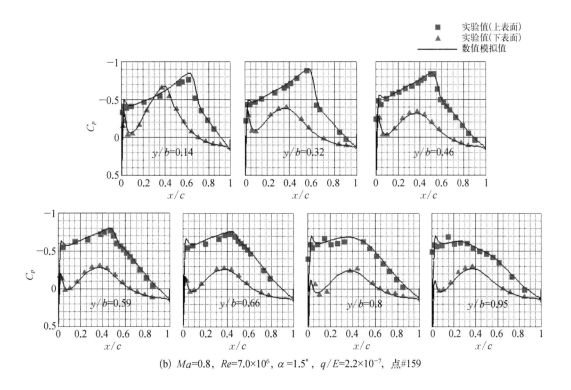

(b) Ma=0.8，Re=7.0×10^6，α=1.5°，q/E=2.2×10^{-7}，点#159

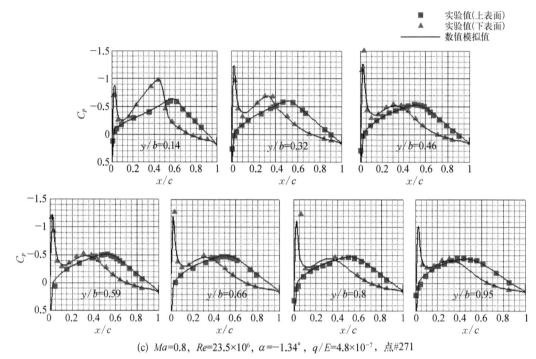

(c) $Ma=0.8$, $Re=23.5\times10^6$, $\alpha=-1.34°$, $q/E=4.8\times10^{-7}$, 点#271

图 11.6　耦合计算机翼的表面压力系数和风洞试验比较

测量值吻合较好,能精确捕捉不同截面的激波强度和位置。上述结果验证了非线性静气弹数值方法能较好地预测弹性模型变形后的表面压力分布。

风洞试验和数值结果都表明该机翼弹性变形会使机翼升力系数下降。为此需要进一步研究弹性模型整体气动力随迎角的变化规律。风洞试验来流条件为 $Ma = 0.8$, $Re = 23.5 \times 10^6$,动压为 $q/E = 4.8 \times 10^{-6}$,测量不同迎角下模型的整体升力变化。风洞试验迎角变化范围约为 $-3° \sim 3.12°$。为了研究较大静变形情况下的气弹效应,在静气弹数值模拟中将迎角范围增大到 $-3° \sim 15°$。首先采用 CFD 结合线性和非线性静力学计算 15° 迎角下的静气弹变形,如图 11.7 所示。可以看出在该迎角下,线性和非线性计算的最大位移分别是 0.062 71 m 和 0.062 69 m,结果基本一致。主要原因是该状态下气动载荷未导致明显的结构几何非线性效应,结构还处于小变形状态。采用线性和非线性静力学求解器计算得到的升力系数分别为 1.112 869 和 1.113 547。小迎角试验工况下采用线性静力学求解即能达到精度要求。

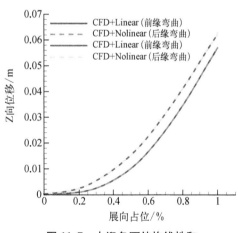

**图 11.7　大迎角下结构线性和
非线性变形比较**

图 11.8 为分别采用 CFD 求解器以及 CFD/CSD 耦合求解器计算得到的 HIRENASD 模型升力系数、力矩系数变化曲线。相比于刚性模型,可以看出采用弹性模型计算出的升

力与试验结果更加接近。虽然弹性和刚性模型在升力预测上有所差别,但二者对升力系数随迎角的变化趋势在所计算的迎角范围内是一致的。大于一定攻角状态后,升力系数与迎角呈现非线性变化关系,且在相同迎角下出现拐点。图 11.9 为刚性与弹性模型总气动力系数差值与迎角关系曲线。可以看出在迎角小于 4°状态下,随着迎角增大,升力和力矩系数差别越来越大且呈线性增长;但当迎角大于 4°,升力和力矩系数差反而开始减小且随着迎角继续增加而呈下降趋势;当迎角继续增加,升力系数差基本保持稳定而略微增长,力矩差又有所增大。

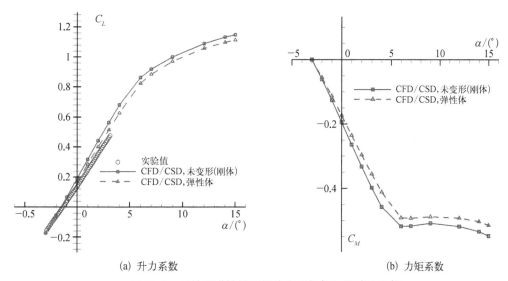

(a) 升力系数 (b) 力矩系数

图 11.8　刚性和弹性模型气动力系数与风洞试验比较

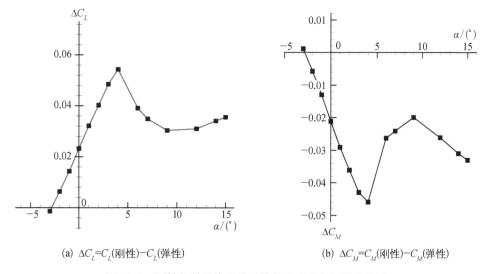

(a) $\Delta C_L = C_L$(刚性)$- C_L$(弹性) (b) $\Delta C_M = C_M$(刚性)$- C_M$(弹性)

图 11.9　刚性与弹性模型的总体气动力差值与迎角关系

11.2 3D 打印柔性机翼非线性静气动弹性评估

CFD/CSD 耦合技术通过 CFD 求解器耦合非线性有限元结构求解器可以模拟大展弦比柔性机翼的结构几何非线性产生的静气弹效应。图 11.10 所示的柔性机翼弦长为 40 mm，展长为 480 mm，展弦比为 12，翼型为 NACA0015。表面蒙皮和内部骨架采用光敏树脂 3D 打印，表面蒙皮厚度为 0.5 mm。内部骨架包括梁、肋，最左端矩形平板为支撑段。

图 11.10 柔性机翼几何模型（内部骨架）

流体网格上下前后的远场距离为 15 倍弦长，整个流体网格数约为 300 万。由于计算模型为大展弦比柔性机翼，在气动载荷作用下结构变形较大，所以在机翼表面加密了网格，以便更准确计算变形后的表面压力。机翼面积为 19 200 mm^2，弦长为 40 mm，力矩参考点为 (0,0,0)。图 11.11 为结构静力学计算的有限元网格，包括表面蒙皮和内部支撑结构。有限元模型网格节点总数为 154 706。该 3D 打印工艺所采用的材料弹性模量为 $E = 2\ 000$ MPa，剪切模量为 $G = 563.910$ MPa，泊松比为 0.33，材料密度为 1.13×10^{-9} kg/mm^3。结构变形分析中还考虑了重力对变形的影响。

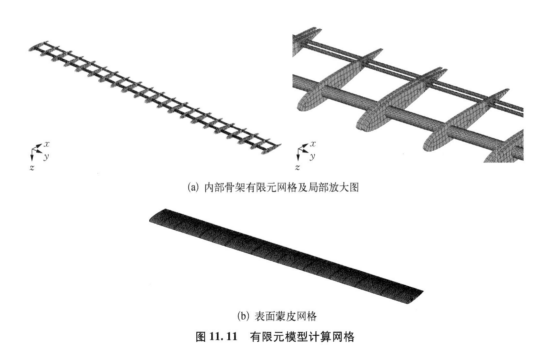

(a) 内部骨架有限元网格及局部放大图

(b) 表面蒙皮网格

图 11.11 有限元模型计算网格

表 11.1 为无气动载荷作用下的结构前 8 阶固有频率。第 1、3、4、6、8 为上下弯曲振型；第 5 阶为扭转振型；第 2、7 阶为前后弯曲振型。由于该机翼为大展弦比，前后弯曲

频率很低,易导致机翼前后振动,是传统机翼很难出现的现象。机翼第一阶固有频率为 6.083 Hz,与飞行器飞行动力学频率相当,气动弹性效应十分明显。

表 11.1　柔性机翼固有频率

阶　数	1	2	3	4	5	6	7	8
频率/Hz	6.083	33.07	37.31	101.12	130.82	190.10	199.81	297.19

图 11.12 为重力作用下结构静变形。翼尖处最大变形为 10.4 mm,是展长的 2.17%。所以柔性机翼自重对结构变形影响十分严重,可见需在耦合计算中考虑重力的影响。

图 11.12　重力作用下的结构静变形

计算状态为 $V=30$ m/s,迎角为 4°,高度设置为 0 km。流固耦合计算过程中,流场每次迭代 1 000 步后再计算结构变形,如此反复迭代,总耦合循环次数为 20 次。分别采用线性和非线性静气弹求解器计算该机翼静变形。当结构变形较小未出现几何非线性现象时,CFD 求解器与线性和非线性静力学求解器的技术结果基本一致。图 11.13 表示迭代过程中最大位移变化,在非线性计算中可以看出,在第一次耦合迭代中,模型变形急剧增加,最大变形为 151.69 mm,导致气动力重新分布,降低了气动性能。反过来也导致第二次结构求解的变形急剧减小,最大变形变为 115.35 mm。结构变形又影响到气动力,如此循环迭代下去,最终到一个静平衡状态,耦合计算结束。

从图 11.13 中可以看出迭代稳定后柔性机翼的最大变形为 126.35 mm,非线性计算得到的最大变形量约为展长 26.32%。而在线性计算迭代中,第一次耦合迭代,结构最大

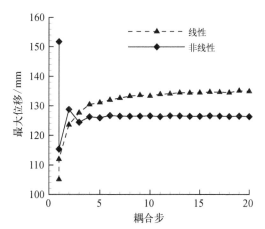

图 11.13　耦合计算过程中的最大位移变化

变形为 105.09 mm,远远小于非线性结果。第二次迭代结构变形为 111.97 mm,略有增加。这是由于气弹效应导致结构发生了向后扭转变形,相当于等效迎角增加,导致气动力增强。二者相互影响最终达到平衡,收敛后结构的最大位移为 134.6 mm。非线性耦合计算表面结构几何非线性对静气动弹性变形影响很大,尤其是对于耦合迭代过程和最终变形。所以对于柔性机翼的静气动弹性特性研究需考虑几何非线性效应的影响。图 11.14 进一步给出了平衡状态下结构静变形和局部放大图。可以看到非线性结构求解器模拟结果显示展向明显变短,而线性求解器给出的展向位移基本保持不变。显然对于该 3D 打印柔性机翼非线性计算的变形结果更加合理。

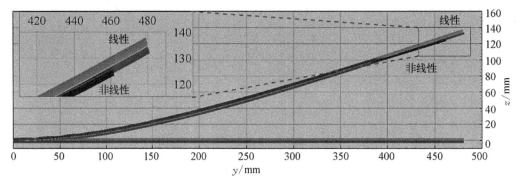

图 11.14 静平衡状态下机翼的总体变形和局部放大

表 11.2 为不同数值方法得到的模拟结果比较。气动载荷导致结构发生扭转变形,实际攻角增大导致机翼升力增强。非线性耦合计算得到的升力系数为 0.361 6,力矩系数为 0.062 8。非线性计算的力矩由负变正,而线性计算的结果则有所减小。线性计算得到的升力系数和阻力系数较非线性结果偏大。这是由于线性计算在展向并未产生变形,机翼相当于被拉长,变形后机翼面积增大导致升力系数和阻力系数偏大。而非线性计算中机翼面积基本保持不变,阻力略微增大。非线性计算得到的升阻比为 6.213 1,比刚性模型提高了 4.262 4%,这说明该 3D 打印柔性机翼扭转变形导致机翼升阻比增大。

表 11.2 刚性和柔性机翼升力、力矩系数

	刚 性	线 性	非线性
C_L	0.335 5	0.379 2	0.361 6
C_D	0.056 3	0.063 5	0.058 2
C_M	-0.088 3	-0.050 8	0.062 9
$|C_L/C_D|$	5.959 1	5.971 7	6.213 1

11.3 双体飞机颤振特性分析

11.3.1 基准双体飞机颤振模型

双体飞机是一种新型大运载运输类飞机。美国平流层发射公司的 Stratolaunch

（图 11.15）与英国维珍银河公司的 Virgin 等空基发射平台均考虑了双体构型飞机。在这种新构型大型飞机的研制过程中，对颤振特性进行分析是必不可少的一个环节。

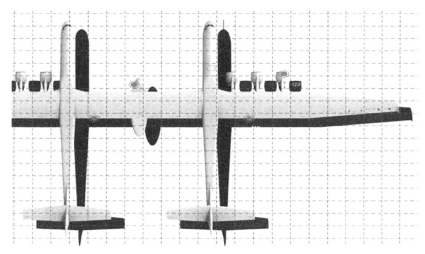

图 11.15　Stratolaunch 双体飞机示意图

通常双体飞机采用无后掠平直机翼为平尾，与左右垂尾连接。根据双体飞机 CAD 模型，采用 ZONA 软件可建立用于双体飞机非定常空气动力计算的气动面元模型，如图 11.16 所示。通过数值试验在满足计算精度条件下建立结点 1 990 个。其中，面单元 1 790 个，体单元 200 个。具体部件网格情况如表 11.3 所示。在颤振计算中选取有限元修正模型前 9 阶模态，其振型及频率如表 11.4 所示。

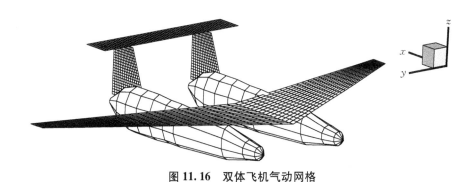

图 11.16　双体飞机气动网格

表 11.3　双体飞机气动网格表（单侧）

部　　件	气动单元种类	单 元 数 目	样条插值方法
主机翼	CAERO7	25×15	SPLINE1
机　身	BODY7	10×10	SPLINE2
平　尾	CAERO7	20×10	SPLINE1
垂　尾	CAERO7	20×14	SPLINE1

表 11.4　双体飞机前九阶模态表(单侧)

阶 数	模 态 名 称	频率/Hz
1	主机翼对称一弯	16.6
2	水平尾翼滚转	23.76
3	主机翼反对称一弯	24.82
4	机身垂直对称一弯	31.82
5	主机翼对称二弯	40.46
6	机身垂直反对称一弯	46.33
7	主机翼反对称二弯	58.28
8	平尾垂直一弯	59.34
9	机身水平对称一弯	63.65

通过 TPS 和 IPS 方法将参与计算的典型模态振型向双体机气动模型插值。前 8 阶模态插值结果如图 11.17 所示。

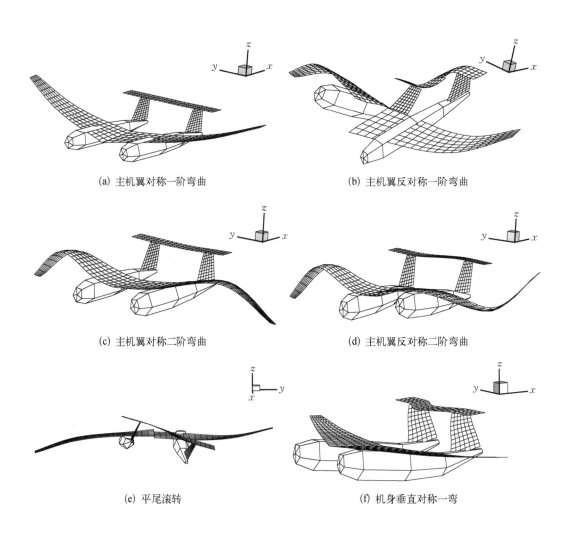

(a) 主机翼对称一阶弯曲　　　　　　　　(b) 主机翼反对称一阶弯曲

(c) 主机翼对称二阶弯曲　　　　　　　　(d) 主机翼反对称二阶弯曲

(e) 平尾滚转　　　　　　　　　　　　(f) 机身垂直对称一弯

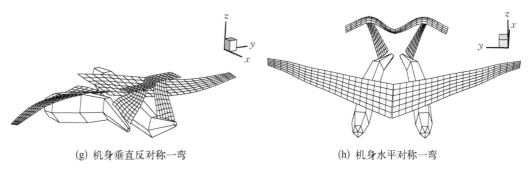

(g) 机身垂直反对称一弯　　　　　　　(h) 机身水平对称一弯

图 11.17　双体飞机典型模态振型

采用 P－K 方法求解频域颤振方程,可以得到双体机在零海拔高度下的"速度-阻尼"与"速度-频率"曲线,如图 11.18 所示。通过分析"速度-阻尼"曲线与"速度-频率"曲线,双体飞机各阶阻尼曲线均不过零点。亚声速偶极子网格法计算得到双体飞机在该工况下不发生颤振。

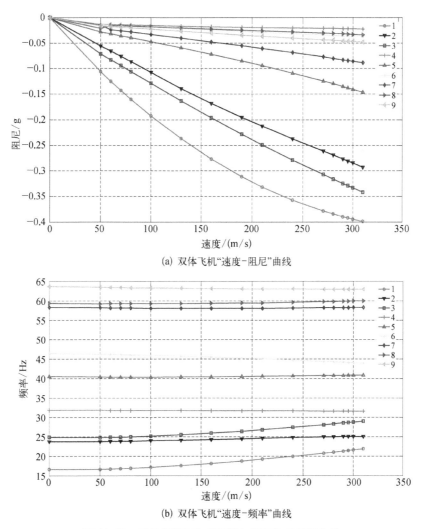

(a) 双体飞机"速度-阻尼"曲线

(b) 双体飞机"速度-频率"曲线

图 11.18　双体机"速度-阻尼"与"速度-频率"曲线

11.3.2　双体飞机颤振影响规律探索

在双体飞机初始设计阶段,为对其颤振特性进一步加深理解,可通过减弱机身刚度设计数值试验的方式,使双体飞机发生颤振,并从双机身结构布局及平尾布局角度对双体飞机颤振规律进行探索,其数值试验的设计逻辑如图 11.19 所示。

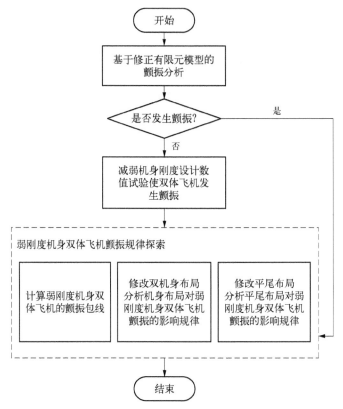

图 11.19　双体飞机颤振规律探索示意图

将双体飞机机身 z 方向刚度减弱 35%,得到弱机身刚度双体飞机有限元模型。弱机身刚度双体飞机前 9 阶模态振型及频率如表 11.5 所示。

表 11.5　弱机身刚度双体飞机前九阶模态振型

阶　数	振　　　型	频率/Hz
1	主机翼对称一弯	15.98
2	水平尾翼滚转	19.67
3	主机翼反对称一弯	24.03
4	平尾垂直反对称一弯	26.03
5	机身垂直对称一弯	26.56
6	主机翼对称二弯	40.08
7	机身垂直反对称一弯	41.54
8	主机翼反对称二弯	57.83
9	机身水平对称一弯	68.23

仍然使用如图 11.16 所示正常刚度双体飞机非定常空气动力模型。使用样条插值方法将其与弱机身刚度双体飞机前九阶模态分析结果耦合,得到颤振方程。通过 P－K 方法求解颤振方程,得到弱机身刚度双体飞机在零海拔高度下的"速度-阻尼"与"速度-频率"曲线如图 11.20 所示。

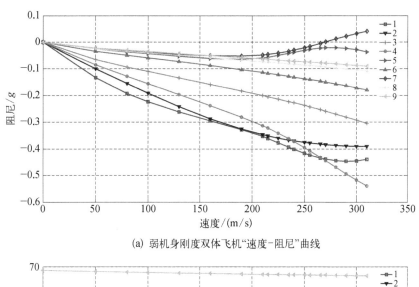

(a) 弱机身刚度双体飞机"速度-阻尼"曲线

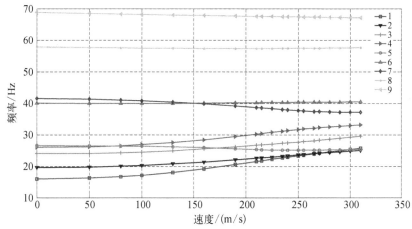

(b) 弱机身刚度双体飞机"速度-阻尼"曲线

图 11.20　弱机身刚度双体机"速度-阻尼"与"速度-频率"曲线

在"速度-阻尼"曲线中,弱机身刚度双体飞机的第 7 阶阻尼线在 269.34 m/s 时通过阻尼零点。在"速度-频率"曲线中第 7 阶曲线在其阻尼零点附近(37.2 Hz)和第 3 阶曲线、第 4 阶曲线靠近。综合"速度-阻尼"曲线和"速度-频率"曲线并结合飞机结构特点,可见弱机身刚度双体飞机颤振主要是由于第 7 阶机身垂直反对称一弯引起的水平尾翼扭转与第 4 阶平尾垂直反对称一弯耦合导致的颤振。受偶极子网格法适用范围及计算机求解能力约束,在本节颤振包线计算中变化来流马赫数 $Ma = 0.05 \sim 0.85$,使用 $V-g$ 方法计算弱机身刚度双体飞机在零海拔高度不同来流马赫数下的颤振动压,求解弱机身刚度双体飞机颤振包线如图 11.21 所示。

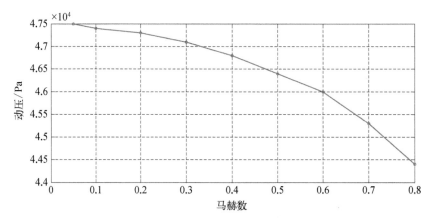

图 11.21　弱机身刚度双体飞机颤振包线

通过颤振包线计算发现,当来流马赫数 $Ma > 0.35$ 后,由于空气压缩效应影响,弱机身刚度双体飞机颤振动压逐渐降低。在本节计算颤振包线范围内,当来流马赫数 Ma 为 0.85 左右,双体飞机颤振动压达到最低,符合跨声速"凹坑"规律。但相比 AGARD445.6 等典型"凹坑"10%~15% 的动压变化,弱机身刚度双体飞机的颤振"凹坑深度"仅为 7%,但其颤振动压从 $Ma > 0.35$ 开始就有较大幅度的降低。

11.3.3　双机身布局对颤振的影响规律

该双体飞机模型双机身轴线位于主机翼半展长 23.1% 位置处。为深入探索双体飞机颤振规律,在初步设计阶段能为飞行器总体设计部门提供规律性参考,可在弱机身刚度双体飞机模型基础上,改变双机身布置,通过数值试验的方式对机身布局对颤振的影响规律进行探索。两种不同双体机布局如图 11.22 所示。对不同布局双体飞机的颤振速度进行计算,数值试验结果如表 11.6 所示。

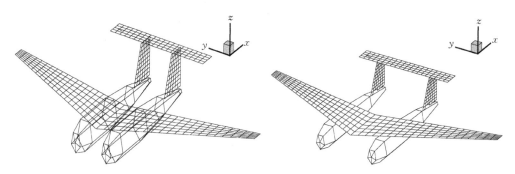

图 11.22　不同机身布局双体飞机示意图

从表 11.6 数值试验可以发现,机身布局对弱机身刚度双体飞机低阶典型模态振型与频率均有影响。三种机身布局的颤振模式均为第 7 阶机身垂直反对称一弯和第 4 阶平尾垂直反对称一弯耦合发生颤振。其中 23.1% 的机身布局具有较高的颤振速度,13% 的机身布局在 300 m/s 范围内不发生颤振。本节数值试验结果与相关文献和报道的结果一致,即双体飞机最佳刚度机身布局应该与最佳颤振机身布局相对匹配。

表 11.6　双机身布局对颤振影响数值试验表

序　号	机身布局	颤振速度/(m/s)	颤振频率/Hz
1	13%	—	—
2	23.1%	269	37.5
3	30%	252	33.6
4	35%	263	32.7

为了在设计初始阶段可以给总体设计提供更多参考,有必要通过数值试验对平尾布局对颤振的影响规律进行探讨。在弱刚度机身双体飞机模型基础上,保证其他部件刚度设计不变情况下得到双 T 型尾翼双体机有限元简化模型。双 T 型尾翼双体飞机典型模态振型如表 11.7 所示。使用翼体干涉偶极子网格方法建立非定常空气动力模型。与双 T 型尾翼双体飞机前 6 阶模态(图 11.23)耦合,得到频域颤振方程。通过求解颤振方程,进而得到"速度-阻尼"与"速度-频率"曲线如图 11.14 所示。

表 11.7　双 T 型尾翼双体机典型模态振型

模态序号	模态名称	模态频率/Hz
1	主机翼垂直对称一阶弯曲	16.05
2	机身垂直反对称一阶弯曲	17.39
3	主机翼垂直反对称一阶弯曲	24.06
4	机身垂直对称一阶弯曲	32.09
5	主机翼垂直对称二阶弯曲	40.22
6	主机翼垂直反对称二阶弯曲	57.83

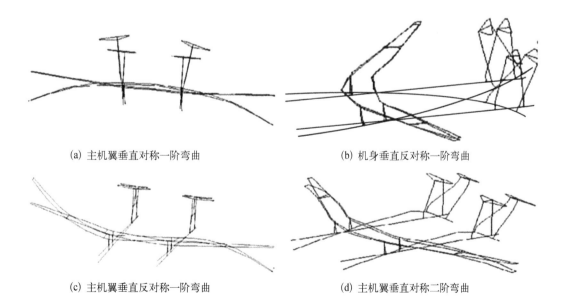

(a) 主机翼垂直对称一阶弯曲　　　　　　　(b) 机身垂直反对称一阶弯曲

(c) 主机翼垂直反对称一阶弯曲　　　　　　(d) 主机翼垂直对称二阶弯曲

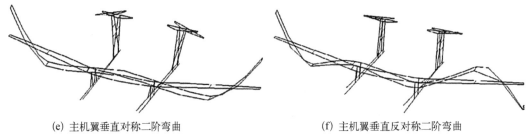

(e) 主机翼垂直对称二阶弯曲　　　　　　　　　　(f) 主机翼垂直反对称二阶弯曲

图 11.23　双 T 型尾翼双体机典型模态振型图

　　从图 11.24 所示的"速度-阻尼"曲线与"速度-频率"曲线可以发现,双 T 型尾翼双体飞机在零海拔高度各阶阻尼曲线均不过零点,双体飞机在这些工况下不发生颤振。对比双 T 型尾翼双体飞机与弱机身刚度双体飞机分析结果可以发现,当平尾打断后,原平尾构型双体飞机低阶模态中的平尾滚转模态与平尾垂直反对称弯曲模态不再出现在低阶模态

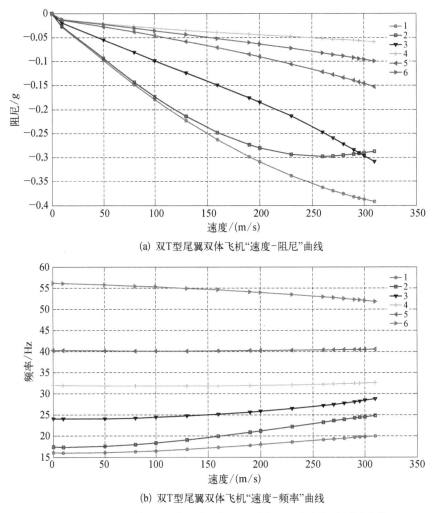

(a) 双T型尾翼双体飞机"速度-阻尼"曲线

(b) 双T型尾翼双体飞机"速度-频率"曲线

图 11.24　双 T 型尾翼双体机"速度-阻尼"曲线和"速度-频率"曲线

中,机身的反对称模态对平尾与主机翼的扭转效应也大大减弱。因此双 T 型尾翼双体飞机平尾不再出现由于机身反对称模态引发的扭转以及由于自身弯曲耦合导致的颤振。

11.4 热防护结构防热性能耦合评估

当飞行器在大气层内以高超声速巡航飞行时,飞行器机体周围产生的强激波会强烈压缩空气,会导致飞行器表面附近空气温度急剧上升而产生严重气动加热现象。严重气动加热所产生的严酷热环境对高超声速飞行器结构耐热性和安全性提出了更高要求。对高超声速飞行器表面气动热载荷和结构内部温度分布的准确预测是设计高性能热防护结构及其防热性能评价的前提。

工程上常用的热结构性能分析方法依据传热过程不同时间尺度,将飞行器流体-结构耦合传热过程分解为两个解耦的独立过程。首先采用等温壁假设通过各种数值模拟方法计算壁面稳态热流分布;然后再将表面温度分布以载荷形式施加到机体结构上进行结构热响应计算。这种方法通过解耦大大简化了计算,但是没有真实反映实际飞行器结构热流固耦合传热过程,计算结果精度和可信度比较低。特别是对于具有内部主动再生冷却热防护结构高超声速飞行器来说,机体壁面温度会随加热时间和飞行器姿态机动而发生变化,工程上广泛采用的解耦方法会造成相当大的计算误差。因此,为满足高超声速飞行器主/被动热防护结构设计与防热性能评价需求,迫切需要发展流体-结构-传热耦合的一体化数值模拟方法。

工程应用表明,在求解防热材料结构内部温度时,若不考虑材料的线膨胀和热解膨胀效应,内表面温度计算结果一般都大于实验和飞行结果。特别是对于飞行时间很长的高超声速巡航飞行器更是如此。此外,热防护结构防热层厚度的变化对防热结构传热过程也会产生较大影响。特别是对于需要采用再生主动冷却热热防护结构的高超声速飞行器来说,准确进行被动防热结构与主动冷却系统的耦合传热分析也至关重要。考虑热结构防热层厚度以及材料热胀系数等参数对热防护结构耦合传热特性和放热性能评估具有重要意义。有必要采用基于计算流体力学和计算传热学耦合的热流固松耦合数值模拟,来考虑材料特性随温度变化情况下高超声速飞行器热防护结构的防热性能分析。

11.4.1 热-流-固耦合数值模拟方法

热流固耦合策略一般包括松耦合和紧耦合两种主要策略。紧耦合策略是将流体、固体和传热过程控制方程作为一个整体采用统一算法就行求解。这种策略理论上较为严谨,但在具体实施时非常困难,而且当前仅仅在二维问题上有少量尝试。在工程上更具应用价值的还是松耦合方法。松耦合方法将流体控制方程和结构控制方程分别采用各自原有求解器在时间域上交替进行求解。松耦合策略最大好处是能充分利用现有 CFD 求解器和有限元求解器,仅需在流体和固体域交界面上交换流体和结构边界条件,通过交替反复迭代达到流固耦合系统收敛状态。热流固松耦合计算策略步骤如图 11.25 所示。在整个松耦合计算过程中,当不需要考虑

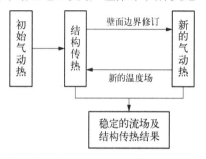

图 11.25 热流固松耦合策略流程图

热辐射效应时,可直接将流体计算表面温度分布直接加载到结构上;当在下一个迭代步求解流场时,要求在流固交界面上流体温度与上一时刻结构传热分析结构相等。采用径向基函数(RBF)插值算法实现耦合界面数据交换。

描述流体运动规律的 Navier - Stokes 方程,在惯性坐标系下其非定常积分形式为

$$\frac{\partial}{\partial t} \int_{\Omega(t)} \bar{U} \mathrm{d}\Omega + \int_{S(t)} F \cdot \mathrm{d}\bar{S} = \frac{1}{Re} \int_{S(t)} \bar{F}_V \tag{11.1}$$

式中,$\bar{U}$ 表示单位体积质量通量、单位体积动量通量和单位体积能量通量;$\Omega(t)$ 为控制体体积;$\bar{F}$ 和 $\bar{F}_V$ 分别表示无黏通量和黏性通量;$S(t)$ 是 D 控制体表面积;$\mathrm{d}\bar{S} = \mathrm{d}S[n_x, n_y, n_z]^\mathrm{T}$ 为外法向方向矢量;Re 为雷诺数。采用有限体积法对流体主控方程(11.1)进行空间离散后得到以下方程:

$$\frac{\mathrm{d}W_{i,j}}{\mathrm{d}t} = -\frac{1}{\Omega_{(i,j)}} \Big(\sum_{m=1}^{N_F} (F_c - F_v)_m \Delta S_m \Big) = -\frac{1}{\Omega_{i,j}} R_{i,j} \tag{11.2}$$

式中,N_F 为控制体的面;ΔS_m 代表控制体第 m 面的面积;$R_{i,j}$ 为残值。离散方程(11.2)中的无黏通量项、对流项和压力项均采用 AUSM+格式进行离散。每个网格面上的对流项 F^c 为

$$F^c_{i+\frac{1}{2},j,k} = m_{i+\frac{1}{2},j,k} U_{i+\frac{1}{2},j,k} \tag{11.3}$$

式中,$m_{i+\frac{1}{2},j,k}$ 为网格面上质量通量;$U_{i+\frac{1}{2},j,k}$ 为速度;压力项 p 为

$$p_{i+\frac{1}{2},j,k} = p_1^+ p_1 + p_\tau^- p_\tau \tag{11.4}$$

黏性通量项项采用中心差分离散格式和四阶 Runge - Kutta 推进方法求解。

工程上对简单物形通常使用以下简单经验公式来估计流场初始壁面温度边界条件:

$$q_w = \rho_\infty^N v_\infty^M C \tag{11.5}$$

式中,N、M 为常数。钝头体驻点处时,$N = 0.5, M = 3.0$,有

$$C = 1.83 \times 10^{-6} R^{-\frac{1}{2}} \Big(1 - \frac{h_w}{h_0} \Big) \tag{11.6}$$

对层流平板,$N = 0.5, M = 3.0$ 有

$$C = 2.53 \times 10^{-9} (\cos \phi)^{\frac{1}{2}} (\sin \phi) x^{-\frac{1}{2}} \Big(1 - \frac{h_w}{h_0} \Big) \tag{11.7}$$

上述工程估算方法壁面温度事先给定,在计算过程只考虑单独流场计算,并不能体现气动加热与结构传热同时进行这一物理过程。为了更接近真实物理过程,需要采用耦合计算策略将流体与结构传热耦合起来进行计算,通过流体与传热强制平衡来确定热边界条件。

在一般三维线性边界热传导问题中,固体瞬态温度场变量 $\phi(x, y, z, t)$ 在直角坐标

中应满足以下控制微分方程:

$$\rho C_P \frac{\partial T}{\partial t} - \frac{\partial}{\partial x}\left(k \frac{\partial T}{\partial x}\right) - \frac{\partial}{\partial y}\left(k \frac{\partial T}{\partial y}\right) - \frac{\partial}{\partial z}\left(k \frac{\partial T}{\partial z}\right) = 0 \qquad (11.8)$$

对式(11.8)在控制单元内积分可以得到:

$$\rho C_p \frac{\partial T}{\partial t} V = \sum_{k=1}^{k=N} (-q_k) \cdot n_k \cdot s_k \qquad (11.9)$$

式中,V 为单元体积;n 为单元边界的外法向;N 为单元的面总数;s_k 为单元 k 面的面积;q_k 为单元 k 面的热流。

时间域采用二阶 TVD - Runge - Kutta 方法进行离散可以得到如下形式:

$$
\begin{aligned}
RHS_i^n &= \frac{\Delta t}{\rho C_p V} \sum_{k=1}^{N} (-q_k^n) \cdot n_k \cdot S_k \\
T_i^1 &= T_i^n + RHS_i^n \\
T_i^{n+1} &= 0.5 \cdot (T_i^n + T_i^1 + RHS_i^1)
\end{aligned}
\qquad (11.10)
$$

式中,i 为单元序号;n 表示时刻;N 表示单元边界面的个数;V 表示单元的体积;s_k 表示单元边界的面积;n_k 表示单元边界面的外法向单位向量。

11.4.2 类 X - 34 模型耦合传热计算

1. 耦合传热分析

以类 X - 34 飞行器热防护结构为对象进行热流固耦合计算。如图 11.26 所示,飞行器长为 1 m,高和宽为 0.5 m。飞行器热防护结构分为三层材料,如图 11.26(a)所示。其上层为热防护层,采用厚度为 50 mm 的 LI - 900 防护瓦,中间层为 4.4 mm 的应变隔离层(SIP),最里面为机体结构,采用 1.6 mm 的铝板(材料为 Al2042)。材料的导热系数,弹性模量随温度变化呈非线性关系。具体参数可参考相关文献[2]。飞行器热结构有限元网格如图 11.26(b)所示,采用 solid70 传热单元。流体网格如图 11.26(c)所示,流体采用 205 万结构化 O 型网格,保证附面层厚度为 10^{-5} 量级。湍流模型采用 k-ω 标准模型。来流马赫数为 5,温度 261.5 K,飞行高度为 5000 m。为了避免工程估算壁面温度对流场计算时带来的误差,通过松耦合策略来实现耦合传热计算来模拟流场与结构同时升温这一物理现象。分别计算攻角为 0°、3°、6°、9°、12°五种工况。

图 11.27 为攻角为 3°时的计算结果。为了同耦合传热流场结果以及耦合传热热响应结果进行对比,给出了非耦合计算的流场以及将该流场结果直接加载到结构进行传热分析的结果。图 11.27(a)为指定流动固壁面温度边界条件通过非耦合流场计算的温度分布图。从图 11.27(a)可以看出,流场壁面温度均匀,最高温度为 1700 K 附近。将该温度分布作为结构传热分析的热载荷边界条件,直接加载在热防护结构上进行稳态传热分析。热防护结构传热稳定后表明温度分布如图 11.27(b)所示。从图 11.27(b)可以看出,结构表面温度分布基本上均匀,温差不超过 100 K,且基本上在预先指定的流体初始壁面温

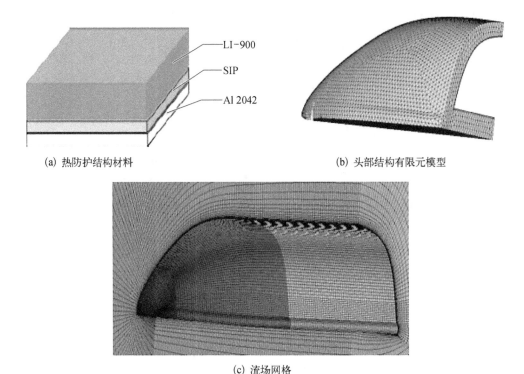

(a) 热防护结构材料

(b) 头部结构有限元模型

(c) 流场网格

图 11.26　类 X‒34 头部热流固耦合计算模型

度附近。

以图 11.27(a)为初始条件,将流场与结构传热耦合计算,相互交换边界条件。由于流场及结构均为定常计算,只需要得到最终稳定后的流场与结构传热结果。考虑到结构传热相对空气加热要慢得多,因此在迭代计算过程中为了提高计算效率,不必要在每一个时刻都交换数据。选择流场每计算 100 步传递给结构一次边界条件,并进行结构热载荷修正,同时结构反馈给流场壁面温度继续计算,总共交互 100 次边界条件就可以得到稳定

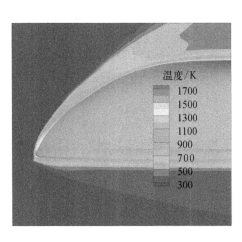

(a) 非耦合传热壁面温度

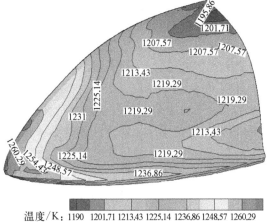

(b) 热结构表面温度分布

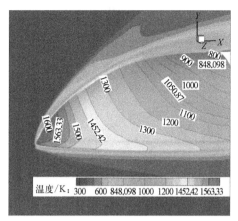

(c) 耦合传热流体壁面温度

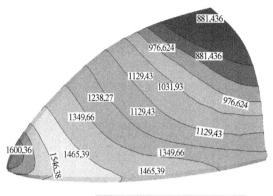

(d) 耦合传热结构表面温度

图 11.27 3°攻角温度分布云图

的流场及传热结果。图 11.27(c) 可以看出,驻点温度在头部尖点附件,最高温度为 1 560 K 左右。从该云图可以看出壁面温度得到了修正,相比于图 11.27(a) 所示单独流场计算时的均匀温度,耦合传热计算所得的温度梯度明显。图 11.27(d) 为耦合传热的结构热响应结果,驻点温度为 1 600 K 左右,且温度分布梯度明显,和流场壁面温度分布图 11.27(c)吻合。

耦合传热在物理本质上就是让流场边界条件和结构传热的边界条件强行一致,通过逐步迭代算法,最终使流体的耦合交接面与结构的耦合交接面上温度分布相同,从而实现流体与结构同时求解这一耦合物理过程。为了说明这一点,对四种模拟策略(非耦合流场,非耦合结构传热,耦合流场,耦合结构传热)获得的驻点温度进行了对比。如图 11.28 所示,耦合计算的流场壁面温度与耦合计算的传热结构驻点温度在飞行器头部的同一个位置,且相对误差不超过 3%。而单独计算的流场结果和单独计算的传热响应差距很大。从图 11.28 还可以看出,耦合计算的流体与耦合计算的结构传热温度分布云图基本一致,而单独计算的两种结果温度分布差距较大,不符合物理实际。

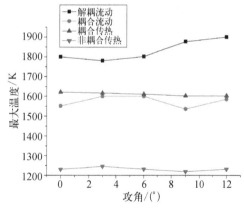

图 11.28 四种情况下驻点温度的对比曲线

2. 热结构防热性能分析

前面的仿真结果表明考虑耦合和不考虑耦合效应对结构传热有很大影响。这里进一步采用热流固耦合数值模拟方法对 20～60 mm 不同厚度的热防护材料(即最外层的 li-900)隔热效果进行分析,其中材料随温度变化属性可参考文献[2]。对 9 种不同厚度的热防护层结构模型进行耦合传热计算。在计算中设置内层(基层)为固定温度 300 K,对内层表面的热流密度进行积分得到热流量,也就是内层要保持 300 K 恒定温度所要施加的主动冷却功率。采用热流固耦合数值方法,对不同厚度热防护层对内壁的主动冷却功率的影响以及结构传热驻点温度的影响,从一系列厚度的热防护层得出其变化规律,为热防护层厚度的设定提供依据。

图 11.29 为防热层厚度为 40 mm 情况下结构表面热流和内部结构温度分布。从图 11.29 中可以看出,驻点温度在头部尖端,热防护层可以达到 700~800 K 的隔热效果。

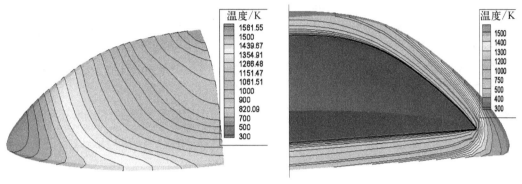

图 11.29　防护层为 40 mm 厚度时结构温度云图

图 11.30 为不同厚度热防护层耦合传热计算所得到的驻点温度的对比曲线。由于结构和流体在耦合计算时,通过插值方法强行让结构表面与流体表面温度一致。而流体的驻点温度由飞行马赫数决定,所以在马赫数为一定值时,结构的驻点温度不会随着热防护层的厚度而改变。从图 11.30 可以看出,驻点温度没有发生明显的变化,总体变化差距在 30 K 以内,而内壁的热流量却发生了明显变化。这是因为热流量是由热流密度积分得到的,而热流密度与温度梯度成正比关系。热防护层越厚温度梯度也就越小,热流密度自然会随之变小,从而热流量(即主动冷却功率)也会变小。

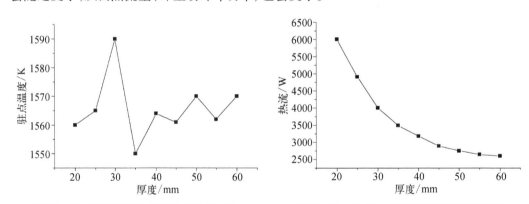

图 11.30　不同厚度防护层驻点温度对比　　图 11.31　内壁加热功率随厚度变化曲线

从图 11.31 可以看出,热流量并不是线性变小。因为温度越往里,温差越小,热传递越慢,自然会导致内壁冷却功率非线性变小。但是由于飞行器自身尺寸和重量限制,热防护层厚度不能无限制加厚,因此在设计时需要选择一个合适的厚度。从图 11.31 可以看出,在热防护层厚度加厚到 45 mm 以后,主动冷却功率已经下降很慢。因此对于该算例来说,45 mm 为热防护结构相对综合最优厚度。

高超声速飞行器在恶劣的气动加热环境中长时间飞行对热防护结构防热能力提出了

巨大挑战。因此结构瞬态传热过程也至关重要。假定结构内壁为自由边界,将耦合传热的结果直接加载到结构传热表面作为边界条件进行瞬态分析。结构环境温度设置为300 K,观察内壁温度从 300 K 升到 360 K 所用时间。图 11.32 给出了 20 mm 到 60 mm 之间 9 种不同厚度的热防护层进行计算得到内部结构升温 60° 所需要的时间。可以看出,随着防热材料厚度增加,热结构耐热能力也就是升温到给定温度所需的时间明显增加。但是从图 11.32 可以看出结构耐热能力并不是随着热防护结构厚度增加而线性增长,而是在达到一定厚度(如 40 mm 以上)才开始快速增加。

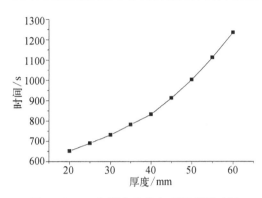

图 11.32　飞行器内壁升高 60℃所用时间

　　传统高超声速气动加热热壁修正方法根据假设不同的壁面边界温度,采用工程计算或者数值解方法计算出表面热流,再根据经验公式推出任意温度下的热流。工程方法并未考虑固体结构传热对壁面能量平衡的影响,因而其热流与实际相比存在着一定程度偏差。而这些关键影响因素是进一步开展热结构多学科优化设计的基础。直接将等温壁条件下模拟的热流作为热载直接加载在飞行器结构上进行热力性能分析是不够准确的,无法满足材料防热性能评价的精度需求。相对于昂贵的热结构风洞试验或飞行试验,热-流-固耦合数值方法为模拟飞行器流场-结构传热耦合物理过程,为高超声速飞行器主被动热防护结构设计与性能评估提供了一种具有工程实用价值的低成本工具。

11.5　飞翼布局柔性无人机阵风响应分析

　　柔性飞机翼载小、飞行速度低、频率低、结构变形大等特征,导致其对阵风响应非常敏感。传统阵风响应和载荷分析主要基于线性方法,对非线性柔性飞机分析结果的有效性往往受到质疑。飞机阵风载荷计算方法分为准静态方法、时域分析法和连续谱分析方法等三种方法。常规飞机阵风载荷分析一般使用美国联邦航空管理局(FAR)的适航标准Part23 中推荐的 Pratt 方法。Pratt 方法是一种准静态方法,假设飞机为刚体,但应用于大柔性飞机阵风载荷分析可能会带来较大误差。

　　采用气动-结构-飞行力学耦合模型进行时域分析方法成为当前一种较好的选择。大展弦比柔性飞机进行"1-cos"离散阵风扰动分析,发现存在临界阵风长度尺度,在该阵风尺度下结构载荷最大,阵风强度沿飞机展向非均匀分布阵风导致的结构内载荷更大。当前采用非线性时域分析法开展阵风载荷分析结果比较少。而且当前的耦合仿真模型计算量稍大,针对工程中数千状态点计算费时较长,所以需要开发计算更快的模型,提高阵风载荷计算效率。

　　本案例使用几何非线性本征梁模型建立大柔性机翼结构模型,来精确捕捉大位移和大转动变形。通过边界协调获得柔性梁运动动力学耦合方程。同时耦合动失速气动力模型 ONERA 获得大展弦比柔性飞机非线性气动弹性和飞行力学耦合模型。最后针对典型飞翼布局柔性飞机开展离散阵风扰动的研究,分析机体、结构变形及结构内力对不同阵风参数的响应,包括开展沿飞机展向非对称分布阵风和侧风的扰动响应研究,以及连续紊流对结构疲劳的影响。

11.5.1　离散风场扰动模型及引入

1. 离散阵风模型

工程中一般采用简化大气扰动模型研究阵风影响。简化模型主要模拟风场基本物理参数的关联,反映大气现象的本质机理和物理过程,忽略次要的影响因素。根据观测总结得到常用的大气风场模型有:平均风、风切变、大气紊流、阵风(突风)等。复杂风场通过复合这几种简单风场构建。这里使用时域方法进行阵风和平均风的时域仿真分析。

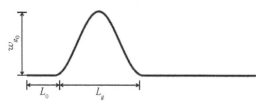

图 11.33　1-cos 离散阵风

学术界及工程界一般使用 1-cos 阵风模型开展阵风分析。沿飞机展向方向不变的 1-cos 阵风模型(简称二维 1-cos 阵风模型),如图 11.33 所示。阵风大小沿前进方向变化,展向值恒定。

$$w_g'(x_g) = \frac{w_g}{2}\left(1 - \cos\frac{2\pi x_g}{L_g}\right), \quad 0 \leqslant x_g \leqslant L_g \tag{11.11}$$

式中,x_g 表示飞行器气动面(体)上各气动控制点在前进方向的空间位置坐标;w_g' 表示飞机位于 x_g 位置所有点的阵风当地幅值;w_g 表示阵风强度;L_g 表示阵风尺度。

阵风值通过下洗速度引入气动力模型:

$$V_3 = V_3 + W_g' \tag{11.12}$$

纵向尺度较大的飞机需要考虑阵风穿越影响,即机身纵向不同部分顺序接近、穿越、离开阵风作用区域飞机的响应。

由于空间阵风分布一般不能凑巧沿飞机展向均匀分布,同时柔性无人机展弦比一般较大,还需要考虑气动面(体)在不同展向位置进入、穿越、离开阵风作用区域的不同步的影响,即对展向非对称阵风扰动的响应。这里根据二维 1-cos 阵风模型修改得到沿飞机展向空间变化的阵风模型(1-cos)·cos 阵风模型(简称三维阵风模型),作用区域及阵风值分布如图 11.34 所示。具体表达式为

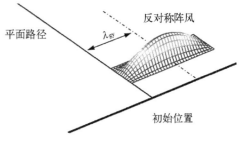

图 11.34　(1-cos)·cos 阵风模型

$$w_g'(x_g, y_g) = \frac{w_g}{2}\left(1 - \cos\frac{2\pi x_g}{L_g}\right)\left[\cos\frac{2\pi(y_g - \lambda_{gy})}{L_{gy}}\right], \quad 0 \leqslant x_g \leqslant L_g,$$

$$\lambda_{gy} - \frac{L_{gy}}{2} \leqslant y_g \leqslant \lambda_{gy} + \frac{L_{gy}}{2} \tag{11.13}$$

式中，x_g、y_g 分别表示飞行器气动作用面(体)上各气动控制点在前向、展向方向的空间位置坐标；w_g' 表示飞机位于 (x_g, y_g) 位置的阵风当地幅值；w_g 表示阵风强度；L_g 表示前进方向阵风尺度；L_{gy} 表示展向的阵风尺度；λ_{gy} 表示展向阵风对称面与飞行计划前进路径之间的偏移距离，向右舷偏为正。

需要注意的是，当前工业界并没有公认权威的三维阵风模型。目前各种三维阵风模型均是研究者为了演示沿展向非均匀阵风扰动而编制的。工程中更吻合真实阵风风场的模型需要根据当地风场统计数据编制。平均风根据来流方向可以分为顺风(downwind)、逆风(upwind)、侧风(sidewind)，对应风场速度分别为 W_{dw}、W_{uw}、W_{sw}。不同方向的阵风或风场均直接加入气动系速度分量中模拟其对气动力的影响。顺风、逆风、侧风分别将风速加入对应来流速度分量中：

$$V_2 = V_2 - W_{dw}$$
$$V_2 = V_2 - W_{uw} \tag{11.14}$$
$$V_1 = V_1 - W_{sw}$$

由于阵风和风场分布一般是在地轴坐标系中提供，需要将机体所有气动控制点位置坐标转换到地轴，取得对应点阵风速度，再将该值转换到对应的气动力求解坐标系中。

2. 飞翼布局柔性飞机模型

以 Patil 提出的飞翼布局大展弦比柔性飞机为研究对象，其气动布局 11.35 所示。该飞机沿展向分 6 个翼段，中间四段为平直机翼，外侧两段分别有 $10°$ 上反角，全机翼展为

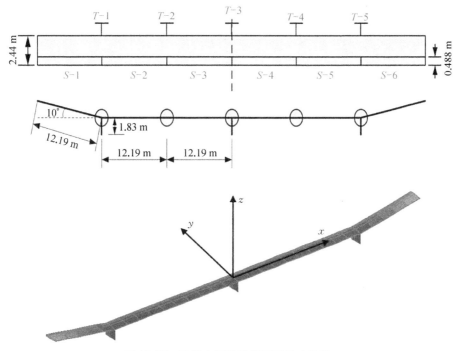

图 11.35　飞翼布局飞机模型及尺寸参数

72.78 m,各段弦长均为 2.438 m,每段后缘 20%弦长为控制舵面($S-1$~$S-6$)。展向对称分布 5 个电动机(图中 $T-1$~$T-5$)和三个吊舱;两侧吊舱为集中质量,中心吊舱质量较大,视为刚体。吊舱质心均位于弹性轴正下方,吊舱垂向长度 0.914 4 m。中心吊舱需要考虑绕飞机弦向方向的转动质量惯性矩,根据负载惯性矩变化范围为 10.96(空载)~102.20(满载)kg·m²。具体参数如表 11.8 所示。

表 11.8　飞翼布局飞机结构和气动参数

参　　数	值
机翼结构特性	
弹性轴位置	25%弦长
重心位置	25%弦长
单位长度质量	8.929 kg·m⁻¹
扭转质量惯性矩	4.146 kg·m
面外弯曲质量惯性矩	0.691 kg·m
面内弯曲质量惯性矩	3.455 kg·m
扭转刚度	1.652E5 N·m²
面外弯曲刚度	1.032E6 N·m²
面内弯曲刚度	1.239E7 N·m²
机翼翼型气动系数(25%C)	
$C_{l\alpha}$	2π
$C_{l\delta}$	1.0
C_{D0}	0.01
C_{m0}	0.025
$C_{m\delta}$	−0.25
吊舱(25%C)	
中心吊舱质量/kg	27.22~254.00
左右吊舱质量/kg	22.68
$C_{l\alpha}$	5
C_{D0}	0.02

将机翼每个翼段平均分为 10 个结构单元,并对应划分为 10 个气动片条。三个吊舱均视作展长 0.914 4 m 的竖直机翼,使用气动系数法描述气动力。设定所有电机拉力相同,展向后缘舵偏转角相同。仿真模型如图 11.36 所示。

11.5.2　阵风影响分析

1. 纵向离散阵风的影响

采用"1-cos"阵风模型进行扰动。重点分析该模型两个重要参数——阵风长度尺度 L_g 和阵风强度 W_g 的影响,并初步研究大柔性飞机阵风感受性。为了对比,引入冻结模型,即在全机配平后去掉结构模块,使飞机在大变形下刚性冻结,获得飞机本体的动态响应。由于冻结模型不求解结构模型,根据合外力间接计算结构内力值,定义为等效结构内载荷。

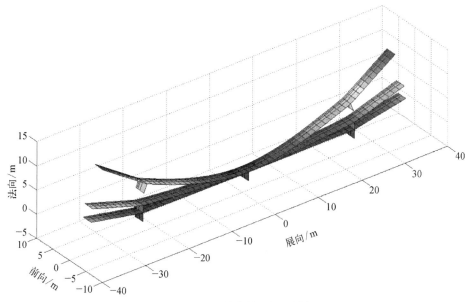

图 11.36 配平状态的飞机三维视图

固定阵风强度 W_g = 2 m/s,改变阵风尺度 L_g = 12 ~ 48 m。 在这几种阵风尺度下,图 11.37 和图 11.38 分别为高度、速度时域响应曲线,图 11.39 为翼根弯矩响应。对于某些飞机可能存在临界阵风长度尺度。在临界尺度下,结构振荡幅值最大,可以分担更多能量,结构内载荷大于其他尺度,而本体运动振荡较和缓,体现了结构弹性与飞行力学复杂的耦合特性。空速振荡幅值和翼根面外弯矩振荡幅值随阵风长度尺度 L_g 的变化。图 11.40 给出了空速振荡幅值(左侧 Y 轴,柔性模型及冻结模型)和翼根面外弯矩振荡幅值(右侧 Y 轴,仅柔

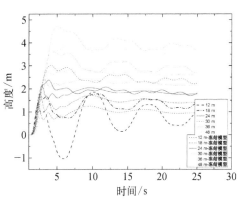

图 11.37 柔性模型和冻结模型高度响应,阵风长度尺度 L_g = 12 ~ 48 m,阵风强度为 W_g = 2 m/s

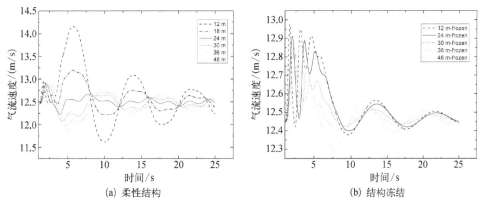

(a) 柔性结构   (b) 结构冻结

图 11.38 柔性模型和冻结模型空速响应,阵风长度尺度 L_g = 12 ~ 48 m,阵风强度为 W_g = 2 m/s

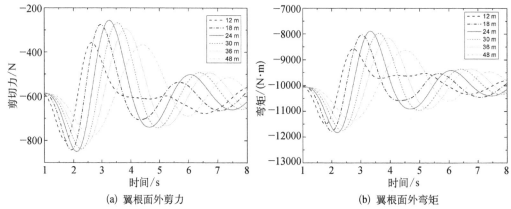

图 11.39　柔性模型翼根剪力和弯矩响应,阵风长度尺度 $L_g = 12 \sim 48$ m,阵风强度为 $W_g = 2$ m/s

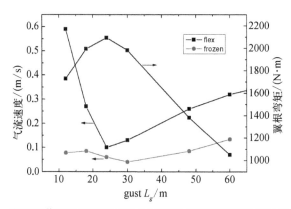

图 11.40　空速振荡幅值和翼根面外弯矩振荡幅值随阵风长度尺度 L_g 的变化

性模型)随阵风长度尺度 L_g 的变化。其中该飞机临界阵风尺度 $L_g = 24$ m。

因为阵风对不同临界尺度的响应差别很大,所以选择三个阵风尺度 $L_g = 12$ m、24 m、36 m 进一步考虑阵风强度的影响。图 11.41 为结构载荷振幅随阵风强度变化统计值。可见对于同一个阵风尺度,柔性模型结构内载荷随阵风强度增加,阵风强度更大,内载荷增加趋势呈非线性。临界阵风尺度结构内载荷均大于其他尺度。

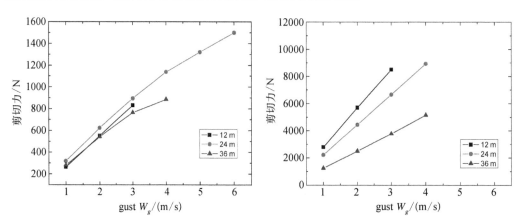

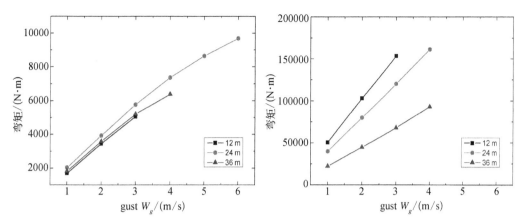

图 11.41 柔性模型(左列)和冻结模型(右列)翼根剪力与弯矩振幅随阵风强度变化

2. 展向非对称分布阵风的影响

在飞机飞行路线上布置沿飞机展向变化的阵风模型三维阵风模型,固定 $L_{gy} = 36.57$, $\lambda_{gy} = 18.285$ m,分别分析飞机对不同长度尺度 L_g 和强度 w_g 的响应。图 11.42 是固定 $w_g = 2$ m/s,飞机本体对不同阵风长度尺度的响应。图 11.43 为右侧翼尖面外位移时域响应,阵风长度尺度越大,机翼振荡越剧烈。图 11.44 为 $L_g = 24$ m 对应两侧翼

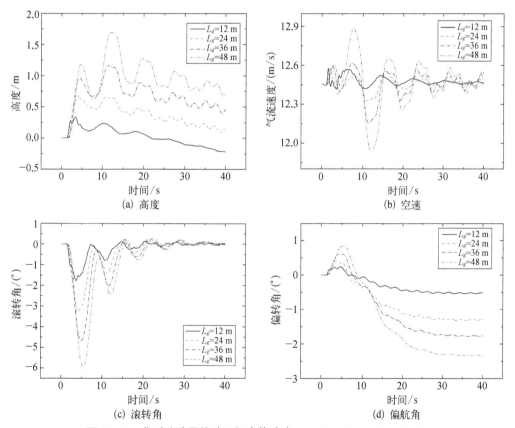

图 11.42 非对称阵风扰动飞机本体响应,$L_g = 12 \sim 48$ m, $W_g = 2$ m/s

尖位移,随着飞机的滚转,两侧翼尖振荡相位相反,幅值基本相同,且最后趋于稳定。图 11.45 为两侧翼根面外弯矩,与展向均匀分布阵风相比,同样的阵风长度尺度和强度,翼根弯矩要大 30% 左右。所以飞机载荷设计必须要考虑非对称阵风扰动的载荷。

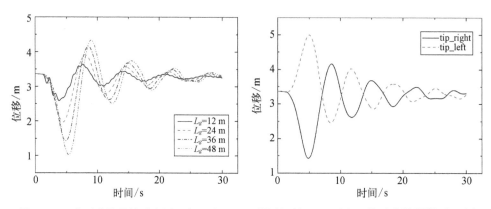

图 11.43 非对称阵风扰动右侧翼尖面　　图 11.44 $L_g = 24$ m 非对称阵风扰动两侧
外位移响应,$L_g = 12 \sim 48$ m,$W_g = 2$ m/s　　翼尖面外位移响应,$W_g = 2$ m/s

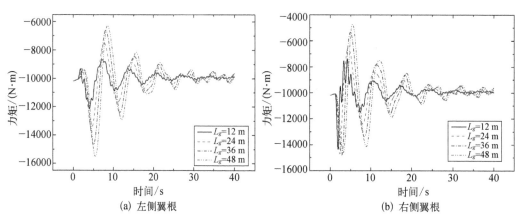

(a) 左侧翼根　　　　　　　　(b) 右侧翼根

图 11.45　非对称阵风扰动翼根面外弯矩,$L_g = 12 \sim 48$ m,$W_g = 2$ m/s

图 11.46 是固定 $L_g = 24$ m,机体对不同阵风强度的响应。图 11.46(a) 和图 11.46(b) 是飞机高度和空速响应。阵风强度越大,飞机高度和空速振荡越剧烈,7 m/s 激起飞机本体和结构大幅振荡响应。图 11.46(c) ~ (f) 为滚转和偏航参数变化曲线。阵风扰动后飞机均可以恢复初始配平值,但是航向发生改变,且阵风强度越大,航向偏离越大。

图 11.47 为右侧翼尖面外位移时域响应,阵风强度越大,机翼振荡越剧烈。图 11.48 为两侧翼根面外弯矩。可见阵风强度较大、结构内力很大且衰减很慢,给机体结构带来很大的疲劳损伤风险。

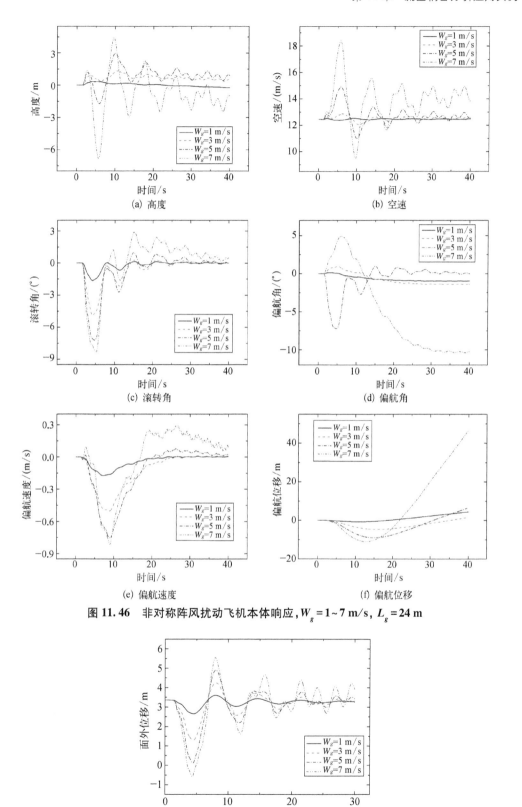

图 11.46　非对称阵风扰动飞机本体响应，$W_g = 1 \sim 7 \; \mathrm{m/s}$，$L_g = 24 \; \mathrm{m}$

图 11.47　非对称阵风扰动右侧翼尖面外位移响应，$W_g = 1 \sim 7 \; \mathrm{m/s}$，$L_g = 24 \; \mathrm{m}$

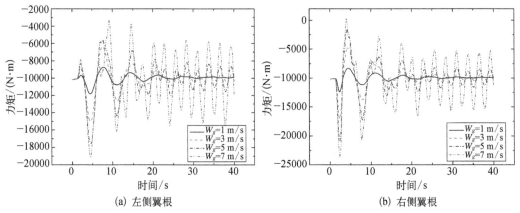

图 11.48 非对称阵风扰动翼根面外弯矩，$W_g = 1 \sim 7$ m/s，$L_g = 24$ m

11.6 导弹气动伺服弹性分析与综合

随着飞行器设计中对飞行速度和机动性能提高的不懈追求，以及复合材料轻质结构大比例应用，大长细比外形飞行器气动弹性问题日益突出。飞行器的运动包含刚体运动和弹性振动。飞行器上的传感器在接收到刚体运动信号的同时也会接收到弹体结构的弹性振动信号。由于现代飞行器飞控系统通频带的放宽，控制系统通过伺服施加的舵偏会附加一个频率较高的偏转运动。因而，容易造成飞行器的伺服气动弹性发散现象，即"伺服颤振"。所以，在现代飞行器设计，特别是飞行控制系统的设计过程中，需要考虑气动弹性的影响，对根据刚体设计的控制系统进行气动伺服弹性分析。本节针对某大展弦比全动尾翼弹性飞行器气动伺服弹性稳定性及其姿态控制进行分析。

11.6.1 弹性飞行器气动伺服弹性模型

包含舵面的弹性飞行器频域开环运动方程为[3]

$$s^2 M + K + q_\infty [Q(s)] \xi = - q_\infty [Q_c(s)] \delta_c \tag{11.15}$$

式中，M 为弹性飞行器质量矩阵；K 为弹性飞行器刚度矩阵；q_∞ 为动压；Q、Q_c 分别为与模态和控制面对应的非定常广义气动力系数矩阵。

为了便于弹性飞行器气动伺服弹性分析与飞行控制系统设计，通常需要构建弹性飞行器的状态空间方程。非定常气动力可以采用 CFD/CSD 耦合时间域方法、降阶模型方法或者频域面元方法求解。对低、亚声速和超声速飞行器采用面元法通常也能比较快获得可靠性较高的结果，因此这里采用频域偶极子格网法计算式(11.15)中的非定常广义气动力系数。

气动力系数矩阵一般不是拉普拉斯变量 s 的显式表达形式。为得到气动弹性时域常系数方程，气动力系数矩阵要描述成 s 的有理函数形式。采用最小状态有理函数法，将广义气动力系数矩阵 $Q_h = \begin{bmatrix} Q_{hh} & Q_{hc} & Q_{hG} \end{bmatrix}$ 用如下形式逼近：

$$Q_h = A_0 + A_1 + A_2p^2 + D(Ip - R)^{-1}Ep \tag{11.16}$$

式中，p 为无量纲拉普拉斯变量；A_0，A_1，$A_2p = sL/V$，R 为气动延迟根矩阵；D、E 为待定实系数矩阵，有

$$\begin{cases} A_i = \begin{bmatrix} A_{hh_n} & A_{hc_n} \end{bmatrix}, \ n = 0, 1, 2 \\ E = \begin{bmatrix} E_h & E_c \end{bmatrix} \end{cases} \tag{11.17}$$

为了获得状态空间方程，定义 n_a 维的气动状态向量的拉普拉斯形式：

$$x_a(s) = \left(Is - \frac{V}{L}R\right)^{-1} [E_h\xi(s) + E_c\delta_c(s)]s \tag{11.18}$$

将 Q 代入方程(11.15)就可将频域气动弹性方程转换为时域气动弹性方程：

$$\dot{x}_{ae} = A_{ae}x_{ae} + B_{ae}u_{ae} \tag{11.19}$$

式中，

$$x_{ae} = \begin{bmatrix} \xi \\ \dot{\xi} \\ x_a \end{bmatrix}, \ u_{ae} = \begin{bmatrix} \delta_c \\ \dot{\delta}_c \\ \ddot{\delta}_c \end{bmatrix}, \ A_{ae} = \begin{bmatrix} 0 & I & 0 \\ -\bar{M}^{-1}(K_{hh} + q_\infty A_{hh_0}) & -\bar{M}^{-1}\left(B_{hh} + \dfrac{q_\infty L}{V}A_{hh_1}\right) & -q_\infty \bar{M}^{-1}D \\ 0 & E_h & \dfrac{V}{L}R \end{bmatrix}$$

$$B_{ae} = \begin{bmatrix} 0 & 0 & 0 \\ -q_\infty \bar{M}^{-1}A_{hc_0} & -\dfrac{q_\infty L}{V}\bar{M}^{-1}A_{hc_1} & -\bar{M}^{-1}\left(M_{hc} + \dfrac{q_\infty L^2}{V^2}A_{hc_2}\right) \\ 0 & E & 0 \end{bmatrix}, \ \bar{M} = M_{hh} + \dfrac{q_\infty L^2}{V^2}A_{hh_2}$$

气动弹性模型的输出为传感器读数。假设传感器可以测量结构位移、速度和加速度，且测量数据为理想状态。传感器动力学与传感器输出串联，作为控制系统一部分并入气动伺服弹性系统，输出假设为状态响应的线性叠加。叠加定义为传感器所处位置的模态位移或旋转行向量 ϕ_y。通常传感器的位移、速度和加速度读数为

$$y_{ae} = C_{ae}x_{ae} + D_{ae}u_{ae} \tag{11.20}$$

飞行器舵机传递函数一般采用三阶环节，可表示为

$$\frac{\delta_c}{u_{ac}} = \frac{A_0}{s^3 + A_2s^2 + A_1s + A_0} \tag{11.21}$$

式中，δ_c 为舵偏；u_{ac} 为控制面偏转的伺服指令。将式(11.21)转化为状态空间形式：

$$\dot{x}_{ac} = \begin{bmatrix} 0 & 1 & 0 \\ 0 & 0 & 1 \\ -a_3 & -a_2 & -a_1 \end{bmatrix} x_{ac} + \begin{bmatrix} 0 \\ 0 \\ a_3 \end{bmatrix} u_{ac} \tag{11.22}$$

式中,$\dot{x}_{ac} = \begin{bmatrix} \delta_c & \dot{\delta}_c & \ddot{\delta}_c \end{bmatrix}$。 当系统有多个控制面时,将所有作动器状态空间模型排列,让状态向量 x_{ac} 与式中 u_{ae} 相等。组合作动器状态空间方程为

$$\dot{x}_{ac} = A_{ac} + x_{ac} + B_{ac}u_{ac} \tag{11.23}$$

将非定常气动力模型、控制器模型和传感器模型状态空间方程联立,就可以得到带有控制面的开环气动伺服弹性模型:

$$\begin{cases} \dot{x}_p = A_p x_p + B_p u_p \\ y_p = C_p x_p \end{cases} \tag{11.24}$$

式中,$x_p = \begin{bmatrix} x_{ae} \\ x_{ac} \end{bmatrix}$;$A_p = \begin{bmatrix} A_{ae} & B_{ae} \\ 0 & A_{ac} \end{bmatrix}$;$B_p = \begin{bmatrix} 0 \\ B_{ac} \end{bmatrix}$;$C_p = \begin{bmatrix} C_{ae} & D_{ae} \end{bmatrix}$。

控制器状态空间方程为

$$\begin{cases} \dot{x}_c = A_c x_c + B_c u_c \\ y_c = C_c x_c + D_c u_c \end{cases} \tag{11.25}$$

将控制器方程和带有控制面环节的开环气动伺服弹性模型[式(11.24)]联合有

$$\begin{cases} \ddot{x}_v = A_v x_v + B_v u_v \\ y_v = C_v x_v + D_v u_v \end{cases} \tag{11.26}$$

式中,$x_v = \begin{bmatrix} x_p, & x_c \end{bmatrix}$。 通过增益矩阵 G_v 将系统输入 u_v 和输出向量 y_v 连接得

$$u_v = G_v y_v \tag{11.27}$$

将式(11.27)代入式(11.26)生成弹性飞行器闭环气动伺服弹性方程:

$$\dot{x}_v = \bar{A}_v x_v \tag{11.28}$$

式中,

$$\bar{A}_v = A_v + B_v G_v (1 - D_v G_v)^{-1} C_v \tag{11.29}$$

11.6.2　导弹气动伺服弹性稳定性分析

1. 开环颤振特性分析

大展弦比细长体弹性飞行器外形如图 11.49 所示。该飞行器全长 10.1 m,主翼展长 5.01 m。采用四个 X 形排列的全动尾翼进行姿态控制。有限元模型如图 11.50 所示。弹身采用梁单元,翼面采用壳单元,机身和翼面采用刚性杆连接,采用对称约束方式。弹性飞行器主翼对称一弯、主翼对称二弯、主翼对称一扭、机身对称一弯和机身对称二弯等前五阶对称模态频率分别为 11.1 Hz、65.4 Hz、91.0 Hz、58.9 Hz 和 144.6 Hz[3]。有限元模型主要振型及其对应频率与实验结果误差在合理范围,可用于计算气动伺服弹性系统状态空间模型。

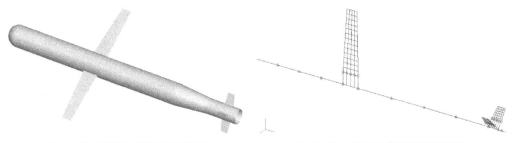

图 11.49　弹性飞行器气动外形　　　　　　图 11.50　弹性飞行器有限元模型

传感器布置在翼尖处、机身一弯振型节点处和波腹位置。采用涡格法计算非定常气动力。导弹气动网格划分和传感器分布如图 11.51 所示。全动尾翼舵机均采用相同的如式(11.21)的三阶环节传递函数,其中 $A_0 = 17\,463\,000$,$A_1 = 136\,576$,$A_2 = 217.395$。

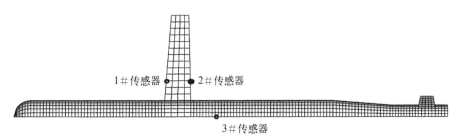

图 11.51　弹性飞行器气动网格及传感器分布

选取海平面位置标准大气压下的空气密度 $1.23\ \mathrm{kg/m^3}$ 不变,通过改变速度改变动压,可计算不同动压下的系统状态空间模型。把不同动压下的特征根绘制成复平面上半域上的轨迹,即得到根轨迹如图 11.52 所示。图中横轴为特征根实部,纵轴为特征根虚部,即对应系统模态分支的圆频率。

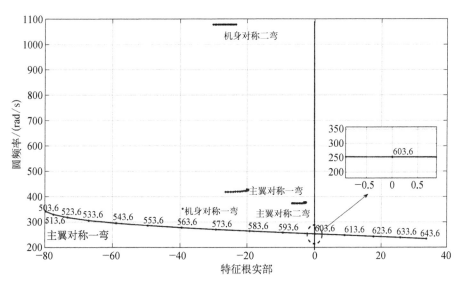

图 11.52　拦截弹开环颤振根轨迹图

从图 11.52 可看出,当动压从 0.16 MPa 到 0.25 MPa 增大过程中,机身对称一阶模态基本未发生变化。主翼对称二阶弯曲模态、主翼对称一阶扭转模态、机身对称二阶弯曲模态变化很小,而且均在复平面左侧变化。这说明这些模态在此动压范围内均不会导致系统发生不稳定。而主翼一阶对称模态分支由复平面左侧穿越虚轴进入右半平面,说明该分支的运动由稳定变为不稳定。该穿越点即为颤振临界点,临界点虚部即为颤振圆频率,对应动压为颤振动压,对应速度为颤振速度。因此该来流马赫数下的颤振动压为 0.224 MPa,颤振速度为 603.58 m/s,颤振频率为 40.33 Hz。

将控制器代入开环弹性飞行器状态空间方程后即可得到导弹闭环气动伺服弹性状态空间方程。设该飞行器采用比例控制器 $u = -Ky$。海平面高度,标准大气压下,选取飞行速度在颤振临界点 603.58 m/s 飞行状态。闭环系统特征值随动压变化根轨迹如图 11.53 所示。

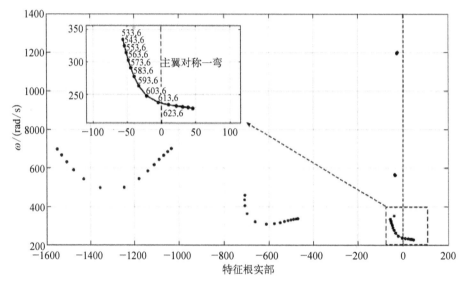

图 11.53　弹性飞行器闭环根轨迹图

由图 11.53 可看出,随着动压增大,添加颤振主动抑制系统的拦截弹主翼对称一阶弯曲模态由 s 平面左侧穿过虚轴进入 s 右半平面,其余模态在动压上升过程中始终没有穿越虚轴,添加控制器没有导致不稳定模态增多。主翼对称一阶弯曲模态仍然为颤振模态,颤振速度达到了 615.0 m/s,拦截弹颤振边界得到了提升。在开环颤振速度 603.5 m/s 时,主翼上加速度传感器输出在开环和闭环状态下对比如图 11.54 所示。

2. 弹性飞行器闭环气动伺服弹性分析

本节研究的弹性飞行器气动伺服弹性模型包含三个对称刚体模态。PID 算法具有原理简单、适应性、强鲁棒性强等优点,目前仍然是工程中应用最为广泛的控制算法。这里采用工程上最常用的 PID 控制进行弹性飞行器俯仰姿态控制律设计。弹性飞行器纵向姿态飞行控制框图如图 11.55 所示。

PID 控制律的一般形式为

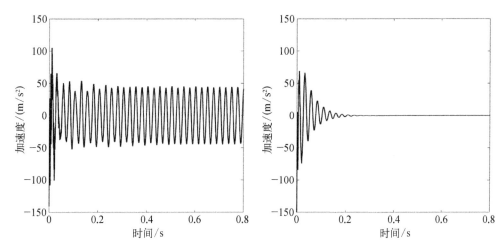

图 11.54　开闭环状态下 1#传感器沿 z 方向加速度(左:开环,右:闭环)

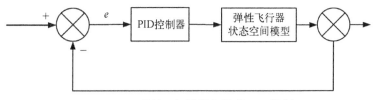

图 11.55　弹性飞行器纵向通道 PID 控制

$$u = K_p e + K_i \int e \mathrm{d}t + K_d e \frac{\mathrm{d}e}{\mathrm{d}t} \tag{11.30}$$

式中, K_p 为比例项; K_i 为积分项; K_d 为微分项。PID 控制算法中,增大比例项可以有效缩短上升时间,减小跟踪误差,但会产生稳态误差;积分项的作用是减小或消除稳态误差,但会使调节时间上升;微分项的作用是提高系统稳定性,减小超调量。比例、积分、微分三项可以同时使用、分别使用也可以组合使用,但比例项必须存在。

弹性飞行器 PID 控制器控制参数选取为 $P = -3$, $I = -0.8$, $D = -1$。图 11.56 为飞

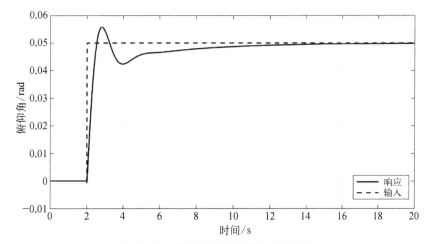

图 11.56　弹性飞行器俯仰角阶跃响应

行器在海平面高度,标准大气压下速度 240 m/s 下,俯仰角跟踪阶跃响应仿真曲线。延迟时间为 0.2 s,峰值时间为 0.817 s,调节时间为 8.0 s,超调量为 10.0%,静态误差为 0。所设计的控制器可以快速跟踪指令,并具有较小超调量。

对该弹性飞行器纵向姿态 PID 控制器在飞行弹道上三个不同三个位置的纵向稳定性进行分析。三个位置高度和飞行速度分别为:① 飞行高度 6 000 m,来马赫数 0.6;② 飞行高度 8 000 m,来流马赫数 0.7;③ 飞行高度 10 000 m,来流马赫数 0.8。在 1#位置时,弹性飞行器闭环零极点如图 11.57 所示,奈奎斯特曲线如图 11.58 所示,伯德图如图 11.59 所示。

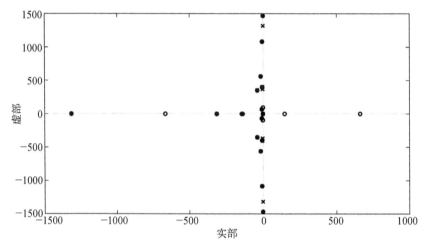

图 11.57　1#位置零极点图

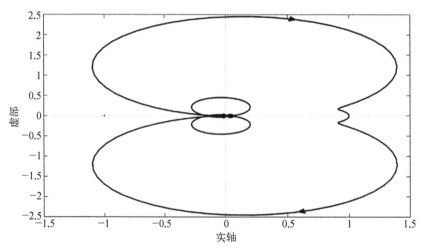

图 11.58　1#位置 Nyquist 曲线

图 11.57 零极点图中所有极点均位于虚轴左侧,图 11.58 的 Nyquist 曲线不包含(−1, 0)点,表明 1#位置处拦截弹纵向闭环系统稳定。从图 11.59 的伯德图中可得到系统稳定裕量 3.98 dB;相角稳定裕量为 26.8°;相角穿越频率 361.1 rad/s;截止频率 3.98 rad/s。

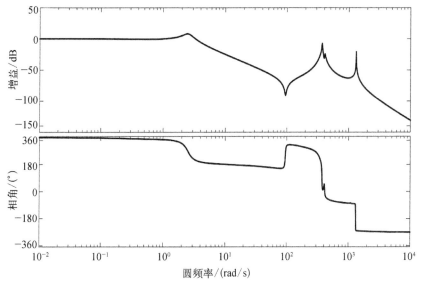

图 11.59　1#位置 Bode 图

采用同样的方法可以获得在 2#状态弹性飞行器纵向姿态控制系统稳定裕量 3.63 dB,相角稳定裕量为 26.15°,相角穿越频率 361.7 rad/s;截止频率 3.71 rad/s。在 3#状态时系统稳定裕量 3.42 dB,相角稳定裕量为 26.97°,相角穿越频率 362.1 rad/s,截止频率 3.69 rad/s。这表明所设计的纵向姿态控制系统在几个典型弹道工况下是稳定的。根据实际需要可通过调整 PID 参数或采用增益调度策略,得到具有不同稳定裕度和控制性能的控制律。

【小结】

通过大展弦比非线性静气动弹性响应、双体飞机颤振特性分析与评估、热防护系统热流固耦合性能评估方法、大展弦比飞翼布局无人机阵风响应和弹性飞行气动伺服弹性分析与设计等几个工程上常见的流固耦合实际问题,对计算流固耦合力学在这些重要问题中的使用流程和数据处理方法进行了详细介绍。这些解决工程实际案例表明,计算流固耦合力学为当前先进飞行器研发提供了重要的方法和分析工具。

参 考 文 献

[1] Hassan D, Ritter M. Assessment of the ONERA/DLR numerical aeroelastics prediction capabilities on the HIRENASD configuration[C]. IFASD, 15th International Forum on Aeroelasticity and Structural Dynamics, 2011: 256.

[2] Pottet C C, Abu-Khajeel H, Hsu S Y. Preliminary thermal-mechanical sizing of a metallic thermal protection system[J]. Journal of Spacecraft & Rockets, 2004, 41(41): 173 – 182.

[3] 乔洋,于志鹏,陈刚.弹性飞行器气动伺服弹性稳定性分析与设计[J].应用力学学报,2016,33(2): 287 – 291.

[4] 张顺.飞行器热流固耦合数值模拟方法研究[D].西安:西安交通大学,2013.